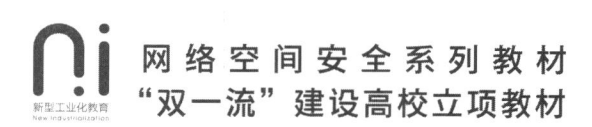

网络空间安全系列教材
"双一流"建设高校立项教材

信息系统安全理论与技术

◎ 尚 涛 刘建伟 主 编
◎ 杜皓华 张骞允 白 桐 副主编

电子工业出版社
Publishing House of Electronics Industry
北京·BEIJING

内 容 简 介

随着计算机、网络通信、人工智能、量子信息等技术的蓬勃发展，信息系统安全的重要性日益彰显。建立信息系统安全体系是保护计算机与网络平台安全的基础。本书结合信息系统的安全需求，系统介绍身份认证、访问控制、文件加密、安全审计、完整性保护等多方面技术，并结合典型案例介绍新型信息系统的关键安全技术。全书共分为 12 章，第 1～2 章介绍信息系统安全的基础知识，第 3～8 章介绍信息系统安全的主要技术方案，第 9～12 章介绍新型信息系统的设计案例。

本书内容基础、完整，描述方式由浅入深，适合本科生、研究生、科研人员和科技工作者阅读参考。

未经许可，不得以任何方式复制或抄袭本书之部分或全部内容。
版权所有，侵权必究。

图书在版编目（CIP）数据

信息系统安全理论与技术 / 尚涛，刘建伟主编.
北京：电子工业出版社，2024. 11. -- ISBN 978-7-121-49217-4
Ⅰ. TP309
中国国家版本馆 CIP 数据核字第 2024ZG2714 号

责任编辑：戴晨辰　　文字编辑：张　彬
印　　刷：大厂回族自治县聚鑫印刷有限责任公司
装　　订：大厂回族自治县聚鑫印刷有限责任公司
出版发行：电子工业出版社
　　　　　北京市海淀区万寿路 173 信箱　　邮编：100036
开　　本：787×1 092　1/16　印张：19.75　字数：569 千字
版　　次：2024 年 11 月第 1 版
印　　次：2024 年 11 月第 1 次印刷
定　　价：69.00 元

凡所购买电子工业出版社图书有缺损问题，请向购买书店调换。若书店售缺，请与本社发行部联系，联系及邮购电话：（010）88254888，88258888。
质量投诉请发邮件至 zlts@phei.com.cn，盗版侵权举报请发邮件至 dbqq@phei.com.cn。
本书咨询联系方式：dcc@phei.com.cn。

前言

随着新型信息系统的发展应用，需要完善信息系统安全教学内容体系，提供具有显著特色优势的新工科教材，促进信息系统安全理论与技术发展。编者编写本书，致力于由浅入深地介绍信息系统安全的主要知识点与关键技术，瞄准国家重大战略需求和学科前沿发展方向，支撑新工科发展，建设网络空间安全与新兴交叉学科人才培养急需的专业教材。

本书的主要编写思路是实践基础与前沿兼顾、理论与实践并重。从信息系统安全的实际案例出发，结合实际情景编排知识点，教材内容与实现方案紧密结合，突出实践特色，实现课堂教学与实践教学的有机统一，将前沿知识融入实际信息系统建设。

本书的特色主要体现在以下两个方面。

（1）信息系统安全内容系统全面：全面介绍信息系统安全理论与技术，包括基本概念、基础模型、系统方案，突出国内自主研发的安全技术进展。

（2）信息系统安全技术案例紧跟前沿：以信息系统安全的典型案例为扩展内容，结合智能电网、大数据、云计算、量子信息等前沿方向，介绍新型信息系统的设计和发展。

第 1 章为信息系统安全风险，基于电网攻击案例，介绍信息系统安全问题、信息系统的基础知识和信息系统安全等级保护，以及信息安全的基础知识；第 2 章为信息系统基础安全问题，根据图灵机原理，分析计算机存在的根本安全问题，指出可能的安全解决方案；第 3 章为身份认证，介绍常用的身份认证技术，重点介绍 Linux 和 Windows 身份认证技术，扩展介绍基于 USBKey 的身份认证技术；第 4 章为访问控制，介绍主要的访问控制模型及 SELinux 和 Windows 访问控制技术，重点介绍 SELinux 的访问控制实现；第 5 章为文件加密，介绍文件加密涉及的文件系统和注册表，重点介绍文件加密系统 eCryptfs 和 EFS 的实现原理；第 6 章为安全审计，介绍基于 Linux 的内核级安全审计模型，同时结合账号、认证、授权和审计等需求，介绍 4A 的综合技术；第 7 章为完整性保护，介绍系统完整性保护的基本模型和可信计算技术，从系统实现的角度介绍系统完整性保护的硬件方案和软件方案，扩展介绍 Linux 和 Windows 完整性保护实现原理；第 8 章为数据库系统安全，介绍 SQL Server 安全机制；第 9 章为新型电力信息系统安全设计案例，在传统电力信息系统安全体系的基础上，介绍新型电力信息系统攻击行为建模和零信任理念，设计基于零信任的新型电力信息系统网络安全防护机制；第 10 章为大数据系统安全设计案例，从认证、授权、访问控制、数据安全、网络安全、集群监控与日志审计等方面，设计符合安全需求的大数据系统安全体系，并实现大数据系统一体化安全管理系统；第 11 章为云计算服务安全设计案例，介绍云计算的安全关键技术及基于安全强化虚拟机的云计算平台设计，提供存储、通信、查询等多种信息处理服务；第

12 章为量子信息系统安全设计案例，介绍量子信息系统的重要组成部分，重点介绍量子信息系统安全的主要技术，设计并实现量子随机数发生器。

本书包含配套教学资源，读者可登录华信教育资源网（www.hxedu.com.cn）下载。

本书由尚涛教授、刘建伟教授作为主编，杜皓华助理教授、张骞允副教授、白桐副教授作为副主编共同撰写。尚涛完成了第 1~10 章、第 12 章的撰写和全文统稿，刘建伟参与了第 7 章的撰写并提供指导，杜皓华完成了第 11 章的撰写，张骞允参与了第 9 章的撰写，白桐参与了第 12 章的撰写。北京航空航天大学网络空间安全学院的博士研究生姜亚彤、张源境、唐瑶、张辰逸、张琨，硕士研究生邵天睿、侯鹏林、刘佳羽、王烁林、蒋亚卓、高雪芹、李达、田格格、庞俊杰、安洁等为书籍编写做了大量的校正工作；研究生高雪芹、李达等为新型电力信息系统安全，研究生庄浩霖、姜亚彤等为大数据系统安全，研究生庞俊杰、马文等为云计算服务安全，研究生张辰逸、熊科宇、刘雨辰等为量子信息系统安全的案例建设做了大量的开发工作；研究生王振东、曾维昊、黄渤瀚、侯博等为数字资源的建设做了大量的制作工作；蒋燕玲、伍前红、白琳、关振宇、毛剑等教授为本书的顺利出版给予了大量的支持工作。

本书参考、引用了国内外相关书籍、文献及有关网站的内容，在此一并表示衷心的感谢。在编写本书的过程中得到了电子工业出版社和北京航空航天大学的大力支持、鼓励与帮助；本书得到了北京航空航天大学研究生精品课程建设项目"信息系统安全"、北京航空航天大学一流本科课程建设项目"量子密码"和"数据结构与程序设计"、北京航空航天大学规划教材建设项目"信息系统安全理论与技术"、国家自然科学基金资助项目（No. 61971021）、国家重点研发计划项目（No. 2016YFC1000307）、河北省重点研发计划项目（No. 22340701D）和教育部产学合作协同育人项目"大数据系统安全教学内容及实验设计""量子密码课程教学实践"的资助，在此深表感谢。

由于本书编者水平有限，书中难免存在疏漏与不妥之处，恳请广大读者和同行专家批评指正。

编　者

2024 年 7 月

个人简介

尚涛，1976年8月出生，工学博士，北京航空航天大学网络空间安全学院教授，博士生导师。2022年荣获"北京市优秀教师"称号，获得中国电子学会优秀硕士学位论文指导教师、电子工业出版社教育出版优秀作译者、全国"工程硕士实习实践优秀成果获得者"指导教师、全国大学生信息安全竞赛优秀指导教师、校级优秀硕士学位论文指导教师、校级工程硕士实习实践优秀成果获得者指导教师等荣誉。担任中国密码学会量子密码专业委员会委员、中国计算机学会量子计算专业组执行委员、中国电子学会网络空间安全专家委员会委员、中国电子学会信息论分会委员、中国电力发展促进会网络安全专业委员会委员、信息技术新工科产学研联盟网络空间安全工作委员会委员、中国指挥与控制学会高级会员、全国信息技术标准化技术委员会量子信息标准工作组专家，科技创新2030—"量子通信与量子计算机"重大项目评审专家。

以第一作者身份编写学术专著2部、教材2部。发表学术论文130余篇，授权发明专利24项，转化发明专利5项，获批软件著作权5项。主持国家重点研发计划项目子课题、国家自然科学基金面上项目、民航安全能力建设资金项目、航空科学基金项目、中央高校基本科研业务费项目、教育部留学回国人员科研启动基金项目、中国博士后科学基金项目，参与了国家973计划、国家863计划等项目。获得中国指挥与控制学会科学技术进步奖（技术发明类）二等奖（排名第1）、中国指挥与控制学会科学技术进步奖一等奖（排名第8），获评"唯实"海外优秀人才基金、《工程科学与技术》高影响力论文。

主讲课程"信息系统安全"获批校级研究生精品课程建设项目，"信息网络安全"获评国家级一流本科课程（排名第2），"网络安全"获评工程类专业学位研究生在线示范课程（排名第8）。发表教改论文17篇，主持教育部信息安全教指委教改项目、教育部产学合作协同育人项目、校级本科生教改项目、校级研究生教学案例库建设项目、校级研究生教育与发展研究专项基金项目。获得北京市高等教育教学成果二等奖2项（分别排名第3、第7）、"凡舟"教育基金二等奖1项，以及校级优秀教学成果奖特等奖1项、一等奖2项、二等奖1项、三等奖2项、教材建设先进集体奖。

刘建伟，1964 年 6 月出生，工学博士，北京航空航天大学网络空间安全学院教授，博士生导师，院长。长期从事网络安全、信息安全和密码学的教学与科研工作，享受国务院政府特殊津贴专家。担任国务院学位委员会第八届学科评议组成员、教育部高等学校网络空间安全专业教指委委员、中国密码学会常务理事、中国指挥与控制学会常务理事、中国电子学会网络空间安全专委会副主任委员、中国指挥与控制学会网络空间安全专委会副主任委员、中关村智能终端操作系统产业联盟副理事长。获得国家技术发明一等奖、国防技术发明一等奖、中国指挥与控制学会科学技术进步一等奖等、全国普通高校优秀教材一等奖、国家网络安全优秀教材、国家精品教材、全国优秀科普作品奖、第四届中国科普作家协会优秀科普作品金奖、北京市教学成果二等奖 2 项等。荣获国家级教学名师、国家网络安全优秀教师、北京教学名师、北京市优秀教师、北航教学名师等。

杜皓华，1991 年 12 月出生，工学博士，北京航空航天大学网络空间安全学院助理教授，硕士生导师。主要从事物联网安全、数据隐私算法研究。主持国家自然科学基金项目 1 项，参与国家重点研发计划课题 2 项，在 IEEE JSAC、IEEE TDSC、IEEE TMC、ACM MobiCom 等国际知名期刊和会议发表论文 20 余篇。担任 IEEE IPSN、IEEE MSN 等国际会议的程序委员会委员、中国图灵大会青年论坛主席。

张骞允，1992 年 11 月出生，工学博士，北京航空航天大学网络空间安全学院副教授，博士生导师。入选第七届中国科协青年人才托举工程项目。主要从事网络安全和认知无线电的研究工作。编写学术专著 1 部、译著 1 部，发表学术论文 30 余篇，授权国家发明专利 2 项。主持国家自然科学基金青年科学基金项目、军事科学院某重大科研计划子课题、重点实验室开放课题等多项纵横向科研项目，参与民航安全能力建设资金项目、国家自然科学基金海外及港澳学者合作研究基金等项目。

白桐，1992 年 1 月出生，工学博士，北京航空航天大学网络空间安全学院副教授，博士生导师。入选国家海外高层次青年人才计划。主要从事边缘智能理论、边缘计算系统架构、云边端协同算法研究。主持国家自然科学基金项目 1 项和市级重点研发项目 1 项等纵向项目，参与国家重点研发计划课题 1 项，在 IEEE COMST、IEEE WCM、IEEE ComMag、IEEE JSAC、IEEE TWC 等国际知名期刊发表论文 30 余篇。IEEE 旗舰期刊审稿人和旗舰类会议 TPC 成员。

目录

第1章 信息系统安全风险 …………… 1
1.1 攻击案例 …………………………… 1
- 1.1.1 案例背景 …………………… 1
- 1.1.2 攻击方法分析 ……………… 1
- 1.1.3 攻击过程分析 ……………… 2
- 1.1.4 安全问题 …………………… 5

1.2 信息系统基础 ……………………… 6
- 1.2.1 信息系统的定义 …………… 6
- 1.2.2 信息系统的特性 …………… 7
- 1.2.3 信息系统的安全需求 ……… 7

1.3 信息安全等级保护 ………………… 7
- 1.3.1 信息安全等级保护的定义 … 7
- 1.3.2 等级划分 …………………… 8
- 1.3.3 实施原则 …………………… 8
- 1.3.4 政策标准 …………………… 9
- 1.3.5 美国计算机安全评价准则 … 10
- 1.3.6 我国网络安全等级保护标准 … 11
- 1.3.7 测评及认证项目 …………… 13

1.4 信息安全基础 ……………………… 13
- 1.4.1 信息安全目标 ……………… 13
- 1.4.2 信息安全原则 ……………… 14
- 1.4.3 信息安全基本概念 ………… 14
- 1.4.4 信息安全基本模型 ………… 16

1.5 本章小结 …………………………… 21
1.6 习题 ………………………………… 21
1.7 思考题 ……………………………… 21

第2章 信息系统基础安全问题 ……… 22
2.1 计算机原理 ………………………… 22
- 2.1.1 图灵机 ……………………… 22
- 2.1.2 图灵机安全 ………………… 23
- 2.1.3 冯·诺依曼体系结构 ……… 26
- 2.1.4 哈佛体系结构 ……………… 27

2.2 计算机启动原理 …………………… 28
- 2.2.1 上电自检 …………………… 28
- 2.2.2 系统加载与启动 …………… 29
- 2.2.3 用户登录认证 ……………… 31

2.3 操作系统的用户安全 ……………… 40
- 2.3.1 用户安全问题 ……………… 40
- 2.3.2 典型安全攻击 ……………… 41

2.4 本章小结 …………………………… 43
2.5 习题 ………………………………… 43
2.6 思考题 ……………………………… 43

第3章 身份认证 ……………………… 44
3.1 身份认证方式 ……………………… 44
- 3.1.1 身份认证系统模型 ………… 44
- 3.1.2 主要的身份认证方式 ……… 45

3.2 Linux 身份认证技术 ……………… 50
- 3.2.1 Linux 身份认证技术简介 … 50
- 3.2.2 从启动到登录的流程 ……… 50
- 3.2.3 认证程序 …………………… 52
- 3.2.4 认证的加密算法 …………… 53
- 3.2.5 嵌入式认证模块 …………… 54

3.3 Windows 身份认证技术 ………… 56
- 3.3.1 Windows 身份认证技术简介 … 56
- 3.3.2 本地认证 …………………… 57
- 3.3.3 网络认证 …………………… 59

3.4 基于 USBKey 的身份认证技术 … 63
- 3.4.1 Windows 7 用户登录原理 … 63
- 3.4.2 基于 USBKey 的身份认证方式 …………………………… 65

3.5 本章小结 …………………………… 66
3.6 习题 ………………………………… 66

3.7	思考题	66
第 4 章	**访问控制**	**67**
4.1	访问控制模型	67
	4.1.1 基本问题	67
	4.1.2 基本模型	67
	4.1.3 TE 模型	70
	4.1.4 DTE 模型	71
	4.1.5 Linux 的访问控制实例	71
4.2	基本访问控制的实现方案	73
	4.2.1 面向用户的基本访问控制	73
	4.2.2 面向进程的基本访问控制	76
4.3	SELinux 访问控制技术	79
	4.3.1 SELinux 简介	79
	4.3.2 SELinux 的体系结构	80
	4.3.3 SELinux 的安全模型	82
	4.3.4 SETE 模型	84
	4.3.5 SELinux 的运行机制	88
	4.3.6 SELinux 的具体实现	89
4.4	Windows 访问控制技术	93
	4.4.1 基本概念	93
	4.4.2 系统实现	94
	4.4.3 开发接口	95
4.5	本章小结	101
4.6	习题	101
4.7	思考题	102
第 5 章	**文件加密**	**103**
5.1	加密文件系统	103
	5.1.1 加密文件系统概述	103
	5.1.2 加密文件系统分类	103
	5.1.3 主要问题	104
5.2	树状信息管理	104
	5.2.1 文件系统	105
	5.2.2 注册表	107
5.3	Linux eCryptfs 文件加密技术	108
	5.3.1 eCryptfs 简介	108
	5.3.2 eCryptfs 的设计原理	109
	5.3.3 eCryptfs 的使用方法	112
5.4	Windows EFS 文件加密技术	113
	5.4.1 EFS 简介	113
	5.4.2 EFS 的设计原理	113
	5.4.3 EFS 的使用方法	115
5.5	本章小结	122
5.6	习题	122
5.7	思考题	122
第 6 章	**安全审计**	**123**
6.1	审计系统	123
	6.1.1 审计系统的设计方案	123
	6.1.2 审计系统的功能与组成	124
	6.1.3 审计系统的安全与保护	125
6.2	Linux 审计技术	125
	6.2.1 Linux 审计系统的设计原理	125
	6.2.2 核心模块的实现	126
	6.2.3 审计监控程序的实现	126
	6.2.4 核心模块与监控进程的通信	126
6.3	4A 的综合技术	127
	6.3.1 4A 简介	127
	6.3.2 实用协议	128
	6.3.3 账号	129
	6.3.4 认证	130
	6.3.5 授权	131
	6.3.6 审计	134
	6.3.7 4A 的应用	135
6.4	本章小结	138
6.5	习题	138
6.6	思考题	138
第 7 章	**完整性保护**	**139**
7.1	完整性模型	139
	7.1.1 Biba 模型	139
	7.1.2 Merkle 树模型	140
7.2	可信计算技术	142
	7.2.1 可信计算概述	142
	7.2.2 可信计算平台	146
7.3	AEGIS 模型	151
	7.3.1 系统的一般引导过程	152
	7.3.2 系统的可信引导过程	153
	7.3.3 组件完整性验证技术	154
	7.3.4 系统的安全引导过程	154

- 7.4 IMA 模型 ················· 156
  - 7.4.1 完整性度量架构 ········ 156
  - 7.4.2 完整性度量介绍 ········ 156
  - 7.4.3 IMA 的安全机制 ········ 157
- 7.5 Linux 完整性保护技术 ······· 157
  - 7.5.1 TPM+IMA 设计思想 ······ 157
  - 7.5.2 系统整体安全目标 ······ 159
  - 7.5.3 攻击模型 ············· 160
  - 7.5.4 Linux IMA 的主要功能模块 ··· 160
  - 7.5.5 扩展实现方案 ·········· 163
- 7.6 Windows 完整性保护技术 ···· 163
  - 7.6.1 Vista 可信机制 ········· 163
  - 7.6.2 基于 TPM 和 BitLocker 的系统引导过程 ··········· 164
  - 7.6.3 可信模块的启用 ········ 165
- 7.7 移动终端完整性保护技术 ···· 167
  - 7.7.1 可信移动终端系统设计方案 ·········· 167
  - 7.7.2 Android 可信计算平台架构 ·········· 168
- 7.8 实用支撑技术 ·············· 172
  - 7.8.1 SGX 技术 ·············· 172
  - 7.8.2 TXT 技术 ·············· 173
  - 7.8.3 TrustZone 技术 ········· 174
  - 7.8.4 XOM 架构 ············· 175
  - 7.8.5 Bastion 体系结构 ······· 175
  - 7.8.6 Sanctum 保护 ·········· 176
- 7.9 本章小结 ·················· 177
- 7.10 习题 ····················· 177
- 7.11 思考题 ··················· 177

第 8 章 数据库系统安全 ········· 178
- 8.1 数据库安全概述 ············ 178
  - 8.1.1 安全特性 ·············· 178
  - 8.1.2 安全威胁 ·············· 179
  - 8.1.3 安全标准 ·············· 179
- 8.2 一般安全机制 ·············· 181
  - 8.2.1 用户标识与认证 ········ 182
  - 8.2.2 访问控制 ·············· 182
  - 8.2.3 数据库加密 ············ 186
  - 8.2.4 数据库审计 ············ 188
  - 8.2.5 备份与恢复 ············ 189
- 8.3 SQL Server 安全机制 ········ 191
  - 8.3.1 SQL Server 安全概述 ···· 191
  - 8.3.2 数据库环境安全 ········ 191
  - 8.3.3 身份认证 ·············· 192
  - 8.3.4 访问控制 ·············· 194
  - 8.3.5 数据库加密 ············ 198
  - 8.3.6 数据库审计 ············ 203
  - 8.3.7 数据库账本 ············ 205
- 8.4 本章小结 ·················· 207
- 8.5 习题 ······················ 207
- 8.6 思考题 ···················· 207

第 9 章 新型电力信息系统安全设计案例 ······ 208
- 9.1 传统电力信息系统安全体系简介 ············· 208
  - 9.1.1 安全分区 ·············· 209
  - 9.1.2 网络专用 ·············· 211
  - 9.1.3 横向隔离 ·············· 212
  - 9.1.4 纵向认证 ·············· 212
- 9.2 安全防护措施 ·············· 212
- 9.3 新型电力信息系统的安全需求 214
- 9.4 新型电力信息系统攻击行为建模技术 ·············· 215
  - 9.4.1 ATT&CK 框架 ·········· 215
  - 9.4.2 基于模糊层次分析法的攻击树模型 ············ 218
  - 9.4.3 基于攻击树模型的攻击行为识别 ············· 220
- 9.5 基于零信任的新型电力信息系统网络安全防护机制设计 ······ 222
  - 9.5.1 零信任理念 ············ 222
  - 9.5.2 零信任关键技术 ········ 224
  - 9.5.3 总体设计 ·············· 225
  - 9.5.4 安全性分析 ············ 226
- 9.6 零信任关键能力模型设计 ···· 228
  - 9.6.1 身份安全基础设施 ······ 228
  - 9.6.2 持续信任评估 ·········· 230
  - 9.6.3 动态访问控制 ·········· 232

	9.6.4	可信访问代理	232
	9.6.5	微隔离端口控制器	233
	9.6.6	安全性分析	233
9.7	本章小结		236
9.8	习题		236
9.9	思考题		237

第 10 章 大数据系统安全设计案例 238
- 10.1 大数据平台简介 238
- 10.2 Hadoop 的安全问题 240
- 10.3 大数据安全需求 241
- 10.4 大数据安全关键技术 243
- 10.5 大数据系统安全体系 246
- 10.6 大数据系统一体化安全管理系统设计 247
  - 10.6.1 管理需求 247
  - 10.6.2 网络结构设计 247
  - 10.6.3 安全模块设计 248
  - 10.6.4 软件开发架构 251
  - 10.6.5 软件运行流程 252
  - 10.6.6 软件界面 252
  - 10.6.7 软件测试 258
- 10.7 本章小结 261
- 10.8 习题 262
- 10.9 思考题 262

第 11 章 云计算服务安全设计案例 263
- 11.1 云计算服务简介 263
- 11.2 云计算服务安全需求 264
  - 11.2.1 云基础设施安全 265
  - 11.2.2 云计算平台安全 266
  - 11.2.3 云服务安全 266
- 11.3 云计算的安全关键技术 268
  - 11.3.1 虚拟化系统监控技术 268
  - 11.3.2 密文访问技术 271
  - 11.3.3 软件定义安全技术 273
  - 11.3.4 可信云计算技术 276
- 11.4 基于安全强化虚拟机的云计算平台设计 279
  - 11.4.1 安全强化虚拟机 279
  - 11.4.2 系统设计目标 279
  - 11.4.3 总体设计架构 280
  - 11.4.4 安全服务部署 280
  - 11.4.5 安全数据存储 281
  - 11.4.6 安全应用管理 282
- 11.5 本章小结 282
- 11.6 习题 283
- 11.7 思考题 283

第 12 章 量子信息系统安全设计案例 284
- 12.1 量子信息简介 284
  - 12.1.1 量子比特 284
  - 12.1.2 量子纠缠 284
  - 12.1.3 量子态测量 286
  - 12.1.4 量子计算 286
- 12.2 量子安全性 287
  - 12.2.1 信息论安全性 287
  - 12.2.2 量子安全性的物理原理 288
  - 12.2.3 量子攻击 289
- 12.3 量子信息系统安全需求 290
  - 12.3.1 量子计算机 290
  - 12.3.2 量子网络 292
  - 12.3.3 安全需求 293
- 12.4 量子密码技术 293
  - 12.4.1 量子密钥分发 293
  - 12.4.2 量子认证 295
  - 12.4.3 量子签名 296
  - 12.4.4 量子加密 297
- 12.5 量子随机数发生器设计 298
  - 12.5.1 量子随机数发生器原理 298
  - 12.5.2 量子熵源 298
  - 12.5.3 随机数提取技术 301
  - 12.5.4 随机数检测技术 301
  - 12.5.5 处理软件 302
- 12.6 本章小结 304
- 12.7 习题 305
- 12.8 思考题 305

参考资料 306

第 1 章 信息系统安全风险

《孙子兵法·形篇》:"善守者藏于九地之下,善攻者动于九天之上"。攻与防是安全的两个方面,只有从攻击与防护两个角度设计系统,才能保证系统的安全。究竟什么样的信息系统才安全呢?

1.1 攻击案例

1.1.1 案例背景

2015 年 12 月的一天下午,某国部分地区居民家中突然停电。停电不是因为电力短缺,而是系统遭到了黑客攻击。黑客利用欺骗手段让电力公司员工下载了一款恶意软件"BlackEnergy",将电力公司的主控计算机与变电站断连,随后又在系统中植入计算机病毒,致使电力公司的计算机全体瘫痪。同时,黑客还对电力公司的电话通信系统进行了干扰,导致受到停电影响的居民无法和电力公司进行联系。新闻媒体报道称:"至少有 3 个电力区域被攻击,导致了数小时的停电事故,攻击者入侵了监控管理系统,超过一半的地区断电几个小时。"电力公司发布公告称:"因公司遭到入侵,7 个 110kV 的变电站和 23 个 35kV 的变电站出现故障,导致 80000 个用户断电。"这次停电是一起以破坏电力基础设施为目标的网络攻击事件。

对于一个实际的变电站来说,通常将隔离开关(刀闸)、断路器、变压器等直接与高压(强电)相关的设备称为一次设备,而将继电保护、仪表、中央信号、远动装置等保护、测量、监控和远程控制设备称为二次设备,二次设备所需的信号线路、通信线路等称为二次接线。变电站综合自动化系统的核心是将二次设备系统进行计算机化,集成变电站保护、测量、监控和远程控制功能,替代常规变电站二次设备,简化二次接线。变电站自动化系统是最终实现变电站无人值守的基础。

监控与数据采集(Supervisory Control And Data Acquisition,SCADA)系统是以计算机为基础的集散式控制系统(Distributed Control System,DCS)与电力自动化监控系统,应用领域很广。在电力系统中,SCADA 系统应用较为广泛,技术发展也较为成熟。

1.1.2 攻击方法分析

变电站 SCADA 系统可以实现远程数据采集、远程设备控制、远程测量、远程参数调节、信号报警等功能。但是存在多种方式能够通过操控 SCADA 系统导致断电:一是控制远程设备的运行状态,如采用断路器、改变闸刀状态,即直接切断供电线路,导致对应线路断电;二是修改设备运行参数,如修改继电保护装置的保护整定值,减小过电流保护的电流整定值,使得继电保护装置将正常负荷稍重的情况误判为过电流引发保护动作,进而造成一定破坏,使断路器跳闸等。

在取得了对 SCADA 系统的控制权后,攻击者开始推进攻击。

(1)通过恶意代码直接对变电站系统的程序界面进行控制。当攻击者取得 SCADA 系统的控制权(如 SCADA 系统操作员工作站节点)后,可取得与 SCADA 系统操作员完全一致的操作界面和操作权限（包括键盘输入、鼠标动作、命令执行，以及更复杂的基于界面交互的配置操作）。操作员在本地的各种认证信息（如登录口令等）也可以被攻击者通过技术手段获取，而采用USBKey等登录认证方式的USB设备也可能默认接入设备。因此，攻击者可像操作员一样，通过操作界面对远程设备进行开关控制，以达到断电的目的；同样也可以对远程设备参数进行调节，导致设备误动作或不动作，引起电网故障或断电。

（2）通过恶意代码伪造和篡改指令来控制电力设备。除通过直接操作程序界面这种方式外，攻击者还可以通过本地调用应用程序接口（Application Programming Interface，API）或网络劫持等方式，直接伪造和篡改指令来控制电力设备。变电站SCADA系统站控层之下的通信网络，并无特别设计的安全加密通信协议。当攻击者获取到不同位置的控制权（如SCADA系统站控层计算机、生产网络等相关网络设备等的控制权）后，可以直接伪造和篡改SCADA系统监控软件与间隔层设备间的通信数据，如IEC 61850通信明码报文，进而截获及伪造通信报文。攻击者可以通过伪造和篡改指令来直接遥控过程层电力设备，同样可以通过修改远程控制设备运行状态、更改设备运行参数引起电网故障或断电。

上述两种方式都可以在攻击者远程操控情况下交互作业，进行指令预设、实现定时触发和条件触发，从而在不需要和攻击者实时通信的情况下发起攻击。

1.1.3 攻击过程分析

1．攻击步骤

电网攻击过程示意图如图1.1所示。

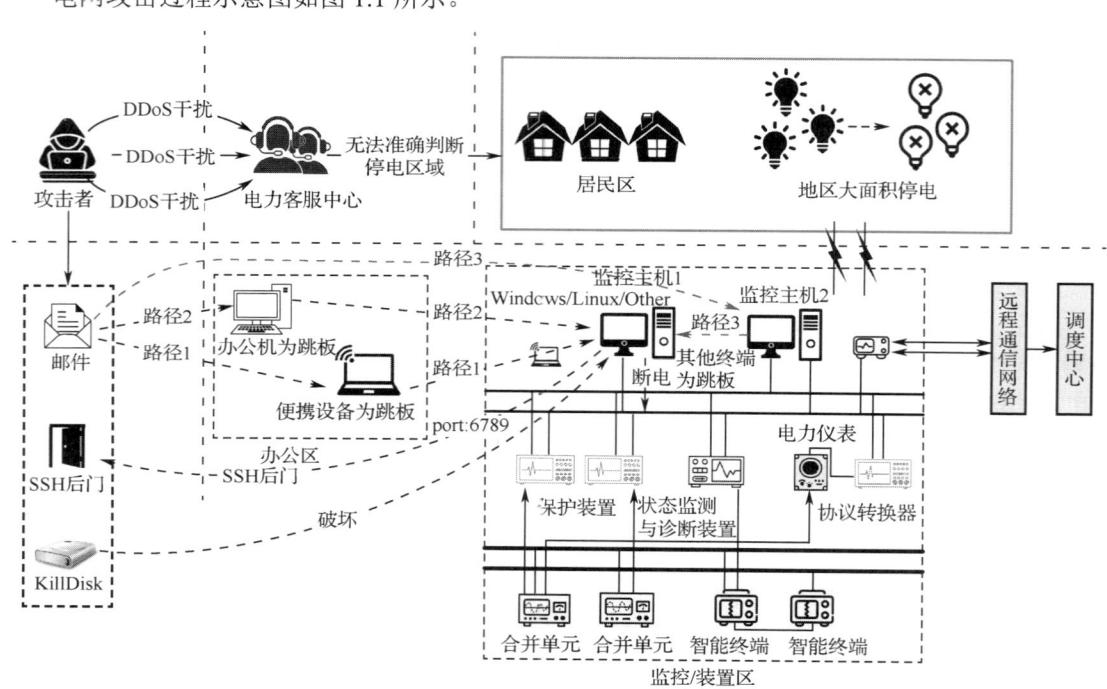

图1.1 电网攻击过程示意图

电网攻击始于一个带有恶意宏的.xls文件，黑客通过发送钓鱼链接或钓鱼邮件等将恶意文件传送给攻击目标，目标用户在不知情的情况下打开这些文件后便成了受害者。.xls文件运行后执行恶意宏代码，宏代码会在临时文件目录下释放 vba_macro.exe 文件，释放完成后立即运行。宏释放的恶意程序 vba_macro.exe 是 BlackEnergy 的释放器，通过 BlackEnergy 建立据点进行横向渗透，之后攻陷监控/装置区的关键主机。同时，由于 BlackEnergy 已经形成了具备规模的僵尸网络，加之定向传播等因素，不能排除攻击者已经在电力系统中完成了前期环境预置和持久化操作。攻击者在获得了 SCADA 系统的控制能力后，通过相关方法下达断电指令导致断电。随后，采用覆盖主引导记录和部分扇区的方式，使系统重启后不能上电自检和磁盘引导；采用清除系统日志的方式，提升事件后续分析难度；采用覆盖文档文件和其他重要格式文件的方式，使实质性的数据损失。这样不仅使系统难以恢复，还导致 SCADA 系统在失去上层故障反馈和显示能力后，工作人员不能有效推动恢复工作。

具体来说，此次电网攻击过程包括以下 9 个步骤。

（1）使用鱼叉式网络钓鱼攻击进入配电公司的商业网络；

（2）使用 BlackEnergy 3 标识每个受影响的配电公司；

（3）从商业网络中窃取凭证；

（4）使用内部虚拟专用网络（Virtual Private Network，VPN）进入工业控制系统（Industrial Control System，ICS）网络；

（5）使用环境中现有的远程访问工具或模仿人机界面（Human-Machine Interaction，HMI）操作员直接向远程站点发送指令；

（6）串行到以太网的通信设备在固件级别上受到影响；

（7）使用修改过的 KillDisk 来擦除系统的主引导记录，以及删除特定日志；

（8）利用不间断电源（Uninterruptible Power Supply，UPS）系统造成恶意的服务中断，影响连接负载；

（9）对呼叫中心实施拒绝服务（Denial of Service，DoS）攻击。

使用的主要漏洞和攻击工具如下。

（1）CVE-2014-4114 漏洞。

CVE-2014-4114 漏洞以邮件附件的方式嵌入了恶意程序的 Office 系列文档。已知的漏洞攻击载体是 Office 2007 系列组件。

漏洞影响从 Windows Vista SP2 到 Windows 8.1 的所有系统，也影响 Windows Server 2008～2012 版本。该漏洞于 2014 年 10 月 15 日被微软修补。该漏洞是一个逻辑漏洞，触发的核心在于 Office 系列组件加载对象链接与嵌入（Object Linking and Embedding，OLE）对象，OLE 对象可以远程下载，并通过 OLE Package 加载。执行之后会下载两个文件，一个为 inf 文件，另一个为 gif 文件（实质上是可执行病毒文件），然后将下载的 gif 文件的后缀名修改为 exe 并加入开机启动项，执行此病毒文件，此病毒文件即 BlackEnergy。

（2）BlackEnergy 工具。

BlackEnergy 工具主要用于建立僵尸网络，对定向目标实施分布式拒绝服务（Distributed DoS，DDoS）攻击。它有一套完整的生成器，可以在命令和控制（Command-and-Control，C&C）服务器的命令生成脚本中生成感染受害主机的客户端程序和架构。攻击者利用这套软件可以方便地建立僵尸网络，只需在 C&C 服务器上下达简单指令，僵尸网络受害主机便统一执行其指令。经过数年的发展，BlackEnergy 逐渐加入了 Rootkit 技术、插件支持、远程代码执行、数据采集等功能，能够根据攻击目的和对象，由黑客选择特制插件进行高级持续性威胁（Advanced Persistent Threat，APT）攻击。BlackEnergy 还进一步升级了功能，包括支持代理服务器，绕过用户账户控制（User Account Control，UAC），以及针对 64 位 Windows 系统的签名驱动等。

BlackEnergy 最初版本为 BlackEnergy 1，2010 年发布变种 BlackEnergy 2。本次攻击电力系统的 BlackEnergy 是一个新变种，该变种已被重写并对配置数据采用了不同的保存格式（XML）。该新变种客户端采用了插件的方式进行扩展，第三方开发者可以通过增加插件实现更多功能。本次攻击采用 BlackEnergy 的 KillDisk 插件擦除主机。BlackEnergy 采用模块化架构，允许为其编写不同的插件。本质上，BlackEnergy 并不属于有能力引发停电事故的软件。然而，它可以接入经过精心设计的额外软件包，进而能够对电厂控制设备发起猛烈进攻。从这个角度看，尽管 BlackEnergy 恶意软件本身并不复杂，但其插件库非常丰富且功能强大。

攻击者收集目标用户邮箱，然后向其定向发送携带恶意文件的钓鱼邮件，疏于安全防范的用户打开带宏病毒的 Office 文档（或利用了 Office 漏洞的文档）后即可运行恶意安装程序 Installer。Installer 会释放并加载 Rootkit 内核驱动，之后 Rootkit 使用异步过程调用（Asynchronous Procedure Call，APC）线程在系统关键进程 svchost.exe 中注入 main.dll。main.dll 会开启本地网络端口，使用 HTTPS 主动连接外网主控服务器，一旦连接成功，攻击者就可以下达指令下载其他工具或插件。

（3）KillDisk 工具。

KillDisk 被用于攻击能源系统，以及银行、铁路和采矿等行业的系统。该恶意软件逐渐转变为一种网络勒索威胁工具，危及 Windows 和 Linux 平台。KillDisk 生成的赎金信息被攻击者用来欺骗用户，覆盖删除文件并且不保存加密密钥，因此用户不可能恢复文件。

Windows 版本的 KillDisk 使用高级加密标准（AES）加密文件，其中 256 位的密钥由 CryptGenRandom 函数生成，而采用 1024 位的非对称加密（RSA）算法加密对称加密（AES）算法所需的加密密钥。为了区分已加密文件和未加密文件，KillDisk 在所有已加密文件后面加上后缀：DoN0t0uch7h! $CrYpteDfilE。

Linux 用户感染病毒后，KillDisk 递归加密/boot、/bin、/sbin、/lib/security、/lib64/security 等目录。KillDisk 使用三重数据加密算法（Triple DES）加密 4096 字节的文件块，而每台机器上所使用的 64 位加密密钥不同，所以重启之后就无法进入用户的系统。

2．攻击种类

从攻击种类上看，此次电网攻击事件至少包含 4 类攻击，具体如下。

（1）通过恶意软件影响变电站监控系统的可用性，使得调度员无法远程监控变电站的状态。

（2）获取变电站监控系统服务器的操作权限，进行恶意倒闸操作，切除变电站所带负荷。

（3）通过 DDoS 对电力公司的网站和客户服务系统进行攻击，阻止相关部门获取用户的事故报告，延长停电时间。

（4）通过恶意软件擦写变电站监控系统的服务器和工作站系统，不仅隐去了重要的攻击痕迹，还使监控系统不能恢复运行。

3．攻击路径

首先，攻击者使用 BlackEnergy 工具使用户计算机被渗透攻击成功，这个攻击过程见图 1.2 中的攻击路径①（虚线部分）。然后，攻击者通过远程控制实施后续具体攻击，通过网络传播病毒，删除计算机上的文件并使计算机瘫痪；通过网络穿透技术，从某台工控机向断路器发送跳闸命令，且攻击者在攻击过程中清除了其留在所经过计算机上的痕迹，事后较难追踪到其攻击路径。

攻击者也可能在几个月前就通过某种方式在被攻击对象的局域网中植入了病毒，如通过发送带有病毒的邮件，或者在工程师维护计算机时把病毒下载到某台计算机上，时隔几个月后该病毒启动并与外界连接，实施后续攻击，见图 1.2 中的攻击路径②（虚线部分）。

停电事件发生后，该国多家电力公司同样遭受了 DDoS 攻击，即图 1.2 中的攻击路径③（虚线部分），导致这些电力公司呼叫支持中心的网络流量激增，破坏了正常通信和应急通信，电力运营商不能以远程控制方式对受感染系统进行应急救援。

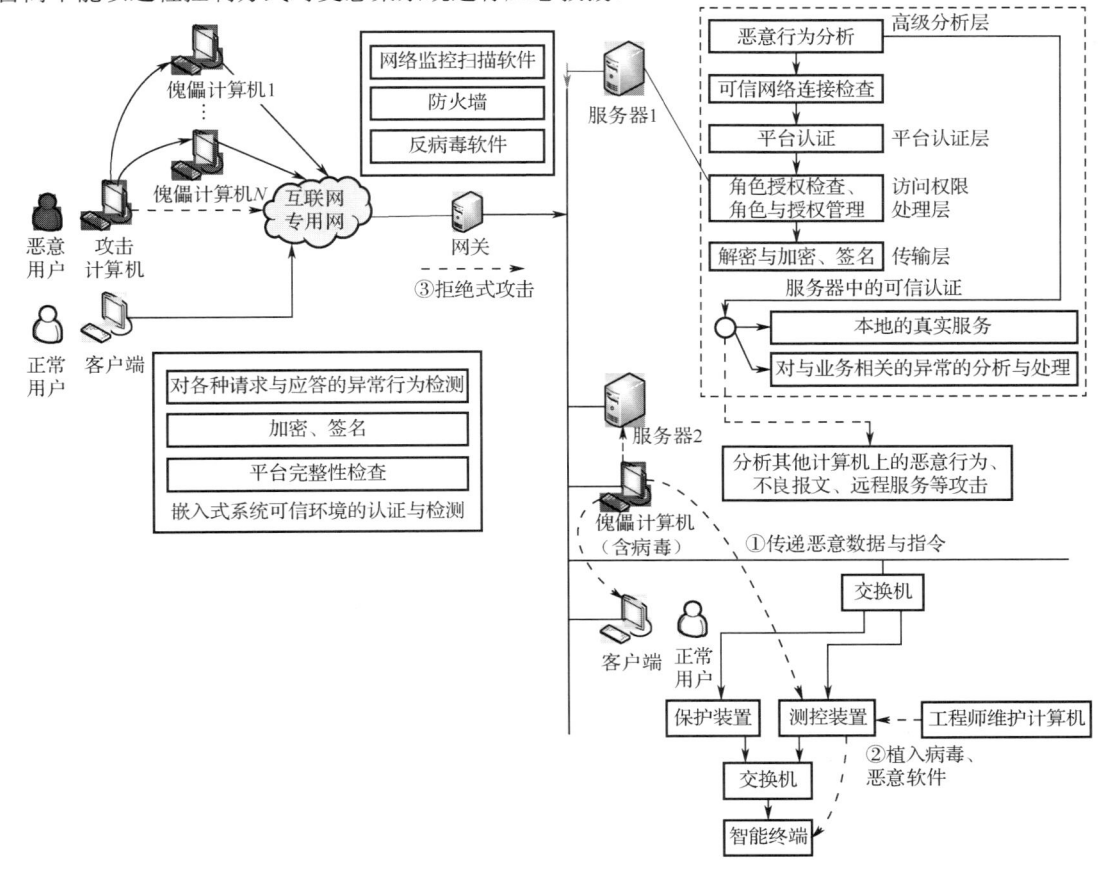

图 1.2　电网攻击路径

1.1.4　安全问题

针对电力基础设施，攻击者通过恶意操作 SCADA 系统，对电网系统进行了破坏性攻击，致使 SCADA 系统和现场通信瘫痪。针对国家关键基础设施的攻击，可以看成过去对通用计算机和服务器的破坏性攻击的升级。

事件中存在的安全问题如下。

1. 电力信息系统安全防御体系不完善

本次攻击事件中，BlackEnergy 软件早在 6 个月前便已被潜伏至配电网系统中，然而在此期间电力公司并没有通过专业技术手段扫描系统。此外，通过事后对攻击痕迹的分析发现，在事故发生前 2 天，攻击者启动了一次攻击模拟测试，但在测试期间相关设备和控制系统的异常表现并未被监测到。系统环境中混用了大量不同时代的信息系统，这些信息系统大都存在年久失修、不打补丁、防御薄弱等问题，它们一旦接入互联网或局域网，就可能为网络攻击和病毒、木马的传播创造有利环境。

2. 电力信息系统未考量安全因素

电力信息系统存在多个可被利用的开源漏洞，包括远程终端单元（Remote Terminal Unit，RTU）

的部分基础设施的通信协议被供应商公开在网络上，利用 VPN 从办公区网络进入 ICS 网络的过程中缺少对关键因素的认证，以及现有的防火墙允许攻击者在系统外以远程管理员身份接入 ICS 网络等。很多系统中的应用程序和协议最初都是在没有考虑认证和加密机制及网络攻击的情况下开发的。设备本身处理过载和异常流量的能力较弱，攻击者实施 DDoS 攻击会导致设备响应中断。

3．安全防御体系难以抵御网络协同攻击

在渗透手段上，恶意软件具有很强的漏洞利用和传播能力。例如，震网病毒的传播扩散模式为通过巧妙设计的 U 盘传播机制，成功侵入以物理隔离方式保护的核设施。在攻击手段上，这些软件具有自发的学习能力，在侵入核心设备后，通过对运行数据的读取及分析，能快速有效地选择攻击目标和方式。在潜伏性能上，这些恶意软件的运行样本很难获取，因此很难研究出快速有效的检测机制。

4．工作人员安全防范意识薄弱

电力信息系统没有实现办公管理大区与外部互联网的物理隔离，同时缺乏对恶意邮件的监控过滤，且工作人员防范意识淡薄，易被攻击者通过多样的社会工程攻击手段欺骗利用。

1.2 信息系统基础

1.2.1 信息系统的定义

从概念上讲，信息系统（Information System）在计算机产生之前就已经存在，在计算机和网络广泛应用之后加速发展。自 20 世纪初弗雷德里克·温斯洛·泰勒（Frederick Winslow Taylor）创立科学管理理论以来，与科学管理相关的方法和技术迅速发展。在与统计理论和方法、计算机技术、通信技术等领域相互渗透、相互促进的发展过程中，信息系统作为一个专门领域迅速形成。

信息系统是以处理信息流为目的，由计算机硬件、网络与通信设备、计算机软件、信息资源、信息用户和规章制度组成的一体化系统。简单来说，信息系统就是对输入数据通过加工处理产生信息的系统。

信息系统是任何组织都有的一个子系统，用于生产和管理服务。对从事物质生产及具体工作的部门来说，它是管理或控制系统的一部分，同时也会渗透到组织的每个部门当中。

信息系统的作用与其他系统有些不同，它不从事某项具体的事务性工作，而是将全局关系协调一致。因而信息系统的运转情况与整个组织的效率密切相关。

信息系统主要有 5 个基本功能：输入、存储、处理、输出和控制，具体如下。

（1）输入功能：取决于系统所要达到的目的、系统的能力和信息环境的许可。

（2）存储功能：系统存储各种信息资料和数据的能力。

（3）处理功能：进行核对、变换、分类、合并、更新、检索、抽出、分配、生成和计算等处理。

（4）输出功能：信息系统的各种功能都是为了保证最终实现最佳的输出功能。

（5）控制功能：对构成系统的各种信息处理设备进行控制和管理，对整个信息加工、处理、传输、输出等环节通过各种程序进行控制。

可见，信息系统的主要任务是最大限度地利用现代计算机及网络通信技术加强信息管理，建立正确的数据，对数据进行加工处理并编制成各种信息资料及时提供给管理人员，以便其进行正确的决策，不断提高管理人员的管理水平和企业的经济效益。

1.2.2 信息系统的特性

一般来说，信息系统具有 4 个特性，具体如下。

（1）整体特性：信息系统在功能内容上体现出的整体性，以及在开发和应用技术步骤上体现的整体性。它要求即使实际开发的功能仅仅是组织中的一项局部管理工作，也必须从全局的角度规划。

（2）辅助管理：应用信息系统辅助业务人员进行管理，提交有用的报告和方案来支持管理人员做出决策。因而，人员管理工作必须有相应的管理思想、方式和流程。

（3）以计算机为核心：信息系统是人机系统，与信息处理的其他人工手段有明显区别。

（4）动态特性：信息系统既具有时效性，又具有关联性。当系统的某个要素（如系统的目标）发生变化时，整个系统也必须随之发生变化。因而信息系统的建立并不是一劳永逸的，还需要在实际应用中不断地完善和更新，以延长系统正常运行时间，提高系统效率。

1.2.3 信息系统的安全需求

信息系统安全是指信息系统包含的所有软硬件和数据受到保护，不会因偶然或恶意行为遭到破坏、更改和泄露，信息系统能连续正常运行。

信息系统本身存在着来自人文环境、技术环境和物理自然环境的安全风险，其安全威胁无时无处不在。对大型信息系统的安全问题而言，不可能单凭一些集成了信息安全技术的安全产品来解决，而必须考虑技术、管理和制度的因素，全方位地综合解决系统安全问题，建立信息系统安全保障体系。

随着信息科技的发展，计算机技术越来越普遍地被应用于政府机关和企事业单位，而相关信息系统普遍都经历了由点及面、由弱渐强的发展过程，并在内部形成了较为系统的信息一体化应用。随着信息系统建设的全面展开及各种业务系统建设的逐步深入，单位的经营管理等对信息系统的依赖也越来越强，信息系统甚至成了单位生存发展的基础和保证。因此信息系统的安全性越来越重要，信息系统安全成为迫切需要解决的问题。专业人员面对的是一个复杂多变的系统环境，例如，设备分布物理范围大，设备种类繁多，大部分最终用户信息安全意识贫乏；系统管理员对用户的行为缺乏有效的监管手段；少数用户恶意或非恶意滥用系统资源；基于系统性的缺陷或漏洞无法避免；各种计算机病毒层出不穷等。一系列的问题都严重威胁着信息系统的安全。因此，如何构建完善的信息系统安全防护体系以保障信息系统的安全运行，成为国家信息化建设发展过程中必须面对且亟须解决的课题。

1.3 信息安全等级保护

1.3.1 信息安全等级保护的定义

信息安全等级保护是对信息和信息载体按照重要性等级分级别进行保护的一种工作，广义上指的是所有涉及该工作的标准、产品、系统、信息等均依据等级保护思想进行的安全工作，狭义上一般指信息系统安全等级保护。

信息安全等级保护工作包括定级、备案、安全建设和整改、信息安全等级测评、信息安全检查 5 个阶段。

信息系统安全等级测评是验证信息系统是否满足相应安全保护等级的评估过程。信息安全等级保护要求不同安全等级的信息系统具有不同的安全保护能力。一方面，在安全技术和安全管理上选用与安全等级相适应的安全控制方式；另一方面，分布在信息系统中的安全技术和安全管理上的不同的安全控制方式，通过连接、交互、依赖、协调、协同等相互关联，共同作用于信息系统的安全功能，使信息系统的整体安全功能与结构及安全控制间、层面间和区域间的相互关联关系密切相关。因此，信息系统安全等级测评在安全控制测评的基础上，还包括了系统整体测评。

1.3.2 等级划分

《信息安全等级保护管理办法》规定，国家信息安全等级保护坚持自主定级、自主保护的原则。信息系统的安全保护等级应当根据信息系统在国家安全、经济建设、社会生活中的重要程度，信息系统遭到破坏后对国家安全、社会秩序、公共利益以及公民、法人和其他组织的合法权益的危害程度等因素确定。

信息系统的安全保护等级分为 5 级，等级逐级增高，具体如下。

（1）第一级，信息系统受到破坏后，会对公民、法人和其他组织的合法权益造成损害，但不损害国家安全、社会秩序和公共利益。第一级信息系统运营、使用单位应当依据国家有关管理规范和技术标准进行保护。

（2）第二级，信息系统受到破坏后，会对公民、法人和其他组织的合法权益产生严重损害，或者对社会秩序和公共利益造成损害，但不损害国家安全。国家信息安全监管部门对该级信息系统安全等级保护工作进行指导。

（3）第三级，信息系统受到破坏后，会对社会秩序和公共利益造成严重损害，或者对国家安全造成损害。国家信息安全监管部门对该级信息系统安全等级保护工作进行监督、检查。

（4）第四级，信息系统受到破坏后，会对社会秩序和公共利益造成特别严重损害，或者对国家安全造成严重损害。国家信息安全监管部门对该级信息系统安全等级保护工作进行强制监督、检查。

（5）第五级，信息系统受到破坏后，会对国家安全造成特别严重损害。国家信息安全监管部门对该级信息系统安全等级保护工作进行专门监督、检查。

1.3.3 实施原则

《信息系统安全等级保护实施指南》明确了以下基本原则。

（1）自主保护原则：信息系统运营、使用单位及其主管部门按照国家相关法规和标准，自主确定信息系统的安全保护等级，自行组织实施安全保护。

（2）重点保护原则：根据信息系统的重要程度、业务特点，通过划分不同安全保护等级的信息系统，实现不同强度的安全保护，集中资源优先保护涉及核心业务或关键信息资产的信息系统。

（3）同步建设原则：信息系统在新建、改建、扩建时应当同步规划和设计安全方案，投入一定比例的资金建设信息安全设施，保障信息安全与信息化建设相适应。

（4）动态调整原则：要跟踪信息系统的变化情况，调整安全保护措施。由于信息系统的应用类型、范围等条件的变化及其他原因，安全保护等级需要变更的，应当根据等级保护的管理规范和技术标准的要求，重新确定信息系统的安全保护等级，根据信息系统安全保护等级的调整情况，重新实施安全保护。

1.3.4 政策标准

1．主要政策法规

（1）中华人民共和国计算机信息系统安全保护条例（1994年国务院令第147号，2011年1月8日修订）（"第九条 计算机信息系统实行安全等级保护。安全等级的划分标准和安全等级保护的具体办法，由公安部会同有关部门制定"）。

（2）计算机信息系统 安全保护等级划分准则（GB 17859—1999）（"第一级：用户自主保护级；第二级：系统审计保护级；第三级：安全标记保护级；第四级：结构化保护级；第五级：访问验证保护级"）。

（3）国家信息化领导小组关于加强信息安全保障工作的意见（中办发〔2003〕27号）。

（4）关于信息安全等级保护工作的实施意见（公通字〔2004〕66号）。

2．主要定级标准

（1）信息安全等级保护管理办法（公通字〔2007〕43号）。

（2）关于开展全国重要信息系统安全等级保护定级工作的通知（公信安〔2007〕861号）。

（3）关于开展信息安全等级保护安全建设整改工作的指导意见（公信安〔2009〕1429号）。

（4）中华人民共和国网络安全法（2017年6月1日起施行）。

3．主要标准

（1）计算机信息系统 安全保护等级划分准则（GB 17859—1999）（基础类标准）。

（2）信息安全技术 网络安全等级保护实施指南（GB/T 25058—2019）（基础类标准）。

（3）信息安全技术 网络安全等级保护定级指南（GB/T 22240—2020）（应用类定级标准）。

（4）信息安全技术 网络安全等级保护基本要求（GB/T 22239—2019）（应用类建设标准）。

（5）信息安全技术 信息系统通用安全技术要求（GB/T 20271—2006）（应用类建设标准）。

（6）信息安全技术 网络安全等级保护安全设计技术要求（GB/T 25070—2019）（应用类建设标准）。

（7）信息安全技术 网络安全等级保护测评要求（GB/T 28448—2019）（应用类测评标准）。

（8）信息安全技术 网络安全等级保护测评过程指南（GB/T 28449—2018）（应用类测评标准）。

（9）信息安全技术 信息系统安全管理要求（GB/T 20269—2006）（应用类管理标准）。

（10）信息安全技术 信息系统安全工程管理要求（GB/T 20282—2006）（应用类管理标准）。

4．其他相关标准

（1）信息安全技术 信息系统物理安全技术要求（GB/T 21052—2007）。

（2）信息安全技术 网络基础安全技术要求（GB/T 20270—2006）。

（3）信息安全技术 操作系统安全技术要求（GB/T 20272—2019）。

（4）信息安全技术 数据库管理系统安全技术要求（GB/T 20273—2019）。

（5）信息安全技术 信息安全风险评估方法（GB/T 20984—2022）。

（6）信息技术 安全技术 信息安全事件管理（GB/T 20985—2017）。

（7）信息安全技术 网络安全事件分类分级指南（GB/T 20986—2023）。

（8）信息安全技术 信息系统灾难恢复规范（GB/T 20988—2007）。

1.3.5　美国计算机安全评价准则

可信计算机系统评价准则（Trusted Computer System Evaluation Criteria，TCSEC）是计算机系统安全评价的第一个正式标准。该标准于 1970 年由美国国防科学委员会提出，并于 1985 年 12 月由美国国防部公布。TCSEC 最初只是军用标准，后来延伸至民用领域。TCSEC 将计算机系统的安全划分为 4 个等级共 7 个级别，具体如下。

1. D 类安全等级

该类安全等级只包括 D1 一个级别。D1 的安全等级最低。D1 系统只为文件和用户提供安全保护。D1 系统最普通的形式是本地操作系统，或者是一个完全没有保护的网络。

2. C 类安全等级

该类安全等级能够提供审慎的保护，并为用户的行动和责任提供审计能力。C 类安全等级可划分为 C1 和 C2 两个级别。C1 系统的可信计算基（Trusted Computing Base，TCB）通过将用户和数据分开来达到安全的目的。在 C1 系统中，所有的用户以同样的灵敏度来处理数据，即用户认为 C1 系统中的所有文档都具有相同的保密性。C2 系统比 C1 系统加强了可调的审慎控制。在连接到网络上时，C2 系统的用户分别对各自的行为负责。C2 系统通过登录过程、安全事件和资源隔离来增强控制。C2 系统具有 C1 系统中所有的安全性特征。

3. B 类安全等级

该类安全等级可分为 B1、B2 和 B3 这 3 个级别。B 类系统具有强制性保护功能。强制性保护意味着如果用户没有与安全等级建立联系，系统就不会让用户访问对象。B1 系统满足下列要求：系统对网络控制下的每个对象都进行灵敏度标记；系统将灵敏度标记作为所有强迫访问控制的基础；系统在把导入的、非标记的对象放入系统前标记它们；灵敏度标记必须准确地表示其所联系的对象的安全级别；当系统管理员创建系统或者增加新的通信通道或 I/O 设备时，管理员必须指定每个通信通道和 I/O 设备是单级的还是多级的，并且管理员只能手工改变指定；单级设备并不保持传输信息的灵敏度级别；所有直接面向用户位置的输出（无论是虚拟的还是物理的）都必须产生标记来指示输出对象的灵敏度；系统必须使用用户的口令或证明来决定用户的安全访问级别；系统必须通过审计来记录未授权访问的企图。

B2 系统必须满足 B1 系统的所有要求。另外，B2 系统的管理员必须使用一个明确的、文档化的安全策略模式作为系统的可信任运算基础体制。B2 系统必须满足下列要求：系统必须立即通知系统中的每个用户所有与之相关的网络连接的改变；只有用户能够在可信任通信路径中进行初始化通信；可信任运算基础体制能够支持独立的操作者和管理员。

B3 系统必须满足 B2 系统的所有安全要求。B3 系统具有很强的监视委托管理访问能力和抗干扰能力，且必须设有安全管理员。B3 系统应满足以下要求：除了控制对个别对象的访问外，B3 必须产生一个可读的安全列表；每个被命名的对象提供对该对象没有访问权的用户列表说明；B3 系统在进行任何操作前，都要求用户进行身份验证；B3 系统验证每个用户的同时还会发送一个取消访问的审计跟踪消息；设计者必须正确区分可信任的通信路径和其他路径；可信任通信基础体制为每个被命名的对象建立安全审计跟踪；可信任运算基础体制支持独立的安全管理。

4. A 类安全等级

该类安全等级只包含 A1 一个安全类别。A 类系统的安全级别最高。A1 类与 B3 类相似，对系统的结构和策略没有特别要求。A1 系统的显著特征是系统的设计者必须按照一个正式的设计规范来分析系统。对系统进行分析后，设计者必须运用核对技术进行核对，确保系统符合设计规范。

A1 系统必须满足下列要求：系统管理员必须从开发者那里接收到一个安全策略的正式模型；所有的安装操作都必须由系统管理员进行；系统管理员进行的每步安装操作都必须有正式文档。

针对信息安全保障阶段，欧洲四国（英、法、德、荷）提出了评价满足保密性、完整性、可用性要求的信息技术安全评价准则（Information Technology Security Evaluation Criteria，ITSEC）。美国又联合以上诸国、加拿大和国际标准化组织（International Standards Organization，ISO）共同提出了信息技术安全性评估通用准则（Common Criteria，CC）。CC 已经被承认为代替 TCSEC 的评价安全信息系统的标准，在 1999 年被采纳为国际标准 ISO/IEC 15408。

1.3.6　我国网络安全等级保护标准

2007 年，《信息安全等级保护管理办法》（公通字〔2007〕43 号）的正式发布，标志着等级保护 1.0 的正式启动。等级保护 1.0 规定了等级保护需要完成的"规定动作"，即定级备案、建设整改、等级测评和监督检查。为了指导用户完成等级保护的"规定动作"，相关部门在 2008 年至 2012 年期间陆续发布了等级保护的一些主要标准，构成等级保护 1.0 标准体系。

2017 年 6 月 1 日，《中华人民共和国网络安全法》（以下简称《网络安全法》）正式施行，标志着等级保护 2.0 的正式启动。《网络安全法》明确"国家实行网络安全等级保护制度"（第二十一条）、"国家对公共通信和信息服务、能源、交通、水利、金融、公共服务、电子政务等重要行业和领域，以及其他一旦遭到破坏、丧失功能或者数据泄露，可能严重危害国家安全、国计民生、公共利益的关键信息基础设施，在网络安全等级保护制度的基础上，实行重点保护"（第三十一条）。上述要求为网络安全等级保护赋予了新含义，于是相关部门重新调整和修订了等级保护 1.0 标准体系，配合《网络安全法》的落地实施，指导用户按照网络安全等级保护制度的新要求，履行网络安全保护义务。

随着信息技术的发展，等级保护对象已经从狭义的信息系统扩展到网络基础设施、云计算平台/系统、大数据平台/系统、物联网、工业控制系统、采用移动互联技术的系统等，因此，基于新技术和新手段提出新的分等级的技术防护机制和更完善的管理手段是等级保护 2.0 标准必须考虑的内容。在网络安全等级保护制度的基础上，应对关键信息基础设施实行重点保护，基于等级保护提出的分等级的防护机制和管理手段，提出关键信息基础设施的加强保护措施，确保等级保护标准和关键信息基础设施保护标准的顺利衔接也是等级保护 2.0 标准体系需要考虑的内容。

1. 等级保护 2.0 标准体系的主要特点

（1）将对象范围由原来的信息系统改为等级保护对象（信息系统、通信网络设施和数据资源等），对象包括网络基础设施（广电网、电信网、专用通信网络等）、云计算平台/系统、大数据平台/系统、物联网、工业控制系统、采用移动互联技术的系统等。

（2）在等级保护 1.0 标准的基础上进行了优化，同时针对云计算、移动互联、物联网、工业控制系统及大数据等新技术和新应用领域提出新要求，形成了由安全通用要求和新应用安全扩展要求共同构成的标准要求内容。

（3）采用了"一个中心，三重防护"的防护理念和分类结构，强化了建立纵深防御和精细防御体系的思想。

（4）强化了密码技术和可信计算技术的使用，把可信验证列入各个级别并逐级提出各个环节的主要可信验证要求，强调通过密码技术、可信验证、安全审计和态势感知等建立主动防御体系的期望。

2．等级保护 2.0 标准体系的主要变化

（1）名称由原来的《信息系统安全等级保护基本要求》改为《网络安全等级保护基本要求》，保护对象也发生了改变。

（2）将原来各个级别的安全要求分为安全通用要求和安全扩展要求。其中安全通用要求是不管等级保护对象形态如何都必须满足的要求。安全扩展要求包括云计算安全扩展要求、移动互联安全扩展要求、物联网安全扩展要求及工业控制系统安全扩展要求。

（3）基本要求中，各级技术要求修订为"安全物理环境""安全通信网络""安全区域边界""安全计算环境"和"安全管理中心"；各级管理要求修订为"安全管理制度""安全管理机构""安全管理人员""安全建设管理"和"安全运维管理"。

（4）取消了原来安全控制点的 S、A、G 标注，增加附录 A "关于安全通用要求和安全扩展要求的选择和使用"，描述等级保护对象的定级结果和安全要求之间的关系，说明如何根据定级的 S、A 结果选择安全要求的相关条款，简化了标准正文部分的内容。增加附录 C 描述等级保护安全框架和关键技术、附录 D 描述云计算应用场景、附录 E 描述移动互联应用场景、附录 F 描述物联网应用场景、附录 G 描述工业控制系统应用场景、附录 H 描述大数据应用场景。

3．等级保护 2.0 标准体系的框架和内容

（1）标准的框架。GB/T 22239—2019、GB/T 25070—2019 和 GB/T 28448—2019 采取了统一的框架。例如，安全通用要求框架如图 1.3 所示。

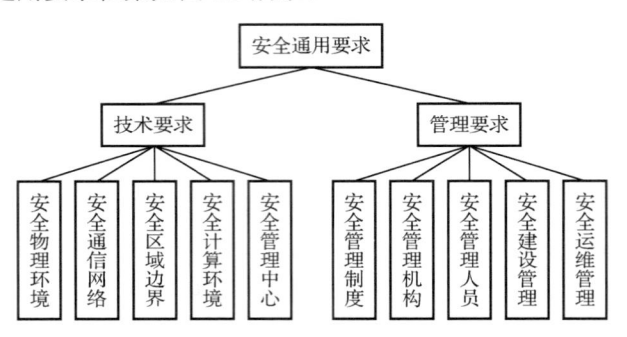

图 1.3　安全通用要求框架

（2）安全通用要求。安全通用要求针对共性化保护需求提出，无论等级保护对象以何种形式出现，均需要根据安全保护等级实现相应级别的安全通用要求。

（3）安全扩展要求。等级保护对象的安全保护需要同时落实安全通用要求和安全扩展要求提出的措施。安全扩展要求针对个性化保护需求提出，等级保护对象需要根据安全保护等级、使用的特定技术或应用场景实现安全扩展要求，包括以下 4 个方面。

① 云计算安全扩展要求是针对云计算平台提出的安全通用要求之外需要实现的安全要求，主要内容包括"基础设施的位置""虚拟化安全保护""镜像和快照保护""云计算环境管理"和"云服务提供商选择"等。

② 移动互联安全扩展要求是针对移动终端、移动应用和无线网络提出的安全要求，与安全通用要求一起构成针对采用移动互联技术的等级保护对象的完整安全要求，主要内容包括"无线接入点的物理位置""移动终端管控""移动应用管控""移动应用软件采购"和"移动应用软件开发"等。

③ 物联网安全扩展要求是针对感知层提出的特殊安全要求，与安全通用要求一起构成针对物联网的完整安全要求，主要内容包括"感知节点的物理防护""感知节点设备安全""网关节点设

备安全""感知节点的管理"和"数据融合处理"等。

④ 工业控制系统安全扩展要求主要是针对现场控制层和现场设备层提出的特殊安全要求，它们与安全通用要求一起构成针对工业控制系统的完整安全要求，主要内容包括"室外控制设备防护""工业控制系统网络架构安全""拨号使用控制""无线使用控制"和"控制设备安全"等。

1.3.7 测评及认证项目

信息安全测评及认证项目分为信息安全产品测评、信息系统安全等级认证、信息安全服务资质认证、信息安全从业人员资质认证4个大类。

（1）信息安全产品测评：对信息技术产品的安全性进行测评，其中包括各类信息安全产品如防火墙、入侵监测、安全审计、网络隔离、VPN、智能卡、卡终端、安全管理等，以及各类非安全专用IT产品如操作系统、数据库、交换机、路由器、应用软件等。根据测评依据及测评内容，分为信息安全产品分级评估、信息安全产品认证测评、信息技术产品自主原创测评、源代码安全风险评估、选型测试、定制测试。

（2）信息系统安全等级认证：对信息系统的安全性进行测试、评估和认证，根据依据标准及测评方法的不同，主要提供信息安全风险评估、信息系统安全等级保护测评、信息系统安全保障能力评估、信息系统安全方案评审、电子政务项目信息安全风险评估。

（3）信息安全服务资质认证：对提供信息安全服务的组织和单位的资质进行审核、评估和认证，是对信息安全服务的提供者的技术、资源、法律、管理等方面的资质和能力，以及其稳定性、可靠性进行评估，并依据公开的标准和程序，对其安全服务保障能力进行认证的过程。信息安全服务资质可分为应急处理服务资质、风险评估服务资质、信息系统安全集成服务资质、信息系统灾难备份与恢复服务资质、软件安全开发资质、安全运维服务资质、工业控制安全服务资质、网络安全审计服务资质。

（4）信息安全从业人员资质认证：对信息安全专业人员的资质能力进行考核、评估和认证，主要包括注册信息安全专业人员（Certified Information Security Professional，CISP）、注册信息安全员（Certified Information Security Member，CISM）及安全编程等专项培训、信息安全意识培训。

🔒 1.4 信息安全基础

1.4.1 信息安全目标

信息安全可分为狭义安全与广义安全两个层次。狭义的信息安全建立在以密码学为基础的计算机安全领域，早期信息安全通常以此为基准，辅以计算机技术、通信网络技术等方面的内容；广义的信息安全是一门综合性学科，涉及内容从传统的计算机安全到网络空间安全。至此，安全不再是单纯的技术问题，而是将管理、技术、法律等问题相结合的产物。

通常，信息安全目标核心为CIA三元组，即保密性、完整性和可用性。CIA概念的阐述源自ITSEC，它也是信息安全的基本要素和安全建设所应遵循的基本原则。

（1）保密性（Confidentiality）：确保信息在存储、使用、传输过程中不会被泄露给非授权用户或实体。它是信息安全一诞生就具有的特性，也是信息安全主要的研究内容之一。更通俗地讲，就是非授权主体不能够获取敏感信息。对纸质文档信息，只需要保护好文件，不被非授权主体接触即可。而对计算机及网络环境中的信息，不仅要阻止非授权主体对信息的阅读，还要阻止授权主体将其访问的信息传递给非授权主体,防止信息被泄露。

(2)完整性(Integrity):确保信息在存储、使用、传输过程中不会被非授权主体篡改,还要防止授权主体对系统及信息进行不恰当的篡改,保持信息内、外部表示的一致性。完整性要求保持信息的原始状态,从而保证信息的真实性。如果这些信息被蓄意地修改、插入、删除等将会形成虚假信息,带来严重的后果。

(3)可用性(Availability):确保授权主体或实体对信息及资源的正常使用不会被异常拒绝,允许其可靠且及时地访问信息及资源。它是在信息安全保护阶段提出的新要求,保证授权主体在需要信息时能及时得到服务。

除了上述 CIA 三元组,信息安全目标还包括可审计性(Auditability)、不可否认性(Non-repudiation)、可认证性(Authenticity)等。可审计性是指信息系统的行为人不能否认自己的信息处理行为。不可否认性是指在网络环境中,信息交换的双方不能否认其在信息交换过程中发送信息或接收信息的行为。可认证性是指信息接收者能对信息发送者的身份进行判定,是一个与不可否认性相关的概念。

信息安全的保密性、完整性和可用性主要强调对非授权主体的控制。那如何对授权主体的不正当行为进行控制呢?信息安全的可审计性、不可否认性和可认证性恰恰是通过控制授权主体的不正当行为,实现对保密性、完整性和可用性的有效补充。这些性质主要强调授权主体只能在授权范围内进行合法的访问,并且其行为受到监督和审查。

1.4.2 信息安全原则

为了达到信息安全目标,使用各种信息安全技术都必须遵守一些基本的原则。

(1)最小化原则。受保护的敏感信息只能在法律和相关安全策略允许的前提下,为满足工作需求,在一定范围内被履行工作职责和职能的安全主体共享。在访问信息时,仅授予用户适当权限,称为最小化原则。敏感信息的"知情权"必须加以限制,这是在"满足工作需要"前提下的一种限制性开放。最小化原则可以细分为需要知道(need to know)和需要用到(need to use)的原则。

(2)分权制衡原则。在信息系统中,应该对所有权限进行适当划分,使每个授权主体只能拥有其中的一部分权限,主体之间相互制约、相互监督,共同保证信息系统的安全。如果一个授权主体的权限过大,无人监督和制约,就存在"滥用权力"的安全隐患。

(3)安全隔离原则。隔离和控制是实现信息安全的基本方法,隔离是进行控制的基础。信息安全的一个基本策略就是将信息的主体与客体分离,在此基础上,系统可按照自定义的安全策略,在可控和安全的前提下实现主体对客体的访问。

在生产实践过程中总结的一些实施原则是上述基本原则的具体体现和扩展。这些实施原则包括整体保护原则、谁主管谁负责原则、适度保护的等级化原则、分域保护原则、动态保护原则、多级保护原则、深度保护原则和信息流向原则等。

1.4.3 信息安全基本概念

1. 安全威胁与安全攻击

安全威胁是一种可能会造成攻击的潜在行为;安全攻击是一种故意逃避安全服务(特别是从方法和技术上)并且破坏系统安全策略的行为。

安全攻击分为被动攻击和主动攻击两类。被动攻击非常难以检测，对付被动攻击的重点是防范。主动攻击难以防范，对付主动攻击的重点是检测。

被动攻击包括窃听和监视数据传输，主要有两种形式。

（1）消息内容泄露攻击：获取秘密或敏感信息。

（2）流量分析攻击：无法从消息中提取消息内容，但可以根据消息模式推测通信双方的位置和身份等。

主动攻击包括数据流的改写和错误数据流的添加，分为 4 类。

（1）假冒：一个具有较小权限的经过认证的实体，通过模仿一个具有其他权限的实体而得到额外的权限。

（2）重放：获取数据单元并按照其之前的顺序重新传输，以此来产生一个非授权的路径。

（3）改写消息：合法消息的某些部分被篡改，或者消息被延迟、被重排，从而产生非授权效应。

（4）拒绝服务：针对某个特殊个体或整个网络，阻碍或禁止其通信设备正常使用或管理。

以电网安全为例，《美国国家标准与技术研究院（NIST）7628 号报告：智能电网信息安全指南》提出了美国针对智能电网信息安全的分析框架，供相关组织在根据智能电网业务特性、安全风险和漏洞制定有效的信息安全战略时参考使用。

可基于 CIA 对电网攻击进行分类，如表 1.1 所示。

表 1.1 基于 CIA 的电网攻击分类

CIA	攻击类型
保密性	密码破解、恶意软件和病毒、内部员工、后门攻击
完整性	虚假数据注入攻击、中间人攻击、口令攻击、重放攻击
可用性	DoS 攻击、丢包攻击、干扰攻击

（1）保密性。

① 密码破解：攻击者通过暴力手段绕过电力二次系统的防火墙及密码保护。入侵之后使用 IP 扫描工具获取用户交互界面的信息，进行非法活动。

② 恶意软件和病毒：攻击者设置程序来感染电力系统的特定设备。

③ 内部员工：员工打开钓鱼网站、恶意邮件或不安全的移动设备，导致电网保密性遭受破坏。

④ 后门攻击：攻击者通过后门攻击获取对攻击目标的永久访问权限。后门程序的特点是难以检测，具有隐蔽性，方便攻击者日后多次控制系统。

（2）完整性。

① 虚假数据注入攻击（False Data Injection Attack，FDI 攻击）：该攻击通过注入有误数据使系统状态与正常值产生偏差，破坏电网的完整性。例如，破坏仪器设备，更改电表数据降低用电量；对远程终端单元进行攻击，将错误数据传至控制中心，引发决策错误。

② 中间人攻击（Man-in-the-Middle Attack，MITM 攻击）：攻击者作为中间人进行中继通信，通过窃听并拦截合法设备间的通信，将恶意代码安插到两个设备之间。

③ 口令攻击：攻击者获得系统管理员的口令后，便可控制和管理系统，伺机窃取重要文件和信息，甚至对系统进行破坏。

④ 重放攻击：攻击者采用窃听的手段来获取数据信息，然后恶意重复发送这些信息来欺骗系统。例如，攻击者窃取到断路器跳闸的控制指令，然后在电网正常运行时重放指令，导致断路器的误动作。

（3）可用性。

① DoS 攻击：资源耗尽型攻击，发送大量无用请求，将被攻击对象的资源耗尽，使得服务器或通信网络超载，导致用户请求没有办法在规定时间内得到服务器响应。

② 丢包攻击：又叫黑洞攻击，一般出现在自组织网络中，攻击使得路由将本应继续传输的数据包丢弃掉。

③ 干扰攻击：攻击者连续发送数据流，由于无线网络具有共享性，该行为会导致信道拥挤繁忙，合法设备无法进行正常通信。

2．安全策略与安全机制

安全策略是指在一个特定的环境里，为保证提供一定安全级别的保护所必须遵守的规则。安全机制是为了提供安全服务而运行的机制。安全策略为安全机制的建立提供了依据和准则。

安全服务可以由一种或多种安全机制来提供，有的安全机制可以用于实现多种安全服务。

系统提供的安全服务依赖于安全机制的支持。采用的安全机制主要有以下 4 种。

（1）加密机制：加密是确保数据安全性的基本方法。

（2）数字签名机制：数字签名是确保数据真实性的基本方法。

（3）访问控制机制：从信息系统的处理能力方面对信息提供保护。

（4）数据完整性机制：包括数据单元或域的完整性。

1.4.4　信息安全基本模型

1．Bell-LaPadula 模型

Bell-LaPadula 模型，简称 BLP 模型，是 20 世纪 70 年代美国军方提出的用于解决分时系统的信息安全和保密问题的方法。该模型主要用于防止保密信息被未授权的主体访问，即保密性问题。它给出了军事安全策略的一种数学描述，是用计算机可实现的方式定义的，已被许多操作系统所使用。

BLP 模型属于强制访问控制（Mandatory Access Control，MAC）模型，用于在政府和军事应用中实施访问控制。当初设计 BLP 模型的目的是规范美国国防部的多级安全（Multi-Level Security，MLS）策略。

BLP 模型是第一个形式化安全策略的数学模型（相当严谨的、无歧义的），是一个状态机模型，其用状态变量表示系统的安全状态，用状态转换规则描述系统的变化过程。

BLP 模型的系统会对系统的用户（主体）和数据（客体）做相应的安全标记，不同级别和模型的设计被用于限制主体对客体的访问操作，加强了访问控制的信息保密性，因此又被称为多级安全系统。

BLP 模型有 3 条强制的访问规则。

（1）简单安全性（Simple Security）规则：低安全级别的主体不能从高安全级别的客体读数据。

（2）星属性（Star Property）规则：高安全级别的主体不能对低安全级别的客体写数据。

（3）强星属性（Strong Star Property）规则：一个主体可以对相同安全级别的客体进行读和写操作。

所有的 MAC 系统都基于 BLP 模型，因为它允许在代码中整合多级安全规则，主体和客体会被设置安全级别，当主体试图访问一个客体时，系统会比较主体和客体的安全级别，然后在模型里检查操作是否合法和安全。图 1.4 是对 BLP 模型的简要描述。

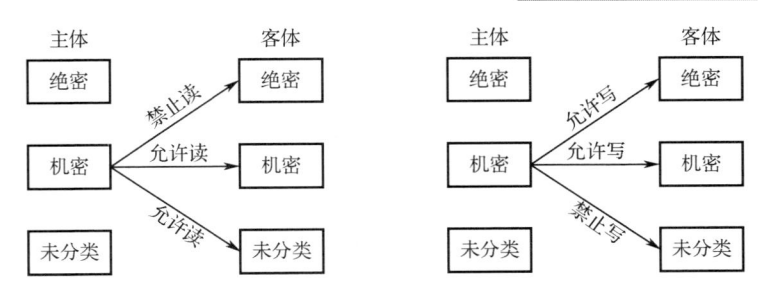

图 1.4　BLP 模型

（1）当安全级别为机密的主体访问安全级别为绝密的客体时，简单安全性规则生效，此时主体对客体可写不可读，即能为上级提供数据，但不能从上级获取数据，以保证高级别数据的保密性。

（2）当安全级别为机密的主体访问安全级别为机密的客体时，强星属性规则生效，此时主体对客体可写可读，即同级可读可写，同级认为是被信任的。

（3）当安全级别为机密的主体访问安全级别为未分类的客体时，星属性规则生效，此时主体对客体可读不可写，即能从下级获取数据，但不能为下级提供数据，以避免数据非法泄露。

BLP 模型使用了主体、客体、访问操作（读、写、读和写）、安全级别等概念，当主体和客体位于不同的安全级别时，主体对客体就存在一定的访问限制。实现该模型后，它能保证信息不被不安全的主体所访问，即 "no read up, no write down"（不向上读，不向下写），如图 1.5 所示。

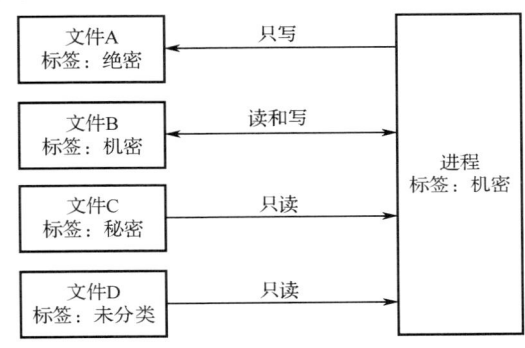

图 1.5　"不向上读，不向下写" 特性

BLP 模型主要用于解决保密性相关问题。在该模型中，系统中的主体和客体首先会被分配相应的安全级别，当主体要对客体进行访问时，会根据事先分配给它们的安全级别及相应的特性来判断是否允许主体访问客体。安全级别由敏感级别和类别集合两部分组成，其中敏感级别是有序的，类别集合是无序的。根据敏感级别和类别集合，在 BLP 模型中，安全级别之间的关系分为 3 种：支配关系、相等关系和不相交关系。假设有 A 和 B 两个安全级别，它们的具体关系如下。

（1）支配关系：当安全级别 A 的敏感级别大于安全级别 B 的敏感级别，且安全级别 A 的类别集合包含安全级别 B 的类别集合时，称安全级别 A 支配安全级别 B。

（2）相等关系：当安全级别 A 的敏感级别等于安全级别 B 的敏感级别，且安全级别 A 的类别集合等于安全级别 B 的类别集合时，称安全级别 A 和安全级别 B 相等。

（3）不相交关系：当安全级别 A 的类别集合和安全级别 B 的类别集合不相交时，称安全级别 A 和安全级别 B 不相交。

假设用 $l(s)$ 表示主体的安全级别，用 $l(o)$ 表示客体的安全级别，用>表示安全级别之间的支配关系，用=表示安全级别之间的相等关系，则访问规则表示如下。

（1）简单安全性规则：当 $l(s) \geq l(o)$ 时，主体能够读客体的内容。

（2）星属性规则：当 $l(o) \geq l(s)$ 时，主体可以向客体写内容。

（3）强星属性规则：当相应的访问权限在访问控制矩阵中时，才允许主体访问客体。

BLP 模型的安全策略包括强制访问控制策略和自主访问控制策略两部分。简单安全性和星属性组成了强制访问控制策略，即多级安全策略，其通过安全级别来强制约束主体对客体的访问，并且信息只能由低安全级别流向高安全级别；强星属性组成了自主访问控制策略，其通过访问控制矩阵来限制主体对客体的访问。对于一个实现 BLP 模型的系统，当且仅当某个时刻系统所处的所有状态都满足简单安全性、星属性和强星属性，才称该系统是安全的。

BLP 模型的优点在于：最早对多级安全策略进行描述；属于严格形式化的模型，给出了形式化的证明；既有自主访问控制，又有强制访问控制；控制信息只能由低安全级别向高安全级别流动，能满足军事部门等对数据保密性要求特别高的机构的需求。

BLP 模型的缺点在于：低安全级别的信息向高安全级别流动，可能破坏高安全级别数据的完整性，被黑客利用；只要信息由低安全级别向高安全级别流动即合法（高读低），不管工作是否有需求，都不符合最小化原则；高安全级别信息大多是由低安全级别信息组装而成的，需要解决推理控制的问题。

总之，BLP 模型适用于这些应用场合：上级对下级发文受到限制；部门之间信息的横向流动被禁止；缺乏灵活、安全的授权机制。

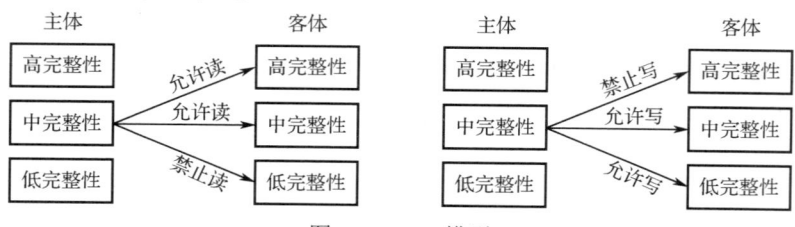

2．Biba 模型

Biba 模型是在 BLP 模型之后开发的，与 BLP 模型很相似，被用于解决应用程序数据的完整性问题。BLP 模型使用安全级别（绝密、机密、秘密等），这些安全级别用于保证敏感信息只被授权的主体所访问。Biba 模型不关心安全级别，因此它的访问控制不是建立在安全级别上，而是建立在完整性级别上。

Biba 模型能够防止数据从低完整性级别流向高完整性级别。与 BLP 模型一样，Biba 模型也有 3 条规则。

（1）星完整性（*-Integrity）规则：完整性级别低的主体不能对完整性级别高的客体写数据。

（2）简单完整性（Simple Integrity）规则：完整性级别高的主体不能从完整性级别低的客体读数据。

（3）恳求属性（Invocation Property）规则：完整性级别低的主体不能从完整性级别高的客体调用程序或服务。

图 1.6 是对 Biba 模型的简要描述。

图 1.6　Biba 模型

（1）当完整性级别为中的主体访问完整性级别为高的客体时，星完整性规则和恳求属性规则生效，主体对客体可读不可写（no write up），也不能调用主体的任何程序和服务，即能从上级获取数据，但不能为上级提供数据（低完整性不影响高完整性）。

（2）当完整性级别为中的主体访问完整性级别为中的客体时，主体对客体可写可读，即同级可读可写。

（3）当完整性级别为中的主体访问完整性级别为低的客体时，简单完整性规则生效，此时主体对客体可写不可读（no read down）。

Biba 模型能够解决完整性问题。向上读，不向上写，即低完整性的数据不会破坏高完整性的数据，但可以看高完整性的数据；向下写，不向下读，即避免读取低完整性的数据而破坏高完整性的数据。

3. Chinese Wall 模型

Chinese Wall（CW）模型由戴维·布鲁尔（David F.C. Brewer）和迈克尔·纳什（Michael J. Nash）提出，是一种平等考虑保密性和完整性的访问控制模型，主要用于解决商业应用中的利益冲突问题，在商业领域的作用与 BLP 模型在军事领域的作用相当。

与 BLP 模型不同，访问数据不受限于数据的属性（密级），而受限于主体已经获得了对哪些数据的访问权限。Chinese Wall 模型的主要设计思想是将一些有可能产生访问冲突的数据分成不同的数据集，并强制所有主体最多只能访问一个数据集，而选择访问哪个数据集并不受强制规则的限制。具体特点如下：

（1）主体只有在不能读取位于不同数据集内的某个客体时才能写另一个客体；
（2）能根据用户先前的活动动态改变其访问控制权限；
（3）防止用户访问被认为有利益冲突的数据；
（4）同一时间只能读一个数据。

在 Chinese Wall 模型中，客体分为无害客体和有害客体两种。其中，无害客体为可以公开的数据；有害客体为会产生利益冲突、需要限制的数据。

与某家公司相关的所有客体组成了公司数据集（Company Dataset，CD），若干相互竞争的公司的数据集形成利益冲突类（Conflict of Interest Class，COI 类）。设 COI(O) 表示包含客体 O 的 COI 类，CD(O) 表示包含客体 O 的公司数据集，假设一个客体只属于一个 COI 类，PR(S) 表示主体 S 曾经读取的客体集合。

Chinese Wall 模型有两种安全特性，分别是简单安全性和星属性。

（1）简单安全性：主体 S 能读客体 O，当且仅当以下任意一个条件满足。
① 存在一个客体 O'，$O' \in$ PR(S)，并且 CD(O') = CD(O)；
② 对于所有的客体 O'，$O' \in$ PR(S)，并且 COI(O') ≠ COI(O)；
③ O 是无害客体。

在第一次选择时，用户完成了对所拥有的信息的自由访问。围绕着该用户所拥有信息的 Chinese Wall 模型已经建成，可以认为在墙外的数据集均与墙内的数据集属于一个利益冲突类。这时，用户仍然可以自由访问那些与墙内信息分属于不同利益冲突类的信息，但是一旦做出选择，Chinese Wall 模型会立即针对新的数据集进行修改。可以看出，Chinese Wall 模型的安全策略是一种自由选择与强制控制的绝妙组合。

综上所述，如果被访问的客体属于以下两种情况，访问将可以进行：与主体曾经访问过的信息属于同一个公司数据集，即在墙内的信息；属于一个完全不同的利益冲突类。

有时，在同一个利益冲突类中的公司数据集之间，会出现间接信息流，以上操作已经间接破坏了 Chinese Wall 模型的安全策略。为了防止以上情况出现，星属性对写访问做出了相关规定。

（2）星属性：主体 S 能写客体 O，当且仅当以下两个条件同时满足。
① 简单安全性允许主体 S 读客体 O；
② 对于所有有害客体 O'，主体 S 能读取客体 O'，并且 CD(O') = CD(O)。

Chinese Wall 模型通常用于证券交易或投资公司的经济活动中，其目的是防止利益冲突的发生。例如，交易员代理两个客户的投资，并且这两个客户的利益相互冲突，利用该模型的安全策略，可以防止交易员为了帮助其中一个客户盈利，而导致另一个客户亏损。

4. 其他模型

（1）无干扰模型（Noninterference Model）：目的是处理隐蔽通道，解决在同一个环境下资源共享产生隐蔽通道的问题，保护较高级别的隐私，上下互不干扰，也无法猜测。该模式将系统的安全需求描述成一系列主体访问操作互不影响的断言，要求在不同存储域中操作的主体避免产生由于违反系统的安全性而导致的相互影响，如要求高安全级的操作不干扰低安全级主体的活动。

（2）基于格的访问控制模型（Lattice-Based Access Control Model）：也是强制访问控制，是具有最小上限和最大下限的多组元素的访问控制类型。用格的节点表示与访问对象相关的访问权限，访问权限的变化映射在格上称为一个节点到另一个节点的变换。该模型实现了访问控制策略实时更新，加强了并发控制环境中系统的安全性。为保证访问控制策略更新的合法性，建立了访问权限与授权级别相结合的机制，可按权限级别进行访问权限控制。在并发环境中，多个主体读/写数据和修改访问控制策略并互相影响时，可直接应用该模型与算法。

（3）访问控制矩阵（Access Control Matrix）模型：使用矩阵的列和行来分别对应访问主体和访问客体，二者交叉位置的元素则代表着相应的主体对客体的操作规则，是一种自主访问控制模型。

访问控制矩阵模型如表 1.2 所示。

表 1.2 访问控制矩阵模型

主体	客体		
	X	Y	Z
A	写	读	读
B	读	写	写
C	读/写	读	写
D	读	读	写

（4）Lipner 模型：结合了 BLP 模型的保密性和 Biba 模型的完整性，将客体分成数据与程序，定义了 5 种安全类别。

① 开发：正在开发、测试过程中的生产程序，但是还未在实际生产中使用；
② 生产代码：生产进程和程序；
③ 生产数据：涉及完整性策略的数据；
④ 系统开发：正在开发过程中的系统程序，但是还未在实际生产中使用；
⑤ 软件工具：由生产系统提供的程序，但是与敏感性或受保护数据无关。

Lipner 模型定义了两种安全等级。

① 审计管理：系统审计和管理功能所处的等级；
② 系统底层：任意进程都可从这一等级读信息。

（5）Graham-Denning 模型：提供一种能够委托或转移访问权限的方法，定义了一组基本权限，即主体能够在客体上执行的一组命令。

（6）Harrison-Ruzzo-Ullman 模型：涉及主体的访问权限及这些权限的完整性，主体只能对客体执行一组有限的操作。

（7）Take-Grant 取予保护模型/票据授予模型：属于自主访问控制模型、访问控制矩阵模型中的一种，使用有向图的形式来表示系统，规定如何将权限从一个主体传递到另一个主体。

（8）Goguen-Meseguer 模型：完整性模型、非干涉模型，基于主体可以访问的预设的域或客体列表。

（9）Sutherland 模型：完整性模型，定义了一组系统状态、初始状态和状态转换，通过预定的安全状态来保护完整性和阻止干扰。

1.5 本章小结

本章基于一个电网攻击案例讲解信息系统安全问题，然后介绍信息系统和信息系统安全的定义，最后介绍信息安全的基础知识。虽然电力信息系统安全距离真正的"主动防御"仍有较大差距，但随着防御思路的转变和网络安全技术的迅速发展，未来其主动防御体系的构建将会逐步实现。

1.6 习题

1．信息系统具有 4 个特性：_____、_____、_____、_____。
2．信息系统安全是指_____，不会因偶然或恶意行为遭到破坏、更改和泄露，信息系统能连续正常运行。
3．信息安全技术的安全目标核心包括_____、_____和_____。
4．信息安全原则包括_____、_____和_____。
5．安全攻击分为被动攻击和主动攻击两类。被动攻击包括窃听和监视数据传输，主要有两种形式：_____、_____。主动攻击包括数据流的改写和错误数据流的添加，分为 4 类：_____、_____、_____和_____。
6．BLP 模型有 3 条强制的访问规则：_____、_____和_____。
7．Biba 模型能够防止数据从低完整性级别流向高完整性级别。与 BLP 模型一样，Biba 模型也有 3 条规则：_____、_____和_____。
8．系统提供的安全服务依赖于安全机制的支持，采用的安全机制主要有以下 4 种：_____、_____、_____和_____。

1.7 思考题

1．什么样的信息系统是一个安全的信息系统？
2．在一个开发的信息系统投入应用前，需要完成哪些必要的信息安全测试？
3．智能电网可能遇到哪些安全问题？
4．分析 BLP 模型与 Biba 模型的异同，并给出它们可能适用的应用场景。
5．如何构建一个安全的信息系统？该系统应该具有哪些基本的属性和机制？

第 2 章　信息系统基础安全问题

信息系统安全问题层出不穷、花样繁多,为什么从软件角度解决不了这些问题呢?根源在于计算机执行部件不能区分数据和代码,即数据和代码可以互换。所以安全挑战本质上源于图灵机和体系结构的设计缺陷。

2.1　计算机原理

2.1.1　图灵机

图灵机是英国数学家艾伦·麦席森·图灵(Alan Mathison Turing)受打字机的启发而想象出来的一种抽象机器,其处理对象是一条无限长的纸带,如图 2.1 所示。纸带被分为一个个大小相等的小方格,每个小方格可以存放一个符号(可以是数字、字母或其他符号)。有一个贴近纸带的读写头,可以对单个小方格进行读取、擦除或打印操作。为了让读写头能访问到纸带上的所有小方格,可以固定纸带,让读写头沿着纸带左右移动,每次移动一格;或者固定读写头,让纸带左右移动。后一种方式类似于当时的穿孔带及后来磁带和磁盘的做法。为了方便说明,通常选用前一种方式。

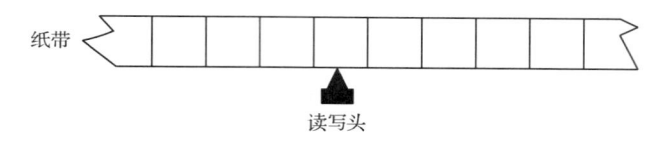

图 2.1　图灵机纸带示意图

读写头的移动及操作取决于机器当前的状态,以及读写头当前所指小方格中的内容,机器中有一张应对各种情况的策略表。

为了精确地进行说明,可以构造一台简单的图灵机,实现对纸带上所有 3 位二进制数的+1 操作(超过 3 位的进位将被丢弃),相邻两个二进制数之间通过一个空的小方格隔开,如图 2.2 所示。读写头从最右侧二进制数的最低位开始扫描,遇到连续两个空方格时认为已处理完所有数,机器停机。

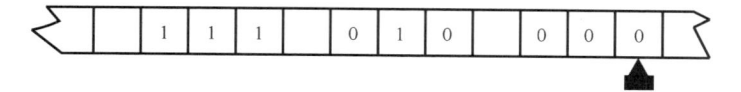

图 2.2　图灵机示例纸带

策略表如表 2.1 所示,其中 E 表示擦除、P 表示打印、L 表示左移。

表 2.1　图灵机示例策略表

状　态	符　号	行　为	目标状态
S_1	0	E P1 L	S_2
	1	E P0 L	S_1
		L	S_3

续表

状　态	符　号	行　为	目标状态
S_2	0	L	S_2
	1	L	S_2
	空	L	S_3
S_3	0		S_1
	1		S_1
	空		停机

该图灵机有 3 种工作状态。

（1）S_1 是+1 状态，也是机器的初始状态。如果读写头遇到的是 0，则直接将 0 改为 1 即完成了+1 任务，左移一格后进入状态 S_2；如果遇到的是 1，则将 1 改为 0，由于需要进位，因此对下一位+1，左移一格后仍留在状态 S_1；如果遇到的是一个空方格，即使当前需要进位，也不做处理（将进位丢弃），左移一格后进入状态 S_3。

（2）S_2 是左移状态，此时已实现当前二进制数的+1 操作，需要将读写头移到下一个数的最低位。如果遇到 0 或 1，说明读写头还在当前二进制数上，继续左移；如果遇到空方格，后面等着它的可能是下一个二进制数，也可能是永无止境的空方格，左移一格之后进入状态 S_3。

（3）S_3 是判断状态，要根据情况判断是否还有二进制数要处理。如果读写头遇到的是 0 或 1，说明当前位置是一个新的二进制数的最低位，直接交给 S_1 处理；如果遇到的仍是空方格，说明后续不再有数据，停机。

根据以上策略，该图灵机处理图 2.2 所示纸带的过程如图 2.3 所示。

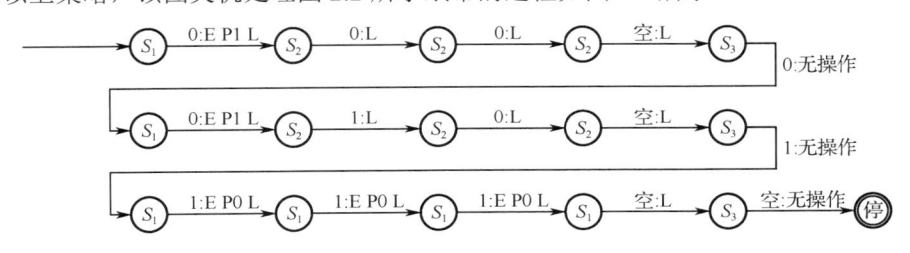

图 2.3　图灵机处理纸带的过程

同理，可以设计出具有各种功能的图灵机，而策略表的制定则类似于编程。如果将策略表中的信息以统一的格式写成符号串（如表 2.1 可以表达成 S1/0/EP1L/S2 S1/1/EP0L/S1 S1//L/S3…），然后放在纸带的头部，再设计一台能在运行开始时从纸带上读取这些策略的图灵机，那么针对不同的任务，就不需要设计不同的图灵机，而只需改变纸带上的策略。这种能靠纸带定制策略的图灵机，称为通用图灵机（Universal Turing Machine，UTM）。

图灵机是一种计算模型，而计算模型不止图灵机一种，然而所有的计算模型都被证明与图灵机的计算能力相仿或不超过图灵机。图灵机是这些计算模型里面最直观和最简单的。

图灵机用一种直观的方式定义了什么是计算。通过这个模型，可以得出计算的极限——可计算性，即什么问题是可计算的，什么问题是不可计算的。图灵机奠定了现代计算机的理论基础。

2.1.2　图灵机安全

从定义可知，图灵机是一个计算机的数学模型，构建了当前计算机的理论框架，当前所有的计算机都属于图灵机的范畴。因此，图灵机安全问题可以从图灵机可行性、图灵完备和图灵测试3个方面展开。

1. 使用图灵机进行可行性分析

（1）使用通用图灵机的理论进行行为一致性检测。

问题的背景是使用 Artifact 快照序列进行业务流程建模与管理。以 Artifact 为中心的业务流程中缺乏数据操作方面的一致性检测，需要设计一种验证模型，使其能够同时对服务路径和 Artifact 属性赋值状态进行检测。

解决方案是将 Artifact 行为一致性检测问题转换为语言可判定问题，证明该问题是可判定的。首先，利用已知模型推导 Artifact 快照序列的定义语言；其次，构造一台判定该语言的图灵机作为一致性验证模型；最后，将实际执行后的快照序列在该模型上进行模拟，模拟过程中不仅检测 Artifact 生命周期中服务路径的一致性，也检测生命周期中 Artifact 属性赋值的正确性。

Artifact 行为一致性语言判定问题的形式化定义如下：$\langle M,H \rangle \in B = \{\langle M,H \rangle | M 推导出 H\}$。其中，$M$ 为一个以 Artifact 为中心的业务流程模型；$\langle M,H \rangle$ 表示 M 在实际运行过程中产生的一个 Artifact 快照序列；B 为一个语言，即流程模型 M 下可推导出的所有简化 Artifact 快照序列集合。判定 $\langle M,H \rangle$ 是否属于语言 B，如果 $\langle M,H \rangle \in B$，即可判定，表示 Artifact 的行为一致；如果 $\langle M,H \rangle \notin B$，即不可判定，表示 Artifact 的行为不一致。

为了证明 B 是可判定语言，构造一个判定 B 的图灵机。在该验证模型中，首先检测输入 $\langle M,H \rangle$，它表示一个流程模型和其执行的 Artifact 快照实例。当图灵机收到这个输入时，根据 Artifact 快照的定义，检测该输入是否正确表示了流程模型 M 中的 Artifact 快照。如果是，则先将其转换为简化 Artifact 快照；如果不是，则拒绝，然后图灵机执行模拟操作。运行开始时，图灵机的初始状态是 Artifact 初始快照 h_0，状态和位置的更新是由转移函数即流程模型中的服务来操作完成的。当图灵机处理完最后一个 Artifact 快照时，如果处于接受状态，则接受这个输入，表明 Artifact 行为一致；如果处于拒绝状态，则不接受这个输入，表明 Artifact 行为不一致。

（2）使用图灵机对 RBAC 管理模型进行安全分析。

在基于角色的访问控制管理模型中，采用安全查询来描述系统安全策略，安全查询分为必然性安全查询和可能性安全查询。引入状态变换，系统定义基于角色的访问控制管理模型及其安全分析方法，采用图灵机理论和计算复杂性理论进行安全性分析。

假设有角色集 R，如果角色 $r(r \in R)$ 拥有的权限集合不可被增加和删除，则称该角色为成员确定的角色，记为 r^D；如果角色 r 拥有的权限集合可被增加或删除，则称该角色为成员不确定的角色，记为 r^U，且 $R = R^D \cup R^U$，$R^D \cap R^U = \varnothing$。

将所有成员不确定的角色都被成员确定的角色所替代的问题转化为图灵机的语言识别问题。图灵机能够识别由 R 中的元素组成的字符串，两个停机状态分别为接受状态和拒绝状态，原理是可以将一般的可能性安全查询转化为通用图灵机语言识别的停机问题。当图灵机停机时，纸带上只剩下形如 r^D 的字符，它们能够拥有的权限集合是确定的。

（3）借鉴图灵机的思想，将分层着色 Petri 网与图灵机模型结合，建立增强现实装配环境系统模型。

增强现实装配环境系统的虚拟子网建模过程借鉴了图灵机的思想，定义一个五元组，参考模型为计算"$X+1$"的图灵机，即能够记录当前状态 X，并在输入新命令后输出最新的状态。因此，希望网络能够记住当前内部状态并结合输入，做出正确的下一时刻内部状态的判断。

增强现实装配环境系统的图灵机模型定义如下：有穷状态集 K 为{漫游,抓取,拖动,释放,装配}；初始状态集 s 为{漫游,抓取,释放}，$s \subseteq K$；停机状态集 H 为{漫游,拖动,装配}，$H \subseteq K$；δ 是系统规则集合，控制整个图灵机的工作，即虚拟子网等网络结构。因此，图灵机可以根据每一时刻系统的输入和当前的内部状态进行查表，确定它下一时刻的内部状态和输出动作。

图灵机模型能够感知系统当前的内部状态，只在需要时调用碰撞检测模块，且系统按帧刷新用户输入，并在上一次网络运行状态 S_{i-1} 的基础上产生新的状态 S_i。因此，网络的运行规则完全符合图灵机模型的定义，具备感知用户意图的能力并满足系统实时性的要求。

综上，使用图灵机可以对一个提出的模型进行可行性判定的证明（将验证模型构造成图灵机），或者判定所提出的方法是否可以在多项式时间内有效地解决相应问题（如果经过推导等价于停机问题，则说明不可判定），为模型和方法的可行性提供必要的理论依据。也可以在工程层面借鉴图灵机的思想，通过构造包含有穷状态集、初始状态集、停机状态集、系统规则集的 N 元组对实际问题建模，从而解决问题。

2．图灵完备对系统安全的影响

（1）利用图灵完备，引入 if-gadget（一种可复用的代码片段）将返回导向编程（Return Oriented Programming，ROP）构造从困难问题变成简单问题。

主流操作系统内部有多重保护机制，如栈保护机制和数据执行保护（Data Execution Prevention，DEP）机制，因此实施漏洞利用攻击并不容易。当前流行的攻击方法都通过复用受害进程空间中已有的代码来绕过 DEP 机制。例如，攻击者可以利用 ROP 技术来构造恶意代码。通过更新 ROP 构造技术，证实图灵完备的纯 ROP 攻击代码在软件模块中是普遍可实现的。但是，采用传统方法在代码量相对较小的软件模块中构造图灵完备功能的 ROP 代码非常困难。

引入 if-gadget 后，构造图灵完备功能要比用传统方法容易得多，每个程序都能用 ROP 技术实现图灵完备功能，突破了传统 ROP 构造思想对条件判断机器指令的认知。此外，还证实了 ROP 图灵完备的普遍可实现性，特别证实了代码量相对较小的日常可执行程序也可以构造出图灵完备的 ROP 代码。因此，ROP 技术可以实现图灵完备功能，表明 ROP 技术对现实系统的威胁比原来认为的严重得多。

（2）通过实验评估，面向脚本代码块的注入方法向浏览器的进程空间注入 gadget，并帮助 ROP 代码实现图灵完备功能。

3．图灵测试相关研究

图灵测试由图灵提出，指在测试者与被测试者（一个人和一台机器）隔开的情况下，测试者通过一些装置（如键盘）向被测试者随意提问。多次测试后，如果机器让每个参与者平均做出超过 30%的误判，那么这台机器就通过了测试，并被认为具有人类智能。

由概念可知，图灵测试是人工智能领域具有可实证性的标准，它将认知科学与计算机技术相互结合起来，将对人工智能的探讨引入实际操作中，为现代计算机能够实现人工智能打下了基础。

一种研究方向是从科学角度对图灵测试的分析，主要是对图灵的可计算性理论进行深度解读并探寻其可能的边界，以便描述它在人工智能实现中的逻辑极限。相关的应用以实验为主，后续工作向人工智能领域方向发展。在安全领域，图灵测试的常见应用是验证码，即全自动区分计算机和人类的图灵测试（Completely Automated Public Turing test to tell Computers and Humans Apart，CAPTCHA）。

另一种研究方向是对图灵测试的哲学分析。从态度上来分，哲学分析主要有赞同和反驳两种类型。

赞同者主要是对图灵测试的开创性思路进行赞赏。在图灵测试开始使用的 10 年后，受到人工智能运动主张的影响，迈克尔·约翰·斯克里文（Michael John Scriven）提出："我现在相信有可能建造一台超级计算机，使得否认它有感情是完全无理性的。"詹姆斯·穆尔（James Moor）在《关于图灵测试的一种分析》(An Analysis of Turing's Test)一文中也表示赞成通过测试构成智能的一个充分证据。他将测试看成"机器能思维的假说的很好的归纳证据的潜在来源",而不是智能的、纯粹的操作定义。

对图灵测试的反驳比赞同更多。如内德·布洛克（Ned Block）在《心理主义与行为主义》(*Psychologism and Behaviorism*)一书中指出,通过图灵测试的机器也未必是智能的,而是无心智的、纯机械性操作的机器。在所有反驳中,约翰·塞尔（John Searle）的观点最具代表性。在《心、脑与科学》(*Minds, Brains and Science*)一书中,强调人类智能行为是由内在心智过程和能力所引起的,心灵和行为之间的因果特征被逻辑行为主义所忽视,而程序只是纯粹形式化地或语法性地进行界定,因此它无法承担人类心智状态所具有的固有心智或语义内容。

中国工程院院士沈昌祥多次指出：设计信息系统时不可能穷尽所有逻辑组合,系统必定存在逻辑不全的缺陷,利用缺陷挖掘漏洞进行攻击是网络安全永远的命题。从计算科学问题看,图灵计算模型缺少攻防理念；从体系结构问题看,冯·诺依曼体系结构缺少防护部件,无安全防控机制。病毒查杀、防火墙构建、入侵检测等传统技术已经难以应对人为攻击,且容易被攻击者利用；找漏洞、打补丁的传统思路又不利于整体安全,应当建立主动免疫的计算框架。

2.1.3 冯·诺依曼体系结构

现代计算机体系结构是由冯·诺依曼（von Neumann）设计的,如图2.4所示。冯·诺依曼体系结构的理论要点有两个：计算机的数制采用二进制；计算机应该按照程序顺序执行。

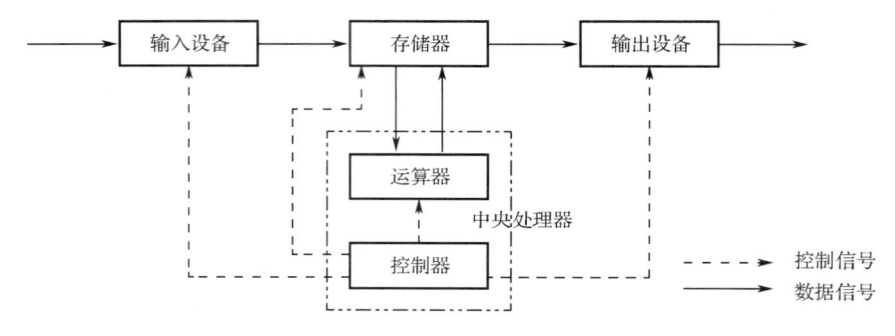

图 2.4 冯·诺依曼体系结构理论要点

可以说,冯·诺依曼体系结构是一种很好的图灵机实现方式。冯·诺依曼机是物理学家假想的一种完美的复制机器,具体原理如下：机器本身会完全复制一个与自己一样的机器,然后将复制的机器发送出去,被发送的复制品会继续复制,然后继续发送。重复以上过程,那么整个机器群体会以几何级数增长。而图灵机的概念来源于图灵测试,简单地说,就是判别在互联网上与用户对话的是人还是智能程序。图灵测试会尽量发送复杂的语句,然后从反应情况判别对方是人还是智能程序,若对方通过了图灵测试,则意味着是人在与用户对话或者该程序足够智能。

冯·诺依曼体系结构：数据和指令都存储在存储器中,如图2.5所示。计算机系统由一个中央处理器（Central Processing Unit,CPU）和一个存储器组成。存储器拥有数据和指令,系统可以根据所给的地址对它进行读或写,因此程序指令和数据的宽度相同,如英特尔的8086、ARM7、MIPS处理器等。

从AlphaGo到ChatGPT,人工智能经历了飞跃式发展。当前阶段,AlphaGo在围棋上超过了最强人类个体；ChatGPT在文科方面也超过了大部分人类个体,而且,它还在继续增长其能力。

AlphaGo 在规则情况下解决搜索和处理问题；而 ChatGPT 在无规则情况下，部分解决自然语言交互的问题，使用的核心技术是大模型技术和对话智能技术。

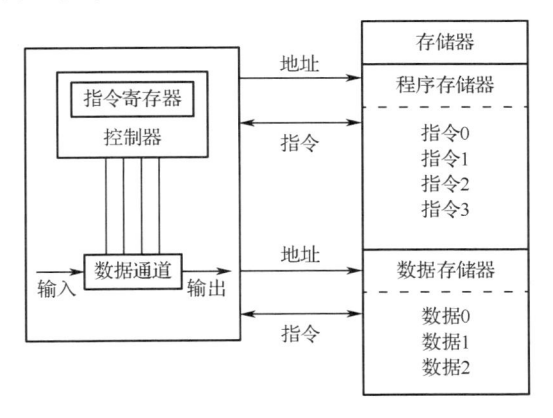

图 2.5　冯·诺依曼体系结构

2.1.4　哈佛体系结构

哈佛体系结构为数据和程序提供了各自独立的存储器，如图 2.6 所示。程序计数器（PC）只指向程序存储器而不指向数据存储器，后果是很难在哈佛机上编写出一个自修改程序。独立的程序存储器和数据存储器为数字信号处理提供了较高的性能。

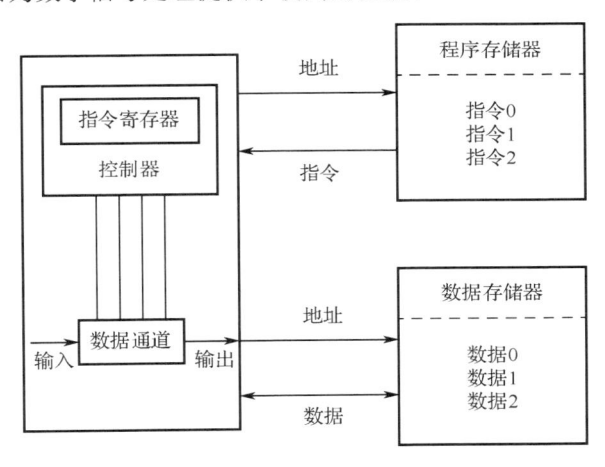

图 2.6　哈佛体系结构

指令和数据可以有不同的数据宽度，系统具有较高的运行效率，如摩托罗拉公司的 MC68 系列、Zilog 公司的 Z8 系列、ARM10 系列等。

ARM 是 Advanced RISC Machines 的缩写，它是微处理器行业的一家知名企业，该企业设计了大量高性能、廉价和耗能低的精简指令集计算机（Reduced Instruction Set Computer，RISC）。1985 年，第一个 ARM 原型在英国剑桥诞生。该企业的特点是只设计芯片，而不生产芯片。它将 ARM 技术授权给世界上许多著名的半导体、软件和原厂委托制造（OEM）厂商，并提供服务。ARM 处理器有 ARM7、ARM9 等多个版本。ARM7 使用冯·诺依曼体系结构，ARM9 使用哈佛体系结构。ARM 体系结构从最初开发到现在有了很大的改进，并仍在完善和发展。

到目前为止，基于 ARM 技术的微处理器应用约占据了 32 位嵌入式微处理器 75%以上的市场份额。ARM 处理器主要应用于消费类电子、无线、图像应用开放平台、存储、自动化、智能卡和 SIM 卡等。ARM 处理器的三大特点是耗电少、功能强、具有 16 位和 32 位双指令集并兼容多种平台。

2.2 计算机启动原理

2.2.1 上电自检

上电自检（Power On Self Test，POST）是指计算机系统接通电源后，基本输入输出系统（Basic Input Output System，BIOS）程序对 CPU、系统主板、基本内存、扩展内存、系统 ROM BIOS 等关键设备进行测试的行为，并在发现错误时发出提示或警告。以个人计算机为例，上电自检的一般流程如图 2.7 所示。

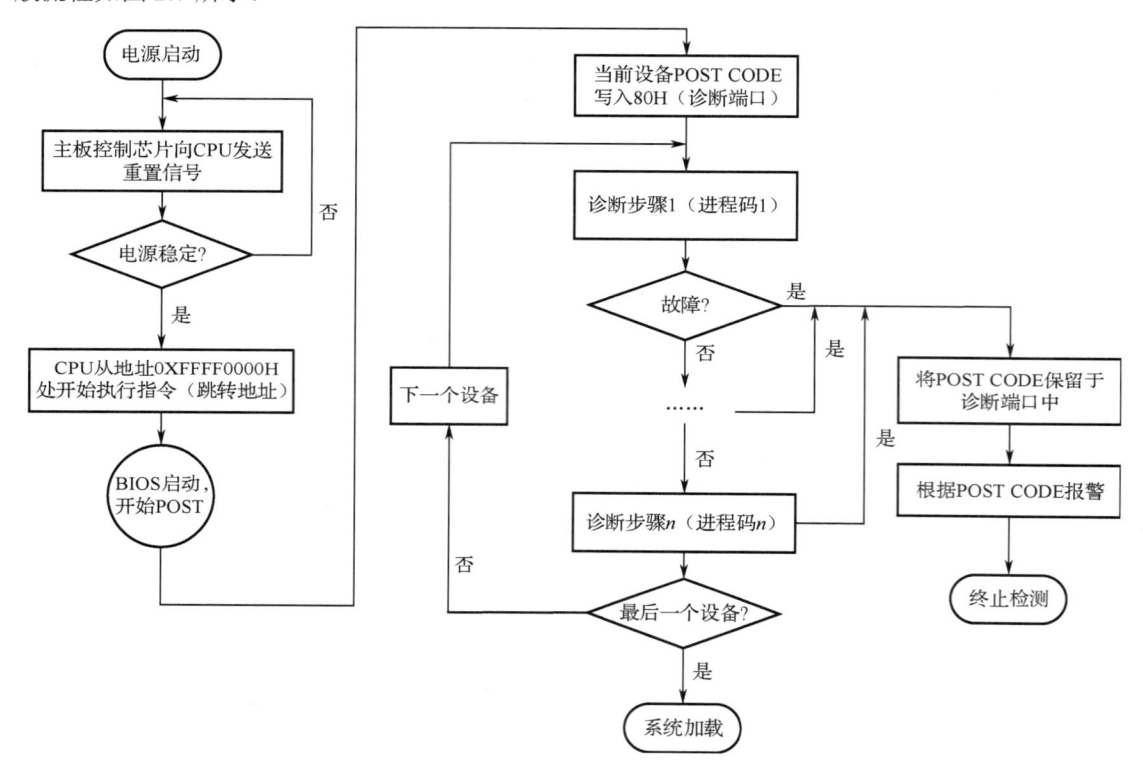

图 2.7 上电自检的一般流程

（1）上电。

当按下电源开关时，电源就开始向主板和其他设备供电，此时电压还不太稳定，主板上的控制芯片组会向 CPU 发出并保持重置信号，使 CPU 内部自动恢复到初始状态，但 CPU 在此刻不会马上执行指令。当芯片组检测到电源已经开始稳定供电后，它便撤去重置信号（如果手工按下计算机面板上的 Reset 按钮重启机器，那么松开该按钮时芯片组就会撤去重置信号），CPU 马上从地址 0XFFFF0000H 处开始执行指令。这个地址实际上在系统 BIOS 的地址范围内，无论是 Award BIOS 还是 AMI BIOS，放在这里的都只是一条跳转指令，跳到系统 BIOS 中真正的启动代码处。

（2）由 BIOS 启动 POST。

BIOS 的启动代码首先进行 POST，检测系统中的一些关键设备是否存在和能否正常工作，如内存和显卡等。如果在 POST 过程中发现了一些致命错误（如没有找到内存或内存有问题），就会通过喇叭发声来报告错误情况，声音的长短和次数代表了错误的类型。在正常情况下，POST 过程进行得非常快，通常执行时间为几秒钟。

（3）检测 CPU 与内存。

BIOS 检测 CPU 的类型和工作频率，并将检测结果显示在屏幕上。接下来开始测试主机所有的内存容量，并同时在屏幕上显示内存测试的数值。可以在 BIOS 设置中选择耗时少的"快速检测"或者耗时多的"全面检测"。

（4）检测 BIOS 自身。

BIOS 显示自己的启动画面，包括 BIOS 的类型、序列号与版本号等内容，同时左下角出现主板信息代码，包含 BIOS 的日期、主板芯片组型号、主板识别编码、厂商代码等。

（5）检测显卡。

存放显卡 BIOS 的 ROM 芯片的起始地址通常在 0XC0000H 处，系统 BIOS 找到显卡 BIOS 之后调用它的初始化代码，由显卡 BIOS 来完成其初始化。大多数显卡在初始化时会在屏幕上显示一些信息，如生产厂商、图形芯片类型、显存容量等。

（6）检测标准硬件设备。

BIOS 开始检测系统中安装的标准硬件设备，如硬盘、CD-ROM、软驱、串行接口和并行接口等用于连接的设备，另外绝大多数新版本的系统 BIOS 在这个过程中还要自动检测和设置内存的定时参数、硬盘参数和访问模式等。

（7）检测即插即用设备。

BIOS 内部支持即插即用的代码开始检测和配置系统中安装的即插即用设备，每找到一个设备，系统 BIOS 都会在屏幕上显示设备的名称和型号等信息，同时为该设备分配中断向量、直接存储器访问（DMA）通道和 I/O 端口等资源。

完成系统上电自检，开始系统加载。

2.2.2 系统加载与启动

系统加载与启动过程具体如下。

（1）系统 BIOS 将磁盘第一个物理扇区加载到内存，读取并执行位于硬盘第一个物理扇区的主引导记录（Master Boot Record，MBR）。MBR 结构如图 2.8 所示。

（2）将系统控制权交给 MBR。

（3）MBR 运行后，搜索 MBR 中的硬盘分区表（DPT），查找活动分区（Active Partition）的起始位置。

（4）MBR 将活动分区第一个扇区中的引导扇区的引导记录（Dos Boot Record，DBR）载入内存。

（5）DBR 将控制权交给分区下的启动管理器文件（BootMgr）。

（6）BootMgr 读取启动配置，根据启动配置数据（Boot Configuration Data，BCD）控制显示启动菜单，如果有多个启动项，将这些启动项反映在显示器上，由用户选择从哪个启动项开始启动。

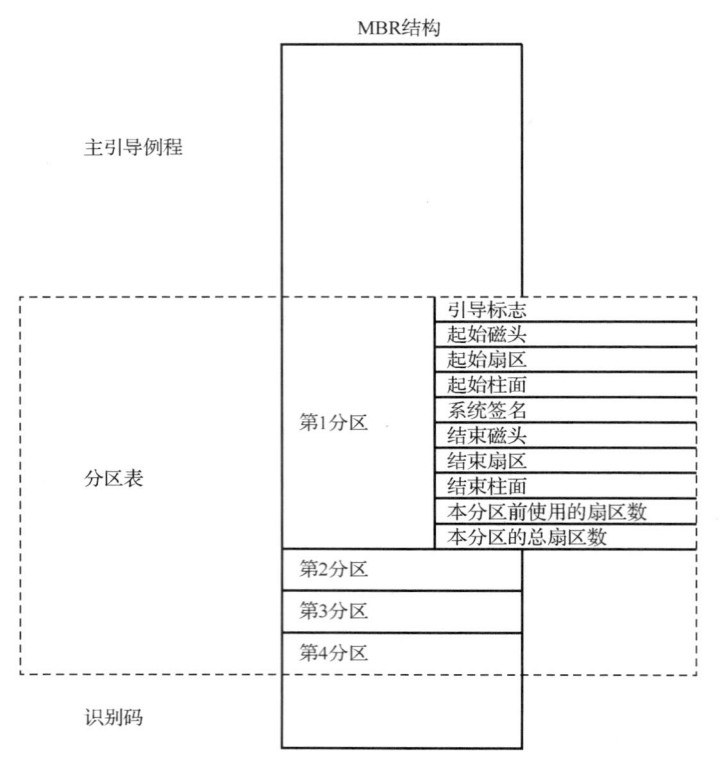

```
                        MBR结构
┌─────────────────────────────────────┐
│                                     │
│                                     │
│  主引导例程                          │
│                                     │
│                                     │
│                                     │
├─────────────────────────────────────┤
│          ┌──────────────────────────┤
│          │         引导标志         │
│          ├──────────────────────────┤
│          │         起始磁头         │
│          ├──────────────────────────┤
│          │         起始扇区         │
│          ├──────────────────────────┤
│          │         起始柱面         │
│  分区表   │  第1分区  系统签名        │
│          ├──────────────────────────┤
│          │         结束磁头         │
│          ├──────────────────────────┤
│          │         结束扇区         │
│          ├──────────────────────────┤
│          │         结束柱面         │
│          ├──────────────────────────┤
│          │    本分区前使用的扇区数    │
│          ├──────────────────────────┤
│          │    本分区的总扇区数       │
│          ├──────────────────────────┤
│          │         第2分区         │
│          ├──────────────────────────┤
│          │         第3分区         │
│          ├──────────────────────────┤
│          │         第4分区         │
├──────────┴──────────────────────────┤
│  识别码                             │
└─────────────────────────────────────┘
```

图 2.8 MBR 结构

（7）以 Windows 7 为例，选择从 Windows 7 启动后，加载 C:\Windows\System32\winload.exe，并开始内核加载过程。

（8）winload 加载内核程序（System32\ntoskrnl.exe）、硬件抽象层（System32\hal.dll）、注册表 SYSTEM 项（System32\config\SYSTEM）、设备驱动，然后将控制权交给 ntoskrnl.exe。

（9）ntoskrnl 初始化执行体子系统，并初始化引导的和系统的设备驱动启动程序，为原生应用程序［如会话管理器子系统（SMSS）等］初始化运行环境，再将控制权交给 smss.exe。

（10）SMSS 初始化注册表，创建系统环境变量，加载 Win32 子系统（win32k.sys），启动子系统进程（CSRSS、wininit、winlogon），然后将控制权交给 System32\wininit.exe 和 System32\winlogon.exe。

（11）wininit 启动服务控制管理器（Service Control Manager，SCM）、本地安全认证子系统服务（Local Security Authority Subsystem Service，LSASS）和本地会话管理器（Local Session Manager，LSM）。

（12）winlogon 加载登录界面程序（LogonUI.exe），显示交互式登录对话框。

（13）等待用户登录后，根据注册表配置启动 userinit.exe（System32\userinit.exe）和 explorer.exe（Windows\explorer.exe）。

（14）userinit 启动用户所有的自启动进程，建立网络连接，启动生效的组策略。

（15）explorer 提供交互式图形界面，包括桌面和文件管理。

其中，启动配置数据（C:\Windows\System32\bcdedit.exe）如图 2.9 所示。

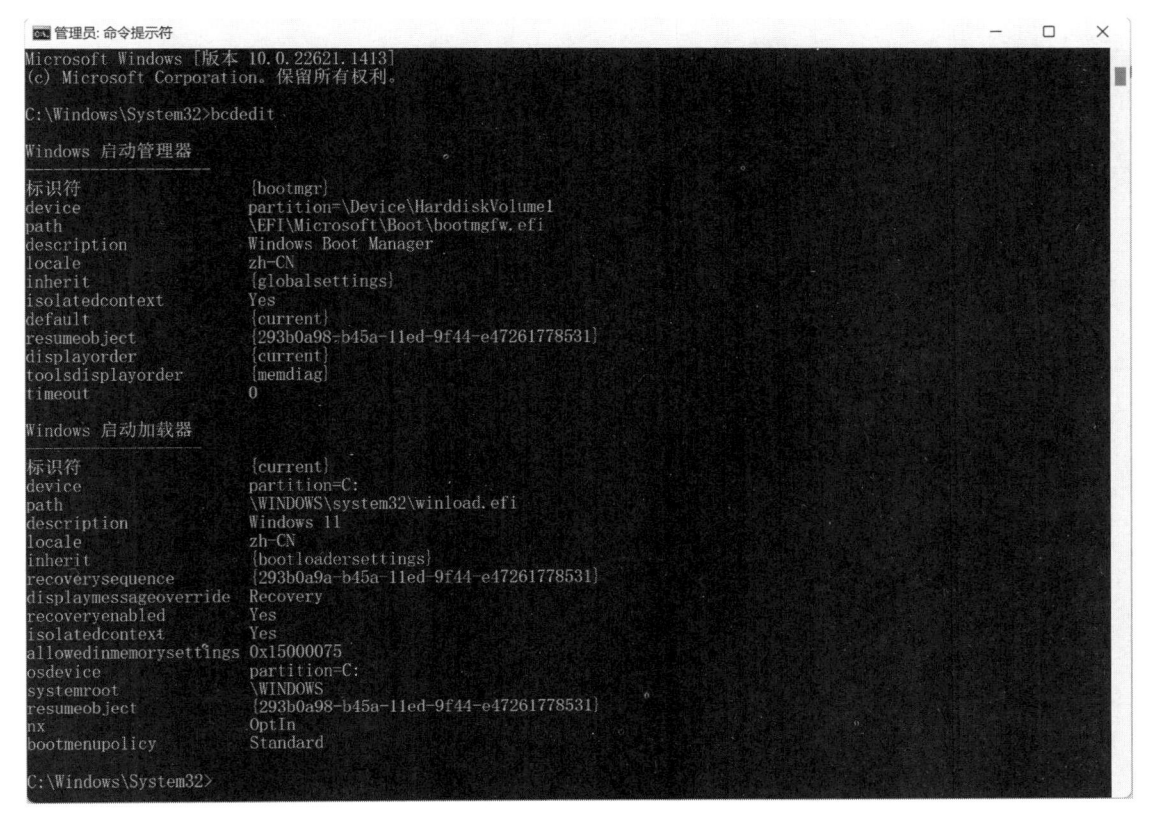

图 2.9　Windows 启动管理器

2.2.3　用户登录认证

1. Windows 安全系统组件

安全引用监视器（Security Reference Monitor，SRM）：Windows 执行体（System32\ntoskrnl.exe）中的一个组件，如图 2.10 所示。它主要负责定义访问令牌数据结构来表示一个安全环境、执行对象的安全访问检查、管理特权（用户权限），以及生成所有的安全审计消息。

本地安全认证子系统服务（LSASS）：一个运行（System32\lsass.exe）映像文件的用户模式进程，如图 2.11 所示。它负责本地系统安全策略（如允许哪些用户登录到本地机器上、密码策略、授予用户和用户组的特权，以及系统安全审计设置）、用户认证，以及将安全审计消息发送到事件日志（Event Log）中。本地安全权威服务（System32\lsasrv.dll）是 LSASS 加载的一个库，它实现了这些功能中的绝大部分。

LSASS 策略数据库：包含本地系统安全策略设置的数据库。该数据库被存储在注册表中通过访问控制列表（Access Control List，ACL）保护的一个区域，位于 System32\config\SECURITY 中，如图 2.12 所示。它包含的相关信息如下：哪些域是可以信任的，从而可以认证用户的登录请求；允许谁访问系统，以及如何访问（交互式登录、网络登录，或者服务登录）；分配给谁哪些特权；执行哪种安全审计。

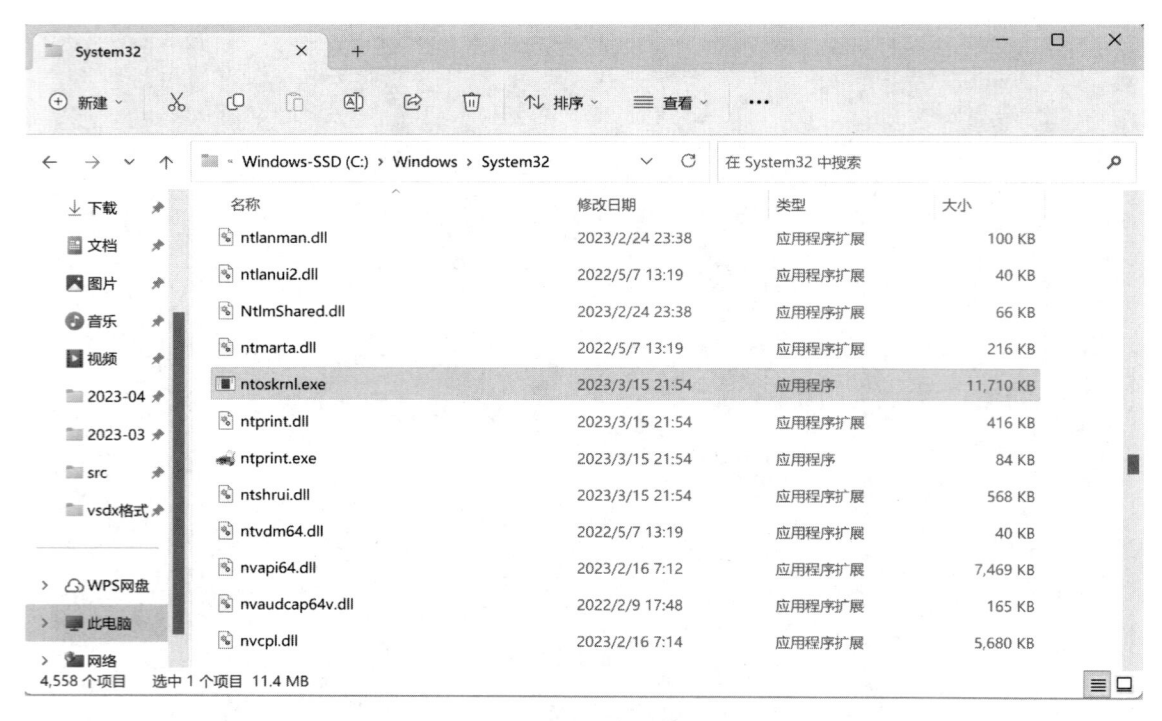

图 2.10　ntoskrnl.exe

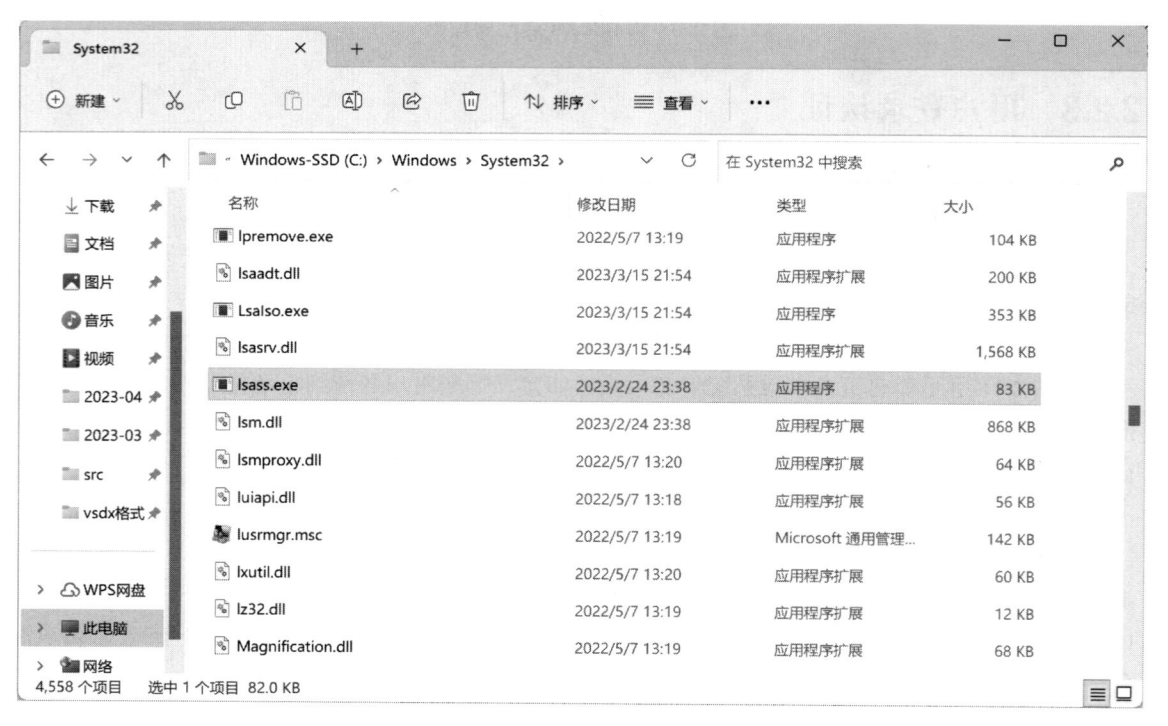

图 2.11　lsass.exe

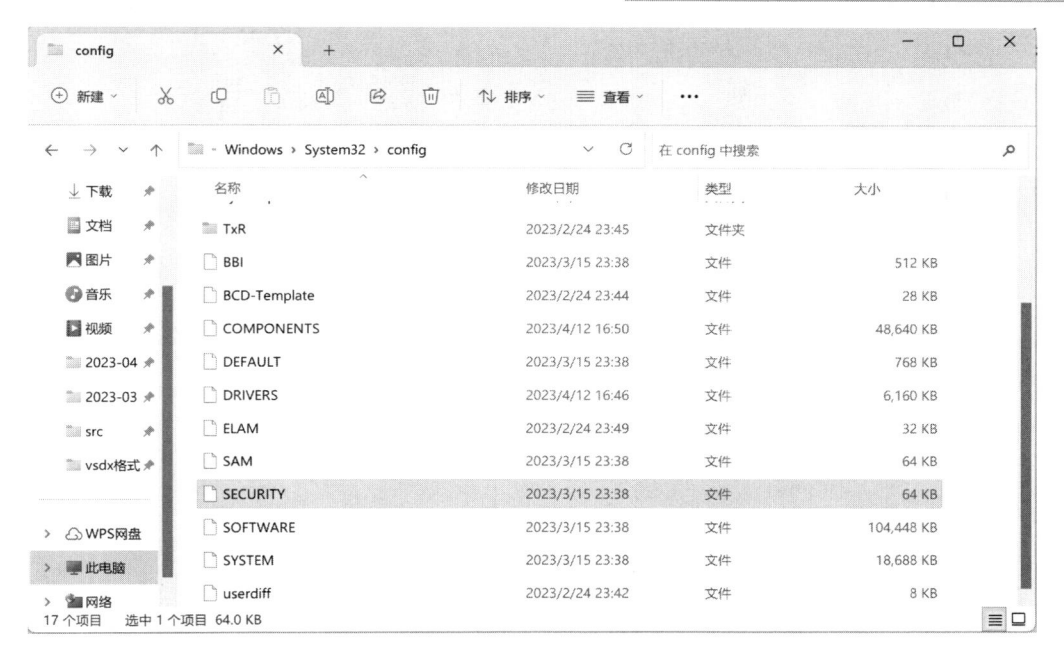

图 2.12　SECURITY 文件

安全账户管理器（Security Account Manager，SAM）服务：管理一个数据库，该数据库包含了本地机器上已定义的用户名和组。SAM 服务是在 System32\samsrv.dll 中实现的，如图 2.13 所示，它被加载到 LSASS 进程中。

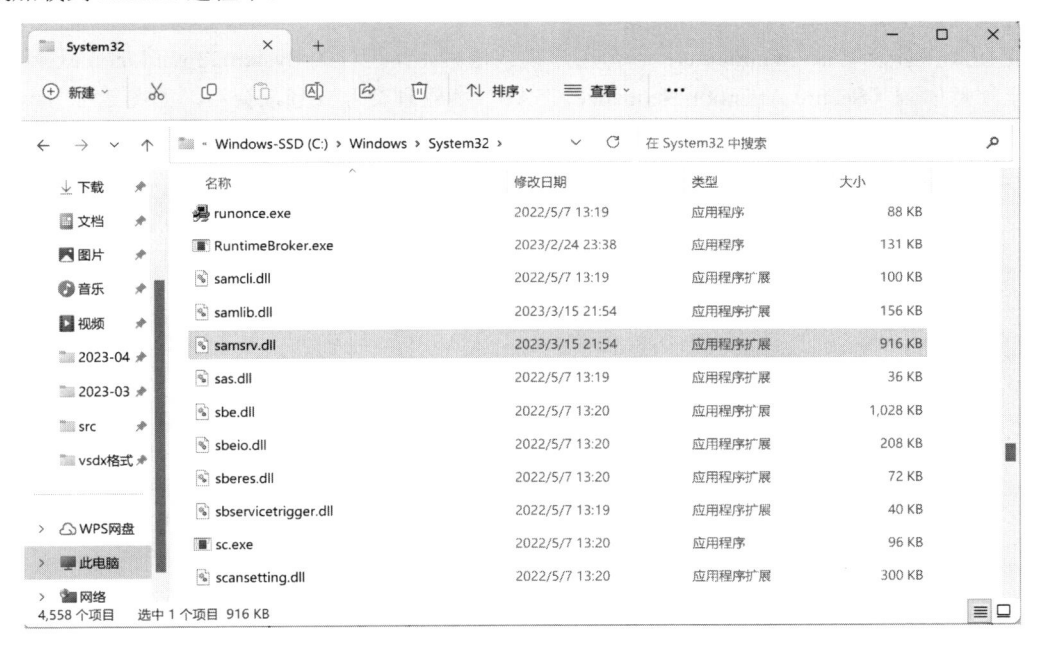

图 2.13　samsrv.dll

SAM 数据库：包含已定义的本地用户和用户组，连同它们的属性和口令。在域控制器上，SAM 并不保存定义在域中的用户，而是保存该系统的管理员恢复账户的定义及其口令。该数据库被存储在注册表 System32\config\SAM 中，如图 2.14 所示。

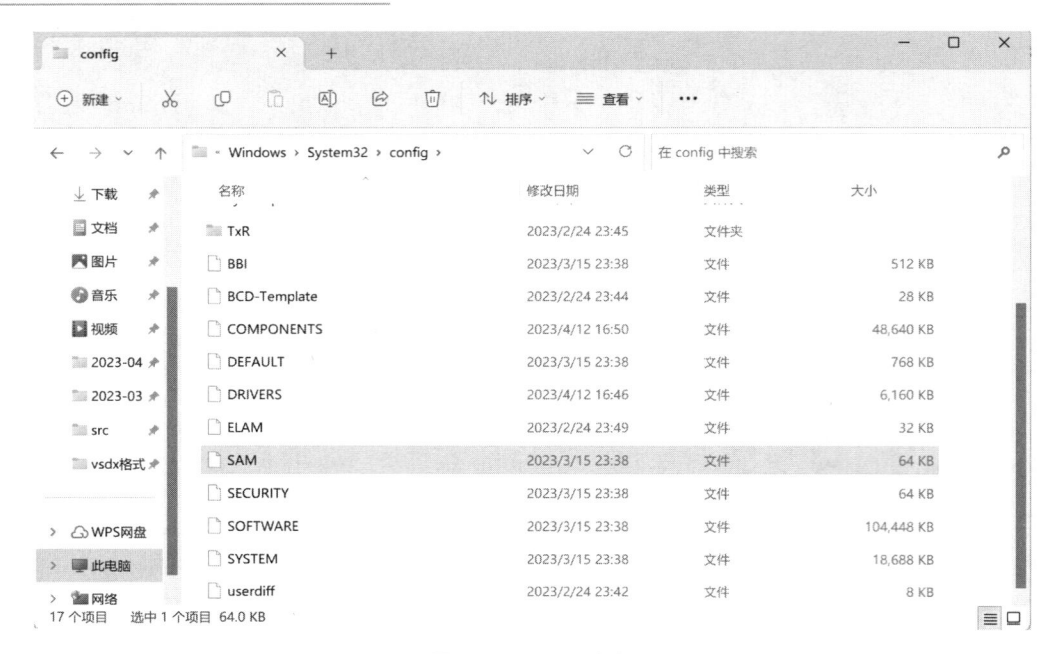

图 2.14 SAM 文件

认证包：包括运行在 LSASS 进程和客户进程环境中的动态连接库（Dynamic Linked Library，DLL），用来实现 Windows 的认证策略。认证 DLL 负责认证一个用户，其做法是，检查一个给定的用户名和口令是否匹配，如果匹配，则向 LSASS 返回有关用户安全身份的细节信息，以供 LSASS 利用这些信息生成一个令牌。

交互式登录管理器（winlogon）：一个用户模式进程，其运行的 System32\winlogon.exe 负责响应安全注意序列（Secure Attention Sequence，SAS）和管理交互式登录会话，如图 2.15 所示。例如，当用户登录的时候，winlogon 创建用户的第一个进程。

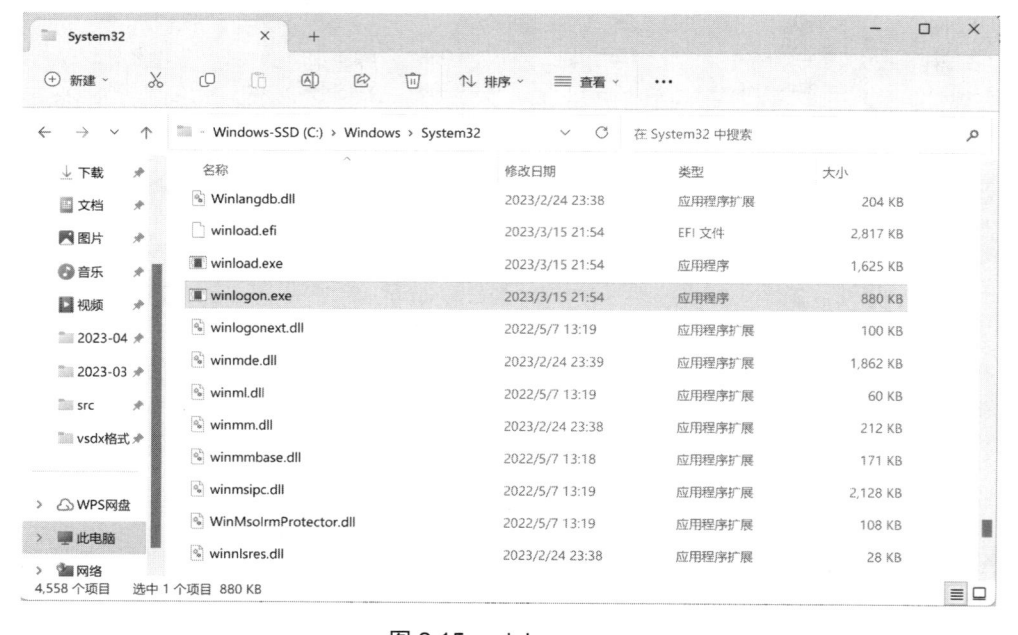

图 2.15 winlogon.exe

登录用户界面（LogonUI）：一个用户模式进程（见图 2.16），运行 System32\LogonUI.exe 显示用户界面，并在此登录界面中认证用户身份。LogonUI 通过各种不同方法，向各个凭据提供器（Credential Provider，CP）查证用户的登录凭证。

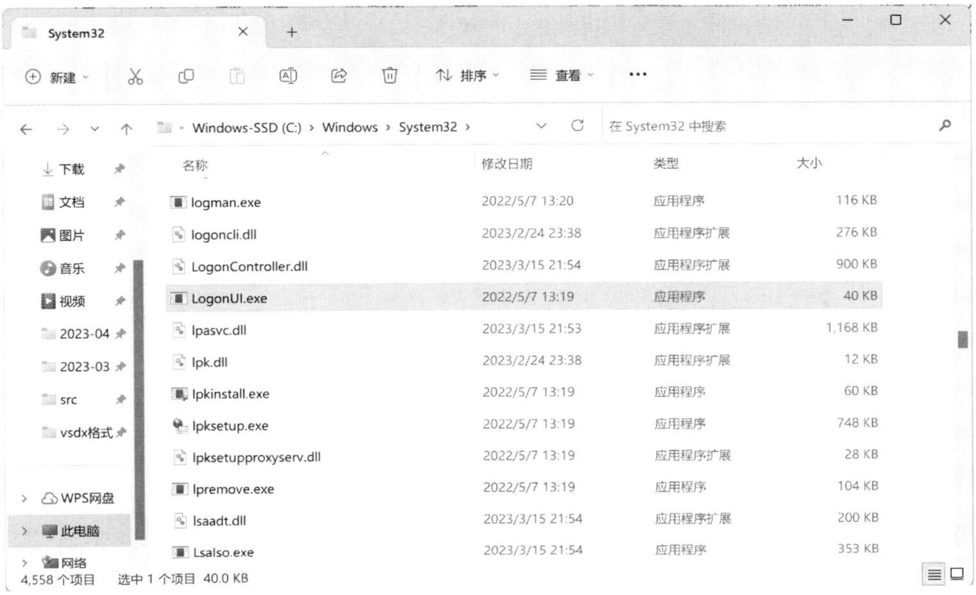

图 2.16　LogonUI.exe

凭据提供器（CP）：多进程内组件对象模型（Component Object Model，COM）对象，运行在 LogonUI 进程（当 SAS 执行的时候，根据需要由 winlogon 启动）中，用来等待用户名和口令、智能卡的 PIN 码、生物测量数据（如指纹）等。标准 CP 有 System32\authui.dll 和 System32\SmartcardCredentialProvider.dll，如图 2.17 和图 2.18 所示。

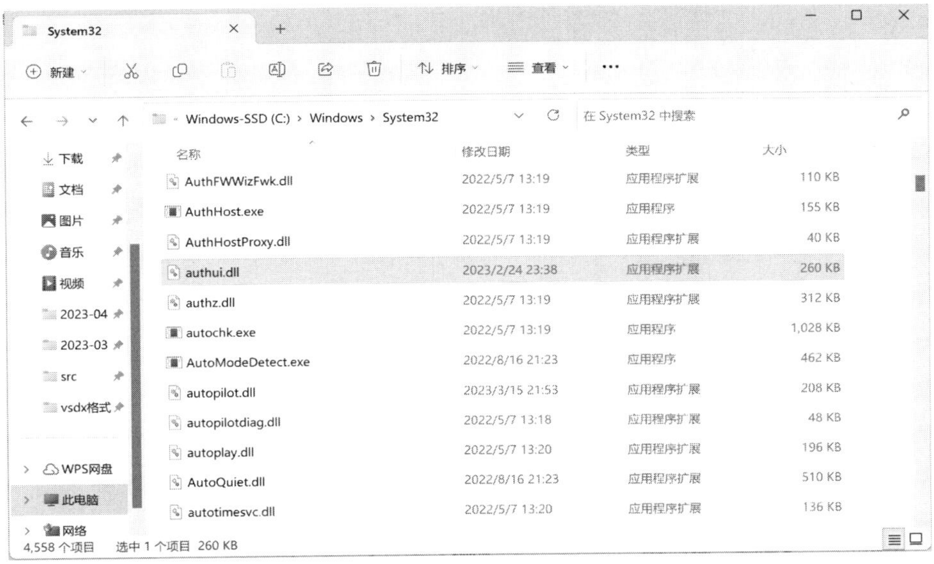

图 2.17　authui.dll

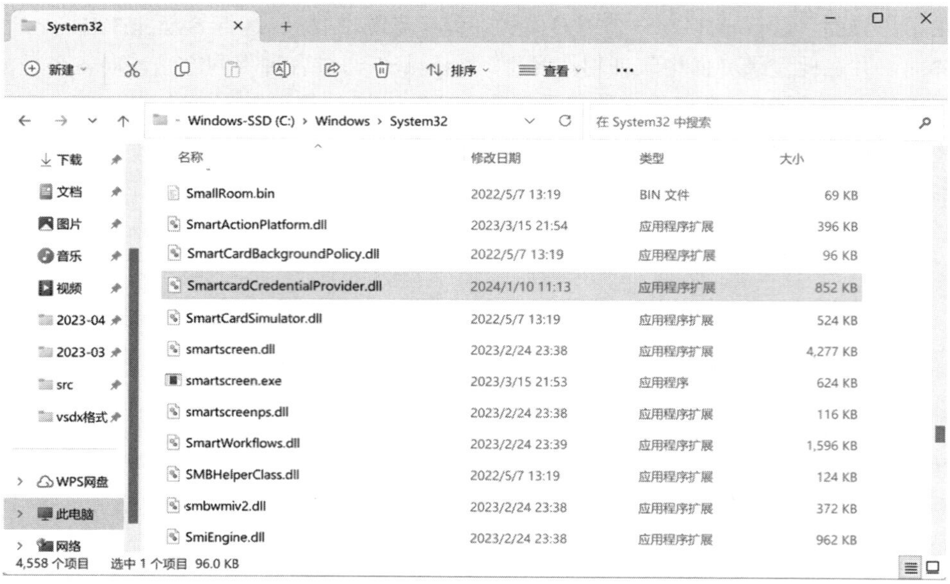

图 2.18 SmartcardCredentialProvider.dll

winlogon 是从键盘截取登录请求的唯一进程,这种请求通过 win32k.sys 的一个远程过程调用(Remote Procedure Call,RPC)消息发送,如图 2.19 所示。winlogon 紧接着就会启动 LogonUI 应用程序来显示登录用的用户界面。winlogon 从凭据提供器处得到了一个用户名和口令以后,调用 LSASS 来认证这一试图登录的用户的身份。如果该用户通过了认证,则登录进程代表该用户激活了一个登录外壳。

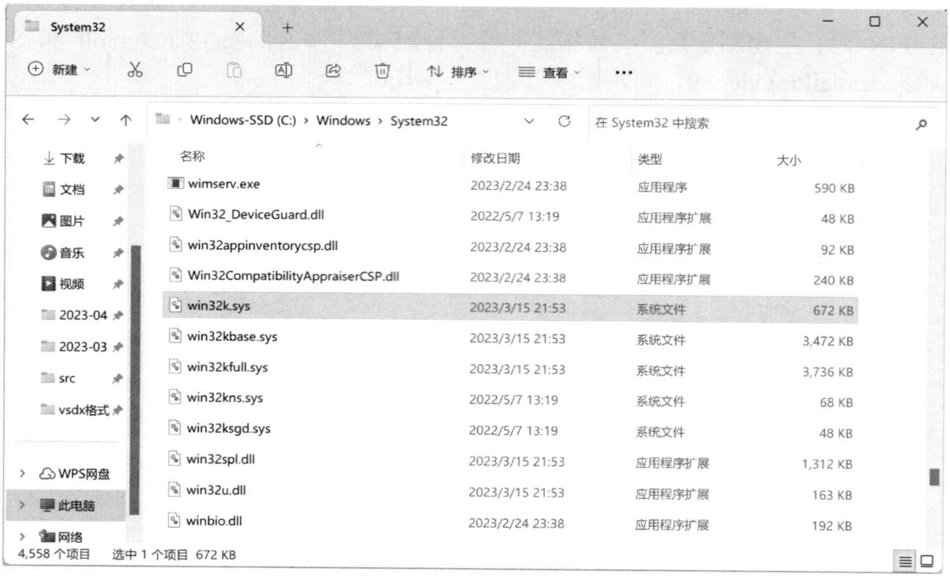

图 2.19 win32k.sys

Windows 未使用名称来标识系统中执行各种动作的实体,而是使用安全标识符(Security Identifier,SID)。用户有 SID,本地用户组、域中的用户组、本地计算机、域、域成员和服务也都有 SID。SID 是一个可变长度的数值,包含 3 个部分:SID 结构版本号、48 位标识符机构值、可变数量的 32 位子机构值或相对标识符值。

2. 系统初始化

在系统初始化过程中，在任何用户应用程序被激活前，一旦系统准备好与用户进行交互，winlogon 就执行下面的步骤。

（1）创建并打开一个交互式窗口站来代表键盘、鼠标和显示器。winlogon 为该窗口站创建一个安全描述符，它有且只有一个访问控制条目（Access Control Entry，ACE），并且此 ACE 只包含了 System SID。这个特殊的安全描述符能确保除非显式得到 winlogon 的许可，否则没有其他的进程可以访问此系统。

（2）创建和打开两个桌面：一个应用程序桌面（交互式桌面）和一个 winlogon 桌面（安全桌面）。winlogon 桌面的安全性被建立起来后，只有 winlogon 才能访问。应用程序桌面既允许 winlogon 访问，也允许用户访问。当 winlogon 桌面是活动桌面时，没有任何其他的进程可以访问与该桌面相关的任何活动代码或数据。Windows 使用此特性来保护与口令相关的安全操作，以及锁定桌面和解锁桌面的操作。

（3）当用户登录时，一旦按下 Ctrl+Alt+Del 组合键，就从应用程序桌面切换到 winlogon 桌面并启动 LogonUI。

（4）与 LSASS 的 LsaAuthenticationPort 建立一个高级本地进程通信（Advanced Local Procedure Call，ALPC）连接。此连接将用于在登录、注销和口令操作过程中交换信息，它是通过调用 LsaRegisterLogonProcess 建立起来的。

（5）为 winlogon 登记 RPC 消息服务器，该服务器会监听由 win32k 发送的 SAS（如按 Ctrl+Alt+Del 组合键）、计算机注销和锁定的通知。该操作可以防止特洛伊木马程序在用户按下 SAS 时获得对屏幕的控制。

3. 用户登录过程

当用户按下 Ctrl+Alt+Del 组合键时，登录就开始了。Windows 启动 LogonUI，调用凭据提供器获得一个用户名和口令。winlogon 也为该用户创建一个唯一的本地登录 SID，这是它分配给此桌面实例（键盘、屏幕、鼠标）的 SID。winlogon 在 LsaLogonUser 调用过程中将此 SID 传递给 LSASS。如果该用户成功登录，此 SID 将被包含在登录进程的令牌中，这个步骤保护了对桌面的访问。例如，在另一个系统登录同一个账户时，此账户不能对第一台机器进行写操作，因为第二个登录不在第一个登录的桌面令牌中。用户认证原理如图 2.20 所示。

winlogon 通过调用 LSASS 的函数 LsaLookupAuthenticationPackage 获得一个指向认证包的句柄。winlogon 通过 LsaLogonUser 将登录信息传递给认证包。一旦认证包认证了一个用户，winlogon 便继续该用户的登录过程。如果没有一个认证包显示这是一个成功的登录，则登录过程停止。

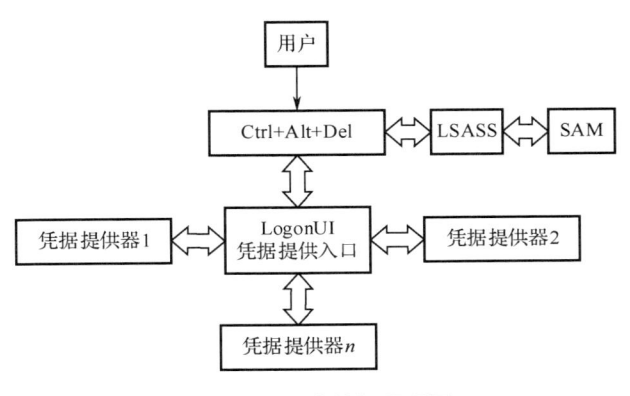

图 2.20 用户认证原理图

对于交互式登录，Windows 使用两个标准的认证包：Kerberos 和 MSV1_0。一个单独的 Windows 系统默认的认证包是 MSV1_0，这是一个实现 LAN Manager 2 协议的认证包。LSASS 也在计算机上使用 MSV1_0 认证 Windows 2000 以前的域，并用它对未能找到域控制器的计算机进行认证。Kerberos 认证包被用在 Windows 域的成员计算机上。Windows 的 Kerberos 认证包与在域控制器上运行的 Kerberos 服务联合起来支持 Kerberos 协议，如图 2.21 所示。

图 2.21　kerberos.dll

MSV1_0 认证包接收用户名和经过哈希运算的口令值，并且向本地的 SAM 数据库发送一个请求，以获取有关的账户信息，其中包括经过哈希运算的口令值、用户所属的组，以及该账户的任何限制。MSV1_0 首先检查该账户的限制，如允许访问的时间段或类型。如果该用户由于 SAM 数据库的限制而不能登录，那么这次登录失败，MSV1_0 向本地安全机构（Local Security Authority，LSA）返回一个失败状态，如图 2.22 所示。

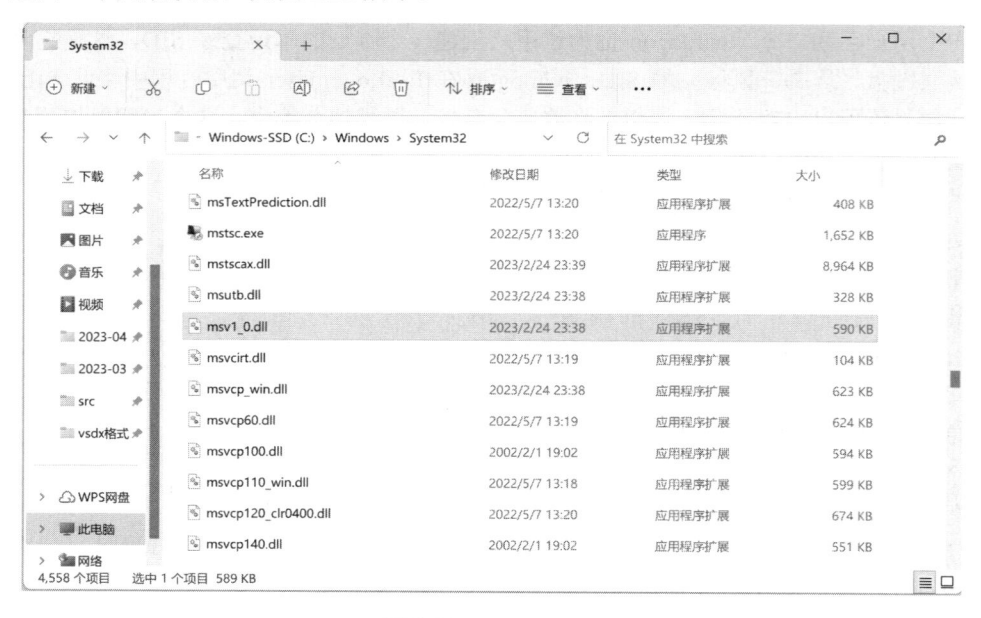

图 2.22　msv1_0.dll

之后，MSV1_0 将用户名和经过哈希运算的口令值分别与 SAM 数据库中的用户名和口令值进行比较。如果这是一次缓存的域登录，则 MSV1_0 使用 LSASS 的有关函数来访问缓存信息，通过 LSASS 的这些函数，可以从 LSA 数据库中获得这些"秘密"，或者将"秘密"存储到 LSA 数据库中。如果用户输入的信息与 SAM 数据库中的信息相符，则 MSV1_0 为该登录会话生成一个本地唯一标识符（Locally Unique Identifier，LUID），并且通过调用 LSASS 来创建此登录会话；它也将此唯一标识符与该会话关联起来，并在调用 LSASS 时传递必要信息，以便最终为该用户创建一个访问令牌（包含用户的 SID、组的 SID 和分配的特权）。

从 Windows Vista 系统开始，Windows 推出了 CP 登录模型来代替传统的图形化识别和验证（Graphical Identification and Authentication，GINA）登录模型。CP 登录模型可以从底层实现多种身份认证方式的同时支持，每种认证方式对应一个凭据提供器，这些凭据提供器都被内置在 LogonUI 组件中，用于向 LogonUI 提供对应的用户身份信息。LogonUI 是 Windows 7 系统中的组件，可以替代 GINA 登录模型提供登录界面，这样可以避免登录界面由第三方组件来完成而带来登录过程的安全风险。

LogonUI 的优点在于它是根据底层加载的 CP 登录模型所定制的界面，将界面内嵌于登录桌面而实现二者合为一体，以便凭据提供器收集所需要的用户身份信息。在 Windows 7 系统登录过程中，系统建立了一个专门的会话边界将所有计算机系统进程与用户进程隔离，并通过严格控制内核全局命名空间来提高用户登录的安全性，如图 2.23 所示。

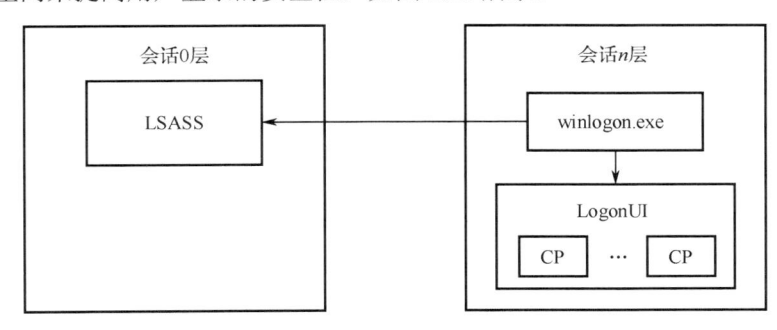

图 2.23　Windows 7 登录体系结构

在 Windows 7 登录体系中，每个登录会话都有一个专门的 winlogon 实例，多个凭据提供器通过 LogonUI 进程加载后与 winlogon 进行交互通信，再由 winlogon 与会话 0 层进行交互通信。在 Windows 7 登录体系中，凭据提供器体系结构要求每个凭据提供器都列出所需要的 UI（用户界面）元素。例如，在某个指定的方案中，凭据提供器可能会向 LogonUI 表明它需要两个编辑框、两个标题、一个复选框和一个位图。LogonUI 为凭据提供器显示这些控件。使用统一的开发模块可以简化用户的开发流程，用一致的外观和方法来广泛支持不断修改完善的用户验证方案，实现一致的外观表现，这增加了开发的稳定性并避免了兼容性问题。

与 CP 登录模型相比，在 GINA 登录模型中，会话 0 层一直负责执行交互式登录并承载着运行系统服务等关键进程。而在 Windows 7 登录体系中，会话 0 层不再用于交互式登录。其中一个明显的变化是，在 Windows 7 系统中，会话 0 层没有 winlogon，而是增添了 LogonUI 模块，会话 0 层只包含系统服务而不再负责交互式登录，用户登录会话与系统服务分离，系统服务不再需要与桌面进行交互。因此，CP 登录模型有效避免了 GINA 登录模型的复杂和烦琐，开发第三方认证时无须对函数进行重写，开发过程更加易用、安全。GINA 登录模型需要直接与 winlogon 交互信息，用户界面设计复杂，第三方认证开发时负担极重。CP 登录模型只需要选择并完成程序中相应 UI 元素的注册即可，用户的体验更好。因此，CP 登录模型具有极大的进步。

2.3 操作系统的用户安全

2.3.1 用户安全问题

操作系统是信息系统的基础,操作系统的用户安全直接影响到信息系统的安全。从用户角度,操作系统分为单用户单任务操作系统、单用户多任务操作系统、多用户多任务分时操作系统。

单用户单任务操作系统:一台计算机同时只能有一个用户在使用,该用户一次只能提交一个作业,一个用户独自享用系统的全部硬件和软件资源。

单用户多任务操作系统:一台计算机同时只能有一个用户在使用,该用户一次可以提交多个作业,一个用户独自享用系统的全部硬件和软件资源。

多用户多任务分时操作系统:允许多个用户共享同一台计算机的资源,即在一台计算机上连接几台甚至几十台终端机,终端机可以没有自己的 CPU 与内存,只有键盘与显示器,每个用户都可以通过各自的终端机使用这台计算机的资源,计算机按固定的时间片轮流为各个终端服务。由于计算机的处理速度很快,用户感觉不到有等待时间,似乎这台计算机专为自己服务一样。

Windows XP 之后的操作系统名义上都是多用户多任务操作系统,但它们并没有实现用户之间的数据隔离。用户之间的数据都可以通过技术手段进行访问,因此用户提权类型的安全漏洞层出不穷。Windows 的用户账户用于识别计算机用户身份,本地用户账户和密码信息是存储在本地计算机上的。通过本地用户和组,可以为用户和组分配权限,从而限制用户和组执行某些操作的能力。不同的用户身份拥有不同的权限,每个用户包含一个名称和一个密码,用户账户拥有唯一的 SID。组账户是一些用户的集合,且组内的用户自动拥有组所设置的权限。Windows 的默认用户账户有特殊用途,一般不用修改其权限。Administrator 是管理计算机(域)的内置管理员账户,DefaultAccount 是默认的系统管理用户账户,defaultuser0 是默认用户账户,Guest 是提供给访客人员使用的来宾用户账户。

Linux 是真正的多用户多任务操作系统,可以允许多个用户同时在系统上执行不同的任务。Linux 的用户一般分为超级用户、普通用户和虚拟用户。将具有相同权限的用户统一到一个组中,可以方便权限的管理。如果多个用户都具有修改数据库的权限,那么可以将他们放在同一个组中,对这个组赋予修改数据库的权限。用户与组不是一一对应的,一个用户可以存在于多个组中,一个组中可以包含多个用户。

在 Linux 操作系统中,超级用户 Root 具有对系统的完全访问权限,甚至包括内核存储器。系统中的很多软件需要启动并运行在 Root 账号下,如守护进程。而且,在标准的 Linux 系统中,Root 可以加载缺少安全控制的 Linux 内核模块。因此,Root 是很危险的账号,一旦被黑客利用,会对系统造成严重的威胁。

以 Linux 系统为例,用户的主要安全问题如下。

(1)缓冲区溢出:由于 C 语言缺少数组边界检查,因此会产生内在缓冲区溢出边界的现象。对于系统软件,也就是命令、守护进程和 C 语言编写的库,很少会在调用 sprintf 或 strcpy 这种可能导致缓冲区溢出的函数之前进行所有可能的检查,从而使得它们成为基于缓冲区溢出攻击的明显目标,尤其是当这些软件产生具有超级用户特权的进程时,会引起更严重的问题。

(2)SUID 问题:利用 SUID 机制临时授权给一个普通用户的 Root 特权,用户标识符对(UID,EUID)有值 UID>0 和 EUID=0。恶意用户可以在有 Root 权限时为其使用的程序设置 SUID 位,之后就可以以普通用户身份登录后运行该程序。这种行为有很大的隐蔽性，极具安全隐患。

（3）网络攻击：远程用户可以利用现有的网络工具来获得对服务器的控制权限。如果主机运行了有漏洞的网络程序，那么当攻击者具有对应网络连接的端口时，攻击者就可以利用这个漏洞获得 Root 权限，从而控制远程主机。

2.3.2　典型安全攻击

近二十年来，软件漏洞层出不穷，其中大多数漏洞往往是较为低级的错误导致的。缓冲区溢出是一种非常普遍且危险的漏洞，在各种操作系统、应用软件中广泛存在。利用缓冲区溢出攻击，可以导致程序运行失败、计算机关机、系统重新启动等后果。缓冲区溢出问题的根本原因在于过于信任输入数据，实际可能是可以执行的代码。实践证明，缓冲区溢出可以发生在堆、栈等存放变量的任何区域。

缓冲区是程序用来保存用户输入数据和程序临时数据的内存空间，本质为数组。对于缓冲区溢出攻击，攻击者利用程序漏洞，将自己的攻击代码植入有缓冲区溢出漏洞的程序执行体中，从而改变该程序的执行过程，获取目标系统的控制权。如果用户输入的数据长度超出了程序为其分配的内存空间，那么这些溢出的数据就会覆盖程序为其他数据分配的内存空间，形成缓冲区溢出。通过缓冲区溢出攻击，一个用户可在匿名或拥有一般权限的情况下获取系统最高控制权。随意地往缓冲区内填充数据使其溢出只会产生段错误，而无法达到攻击的目的。

相关定义如下。

（1）段错误：访问的内存超出了系统给这个程序分配的内存空间。

（2）BSS（Block Started by Symbol）段：用来存放程序中未初始化的或者初始值为 0 的全局变量的一块内存区域，属于静态内存分配。

（3）Shell：命令语言，通常指命令行式 Shell，是操作系统最外面的一层。它管理用户与操作系统的交互，待用户输入后向操作系统解释用户的输入，并处理操作系统的各种输出结果。它本质上是一个命令解释器，接收用户命令，然后调用相应的应用程序。一般有交互式 Shell 与非交互式 Shell。

（4）shellcode：发送到服务器且利用特定漏洞的代码，一般可以获取权限。它通常作为数据发送给受害服务器，是溢出程序和蠕虫病毒的核心。

结果导致系统可能受到 3 个方面的攻击。

（1）数据被修改，这是针对完整性的攻击；

（2）数据不可获取，即拒绝服务攻击，这是针对可用性的攻击；

（3）敏感信息被获取，这是针对保密性的攻击。

根据攻击原理，可将缓冲区溢出攻击分为栈溢出攻击、堆溢出攻击、数据段溢出攻击等，具体如下。

（1）栈溢出攻击。

栈（Stack）用于动态地存储函数之间的调用关系，以保证被调用函数在返回时恢复到母函数中继续执行；此外，局部变量也存储在栈区，地址由高到低变化。

在栈中将空操作指令 NOP 和 shellcode 填充至变量的内存空间，内存溢出后 shellcode 的地址就会覆盖调用函数的返回地址，使程序在调用函数返回地址时执行 shellcode 语句，攻击者便获得了主机的控制权。如果该程序以 Root 身份运行，那么攻击者就获得了 Root 权限，完全控制了被攻击的主机。

（学习视频）

例如，一段攻击程序如下：

```
void funcptr(void)
{
    printf("hello world!\n");
    exit(0);
}

int main(int argc,char * argv[])
{
    int buffer[1];
    buffer[2]=(int) funcptr;
    return 0;
}
```

栈中的变量（从左到右）地址由高到低，按顺序存储 funcptr 和 buffer[0]。buffer[0]单元就是 buffer 的一个 int 空间。程序中定义了 int buffer[1]，而代码中的"buffer[2]= (int) funcptr;"操作超出了 buffer 的空间，对 buffer[2]赋值覆盖了栈中存放单元的数据，将 main 函数的返回地址改为 funcptr 函数的入口地址。这样 main 函数结束后返回时就将这个地址作为了返回地址而加以运行。

（2）堆溢出攻击。

堆（Heap）是应用程序动态分配的一块内存区。操作系统的大部分内存区由内核动态分配，但 Heap 段由应用程序分配，它在编译时被初始化。

堆通常由程序运行时运用 malloc 和 free 等函数动态分配、释放的内存块组成，每个内存块都包含自身内存大小和指向下一个内存块的指针等信息。虽然堆中的函数没有返回地址，但是攻击者可以通过修改堆中的函数指针或指针变量，达到修改程序控制流、执行攻击代码的目的。

（3）数据段溢出攻击

通常，数据段中存储的是初始化和未初始化的全局/静态变量。没有被初始化的数据段（BSS）存放静态变量，初始化后置零。

在一段程序中声明两个静态变量，先声明的变量地址小于后声明的变量地址。

例如，一段攻击程序如下：

```
static char buffer[40];
static int (* funcptr)();
while(* str){
    *buffer++ = *str;//字符串复制
    *str++;}
(*funcptr)();
```

数据段中的变量（从左到右）地址由低到高，按顺序存储 buffer[40]和 funcptr。funcptr 是函数指针，实际上是函数入口地址。由于该段程序在复制字符串时未进行边界检查，所以攻击者能够越过 buffer 的范围，将 funcptr 函数指针的值覆盖。那么程序执行 funcptr 函数时，会跳转至覆盖的新地址继续执行。若攻击者在缓冲区植入 shellcode，则执行 shellcode 的内存地址会覆盖 funcptr 函数的值，这时调用 funcptr 函数就会转为执行 shellcode。

另外，格式化字符串也经常会导致溢出攻击。

C 语言中，格式化字符串漏洞的产生根源是未对用户输入进行过滤。这些输入都作为数据传递给某些执行格式化操作的函数，如 printf、sprintf 和 vprintf。恶意用户可以使用"%s"和"%x"获取堆栈的数据，甚至可以通过"%n"对任意地址进行读/写。

攻击者可利用形如"%n"（其中 n 为任意整数值）的格式控制符得到任意大小的输出字符个

数，再利用"%n"将个数压入栈中。

例如，在 snprintf 中：
```
char str[60];
snprintf(str,60,format);//format 为外部输入字符串，省略输出表项
```
在 format 的开始处放入要改写的内存地址，再用 5 个"%x"跳过 20 字节无关数据。当 snprintf 处理 format 字符串时，先将 format 中的内存地址复制到 str 数组，然后根据格式化控制符从栈中读取数据。如果在 format 中加入"%n"，那么当前输出的字符个数就被写入 format 预设地址。

因此，为了利用此漏洞，可先在程序中植入 shellcode，再利用格式化字符串的漏洞修改函数返回地址为 shellcode 的地址，那么当程序返回时，就会执行 shellcode。

2.4 本章小结

本章介绍与信息系统安全相关的基础安全问题。根据图灵机原理，指出计算机存在的根本安全问题，指出现有计算机不区分数据和代码是引发计算机安全问题的主要原因，进而引发很多硬件和软件的安全问题。从当前的技术来看，哈佛体系结构是一种有前途的安全解决方案。

2.5 习题

1．图灵机有一条无限长的纸带，纸带被分为一个个大小相等的小方格。有一个贴近纸带的读写头，可以对单个小方格进行_____、_____或_____操作。

2．根据图灵机原理，现有计算机不区分_____和_____是引发计算机安全问题的主要原因，进而引发很多硬件和软件的安全问题。

3．在计算机启动的过程中，当芯片组检测到电源已经开始稳定供电后，CPU 会从地址 0XFFFF0000H 处执行第一条指令，这条指令的类型是_____。

4．在登录用户认证的安全系统组件中，_____数据库包含了已定义的本地用户和用户组，连同它们的属性和口令。

5．缓冲区是程序用来保存用户输入数据、程序临时数据的内存空间，其本质为_____。

6．在哈佛体系结构中，存在两个独立的存储器模块，分别存储_____和_____。

2.6 思考题

1．针对现代计算机原理的缺陷，有什么弥补或解决的办法？

2．8086/8088 CPU 是如何寻址的？了解 CS 和 IP 寄存器，思考设计理由。

3．造成缓冲区溢出攻击的本质原因是什么？如何防范缓冲区溢出攻击？

4．哈佛体系结构和冯·诺依曼体系结构有什么区别？它们各自有哪些优点？

第 3 章 身份认证

身份认证是登录信息系统的第一步。基于口令的身份认证是一种常用的身份认证方式，用户口令信息通常存储在哪里呢？结合 USBKey 的身份认证方式，需要结合系统安全机制进一步设计与实现。

3.1 身份认证方式

身份认证是用于验证对象身份的过程。当对某对象进行身份认证时，目标是验证该对象的真实性。在网络环境中，身份认证是向网络应用程序或资源证明身份的行为。通常，使用仅用户知道的密钥（公钥密码体制的私钥）或共享密钥（对称密码体制的密钥）来证明身份。

首先，计算机身份认证系统强制要求所有用户在登录之前完成身份认证工作，并且用户输入身份认证系统的敏感信息，均必须等到对输入数据加密完成之后进行传输，所采取的加密方式必须安全且高效；其次，身份认证系统对身份验证的实现应该和计算机本身的硬件结构无关，以保障身份认证系统的通用性；再次，操作系统内核源代码应与身份认证系统内核程序本身无关，以保障操作系统升级时不会影响到身份认证系统程序；最后，由于在计算机上的认证数据传输速率是高效的，不会影响到操作系统本身的启动速度和性能。

3.1.1 身份认证系统模型

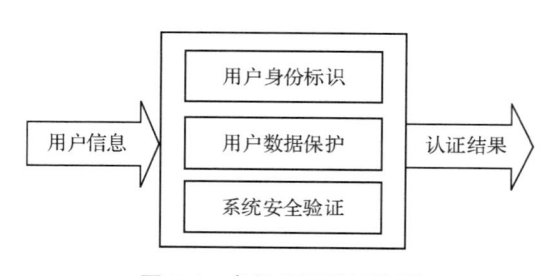

身份认证系统模型主要包括 3 个部分，如图 3.1 所示。

图 3.1 身份认证系统模型

1. 用户身份标识

账户是将用户的所有信息定义到某个系统中组成的记录。账户为用户或计算机提供安全凭证，包括用户名和用户登录所需要的口令，以及用户使用权限，以便用户和计算机能够登录到网络并访问资源。通常，不同的用户身份拥有不同的权限，每个用户包含一个名称和一个口令，每个账户拥有唯一的 SID。用户的权限是通过用户的 SID 记录的。

Linux 操作系统采用类似三权分立的方法进行用户标识和角色管理。Linux 操作系统的角色是对相关特权进行命名和组织管理，系统角色管理采用基于角色的访问控制（Role-Based Access Control，RBAC）模型实现，可以表示为五元组。该五元组从所有用户集合、所有角色集合、用户角色关系集合、角色权限关系集合和系统权限等方面对身份认证系统中用户的角色和身份进行了直接的标识，反映了 Linux 系统中用户的角色、系统中对用户资源的授权和系统用户的关系网状结构，进而通过它们之间的相互关系来保证系统的安全。

2. 用户数据保护

身份认证系统的安全性在很大程度上体现在对用户数据的保护上。访问控制是实现对用户数据保护的常用手段，要对数据进行有效的保护以保证信息安全，就必须实施访问控制。访问控制技术的基本任务就是防止非法用户进入系统及合法用户对系统资源的非法使用。访问控制是数据保护的重要环节，也是整个身份认证系统的安全核心。

3．系统安全验证

系统安全验证是身份认证系统中非常重要的一环，分为实时验证和事后验证两种情况。实时验证中多以用户数据输入验证为主，根据用户输入的实时信息，对用户身份的合法性和操作的合法性进行检测和判定；事后验证则是在用户退出系统后，对用户在系统中存储的信息（如命令、操作文件等）进行验证。系统安全验证水平的高低主要取决于两点：①验证数据的正确性，以保证系统安全验证内容的正确；②验证过程的严密性，在系统安全受到威胁时，安全验证应该从对系统信息的严密监测和验证中识别出攻击者的信息，这样才能达到安全的目的。

加强系统的身份认证能够有力地保护信息的安全。Linux 操作系统的稳定、高效、开放源码及遵守 GPL［GNU（一个开发"类 UNIX"系统的自由软件社区）通用公共许可证］协议的优点，使其在身份认证系统的设计中得到了运用。通过对用户身份标识、用户数据保护和系统安全验证等方面的考虑，建立身份认证系统的安全模型，完成对系统的身份认证设计工作。

3.1.2 主要的身份认证方式

1．基于口令的身份认证

口令是非常简单也非常常用的一种身份认证手段。所谓简单口令就是日常生活中经常使用的口令，一般称为密码，在分布式环境与移动应用领域更被广泛使用，目前很多系统的认证技术都基于简单口令。系统提前保存用户的身份信息与口令字段，当被认证对象向提供服务的系统请求访问时，被认证对象需要向提供服务的认证方提交口令信息，认证方收到口令后，比较它和系统里存储的用户口令是否一致，来辨认被认证对象是不是合法访问者。这种认证方式称为口令认证协议（Password Authentication Protocol，PAP）。PAP 认证只用于连接建立阶段，数据传输过程中不实施。这种认证方式的好处是简单有效、实用便捷、费用低廉、使用灵活，因此，一般系统（如 UNIX、Windows NT 等）都支持口令认证，这对封闭的小型系统而言也算一种简单易行的方法。

但是基于口令的认证方式存在如下不足。

（1）用户每次访问系统的时候均需通过明文的方式输入口令，容易被内存中运行的黑客软件记录，从而导致泄密。

（2）口令在传输时可能被截获。采用明文在网络上传输，只要局域网内存在嗅探软件，就没有安全性可言。

（3）当口令的位数比较少，且不包含生僻的字符时，口令窃取者利用如今的计算速度破解口令并不难。

（4）认证系统集中管理口令的安全性。全部用户的口令通过文件或数据库存储形式存于认证方，攻击者可利用服务系统中存在的安全漏洞获取用户口令。

（5）发放与修改口令均会涉及非常多的安全性问题，只要有一个环节发生泄露，那么身份认证也就失去了保护的意义。

（6）为了方便记忆，用户很可能向多个安全级别不一样的系统设置了同样的口令，攻击者很容易取得低安全级别系统的口令，进而攻击高安全级别系统。

（7）只可实施单向认证，也就是系统可认证用户，但用户无法认证系统。攻击者可能伪装为认证系统欺骗用户，得到用户的口令。

基于口令的认证方式仅用在认证的初期阶段，存在很多安全隐患。主要攻击手段有口令猜测攻击、中间人攻击、窃取凭证攻击、拒绝服务攻击等。如果能抵御以上攻击，则认为是安全的。

口令的加密传输与存储是基于口令的身份认证方式的进一步处理。因为传输用户口令采用密文形式，系统只存储口令的密文。然而，系统攻击者仍能利用离线方式对口令密文进行字典攻击。结合多轮加密和口令撒盐处理，改进的身份认证方式包括口令字段信息的处理方法、口令字段信息的生成算法、给口令撒盐的算法、身份认证算法等，具体如下。

（1）口令字段信息的处理方法。
① 接收用户提供的口令 Dpw。
② 生成一个盐值：Dsalt=Arandom()。
③ 生成口令信息：s = Agen(Dsalt,Dpw)。
④ 将口令信息 s 和 Dsalt 存入数据库的口令字段中。

（2）口令字段信息的生成算法。
① 给口令 Dpw 撒盐：Dpw=Asalt(Dsalt,Dpw)。
② 用撒盐结果做密钥：K = Dpw。
③ 用一个 64 位的全 0 的二进制位串构造一个数据块 Dp。
④ 设循环次数初值：$i = 0$。
⑤ 对数据块加密：Dc = Acrypt(K,Dp)。
⑥ Dp=Dc, $i = i +1$。
⑦ 如果 $i < 25$，则回到⑤。
⑧ 将数据块变换成字符串：s = Atrans(Dc)。
⑨ 返回 s。

（3）给口令撒盐的算法。
① 将盐值附加到口令上：Dtmp=Dpw||Dsalt。
② 生成哈希值：Dhash=Ahash(Dtmp)。
③ 将 Dhash 作为返回结果。

（4）身份认证算法。
① 接收用户提供的账户名 Dname 和口令 Dpw。
② 在账户信息数据库中检查 Dname 的合法性，如果合法，则找出其对应的 s 和 Dsalt。
③ 生成临时口令信息：sr=Agen(Dsalt,Dpw)。
④ 如果 $sr = s$，则认证成功；否则，认证失败。

2．基于生物特征的身份认证

生物特征认证又称生物特征识别，是指通过计算机利用人体固有的物理特征或行为特征识别个人身份。在网络空间安全领域，推动生物特征认证的主要动力来自口令认证的不安全性，即利用生物特征认证来替代传统的口令认证方式。

人的生理特征与生俱来，一般是先天性的；行为特征则是习惯养成，多为后天形成的。生理特征和行为特征统称为生物特征。常用的生物特征包括人脸图像、虹膜、指纹、声音、笔迹等。随着现代生物技术的发展，尤其是对人类基因研究的重大突破，脱氧核糖核酸（DeoxyriboNucleic Acid，DNA）识别技术将是未来生物识别技术的又一个发展方向。满足以下条件的生物特征才可以作为进行身份认证的依据。

（1）普遍性，即每个人都具有该特征。
（2）唯一性，即每个人在特征上有不同的表现。

（3）稳定性，即特征不会随着年龄的增长和生活环境的改变而改变。
（4）易采集性，即特征应该便于采集和保存。
（5）可接受性，即人们能够接受。

生物特征认证的核心在于如何获取特征，将其转换为数字形式存储在计算机中，并利用可靠的匹配算法来完成验证与识别个人身份的过程。生物识别系统包括采集、解码、比对和匹配几个处理过程。

与传统的口令认证相比，生物特征认证具有依附于人体、不易伪造、不易模仿等特点和优势，已成为身份认证技术中发展快、应用前景好的关键技术。目前，生物特征识别主要包括人脸识别、指纹识别和虹膜识别。国际民航组织已规定生物特征识别护照的标准，如 ISO 14443 标准（暂时无视网膜扫描认证方式）。证件持有人的生物特征通常以 JPEG 格式存储在非接触晶片内。与此同时，生物特征技术产品也迅速发展起来。

（1）人脸识别。

人脸识别技术就是通过计算机提取人脸的特征，并根据这些特征进行身份验证的一种技术。人脸与人体的其他生物特征（如指纹和虹膜等）一样，所具有的唯一性和不易被复制的良好特性为身份认证提供了必要的前提。人脸识别技术具有操作简单、结果直观、隐蔽性好的优点。

人脸识别技术基于人的脸部特征，对输入的人脸图像或视频流进行识别。首先判断是否存在人脸，如果存在，则进一步给出每张脸的位置、大小和几个主要面部器官的位置信息，并依据这些信息，进一步提取每张人脸中所蕴涵的身份特征，然后将其与存放在数据库中的已知的人脸信息进行比对，从而识别每张人脸的身份。经过对多姿态（正面、侧面等）人脸的识别研究，人脸识别技术从最初对背景单一的正面灰度图像的识别，发展到能够动态实现人脸识别，并正在向三维识别的方向发展。随着三维获取和人工智能等技术的发展，人脸识别技术有望取得突破性的进展并得到更加广泛的应用。

人脸识别过程可以划分为 4 个部分：人脸图像采集及检测、人脸图像预处理、人脸图像特征提取及人脸图像匹配与识别。

① 人脸图像采集及检测包括人脸图像采集和人脸检测两个过程。其中，人脸图像采集是指通过摄像头来采集人脸的图像，包含静态图像、动态图像、不同位置的图像及不同表情等。被采集者进入采集设备的拍摄范围内时，采集设备会自动搜索并拍摄被采集者的人脸图像。人脸检测在实际中主要用于人脸识别的预处理，即在图像中准确标定人脸的位置和大小。人脸图像中包含的模式特征十分丰富，如直方图特征、颜色特征、模板特征、结构特征等，人脸检测就是把其中有用的特征挑出来，并利用这些特征实现检测。

② 人脸图像预处理是指基于人脸检测结果，对图像进行处理并最终服务于特征提取。系统获取的原始图像由于受到各种条件的限制和随机干扰，往往不能直接使用，必须在图像处理的早期阶段对其进行灰度校正、噪声过滤等图像预处理。其预处理过程主要包括人脸图像的光线补偿、灰度变换、直方图均衡化、归一化、几何校正、滤波、锐化等。

③ 人脸图像特征提取又称人脸表征，是对人脸进行特征建模的过程。人脸图像特征提取的方法归纳起来分为两种：一种是基于知识的人脸表征方法；另一种是基于代数特征或统计学习的人脸表征方法。其中，基于知识的表征方法主要是指根据人脸器官的形状描述及它们之间的距离特性来获得有助于人脸分类的特征数据，其特征分量通常包括特征点间的欧氏距离、曲率和角度等。基于知识的人脸表征主要包括基于几何特征的方法和模板匹配法。人脸由眼睛、鼻子、嘴、下巴等局部构成，对这些局部和它们之间结构关系的几何描述，可作为识别人脸的重要特征，这些特征被称为几何特征。

④ 人脸图像匹配与识别。提取的人脸图像的特征数据与数据库中存储的特征模板进行搜索匹配，设定一个阈值，当相似度超过这一阈值时，则把匹配得到的结果输出。人脸识别就是将待识别的人脸特征与已得到的人脸特征模板进行比较，根据相似程度对人脸的身份信息进行判断。这一过程又分为两类：一类是确认，是一对一进行图像比对的过程；另一类是辨认，是一对多进行图像比对的过程。

人脸识别技术在应用中也存在需要解决的技术问题。例如，人脸识别设备对周围的光线环境敏感，人体面部的头发、饰物等遮挡物，人脸变老等因素都有可能影响识别效果，因此需要设计更好的解决方法。

（2）指纹识别。

指纹是人的生物特征的一种重要的表现形式，具有"人人不同"和"终身不变"的特征，以及附属于人的身体的便利性和不可伪造的安全性。指纹是指人的手指表面由交替的"脊"和"谷"组成的平滑纹路，这些皮肤的纹路在图案、断点和交叉点上各不相同，是唯一的，依靠这种唯一性，可以把一个人与其指纹对应起来，通过和预先保存的指纹比较，就可以进行身份认证。

指纹识别技术又称指纹认证技术。1858 年英国的威廉·赫谢尔（William Hershel）在印度任职期间，受到中国商人在文书契约上捺手印的启发，开始对指纹进行研究。19 世纪末，英国的亨利·福尔茨（Henry Faulds）提出了基于指纹特征进行认证的原理和方法。一般人的指纹在出生后的 9 个月便成形，正常情况下终生不会改变；每个指纹都有 70～90 个基本特征点。另外，在全世界所有人口中，没有两个人的指纹是完全相同的。因此，指纹具有高度的不可重复性。指纹纹脊的样式终生保持不变，指纹不会随人的年龄、健康程度的变化而发生变化。目前已建有标准化的指纹样本库，以方便指纹认证系统的开发。而且，在指纹识别系统中用于指纹采集的硬件设备也较容易实现。

指纹识别系统包括两个模块：指纹注册和指纹比对，如图 3.2 所示。

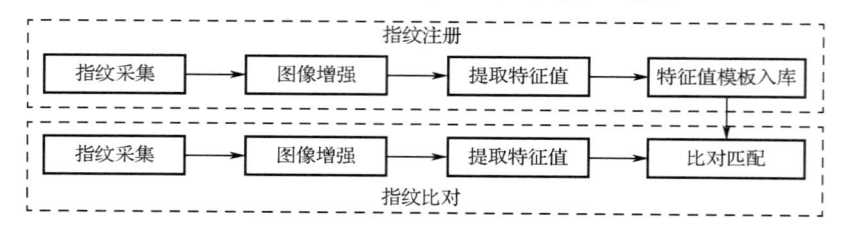

图 3.2 指纹识别系统的组成

具体的技术内容如下。

① 指纹采集：通过指纹传感器获取人的指纹图像数据，其本质是指纹成像。指纹采集大都需要通过各种采集仪，可分为光学和互补金属氧化物半导体器件（CMOS）两类，其中光学采集仪采集的图像质量较好但成本较高，而 CMOS 采集仪成本低但图像质量较差。

② 图像增强：根据某种算法，对采集到的指纹图案进行效果增强，以利于后续对指纹特征值的提取。

③ 提取特征值：对指纹图案上的特征信息进行选择、编码并形成二进制数据的过程。

④ 特征值模板入库：根据指纹算法的数据结构（特征值模板）对提取的指纹特征值进行结构化并保存起来。

⑤ 比对匹配：把当前取得的指纹特征值集合与已存储的指纹特征值模板进行匹配的过程。

虽然每个人的指纹纹路存在唯一性，但人体表面组织会随着岁月的流逝或意外事故的发生而有所改变，如果指纹识别设备不能精确识别这些变化，那么指纹密码也就无从谈起。已有研究表明，老年人、体力劳动者和癌症患者的指纹很可能因为衰老、磨损、治疗副作用等因素影响而发生改变，从而导致指纹无法被识别。另外，指纹识别在日常应用中也存在一些安全隐患。据媒体报道，德国的黑客组织已成功"利用简单的日常方法"绕过了苹果手机的指纹识别系统，演示了如何从玻璃杯上获取某人指纹后成功解锁 iPhone 5s 的过程。由于指纹可以被复制，攻击者可以通过制作指纹模具来骗过认证系统，也可以通过提供指纹照片导致认证系统产生错误的识别结果。

（3）虹膜识别。

指纹识别易受脱皮、出汗、干燥等外界条件的影响，并且这种接触式的识别方法要求用户直接接触公用的采集设备，给使用者带来了不便。例如，在突发的公共卫生事件中，接触式的指纹识别技术可能成为病毒传播的潜在途径。因此，非接触式的生物特征认证将成为身份认证发展的必然趋势。与脸型、声音等其他非接触式的身份认证方式相比，虹膜以其更高的准确性、可采集性和不可伪造性，成为目前身份认证研究和应用的热点。

从理论上讲，虹膜认证是基于生物特征的认证技术中较好的一种方式。虹膜（眼睛中的彩色部分）是眼球中包围瞳孔的部分，上面布满极其复杂的锯齿网络状花纹，而每个人虹膜的花纹都是不同的。虹膜识别技术就是应用计算机对虹膜花纹特征进行量化数据分析，以确认被识别者的真实身份。每个人的虹膜具有随机的细节特征和纹理图像。这些特征在人的一生中保持相对的稳定性，不易改变。到目前为止，虹膜认证的错误率在所有的生物特征识别中是较低的（相同纹理的虹膜出现的概率是 10^{-46}）。所以虹膜识别技术在国际上得到了广泛的关注，具有很好的应用前景。

虹膜识别系统一般由 4 个部分组成：虹膜图像采集、虹膜图像预处理、虹膜纹理特征提取及模式匹配，如图 3.3 所示。

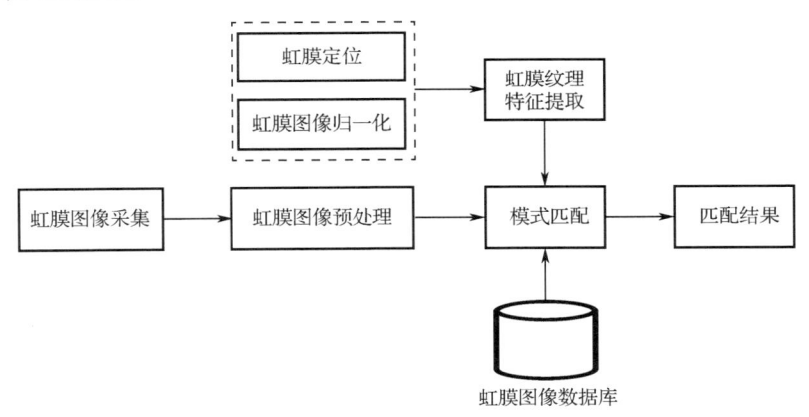

图 3.3 虹膜识别系统的组成

具体的技术内容如下。

① 虹膜图像采集：虹膜识别系统中一个重要且困难的部分。因为虹膜尺寸比较小且颜色较暗，所以使用普通的照相机来获取质量好的虹膜图像是比较困难的，必须使用专门的采集设备。

② 虹膜图像预处理：分为虹膜定位和虹膜图像归一化两个步骤。其中，虹膜定位就是要找出瞳孔与虹膜之间（内边界）、虹膜与巩膜之间（外边界）的两个边界，再通过相关的算法对获得的虹膜图像进行边缘检测；虹膜图像归一化是由于光照强度及虹膜震颤的变化，瞳孔的大小会发生变化，而且在虹膜纹理中发生的弹性变形也会影响虹膜模式匹配效果，因此，为了实现精确的匹配，必须对定位后的虹膜图像进行归一化，补偿大小和瞳孔缩放引起的变异。

③ 虹膜纹理特征提取：采用转换算法将虹膜的可视特征转换成固定长度的虹膜代码。

④ 模式匹配：将生成的代码与代码数据库中的虹膜代码进行逐一比较，当相似率超过某个预设值时，系统判定检测者的身份与某个样本相符；否则系统将认为检测者的身份与该样本不符，接着进入下一轮的比较。

各种生物识别技术都具有自身特点和优势，而指纹识别技术的一个发展方向是利用生物识别技术的特点将指纹和其他生物识别技术相结合，实现互补。如果结合指纹和脸型识别技术，将人脸识别结果作为一种检索信息，从而实现辨识模式下的指纹识别，识别速度将得到显著提高。随着识别技术的发展，未来基于生物特征的身份认证会变得更加具有唯一性、准确性和安全性。

3.2 Linux 身份认证技术

3.2.1 Linux 身份认证技术简介

Linux 操作系统是 UNIX 操作系统的一种变形。Linux 是遵循可移植操作系统接口（Portable Operating System Interface，POSIX）标准的开放源代码的操作系统，与 UNIX 系统的风格非常像，同时具有 System V 和 BSD 的扩展特性，只是 Linux 系统的核心代码已经全部被重新编写，并且 Linux 系统遵循 GPL 协议的规则。Linux 系统的出现，改变了传统商业操作系统的技术垄断和市场垄断局面，对计算机技术的发展有巨大贡献。

Linux 操作系统因其高效性、灵活性及开放性得到了蓬勃发展，不仅被广泛应用于个人计算机、服务器，还被广泛应用于手机、平板电脑等高端嵌入设备。目前的 Linux 系统版本在安全方面还存在着许多不足，系统新功能的不断加入及安全机制的错误配置或错误使用，都会带来很多问题。

Linux 系统提供的安全机制主要包括：身份标识与认证、文件访问控制、特权管理、安全审计、进程间通信（InterProcess Communication，IPC）资源的访问控制。在 Linux 系统的安全机制、现有的认证协议等基础上，结合 Kerberos 认证系统与轻量目录访问协议（Lightweight Directory Access Protocol，LDAP）目录服务系统的消息格式、数据库管理、安装配置、配置文件、接口函数等搭建认证系统，实现用户登录的认证。利用编写的客户端应用接口，用户可以完成上述认证。考虑到系统有多个认证模块，嵌入式认证模块（Pluggable Authentication Modules，PAM）支持灵活的认证模块组合机制。当用户登录 Linux 系统时，首先要通过系统的 PAM 验证。PAM 机制可以用来动态地改变身份验证的方法和要求，允许身份认证模块按需要被加载到内核中，模块在加入后即可用于对用户进行身份认证，而不需要重新编译其他公用程序。PAM 体系结构的模块化设计及其定义的良好接口，使得无须改变或者干扰任何现有的登录服务就可以集成范围广泛的认证和授权机制，因此，对 PAM 底层认证模块的扩展广泛应用于增强 Linux 操作系统的安全性。

3.2.2 从启动到登录的流程

1. start_kernel 函数

该函数从开始到 cpu_idle，主要是对系统的"经济基础"（各种资源）进行初始化，仅由主 CPU 进行，到最后执行 init 函数，再创建 init 进程。

start_kernel 函数的部分代码如下：

```
asmlinkage void __init start_kernel(void)
{
    …
    kernel_thread(init, NULL, CLONE_FS | CLONE_FILES | CLONE_SIGNAL);
    //执行 init 函数，再创建 init 进程
    …
}
```

2．init 函数

init 函数的执行，是对系统的"上层建筑"的初始化，此段由主 CPU 执行。init 函数的代码在 init/main.c 中。重点在 init 函数最后执行的 execve 函数部分，此部分的执行就是系统第一个进程 init 的真正执行。

```
static int init(void * unused)
{
    …
    execve("/sbin/init",argv_init,envp_init); //RedHat Linux 9.0 中有此程序，此程序执行/etc/inittab 文件
    execve("/etc/init",argv_init,envp_init);
    execve("/bin/init",argv_init,envp_init);
    …
}
```

3．/etc/inittab 文件（运行 getty 进程）

该文件是 init 进程需要执行的文件。内容包括系统运行级别的配置和 getty 进程的启动配置。

```
# inittab        文件描述了 init 进程设置
1:2345:respawn:/sbin/mingetty tty1
2:2345:respawn:/sbin/mingetty tty2
3:2345:respawn:/sbin/mingetty tty3
4:2345:respawn:/sbin/mingetty tty4
5:2345:respawn:/sbin/mingetty tty5
6:2345:respawn:/sbin/mingetty tty6
…
//respawn：如果本行的命令进程终止，那么 init 进程应该马上重新启动相应的进程
```

4．getty 进程

① 打开终端命令行。
② 输出 login 提示符。

getty 进程中显示提示的代码如下：

```
#define LOGIN " login: "           /* 登录提示符 */
/* 使用 do_prompt 显示登录提示符，可在前面加上/etc/issue 内容 */
void do_prompt(op, tp)    //显示提示
{
    …
    (void) write(1, LOGIN, sizeof(LOGIN) - 1);  /* 一直显示登录提示符 */
    //将提示符写到终端上，1 代表标准输出，即终端
    …
}
```

③ 执行 login 程序。
getty 程序调用：
(void) execl(options.login, options.login, "--", logname, NULL);

execl()再调用：
　　__execve (path, (char *const *) argv, __environ); 执行进程调度，启动 login

3.2.3　认证程序

（1）两个重要的数据结构：passwd 和 spwd。

passwd 数据结构存放/etc/passwd 文件中的数据。login 程序根据输入的用户名，得到相应的数据。

```
/* passwd 数据结构 */
struct passwd *pw;
struct passwd
{
    char *pw_name;          /* 用户名 */
    char *pw_passwd;        /* 口令 */
    __uid_t pw_uid;         /* 用户 ID */
    __gid_t pw_gid;         /* 组 ID */
    char *pw_gecos;         /* 真实姓名 */
    char *pw_dir;           /* 根目录 */
    char *pw_shell;         /* shell 程序 */
};
```

spwd 数据结构存放/etc/shadow 文件中的数据，login 程序要获取其中的密文。

```
struct spwd *sp;
struct spwd
{
    char *sp_namp;          /* 用户名 */
    char *sp_pwdp;          /* 加密的口令 */
    sptime sp_lstchg;       /* 最后更改的日期 */
    sptime sp_min;          /* 更改间隔的最小天数 */
    sptime sp_max;          /* 更改间隔的最大天数 */
    sptime sp_warn;         /* 密码过期前的警告天数 */
    sptime sp_inact;        /* 密码过期后直到账户无法使用的天数 */
    sptime sp_expire;       /* 自 1970 年 1 月 1 日起至账户到期的天数 */
    unsigned long sp_flag;  /* 保留以备将来使用 */
};
```

（2）获得用户名。

```
if (*argv) {           //检查 login 时是否提供用户名
    char *p = *argv;
    username = strdup(p); //获得登录的用户名，strdup(p):将串复制到新建的位置
    ask = 0;
    while(*p)
        *p++ = ' ';
} else
    ask = 1;   //运行 login 时没有提供用户名，设置需要向用户提问要用户名的标志
```

（3）读取/etc/passwd 与/etc/shadow 文件。

```
if (ask) {
    flag = 0;
getloginname(); //在终端上输出"login:"，获得用户名
    if ((pwd = getpwnam(username)))　{   //从/etc/passwd 中获得与登录用户相关的信息
```

```
# ifdef SHADOW_PWD
    struct spwd *sp;
    if ((sp = getspnam(username)))   //读取/etc/shadow 中的数据，存放到 sp 中
        pwd->pw_passwd = sp->sp_pwdp;
# endif
    }
}
```

（4）显示提示符"Password:"，获得口令。

```
pp=getpass(_("Password: "));
```

（5）检测该用户的登录 shell 是否为/etc/nologin。

```
if (pwd == NULL || pwd->pw_uid)
    checknologin(); //检查有无/etc/nologin 文件，有则表示禁止该用户登录，输出/etc/nologin 文件中的内容
```

（6）比较两个口令。

```
if (pwd && !strcmp(p, pwd->pw_passwd))    //比较两个口令是否相同
    break;    //若相同则跳出循环，即认证通过
printf(_("Login incorrect\n"));    //输出"Login incorrect"，表示口令不正确
badlogin(username);                //在 syslog 中记录登录失败信息
failures++;
/* 允许尝试 10 次，但在第 3 次后开始延时 */
if (++cnt>3) {
    if (cnt>=10) {
        sleepexit(1);   //失败超过 10 次，则退出 login
    }
    sleep((unsigned int)((cnt - 3) * 5));
}
```

3.2.4　认证的加密算法

为了提高安全性，Linux 系统在用户登录认证的过程中采用了一些特别的方法，如加密存放用户口令或者使用 PAM 机制。现重点讨论 login 的 char *crypt(const char *key, const char *salt)函数及具体的口令比对过程。

加密函数 char *crypt(const char *key, const char *salt)包含两个参数：一个是 key，另一个是 salt。其中 key 是一个真正的明文密码，而 salt 是一个辅助加密字符串，决定加密函数 crypt 所采用的加密算法效果。

crypt 函数针对用户的 key 和 salt 使用某种算法进行哈希运算，可以使用多种加密机制，包括最初的 DES 和后来为提高安全性引入的 MD5、Blowfish、SHA-256、SHA-512。crypt 函数为支持不同的方式，对 salt 进行格式化，格式为idsalt$encoded，保存在密码文件中。这里不同的 id 代表不同的算法，不同算法的 salt 的长度也不同，具体如表 3.1 所示。

表 3.1　参数 id 的含义

id	方　　法	加密后的口令长度
1	MD5（12 个 salt 字符）	22
2a	Blowfish（12 个 salt 字符）	取决于密钥长度和实现方式，只在某些发行版中支持
5	SHA-256（12 个 salt 字符）	43
6	SHA-512（12 个 salt 字符）	86

另外，DES 算法的 salt 仅由两个字符组成，两个字符在[a-z,A-Z,0-9,.,/]中选择。然后，将用户的 key 与 salt 拼接成一个新的字符串，将这个字符串作为密钥对某个原始串（通常全为 0）进行 DES 加密，得到 11 个字符，然后将这 11 个字符接到 salt 字符后面即用户加密后的口令。

针对/etc/shadow 文件进行分析，idsalt$encoded 第 1、第 2 个$之间的部分为使用了加密算法的类型标识，第 2、第 3 个$之间的部分为 salt，第 3 个$后面的部分为加密后的口令。

根据以上分析，login 的具体认证算法如下。

步骤 1：根据用户名调用 getspnam 获取对应的 spwd 项。

步骤 2：根据用户输入的口令 key 调用 crypt(key,spwd->sp_pwdp)（其中 sp_pwdp 中前面的部分包含 salt 的值）得到加密后的值 encoded_str。

步骤 3：将 encoded_str 与 spwd->sp_pwdp 进行对比，如果相等，则通过认证。

3.2.5　嵌入式认证模块

为了系统安全，只有经过授权的合法用户才能访问计算机系统。如何正确地鉴别用户的真实身份是一个关键问题。无论是 Kerberos 还是基于智能卡的认证系统，实现认证功能的代码通常都会作为应用程序的一部分而被编译。发现所用认证算法存在缺陷或者使用其他认证方式时，用户将不得不重写（修改或替换）程序，然后重新编译源程序。为了解决这些问题，设计了嵌入式认证模块（PAM）。

为了实现插件的功能性和易用性，PAM 采取了分层设计思想：将各认证模块从应用程序中独立出来，然后将 PAM API 作为二者的联系纽带，以此实现"认证功能，随需应变"。在 Linux 系统中，各种不同的应用程序都需要完成认证功能。为了实现统一调配，可将所有需要认证的功能做成一个模块，当特定的应用程序需要完成认证功能的时候，就调用 PAM，这些模块都位于系统的/lib64/security（32 位操作系统是/lib/security）目录下，并不是所有的模块都是用来完成认证的，有些模块是为了实现 PAM 的某些高级功能而存在的，其中 PAM 的认证库是由 glibc 提供的，应用程序最终使用哪个 PAM 取决于/etc/pam.d/*目录下的定义。

以 passwd 应用程序为例，PAM 的认证过程如下。

步骤 1：用户执行/usr/bin/passwd 应用程序，并输入密码。

步骤 2：passwd 程序会调用 PAM 进行验证。

步骤 3：PAM 到/etc/pam.d/*目录下寻找与 passwd 同名的配置文件。

步骤 4：当找到配置文件后，PAM 根据/etc/pam.d/passwd 的配置信息调用 PAM 进行认证。

步骤 5：认证完成后，将结果返给 passwd 应用程序。

步骤 6：passwd 程序根据 PAM 的返回结果决定下一个执行动作（重新输入密码或验证通过）。

以上最重要的是步骤 4，PAM 如何完成认证功能，查看/etc/pam.d/passwd 的配置信息。

```
[root@shangtao ~]# cat /etc/pam.d/passwd
#%PAM-1.0                      <==PAM 的版本号
auth        required    pam_sepermit.so
auth        include     system-auth    <==每行都是一个验证环节
account     include     system-auth
password    substack    system-auth
-password   optional    pam_gnome_keyring.so
```

在 Linux 中，所有 PAM 感知服务都在 /etc/pam.d 中具有与服务同名的文件。例如，passwd 对应服务文件/etc/pam.d/passwd。

PAM 与配置文件的参数说明如下。

第 1 个字段：验证类别（type），主要分为 4 个模块，并且依次向下验证。

（1）auth：用来认证用户的身份信息。如果 auth 认证的时候需要用到多个模块，就依次检查各个模块。这个模块通常最终都需要密码来检验，所以下一个模块用来检验用户身份。如果用户身份没问题，就授权。

（2）account：大部分用来检查权限，例如检查用户名和密码是否过期等，如果使用一个过期的用户名或密码，就不允许验证通过。如果有多个模块，要依次检查各个模块。

（3）password：修改密码时需要用到，如果用户不修改密码，则用不到这个模块。

（4）session：限定会话限制。例如，下午 6 点后不允许访问某个程序，用户会被限制。

第 2 个字段：验证控制标志（control flag），用于控制认证成功或失败时需要采取的行动，主要分为 4 种。

（1）required：如果验证成功，则带有成功（success）的标志；如果验证失败，则带有失败（failure）的标志。验证失败就一定会返回失败的标志，但是不会立即返回，而是等所有模块验证完成后才返回，所以不论验证成功或失败，都会继续后面的流程。

（2）requisite：如果验证失败，则立即返回带有失败的标志，并终止后面的流程；如果验证结果带有成功的标志，则继续后面的流程。

（3）sufficient：与 requisite 正好相反。如果验证成功，则带有成功的标志，并立即终止后面的流程；如果验证结果带有失败的标志，则继续后面的流程。

（4）optional：参考功能。

PAM 验证控制标志的具体流程如图 3.4 所示。

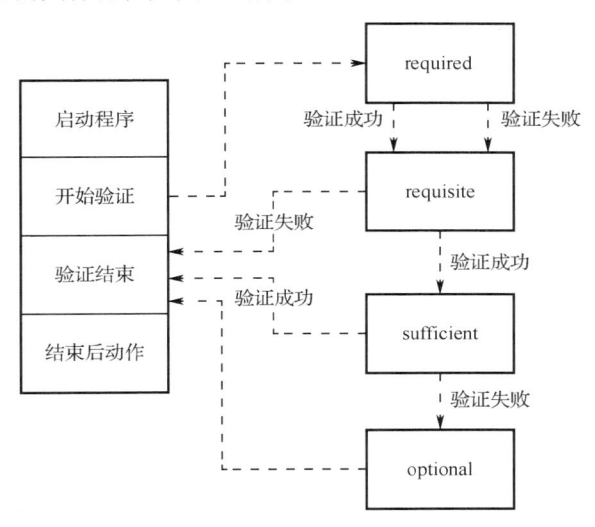

图 3.4　PAM 验证控制标志流程图

也可以替换为如下参数。

include：包含指定的其他配置文件中的同名栈中的规则，并用它进行检测。

substack：通常不需要。

第 3 个字段：PAM 路径如下。

（1）/etc/pam.d/*：每个程序个别 PAM 的配置文件；

（2）/lib/security/*：PAM 档案的实际放置目录；
（3）/etc/security/*：其他 PAM 环境的配置文件；
（4）/usr/share/doc/pam-*/：详细的 PAM 说明文件。

PAM 分类如下。

（1）pam_unix.so：传统意义上的用户名和密码认证机制，实现了标准 C 库中基于用户输入的用户名和密码完成检测的认证过程。

（2）pam_permit.so：直接通过，允许访问，定义默认策略。

（3）pam_deny.so：拒绝访问，定义默认策略。

（4）pam_cracklib.so：用来检验密码的强度，包括设定的密码是否在字典中，修改的密码是否能和上次一样，密码至少包含多少个数字字符，可以输入多少次错误密码等。

（5）pam_shells.so：检查用户登录的 shell 是否是安全 shell，也就是写在/etc/shells 中的 shell。

（6）pam_securetty.so：限定管理员只能通过安全的 tty 登录，在/etc/securetty 中，tty 就是传统终端。

（7）pam_rootok.so：管理员使用 su 指令切换到其他用户时不用输入密码。

（8）pam_succeed_if.so：普通用户使用 su 指令时不需要密码。

（9）pam_limits.so：限定打开文件数、使用进程数等，对任何人都生效，如/etc/security/limits 或/etc/security/limits.d/*。

（10）pam_nologin.so：可以限制一般用户是否能登录主机，当/etc/nologin 这个档案存在时，则所有一般使用者均无法再登录系统。

系统管理者可以通过两种形式对 Linux-PAM 进行配置：单一配置文件/etc/pam.conf 和基于/etc/pam.d 目录的配置。由于单一文件配置和基于目录的配置语法是几乎一样的，并且基于目录的配置具有更大的灵活性，所以着重说明基于目录的配置形式。

例如，向/etc/pam.d/login 文件内容中添加一条规则：

account required lib/security/pam_access.so accessfile=/etc/login.conf

这条规则的含义是用户使用 pam_access 模板，通过配置文件/etc/login.conf 对用户访问进行控制，accessfile 参数指定了配置文件的路径是/etc/login.conf，RedHat Linux 中没有/etc/login.conf，需要使用命令 vi/etc/login.conf 新建。

3.3 Windows 身份认证技术

3.3.1 Windows 身份认证技术简介

Windows 操作系统实现了一组默认的身份认证协议，包括 Kerberos、NTLM、安全套接字层/传输层安全（SSL/TLS）和摘要，作为可扩展体系结构的一部分。此外，某些协议被合并到身份认证程序包中，如"协商"。这些协议和程序包可对用户、计算机和服务进行身份认证。身份认证过程使授权用户和服务能够以安全的方式访问资源。

当用户在凭据输入对话框中输入凭据时，登录过程就会开始。用户可以通过使用本地账户或域账户登录计算机来执行交互式登录。

无论是使用 NTLM 协议还是 Kerberos 协议进行身份验证，都需要用户密码的参与。

3.3.2 本地认证

1．本地登录

本地登录授予用户访问本地计算机上 Windows 资源的权限。本地登录要求用户在本地计算机的 SAM 中具有账户。SAM 以存储在本地计算机注册表中安全账户的形式保护和管理用户和组信息。本地登录的账号和密码经过编码后以 LM Hash 或 NT Hash 的形式保存在 SAM 数据库中。SAM 是存储本地用户账户和组的数据库。该数据库文件位于 C:\Windows\System32\config\sam，同时挂载在注册表中的 HKLM\SAM 项上。

用户在计算机的登录界面输入密码，通过 WinLogon.exe 将密码提交给 LSA 处理。LSA 验证密码是否和 SAM 中的密码一致，如果一致则登录成功。

LSA 是受保护的系统进程，用于对用户进行身份认证并将其登录到本地计算机。另外，LSA 维护有关计算机上本地安全所有方面的信息（统称为本地安全策略），并且提供各种服务在各个 SID 之间进行转换。

安全系统进程 LSASS 跟踪计算机系统上有效的安全策略和账户。LSASS 通过活动 Windows 会话以用户的名义将凭据存储在内存中。存储的凭据使用户可以无缝访问网络资源，如共享文件、Exchange Server 邮箱和 SharePoint 网站，而无须为每个远程服务重新输入凭据。

LSASS 可以以多种形式存储凭据，包括：反向加密的纯文本、Kerberos 票据（票据授予票据、服务票据）、NT Hash、LM Hash。

如果要获取用户的本地密码，有两种方式：一是从 SAM 中导出密码的哈希值；二是从 LSASS 进程中导出明文密码或哈希值，也可以导出票据。

搭建一个简单的 Windows 7 虚拟机环境，通过下面的方式将密码从注册表中导出，其中 system 文件中保存的密钥用于解密 SAM，所以需要导出 system 文件。

（1）先使用管理员权限打开 cmd，输入以下命令导出。

reg save hklm\system system
reg save hklm\sam sam

（2）将 system 和 SAM 文件从 Windows 虚拟机复制到 Kali Linux 虚拟机。使用 samdump2 工具把密码从 SAM 文件中读取出来，命令如下：

samdump2 system sam

读取结果如下：

admin:1000: aad3b435b51404eeaad3b435b51404ee: 56538151fe2e5de3d372faa2924b056b:::

其中，admin 是用户名，1000 是用户 id，aad3b435b51404eeaad3b435b51404ee 是用户密码的 LM Hash。aad3b435b51404eeaad3b435b51404ee 代表空密码或者不存储 LM Hash。在 Windows Vista/2008 及以上版本，LM Hash 都为这个值，这是因为 LM Hash 容易被破解，默认情况下只存储 NT Hash。56538151fe2e5de3d372faa2924b056b 是用户密码的 NT Hash。

LM Hash 是 Windows 2000、Windows XP、Windows Server 2003 保存密码的格式，是一种不安全的加密格式，最高支持 14 位长度的密码。

以密码 admin 为例，在 Windows XP 系统导出密码为 admin 的 LM Hash，比较与计算结果是否一致。LM Hash 计算方式如下：

（1）将密码转换为大写。

admin->ADMIN

（2）将大写密码转换为十六进制字符串，不足 14 字节将用 0 在后面补齐，然后分成两个 7

字节的部分。

  ADMIN -> 41444d494e000000000000000000 -> 41444d494e0000 00000000000000

（3）将两部分十六进制的数据都转换成二进制格式，长度为 56 位。

41444d494e0000 -> 01000001010001000100110101001001010011100000000000000000
00000000000000 -> 00000000000000000000000000000000000000000000000000000000

（4）将 56 位的二进制流按 7 位一组，分成 8 组，在每组的后面加一个 0，再将 8 组 8 位的数据合并成 64 位的二进制流。

01000001010001000100110101001001010011100000000000000000
#按 7 位一组进行分割
-> 0100000 1010001 0001001 1010100 1001010 0111000 0000000 0000000
#每组后面加一个 0
-> 01000000 10100010 00010010 10101000 10010100 01110000 00000000 00000000
#将 8 组合并
-> 0100000010100010000100101010100010010100011100000000000000000000

（5）将 64 位的二进制流转换成十六进制字符串。

0100000010100010000100101010100010010100011100000000000000000000 -> 40a212a894700000

（6）将转换后的十六进制字符串作为密钥，使用 DES 加密固定的字符串 KGS!@#$%，将得到的结果转化成十六进制字符串输出。

  lmleft=DES(key='40a212a894700000',plaintext='KGS!@#$%')=f0d412bd764ffe81

此时得到 LM Hash 的左半部分，右半部分因为全是 0，如果密码小于或等于 7 位，其结果都一样。

  lmright=DES(key='0000000000000000',plaintext='KGS!@#$%')=aad3b435b51404ee

（7）将加密后的左右两部分合并，得到 LM Hash。

  lmhash=f0d412bd764ffe81+aad3b435b51404ee=f0d412bd764ffe81aad3b435b51404ee

2．本地登录安全

  LM Hash 计算要求密码长度最多为 14 位，不区分大小写。密码把 14 位分成两个 7 位，使得密码强度从 14 位降低到 7 位，只需要分别破解两个 7 位的密码即可还原明文。即使设置 14 位的超长密码，破解的时间和破解两次 7 位密码的时间也一样。如果设置的密码小于或等于 7 位，则第 7～14 位是固定的，固定为 aad3b435b51404ee，只要 LM Hash 以 aad3b435b51404ee 结尾，便可以确定密码小于或等于 7 位。

  为了解决 LM Hash 存在的问题，从 Windows Vista 和 Windows Server 2008 开始，默认使用 NT Hash 保存密码，LM Hash 被禁用。NT Hash 的计算方式如下。

（1）将密码转换成 Unicode 格式，也就是每个字符后面加上\x00 字符。

'admin'->'a\x00d\x00m\x00i\x00n\x00'

（2）将 Unicode 格式的密码进行 MD4 摘要计算，得出的十六进制结果即 NT Hash。

NThash=md4('a\x00d\x00m\x00i\x00n\x00')=209c6174da490caeb422f3fa5a7ae634

可以用 Python 代码来生成，结果和前面导出的 admin 密码的 NT Hash 一样。

python2 -c 'import hashlib,binascii; print binascii.hexlify(hashlib.new("md4", "admin".encode("utf-16le")).digest())'

  由于 LM Hash 和 NT Hash 都使用哈希算法，所以无法直接恢复明文，在导出哈希值后，可以通过查彩虹表或者使用 hashcat 暴力破解密码。原理是先生成常见密码的哈希值，然后进行对比，如果一样，即破解密码。在在线查哈希值的网站输入要查的哈希值，即可查出对应的明文，常见弱口令的哈希值都可以在上面查出明文。

可以通过字典或者穷举的方式使用 hashcat 破解哈希值，破解 LM Hash 使用–m 3000 参数，破解 NT Hash 使用–m 1000 参数。

（1）指定字典破解 NT Hash。
hashcat -m 1000 -a 0 209c6174da490caeb422f3fa5a7ae634 password.txt

（2）遍历所有 1～7 位的小写字母来破解 NT Hash。
hashcat -m 1000 -a 3 -i 209c6174da490caeb422f3fa5a7ae634 ?l?l?l?l?l?l?l

（3）导出内存明文密码。

Windows 7 及 Windows Server 2008 之前的系统，默认在 lsass.exe 进程内存中保存用户输入的明文密码。可以用 mimikatz 等工具从内存中导出明文密码。需要以管理员权限运行 mimikatz，使用 privilege::debug 和 sekurlsa::logonpasswords 提权。

3.3.3 网络认证

1．NTLM 协议

介绍完本地登录的用户密码（以 NT Hash 形式存储），下面介绍在网络登录中使用的 NTLM 协议。

NTLM 协议用于客户端和服务器之间的身份认证，但不提供对服务器的身份认证，因此使用 NTLM 协议的应用程序容易受到来自欺骗性服务器的攻击，不建议应用程序直接使用 NTLM 协议。如果可以选择，首选通过 Kerberos 协议扩展（KILE）进行身份认证。当 KILE 不起作用时，例如计算机不支持 Kerberos 协议、服务器未加入域、KILE 配置不正确情况下，可以选择直接使用 NTLM 协议。

当输入\\172.16.108.183\c$访问 172.16.108.183 主机上的共享目录时，使用 NTLM 协议进行身份认证，具体认证流程如下。

（1）客户端发送 NEGOTIATE_MESSAGE 消息，主要包含客户端支持的特性和服务器请求的特性列表。

（2）服务器生成一个 16 字节的随机数，称为质询（challenge）或随机数，通过 CHALLENGE_MESSAGE 消息将其发送给客户端。

（3）客户端使用用户密码的哈希值对该质询进行加密生成响应（response），通过 AUTHENTICATE_MESSAGE 消息将 response 返给服务器。

（4）服务器使用用户密码的哈希值对 challenge 进行加密，生成 response2，如果和客户端发过来的 response 相同，则认证成功。在域中使用 NTML 协议时，服务器如果没有该域用户的密码，则将 3 个项目发送到域控制器（Domain Controller，DC）：用户名、发送给客户端的 challenge、客户端的 response。DC 使用用户名从 SAM 数据库中检索用户密码的哈希值，使用此哈希值对 challenge 进行加密。DC 将它计算的加密 response 与客户端计算的 response 进行比较。如果它们相同，则认证成功。

NTLM 协议有 v1 和 v2 版本，区别是 challenge 和 response 的加密算法不同。v1 版本的 challenge 是 8 字节，而 v2 版本的 challenge 是 16 字节。

v1 版本的 response 加密算法如下。

（1）将 16 字节的 NT Hash 用 0 填到 21 字节；

（2）将 21 字节的值分成 3 组 7 字节的序列，用这 3 组字节产生奇偶校验调整后的密钥，最后变成 3 组 8 字节的密钥。

（3）利用这 3 组密钥，分别对 8 字节的 challenge 进行 DES 加密，得到 3 组 8 字节的密文，将这 3 组密文连接成 24 字节的 response。

v2 版本的 response 加密算法如下。

（1）将 Unicode 后的大写用户名与 Unicode 后的身份认证目标（域名或服务器名）连接在一起，将 16 字节的 NT Hash 作为密钥，将 HMAC-MD5 算法应用于此值，得到一个 16 字节的值。

（2）通过一些字段拼接来构建 blob，如时间戳、域名、主机名、用户名等；

（3）将 challenge 与 blob 拼接起来，将（1）产生的 16 字节的值作为密钥，将 HMAC-MD5 算法应用于该值，得到一个 16 字节的 NTProofstr；

（4）将 NTProofstr 与 blob 拼接，得到 NTLMv2 response。

NTLM 的 response 都使用 NT Hash 加密 challenge 来获取，因此，只要在同一个局域网嗅探到 NTLM 认证的 challenge 和 response，就可以通过 hashcat 暴力破解的方式来获取明文密码。在暴力破解前，需要构造 Net-NTLM Hash 支持 hashcat 破解。

Net-NTLMv1 Hash 的格式如下：

username::hostname:LM response:NTLM response:challenge

Net-NTLMv2 Hash 的格式如下：

username::domain:challenge:NTProofstr:blob

其中，blob 为 response 减去 NTProofstr。因为在计算 response 的时候，就是由 NTProofstr 加上 blob 得到的。例如，使用 Wireshark 获取的 NTLMv2 response 可以构造以下 Net-NTLMv2 Hash，其中的 response 可以在 Wireshark 上复制获取。

Administrator::TEST:e6c6a174487126e8:1b1202beb0e32db1052812c0c7ee2610:010100000000000088bc28ca2800d701dff0668e5d04c179000000000200080054004500530054000100080004a004f0048004e000400140074006500730074002e006c006f00630061006c0003001e004a004f0048004e002e0074006500730074002e006c006f0063006 1006c00050014007400650073007400 2e006c006f00630061006c000700080088bc28ca2800d7010600040002000000080030003000000000000000000000000000300000682efe0fd87a9a010a7bfd639aa687364b5471242c7bbf35aeec4f44978ee9b10a001000000000000000000000000000090026006300690066007300 2f003100370032002e00310036002e003100300038002e003100380033000000000000000000000000

2. NTLM 协议安全

NTLM Hash 也叫 NT Hash，保存在 SAM 文件中。

Net-NTLM v1 Hash、Net-NTLM v2 Hash 分别指 NTLMv1 用 response 与 challenge 构造的哈希算法和 NTLMv2 用 response 与 challenge 构造的哈希算法，用来暴力破解明文密码。

（1）Net-NTLM Hash 破解。

除了可以使用 Wireshark，还可以使用 Responder 等工具嗅探到 NTLM Hash。Responder 可以启动 LLMNR/NBT-NS 服务器。

如果 Windows 客户端无法使用 DNS 解析主机名，那么将使用链路本地多播名称解析（Link Local Multicast Name Resolution，LLMNR）协议询问相邻计算机。LLMNR 可用于解析 IPv4 和 IPv6 地址。如果失败，将使用 NetBIOS 名称服务（NBT-NS）。NBT-NS 是与 LLMNR 相似的协议，具有相同的作用。两者之间的主要区别是 NBT-NS 仅在 IPv4 下运行。

在这些情况下，当使用 LLMNR 或 NBT-NS 来解决请求时，网络上任何知道所请求主机 IP 的主机都可以答复。即使主机以不正确的信息回复了这些请求，它仍将被视为合法的。

如果网络中的某个用户输入了一个不存在的主机名，Responder 会回复该主机的 IP 是它自己，接着会向 Responder 发起 NTLM 身份认证，可以获取 NTLM Hash。

在同一个局域网的 Linux 主机中运行 Responder 进行监听。

responder -I eth0

在 Windows 文件浏览器中输入一个不存在的主机名\aaa。此时会在 Responder 上捕获到 NTLM Hash，之后可以使用 hashcat 暴力破解密码。

hashcat 中破解 NTLMv2 的参数是 5600，使用密码字典 mypass.txt 进行暴力破解。完整的命令如下。

hashcat -m 5600 Administrator::TEST:65773a2e376981d5:5C2DA6FDA94F28ECF883F0E2DF99472C:0101000000000000C0653150DE09D201E06A13EF18DB1323000000000200080053004D004200330001001E00570049004E002D00500052004800340039003200520051004100460056000400140053004D00420033002E006C006F00630061006C0003003400570049004E002D00500052004800340039003200520051004100460056002E00530 04D00420033002E006C006F00630061006C000500140053004D00420033002E006C006F00630061006C0007000800C0653150DE09D201060004000200000008003000300000000000000000000000300000682EFE0FD87A9A010A7BFD639AA687364B5471242C7BBF35AEEC4F44978EE9B10A001000000000000000000000000000000000000090010006300690066073002F006100610061000000000000000000000000 mypass.txt

（2）哈希传递攻击（Pass the Hash，PTH）。

由于 NTLM 认证使用用户的 NTLM Hash 对 challenge 加密生成 response，因此如果在主机上获取了用户的 NTLM Hash，则可以直接模拟该用户进行 NTLM 认证，而不需要知道用户的明文密码。

使用调试工具 mimikatz 进行说明，需要以管理员身份运行。先在 Windows Server DC 主机上导出域管理员 administrator 的 NTLM Hash。

lsadump::dcsync/user:administrator /csv

导出后，在 Windows 7 某域用户登录的主机中使用本地管理员身份运行 mimikatz，输入命令行，以便使用用户密码（而不是其真实密码）的 NTLM Hash 在另一个凭据下运行进程。通过传递目标账号的 NTLM Hash，可以伪造目标账号信息，然后打开一个进程。

privilege::debug

sekurlsa::pth/user:Administrator/domain:test.local/ntlm:c7a13af7e52d3f9cc57d4370fcbab252

这里使用用户 administrator 的账号和 NTLM Hash 运行一个 cmd 进程，当该进程需要进行 NTLM 认证时，使用该用户名和 NTLM Hash 认证。在新打开的 cmd 上可以列出 DC 主机的 C 盘。

dir \\172.16.108.182\c$

（3）NTLM 中继攻击（NTLM replay）。

进行 NTLM 认证时并没有验证服务器的真实身份。如果出现一个中间人冒充服务器，通过某种方式让客户端和中间人进行 NTLM 认证，那么中间人可以代替客户端向服务器发送 NEGOTIATE_MESSAGE 消息，然后服务器将 challenge 返给中间人。中间人收到 challenge 后，转发给客户端，客户端使用用户的 NTLM Hash 对 challenge 进行加密，生成 response，并将 response 返给中间人，中间人把客户端返回的 response 转发给服务器。由于中间人返回了正确的 response，所以服务器认为中间人就是该用户，中间人认证成功。这样中间人就可以伪装用户进行认证。

3. Kerberos 协议

Kerberos 协议提供了一种建立安全网络连接之前在实体之间进行相互身份验证的机制，比 NTLM 协议更安全，因此优先使用 Kerberos 协议。

Kerberos 是古希腊神话中一条凶猛的三头神犬。因此，Kerberos 协议具有 3 个部分：客户端、服务器和它们之间受信任的第三方。该协议中受信任的中介是密钥分配中心（Key Distribution Center，KDC）。

KDC 是在物理安全服务器上运行的服务。它维护一个数据库,其中包含域中所有安全主体(客户端或服务器也可以称为安全主体)的账户信息,里面有所有用户的 NTLM Hash,这是每个安全主体与 KDC 之间进行交互时使用的主密钥。主密钥只有用户自己和 KDC 知道。

在 Kerberos 协议中,每个客户端/服务器连接都以身份认证开始。客户端和服务器依次执行一系列操作,这些操作旨在帮助服务器验证客户端是不是真实的。如果身份认证成功,则会话建立完成,并建立安全的客户端/服务器会话。

Kerberos 协议由 3 个子协议组成,分别是认证服务交换、票据服务交换、客户端/服务器交换。在认证服务交换(Authentication Service Exchange)子协议中,KDC 为客户端提供了一个登录会话密钥和一个票据授予票据(Ticket-Granting Ticket,TGT)。在票据服务交换(Ticket-Granting Service Exchange)子协议中,KDC 为客户端分发服务会话密钥和服务票据。在客户端/服务器交换(Client/Server Exchange)子协议中,客户出示用于访问服务的票据。krbtgt 账户是每个域控制器上的一个特殊账户,是 KDC 的服务账户,是 Kerberos 协议中的关键组成部分。Kerberos 协议的大致工作流程如下:客户端想访问服务器的某个服务,如共享文件,首先要向 KDC 验证自己的身份,验证成功后获得 TGT;通过 TGT 向 KDC 申请访问服务器的票据;KDC 验证 TGT 和客户端是否正确,如果正确,则为客户端下发一张票据,客户端把该票据发送给服务器,服务器验证票据的有效性后,向客户端提供服务。具体内容如下。

(1) Kerberos 认证服务交换。

Kerberos 认证的第一步是向 KDC 申请 TGT。

① 客户端通过向 KDC 的身份认证服务发送类型为 KRB_AS_REQ(Kerberos 身份认证服务请求)的消息,向 KDC 的票据授予服务(TGS)请求凭据。此消息的第一部分标识用户和所请求的 TGS;第二部分包含预认证数据,旨在证明用户知道密码。这只是一个身份认证器消息,使用从用户登录密码派生的主密钥(NTLM Hash)进行加密。

② 当 KDC 收到 KRB_AS_REQ 时,将在其数据库中查找用户,获取关联用户的主密钥,解密预认证数据,并评估其中的时间戳。如果时间戳有效,KDC 则可以确保客户端是真实的。

③ KDC 验证了用户的身份之后,开始创建 TGT。步骤如下:KDC 生成一个登录会话密钥,并使用用户的主密钥对副本进行加密;KDC 将登录会话密钥和用户授权数据的另一个副本嵌入 TGT 中,并使用 KDC 自己的主密钥(krbtgt 账号的 NTLM Hash)对 TGT 进行加密;KDC 通过使用 KRB_AS_REP 类型(Kerberos 身份认证服务回复)的消息进行回复,将这些凭据发回客户端。

④ 客户端收到回复后,将使用从用户密码派生的密钥来解密新的登录会话密钥。

⑤ 客户端将新的登录会话密钥存储在其票据缓存中。

⑥ 客户端从消息中提取 TGT,并将其存储在票据缓存中。

(2) Kerberos 票据服务交换。

Kerberos 认证的第二步是向 KDC 申请票据。在为客户端建立了 TGT 和会话密钥之后,客户端可以为服务请求单独的会话密钥和票据。

① 用户工作站上的 Kerberos 客户端通过向 KDC 发送类型为 KRB_TGS_REQ(Kerberos 票据授予服务请求)的消息请求服务的票据。此消息包括客户端想要访问的服务,使用用户的新登录会话密钥加密的身份认证器消息,以及从认证服务交换中获得的 TGT。

② 当 KDC 收到 KRB_TGS_REQ 时,KDC 用其密钥(krbtgt 账号的 NTLM Hash)解密 TGT,并提取用户的登录会话密钥。

③ KDC 使用登录会话密钥解密用户的身份认证器消息并对其进行评估。如果认证通过，则 KDC 将从 TGT 中提取用户的授权数据，并生成一个服务会话密钥供用户与请求的服务器共享。

④ KDC 使用用户的登录会话密钥加密服务会话密钥的一个副本。

⑤ KDC 将服务会话密钥的另一个副本与用户的授权数据一起嵌入票据，并使用服务器（计算机账号或服务账号，计算机账号一般是计算机名后面加$）的主密钥（NTLM Hash）对票据进行加密。

⑥ KDC 通过使用类型 KRB_TGS_REP（Kerberos 票据授予服务答复）消息进行答复，将这些凭证发送回客户端。当客户端收到答复时，它将使用用户的登录会话密钥解密服务会话密钥，并将服务会话密钥存储在其票据缓存中。客户端将票据提取出来，并将其存储在票据缓存中。

（3）Kerberos 客户端/服务器交换。

用户获得服务器的票据后，工作站客户端可以与该服务器建立安全的通信会话。

① 客户端向服务器发送类型为 KRB_AP_REQ（Kerberos 应用程序请求）的消息。该消息包含一个身份认证器消息，由 KDC 发送的与服务器的会话密钥、与服务器的会话票据、一个指示客户端是否请求相互身份认证的标志加密。

② 服务器接收 KRB_AP_REQ，使用服务器用户的 NTLM Hash 解密票据，并提取用户的授权数据和会话密钥。

③ 服务器使用票据中的会话密钥解密用户的身份认证器消息，并评估其中的时间戳。

④ 如果消息有效，则服务器会检查客户端请求中的相互认证标志。

⑤ 如果设置了相互认证标志，则服务器将使用会话密钥对用户的身份认证器消息中的时间进行加密，并将结果返回到类型为 KRB_AP_REP（Kerberos 应用程序答复）的消息中。

⑥ 客户端收到 KRB_AP_REP 时，将使用与服务器共享的会话密钥解密服务器的身份认证器消息，并将返回的时间与其原始身份认证器消息中的时间进行比较。如果它们匹配，则客户端认为服务器是正确的。

至此，客户端与服务器认证成功。

关于 Kerberos 的攻击，由于 TGT 和服务票据都是使用用户的 NTLM Hash 加密的，只需要暴力破解，即可获取密码，但 krbtgt 和计算机账号的密码都是随机生成的，无法破解。还有些服务会以域用户的身份来运行，此时该域用户就是服务账号，域用户密码一般不是随机的，可以暴力破解。

3.4 基于 USBKey 的身份认证技术

3.4.1 Windows 7 用户登录原理

Windows 7 用户登录过程如图 3.5 所示，具体说明如下。

（1）当个人计算机启动的时候，Windows 7 首先初始化并运行系统默认自动启动的服务。随后，Winlogon 调用 WlxNegotiate 函数。WlxNegotiate 函数仅仅提供给 Winlogon 和图形化识别和验证（GINA）模块相互确认使用版本的机会，为后续工作的平稳开展做好铺垫。GINA 版本的选择将决定 Winlogon 可以从 GINA 获得的函数列表；同样，Winlogon 的版本也将决定 GINA 可以从 Winlogon 获得的函数列表。

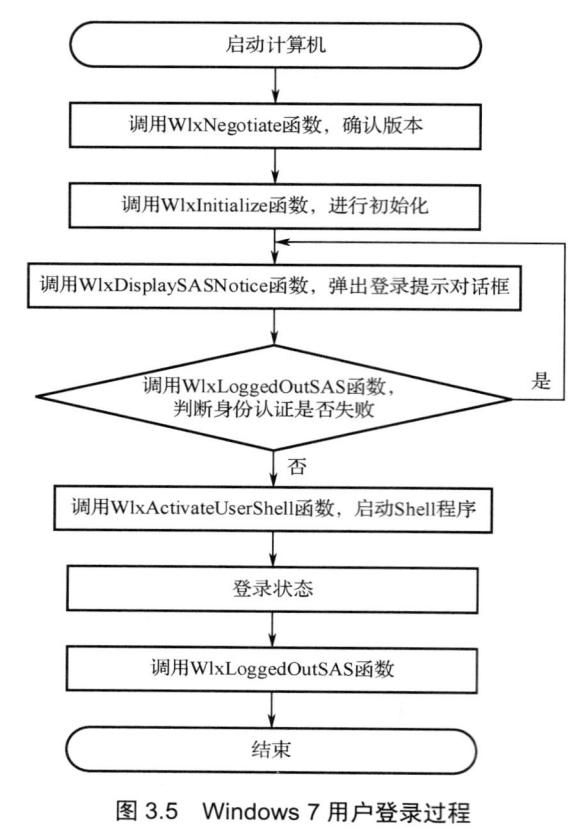

(2) WlxNegotiate 函数执行完毕后，Winlogon 调用 WlxInitialize 函数进行 GINA 的初始化。通过该函数的调用，GINA 可以获得一个函数列表的指针，这个列表中保存了 Winlogon 所提供的函数指针（由 WlxNegotiate 函数所指定的版本决定）。为了在接下来的工作流程中调用 Winlogon 提供的函数，GINA 必须保存 Winlogon 的句柄和所提供的函数指针。完成 GINA 的初始化后，此时没有任何用户登录，Winlogon 处于未登录状态（LOGGED_OFF），将调用 WlxDisplaySASNotice 函数弹出登录提示对话框。

(3) 典型的登录提示对话框是提示用户通过组合键 Ctrl+Alt+Del 打开用户登录对话框。当用户按下该组合键后，GINA 将通过调用 WlxSasNotify 函数产生一个 SAS 信号，从而触发 Winlogon 调用下一个函数 WlxLoggedOutSAS。WlxLoggedOutSAS 函数表明此时没有任何用户登录，并且收到了一个 SAS。此时 GINA 将通过预先设计的登录交互对话框获取执行登录操作用户的账号和密码，并将这些信息交给 LSA 认证用户身份的合法性。

图 3.5 Windows 7 用户登录过程

(4) LSA 通过加载本地注册的认证包对用户的身份信息进行认证。Windows 本地系统所用的认证包为 MSV1_0。例如，将用户的密码通过单向哈希函数生成一个密钥，然后 LSA 会查询 SAM 中相应的用户信息。如果数据库中的用户信息所保存的密钥与用户发送的密钥一致，那么 SAM 会返回用户的 SID 及其所属群组的 SID。然后 LSA 就会使用这些 SID 生成用户的安全访问令牌。MSV1_0 并没有将完整的口令哈希值缓存在注册表中，而是缓存了一半，以避免泄露。

(5) 如果用户的身份认证失败，Winlogon 将继续保持未登录状态（LOGGED_OFF）并提示用户重新输入用户名和密码。一旦用户身份认证成功，LSA 将会为用户建立登录会话，并返回 GINA 安全令牌。

(6) Winlogon 取得 GINA 传来的安全令牌后，将配置用户应用桌面的 ACL，从而使得该应用桌面仅由该登录用户可见。除了操作系统和管理员账户以外，其他登录用户没有权限访问该桌面。一旦该应用桌面准备就绪，Winlogon 将调用 WlxActivateUserShell 函数启动用户的 shell 程序。此时 Winlogon 处于登录状态（LOGGED_ON）。

(7) 调用 WlxLoggedOutSAS 函数，通知操作系统完成用户注销操作。

SAS 是指用户将要进行登录、锁定计算机或者修改密码时，通知实时操作系统所用的一个事件。大多数用户熟悉的 SAS 就是组合键 Ctrl+Alt+Del，这一组合键被 Windows 系统专门保护。通过键盘按该组合键，用户可以执行注销、锁定计算机等操作。然而，现在并不局限于此组合键，可以借助生物识别设备，通过扫描指纹等方式给系统驱动发送 SAS。除此之外，还可以调用 Winlogon 提供的 WlxSasNotify 函数，自定义安全口令序列信号，通知操作系统完成用户登录和注销操作，从而为基于 USBKey 的身份认证系统的实现提供了思路。

3.4.2 基于 USBKey 的身份认证方式

USBKey 主要由 CPU、片上操作系统（Chip Operating System，COS）和 USB 接口模块 3 个部分组成，具有成本低、携带方便等优点。在硬件上，USBKey 采用内部特定命令格式，同时又能够进行加密/解密运算，可以有效防止信息泄露，具有较高的安全性。采用 USBKey 进行登录管理就是把用户名和密码存储在 USBKey 中，用户必须插入 USBKey，输入正确的 PIN 码，调用 USBKey 中的用户名和密码进行登录验证才能进入系统，即实现"双因子"认证。

基于 USBKey 的 Windows 登录设计思路如图 3.6 所示。

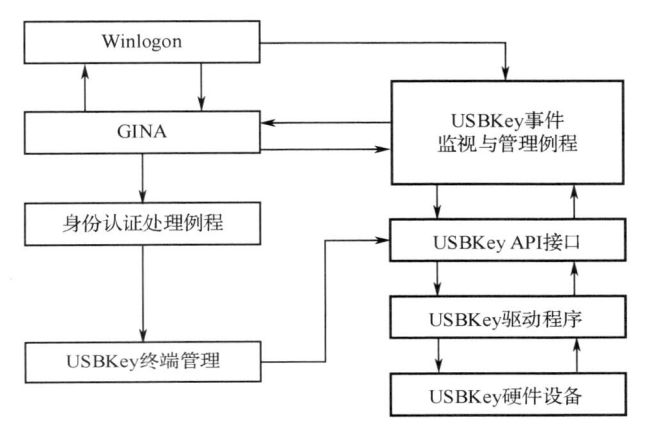

图 3.6 基于 USBKey 的 Windows 登录设计思路

Windows 启动过程一共经过 5 个阶段，如图 3.7 所示。其中设备驱动程序在加载内核阶段完成，因此，当系统进入登录阶段时，USBKey 设备驱动程序已经加载完成。

图 3.7 Windows 启动过程

Windows 完成初始化内核后，会启动 Winlogon 进行登录。首先，Winlogon 将加载并交互一些动态连接库，其中包括 GINA 动态库。当用户插入 USBKey 后，GINA 向 Winlogon 发出一个 USBKey 设备 SAS 事件，Winlogon 通知 USBKey 事件监视与管理例程，USBKey 事件监视与管理例程弹出输入 PIN 码对话框来捕获用户输入的 PIN 码。当 USBKey API 接口接收到 PIN 码后通过 USBKey 驱动程序传递给 USBKey 硬件设备，USBKey 硬件设备将接收到的 PIN 码与存储在 USBKey 中的认证 PIN 码进行比较，并将结果返给 Winlogon。如果验证失败，则再次请求用户输入正确的 PIN 码，如果 3 次输入错误，则锁定计算机。反之，则通过验证。接着，GINA 调用身份认证处理例程，发送从 USBKey 中取出用户名和密码的操作请求，USBKey 终端管理程序将该请求传递给 USBKey API 接口。USBKey API 接口与 USBKey 驱动程序进行通信，将请求传递给 USBKey 硬件设备。USBKey 从内部读取用户名和密码返给 GINA，然后进行 LSA 验证，验证通过则登录成功。

以上设计思路实现涉及的关键技术如下。

（1）SAS 的处理。在 Windows 下，默认的 SAS 为组合键 Ctrl+Alt+Del，除此之外，USBKey、指纹、虹膜等都可以产生 SAS 事件。自定义两个 SAS 事件：WLX_SAS_KEY_INSERT 和 WLX_SAS_KEY_REMOVE。当系统发出设备插入消息时，GINA 调用 WlxSasNotify 函数发送

WLX_SAS_KEY_INSERT 消息；当系统发出设备拔出消息时，GINA 调用 WlxSasNotify 函数发送 WLX_SAS_KEY_REMOVE 消息，Winlogon 就会调用相应的 SAS 函数进行处理。

（2）拔卡封屏与解除锁定。为了保证系统的安全性，在 Windows 系统正常使用过程中，用户离开时需要拔出 USBKey 并锁定屏幕，直到重新插入 USBKey，通过身份认证才能对屏幕解除锁定，GINA 模块在 WlxLoggedOnSAS 函数中就能较好地解决这一问题。当系统处于 LOGGED_ON 状态时，如果用户拔出 USBKey，GINA 就会发送 WLX_SAS_KEY_REMOVE 消息，Winlogon 调用 WlxLoggedOnSAS 函数，通过返回参数 WLX_SAS_ACTION_LOCK_WKSTA 实现对 Windows 系统的锁定；锁定桌面后，如果用户重新插入 USBKey，GINA 就会发送 WLX_SAS_KEY_INSERT 消息，Winlogon 调用 WlxWkstalockedSAS 函数，在进行必要的验证工作（如验证 Key 的 PIN 码是否正确，判断 Key 中储存的信息是否正确）后返回参数 WLX_SAS_ACTION_UNLOCK_WKSTA 即可解锁桌面，用户可重新进行其他正常操作。

3.5 本章小结

本章介绍了身份认证机制，包括基于口令的身份认证方式和基于生物特征的身份认证方式，重点介绍了 Linux 和 Windows 操作系统的身份认证技术，扩展介绍了基于 USBKey 的身份认证技术。

3.6 习题

1. 对口令认证协议的主要攻击手段有_____、_____、_____、_____等。
2. 满足_____、_____、_____、_____、_____条件的生物特征才可以作为进行身份认证的依据。
3. LSASS 可以使用_____、_____、_____、_____形式存储凭据。
4. 为了解决 LM Hash 存在的问题，从_____和_____版本的 Windows 开始，默认使用_____保存密码，LM Hash 被禁用。
5. Kerberos 协议由 3 个子协议组成，分别是_____、_____、_____。
6. Windows 启动过程一共经过_____、_____、_____、_____、_____5 个阶段。

3.7 思考题

1. 如何实现基于 USBKey 的身份认证？
2. 破解 Windows 的口令信息文件需要什么条件？
3. LM Hash 存在哪些安全问题？可以采用什么方式进行破解？
4. 设计一个对口令撒盐的算法，并说明该算法如何增强口令安全性。
5. 相比于 Kerberos 或基于智能卡的认证系统，PAM 有哪些优势？

第 4 章 访问控制

通过系统的身份认证之后，用户权限的分配成为一个关键环节。很多安全攻击都采用系统提权的方式侵入系统，如何进行有效的访问控制设计关系到绝大多数信息系统的安全问题。

4.1 访问控制模型

4.1.1 基本问题

操作系统访问控制的关键问题包括系统主体/客体的安全标记、访问控制逻辑、系统兼容性及执行效率等方面。

（1）主体/客体的安全标记。根据 GB17859-1999 对四级以上安全操作系统的规定，高安全级别操作系统要求强制访问控制的覆盖范围达到完全访问控制的要求。具体地说，四级操作系统要求可信计算机对外部主体能够直接或间接访问的所有资源实施强制访问控制。标记是实施访问控制的基础，即将系统的所有主体（如用户、进程）、客体（如进程、存储和输入/输出资源）与其相应的安全标记进行绑定。

（2）访问控制逻辑。通过分析 BLP、Biba、RBAC、域类型实施（Domain and Type Enforcement，DTE）等访问控制经典模型，根据系统的实际需求，综合各类模型的侧重点，设计访问控制逻辑，并在操作系统中应用，实现对可执行程序及文件的访问控制。

（3）系统兼容性及执行效率。应用系统的内核安全机制，保证原有系统调用的用户接口保持不变，所以安全性开发一般不影响系统的兼容性。由于在内核关键数据结构中加入了访问控制需要用到的安全标记，以及在系统执行流程的关键点上加入了访问控制逻辑判断，所以系统的执行效率会受到一定的影响。在充分保证系统安全性的前提下，也应充分考虑系统执行效率。

4.1.2 基本模型

1. 访问控制模型

传统的访问控制模型有两种，即自主访问控制（Discretionary Access Control，DAC）模型和 MAC 模型。DAC 模型完全基于访问者和对象的身份。用户对不同的数据对象有不同的访问权限，还可以将其拥有的访问权限转授给其他用户。MAC 模型对不同类型的信息采取不同层次的安全策略，对不同类型的数据进行访问授权。访问权限不可以转授，所有用户必须遵守由数据库管理员建立的安全规则，其中的基本规则为"向下读取，向上写入"。与 DAC 模型相比，MAC 模型更为严格。

RBAC 是一种策略中立型的访问控制模型，既可以实现自主访问控制策略，又可以实现强制访问控制策略。其核心模型如图 4.1 所示。RBAC 模型中权限管理的过程可以抽象概括为判断"Who 是否可以对 What 进行 How 的访问操作"这个逻辑表达式的值是否为 True 的求解过程，即将权限问题转换为 Who、What、How 的问题。Who、What、How 构成了访问权限三元组，可以有效缓解传统安全管理的瓶颈问题，被认为是一种普遍适用的访问控制模型，尤其适用于大型组织的有效访问控制机制。在 20 世纪 90 年代，有学者对 RBAC 的概念进行了深入研究，先后提出了许多类型的 RBAC 模型，其中美国 George Mason 大学信息安全技术实验室（LIST）提出的 RBAC96 模型更具系统性，得到普遍的认可。

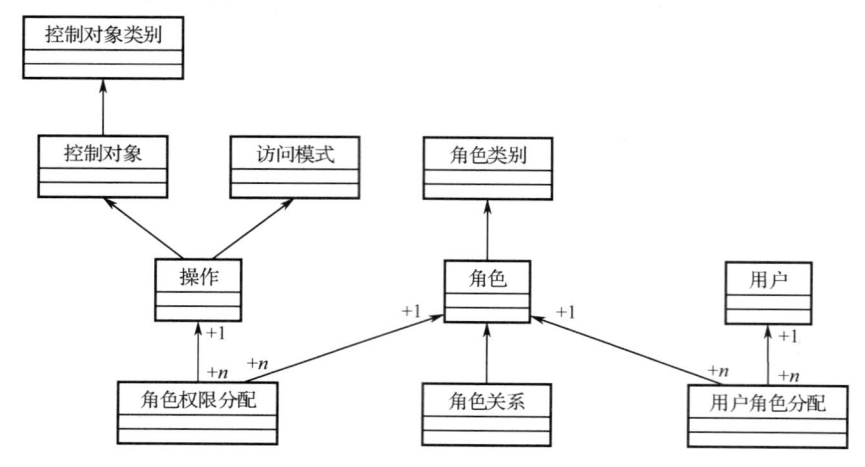

图 4.1　RBAC 核心模型

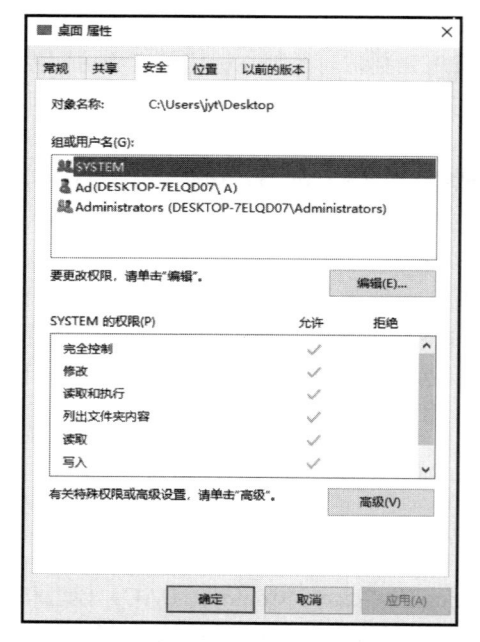

图 4.2　"桌面 属性"对话框

2002 年，Jaehong Park 和 Ravi Sundhu 首次提出了使用控制（Usage Control，UCON）的概念。UCON 对传统的访问控制进行了扩展，定义了授权（Authorization）、职责（Obligation）和条件（Condition）3 个决定性因素，同时提出了访问控制的连续性（Continuity）和易变性（Mutability）两个重要属性。UCON 集合了传统的访问控制、可信管理及数字权限管理，用系统方式提供了一个保护数字资源的统一标准框架，为下一代访问控制机制提供了新思路。

访问控制模型具体分类如下。

（1）自主访问控制（DAC）模型。

Windows 对文件及文件夹的权限控制、Linux 对文件及文件夹的读/写执行权限控制均属于自主访问控制，特点是权限由主体来控制。

① Windows 的权限。

右击文件、文件夹图标，在弹出的快捷菜单中选择"属性"命令，打开"桌面 属性"对话框，选择"安全"选项卡，如图 4.2 所示。可在此界面查看权限。

② Linux 的权限。

在 bash 下执行 ls -l 查看文件的所属者、所属组、其他组的权限。

-rw-rw-rw- 1 root root 0 Sep 22 13:14 access

（2）强制访问控制（MAC）模型。

主体、客体都有标签，根据标签的关系确定访问控制权限，访问控制策略及其标签一般由授权主体（如安全管理员）配置。

BLP 模型和 Biba 模型都属于强制访问控制（MAC）模型。其中，BLP 模型用于保护数据保密性，Biba 模型则针对完整性进行保护。

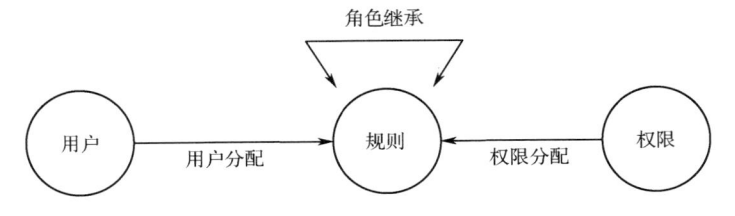

(3) 基于角色的访问控制（RBAC）模型。

RBAC 模型在主体和权限之间增加了一个中间桥梁——角色。权限被授予角色，而管理员通过指定用户为特定角色来为用户授权，大大简化了授权管理，具有很强的可操作性和可管理性。角色可以根据组织中的不同工作创建，然后根据用户的责任和资格分配角色，用户可以轻松地进行角色转换。随着新应用和新系统的增加，角色可以被分配更多的权限，也可以根据需要被撤销相应的权限。

RBAC 模型包含了 5 个基本的静态集合，即用户集（users）、角色集（roles）、特权集（permissions）、对象集（objects）和操作集（operators），以及一个运行过程中动态维护的集合，即会话集（sessions）。用户集包括系统中可以执行操作的用户，是主动的实体；对象集是系统中被动的实体，包含系统需要保护的信息；操作集是定义在对象上的一组操作，对象上的一组操作构成了一个特权。角色是 RBAC 模型的核心，通过用户分配和特权分配使用户与特权关联起来。

RBAC 支持公认的安全原则：最小特权原则、责任分离原则和数据抽象原则。

① 最小特权原则，在 RBAC 模型中可以通过限制分配给角色权限的多少来实现，分配给某用户对应的角色的权限只要不超过该用户完成其任务的需要就可以。

② 责任分离原则，在 RBAC 模型中可以通过在完成敏感任务过程中分配两个责任上互相约束的角色来实现。

③ 数据抽象原则，借助于抽象许可权的概念实现，而不是使用操作系统提供的读、写、执行等具体的许可权。

RBAC 模型并不强迫实现这些原则，安全管理员允许配置 RBAC 模型，使它不支持这些原则。因此，RBAC 模型支持数据抽象的程度与 RBAC 模型的实现细节有关。

RBAC96 是一个模型族，其中包括 RBAC0～RBAC3 共 4 个概念性模型。

① RBAC0 定义了完全支持 RBAC 概念的任何系统的最低需求。

② RBAC1 和 RBAC2 都包含 RBAC0，但各自都增加了独立的特点，它们被称为高级模型。

③ RBAC1 增加了角色分级的概念，一个角色可以从另一个角色处继承许可权。

④ RBAC2 增加了一些限制，强调 RBAC 的不同组件在配置方面的一些限制。

⑤ RBAC3 称为统一模型，包含了 RBAC1 和 RBAC2，利用传递性，也把 RBAC0 包括在内。

RBAC 模型如图 4.3 所示。

图 4.3　RBAC 模型

(4) 基于属性的访问控制（Attribute-Based Access Control，ABAC）模型。

ABAC 通常使用配置文件（XML、YAML）或领域专用语言（DSL）配合规则解析来使用。其中，可扩展访问控制标记语言（eXtensible Access Control Markup Language，XACML）是一种实现方式。ABAC 有时候也被称为基于策略的访问控制或基于声明的访问控制。

2．状态机模型

安全的状态机模型是其他安全模型的基础，描述了一种无论处于何种状态都安全的系统。

状态（State）是特定时刻系统的一个快照，如果该状态的所有方面都满足安全策略的要求，就称之为安全的。

状态机可归纳为 4 个要素：现态、条件、动作、次态。这样的归纳，主要是出于对状态机内在因果关系的考虑。现态和条件是因，动作和次态是果。许多活动都可能改变系统状态，状态迁移总是导致新的状态出现。

如果所有的行为都在系统中允许并且不危及系统（使之处于不安全状态），则系统是一个安全状态机模型。一个安全的状态机模型系统总是从一个安全状态启动，并且在所有迁移当中保持安全状态，只允许主体以和安全策略相一致的安全方式来访问资源；基于状态进行控制，始终监控访问状态。

4.1.3 TE 模型

类型实施（Type Enforcement，TE）模型属于 MAC 模型，能够对主体和客体进行分组，达到域和类型概念的定义效果。将所有主体划分成若干组，称为域（Domain），将所有客体划分成若干组，称为类型（Type）。通过对主体的划分形成域，通过对客体的划分形成类型，将域和类型一一对应，并定义域标签，实现访问权限的分配。TE 模型通过维护域定义表（Domain Definition Table，DDT）和域交互表（Domain Interaction Table，DIT）实现访问控制。

DDT 是一个描述域和类型之间访问授权关系的二维表，表示域和类型的对应访问权限。权限包括读、写、执行。一个域通常有多个主体，一个类型通常有多个客体。

DIT 是一个描述主体对主体的访问权限的二维表，当主体成为客体的时候，用 DIT 实现访问控制，权限包括发信号、创建进程、杀死进程等。

通过对域的划分，能够为应用系统建立相对独立的运行空间，使得一个应用系统不会影响到其他应用系统的工作。优点在于：灵活性好且功能强大，实现了系统隔离，降低授权的复杂度，降低了损害程度。缺点在于：访问控制权限的配置比较复杂，二维表结构无法反映系统的内在关系，控制策略的定义需要从零开始。

假设 user_d 是一个普通的、没有特权的用户进程（如一个登录 shell 进程）的域类型，bin_t 是一个用户必须有安全特权才能运行的可执行程序（如/bin/bash）标识符，则该规则可能就不允许用户来执行 shell 程序（如 bash shell）。

需要注意：在域和类型的标识符名称中，_d、_t 是没有特殊意义的，仅仅是大多数策略中的一个命名习惯。只要符合策略语言的语法，策略定义者就可以定义任何符合规范的名称。可以使用一些符号来描述允许的访问：圆代表进程，圆角矩形代表客体，箭头代表允许访问。图 4.4 描述的是一个允许的访问。

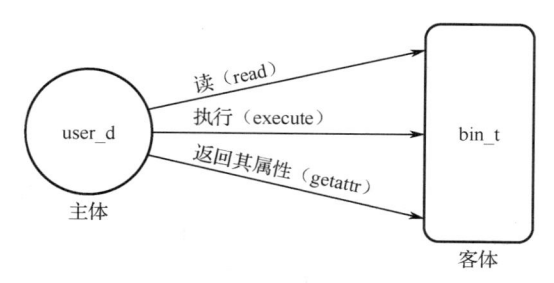

图 4.4 一个允许的访问

4.1.4 DTE 模型

为了解决 TE 模型在实际应用中遇到的问题，DTE 模型提供了用于描述安全访问控制配置的高级语言——DTE 语言（DTEL），采用了隐含方式表示文件的安全属性。

DTE 是由 O'Brien and Rogers 于 1991 年提出的一种访问控制技术，通过赋予文件不同的类型、赋予进程不同的域来进行访问控制。从一个域访问其他域或者从一个域访问不同的类型都要通过 DTE 策略来控制。

该模型定义了多个域和类型，并将系统中的主体分配到不同的域中，将不同的客体分配到不同的类型中，通过定义不同的域对不同的类型的访问权限，以及主体在不同的域中进行转换的规则来达到保护信息完整性的目的。

DTE 将域和每个正在运行的进程相关联，将类型和每个对象相关联。如果一个域不能以某种访问模式访问某个类型，则这个域的进程不能以该种访问模式去访问那个类型的对象。当一个进程试图访问一个文件时，DTE 系统的内核在执行标准的系统许可检查之前，先执行 DTE 许可检查。如果当前域拥有被访问文件所属的类型所要求的访问权，那么这个访问得以批准，继续执行正常的系统检查。

如以下 DTEL 语句：

type unix_t, specs_t, budget_t, rates_t;

表示定义 4 个客体类型，名称分别是 unix_t、specs_t、budget_t、rates_t。

DTEL 的赋值语句把客体和客体类型联系起来，也就是设置客体的类型属性。

客体间的层次关系，可以采用隐含赋值的方式给客体赋类型值。例如，给该目录赋类型值，相当于把该类型值赋给该目录及其下面的所有目录和文件。

如以下 DTEL 语句：

assign -r -s unix_t /;

表示将/下所有目录和文件赋值为类型 unix_t，-r 表示递归，-s 表示禁止系统在运行期间创建与目录类型不同的客体。

DTEL 还定义了域入口点，一个域的入口点是一个可执行程序，执行该可执行程序可以使程序进入该域中。

DTE 模型提供了与域切换相关的 exec 权限和 auto 权限。如果域 A 拥有对域 B 的 exec 权限或 auto 权限，那么，域 A 中的进程 P 可以通过 exec 函数系统调用执行域 B 中的入口点程序 F_b。当域 A 拥有 exec 权限时，如果进程 P 要求进入域 B，那么，exec 函数系统调用执行程序 F_b 后，进程 P 从域 A 切换到域 B；如果进程 P 不要求进入域 B，那么，exec 函数系统调用执行程序 F_b 后，进程 P 不会切换到域 B。当域 A 拥有 auto 权限时，那么，exec 函数系统调用执行程序 F_b 后，进程 P 自动从域 A 切换到域 B。

4.1.5 Linux 的访问控制实例

很多实用的访问控制系统都基于上述模型。下面以 3 种典型实例进行说明。

1. REMUS

UNIX 系统引用监控器（Reference Monitor for UNIX System，REMUS）项目的主要目标是开发一个基于 Linux 2.4 内核的入侵检测系统，监控那些可能被用来暗中破坏特权应用的执行的关键系统调用，在非法调用完成前，能够检测并阻止攻击者对任何特权进程进行破坏的企图。

该系统对 UNIX 系统调用做了详细分析，并根据它们对系统的危险级别将它们分类。基于这些结果，设计了一个有效的机制来控制至关重要的安全系统调用。它通过改编系统调用的代码将其整合到现存的操作系统中，在调用进程和参数值符合访问数据库的规则时执行被授权。该机制不要求内核数据结构和算法改变，所有内核的修改对应用进程都是透明的，它们不改变代码就可继续工作，实现了基于 Linux 系统的可加载模块（Loadable Kernel Modules，LKM）的工作原型。

2. LIDS

开发 Linux 入侵检测系统（Linux Intrusion Detection System，LIDS）的基本出发点是保护文件系统、保护进程系统和对核心进行封装。该系统通过能力机制实现对整个系统的控制，提供访问控制列表支持，具有入侵检测和响应功能。

LIDS 扩展了基本的 Linux 系统中提出的能力概念。它是能力应用的一个典型实例，将能力扩展到进程保护、设备保护、内核封装及网络安全中，在内核中实现了参考监听模式及 MAC 模式，加强了内核的安全性。不足之处在于，LIDS 没有任何理论模型，使用很粗略的系统加固方法。它将所有安全策略都放在内核中，即使是一个小的 SMTP 客户端及一种端口扫描器也在内核中实现，这种做法对内核的安全性是不利的。

3. SELinux

当时的主流操作系统的保护机制对支持最终系统的保密性和完整性要求是不够的，需要用 MAC 模型满足这些要求，但是传统 MAC 模型的限制影响了主流操作系统对它的接受度。美国国家安全局（National Security Agency，NSA）和安全计算公司（Secure Computing Corporation，SCC）共同开发了称为 Flask 的安全体系结构，以克服传统 MAC 模型的限制，后来在 Linux 操作系统中实现了这一结构，产生了一个安全增强 Linux（Security-Enhanced Linux，SELinux）的原型，它将 TE、RBAC 及 MLS 集成到一起，应用到 Linux 内核的主要子系统，包括对进程、文件和 socket 的强制访问控制操作的集成，实现了动态安全策略，支持策略灵活性，达到了使很多不同的安全模型和同样的基本系统一起实施的目标。

SELinux 的最初实现形式是一个特殊的核心补丁，旨在提高 Linux 系统的安全性，提供强健的安全保证。SELinux 是 2.6 版本的 Linux 内核中提供的 MAC 系统，能够灵活地支持多种安全策略。SELinux 系统比通常的 Linux 系统安全性高，通过将用户、进程权限最小化，即使受到攻击，进程或用户权限被夺去，也不会对整个系统造成重大影响。

SELinux 需要改变现有内核的数据结构及 API 扩展以支持具有安全意识的应用。它作为一个测试系统来评估对 Linux 内核的附加和增强是有用的，但以现在的形式被 Linux 用户接受是困难的。

SELinux 的安全体系结构为 Flask，安全策略和通用接口一起封装在独立于操作系统的组件中。Flask 安全体系结构描述了两类子系统之间的相互作用，以及各类子系统中的组件应满足的要求。两类子系统中，一类是客体管理器，实施安全策略的判定结果；另一类是安全服务器，做出安全策略的判定。Flask 由策略（Policy）和实施（Enforcement）两部分组成，策略封装在安全服务器中，实施由客体管理器具体执行。系统内核的客体管理器执行系统的具体操作，当需要对安全性进行判断时，向安全服务器提出请求。请求到达安全服务器后，实现与安全上下文（Security Context）的映射并进行计算，然后将决定的结果返给客体管理器。该体系结构的主要目标是不管安全策略判定是如何做出的，也不管它们如何随时间的推移而可能发生变化，都确保这些子系统总有一个一致的安全策略判定视图，从而在安全策略方面提供灵活性。该体系结构的第二个目标包括应用的透明性、防御的深层性、保障的容易性，以及对性能的影响要小。

4.2 基本访问控制的实现方案

4.2.1 面向用户的基本访问控制

操作系统中最朴素的访问控制之一是用户对文件的访问控制。访问控制模型的 3 个基本要素是主体、客体和访问方式。在操作系统的访问控制体系中，用户是最直观的主体，文件是最直观的客体，用户执行的对文件的操作则是最直观的访问方式。

1. 访问权限的定义与表示

用户对文件的操作可以归纳为 3 种形式，即查看文件中的信息、改动文件中的信息，以及运行文件所表示的程序。与之相对应，可以为用户对文件的操作定义读、写和执行 3 种方式，分别用 r、w 和 x 这 3 个字符来表示。也就是说，一个用户可以对一个文件进行 r、w、x 的 3 种操作。

用户从操作系统中获得以某种方式对文件进行操作的许可，就是用户对文件进行访问的权限，因此用户可以拥有对文件进行 r、w、x 的 3 种权限。

为了方便地进行访问控制，可以针对一个给定的文件，简单地把系统中的用户划分成 3 个用户域。其中，第一个域由文件的属主构成，称为属主域（Owner），只包含一个用户。第二个域由文件属主的属组中的用户构成，称为属组域（Group），可包含一个或多个用户。第三个域由系统中属主和属组以外的所有用户构成，称为其余域（Other），包含多个用户。

将每个用户域中的用户看作一类用户，则系统中的用户便分成了 3 类，分别是属主类、属组类和其余类。可以同时定义 3 类用户对一个文件的访问权限。一类用户对一个文件的访问权限可以由 3 个二进制位表示，因此，3 类用户对一个文件的访问权限可以由 9 个二进制位表示。

根据"属主/属组/其余"式的用户分类方法，对于系统中的任何一个用户，都必然有相应的用户类型与其对应。当一个用户试图访问一个文件时，只要为该文件定义了 3 类用户对它的访问权限，就一定能找到与该用户匹配的访问权限，从而控制该用户对该文件的访问。

因此，通过为操作系统中的每个文件定义"属主/属组/其他"式的访问权限，可以实现操作系统中所有用户对所有文件的访问控制。操作系统可以为每个新创建的文件定义默认的访问权限。在自主访问控制中，文件的属主可以修改文件的访问权限。

2. 访问控制算法

关于"属主/属组/其他"式的访问控制，属组是文件属主的属组，也可以称为文件的属组。该访问控制通过 9 个二进制位来表示用户对文件的访问权限，因而，也可以称为基于权限位的访问控制。

若操作系统采取"属主/属组/其余"式的访问控制思想对用户访问文件的行为进行控制，需要设计一个进行访问控制判定的算法。假设用户 U 请求对文件 F 进行 a 操作，其中 a 是 r、w 或 x，文件 F 的属主和属组分别为 U_o 和 G_o，按照以下步骤进行访问控制判定。

（1）当 U 等于 U_o 时，如果文件 F 的 9 位权限位组的属主位组（由 9 位权限位组的左边 3 位组成）中与 a 对应的位为 1，则允许 U 对 F 进行 a 操作；否则，不允许 U 对 F 进行 a 操作，判定结束。

（2）当 G_o 是 U 的属组时，如果文件 F 的 9 位权限位组的属组位组（由 9 位权限位组的中间 3 位组成）中与 a 对应的位为 1，则允许 U 对 F 进行 a 操作；否则，不允许 U 对 F 进行 a 操作，判定结束。

（3）如果文件 F 的 9 位权限位组的其余位组（由 9 位权限位组的右边 3 位组成）中与 a 对应

的位为1，则允许 U 对 F 进行 a 操作；否则，不允许 U 对 F 进行 a 操作。

算法首先确定用户是"属主""属组"和"其余"中的哪类，然后根据9位权限位组的对应位组对该类用户分配的权限进行判定。

传统 UNIX 系统的自主访问控制机制实现了对"属主/属组/其他"式的访问控制思想的支持。

3．文件权限及访问控制

文件系统的权限管理，主要包括普通权限、特殊权限、文件的扩展属性、文件系统访问控制列表（File Access Control List，FACL）。

文件权限分为所有权和使用权。对于所有权，创建文件的用户就是该文件的所有者，文件的所有者可以变更；启动进程的用户就是该进程的所有者；进程的所有者也可以变更。对于使用权，在文件上定义对该文件的特定使用过滤规则，包括属主权限、属组权限、其他用户权限。

先说明使用权，通常有3个基本权限：r（Readable），可读；w（Writable），可写；x（eXecutable），可执行。这3个权限对两大类文件（目录文件及非目录文件）是不同的。

（1）目录文件。

r：可以使用 ls 命令获取其中所包含的所有文件的文件名列表。

w：可以在此目录中进行文件名修改（创建、删除、修改），即可以创建文件名，删除文件名及修改文件名。

x：可以使用 ls -l 命令查看各个文件的属性信息，在路径中引用该目录。

（2）非目录文件。

r：可以利用 cat 类的命令获取文件中存放的数据信息。

w：可以修改（添加、删除、修改）文件中所存放的数据信息。

x：可以将文件发起为进程。

通过使用 ls -l/PATH/TO/SOMEFILE 命令，可以查看权限内容。

权限标识方式分为使用符号标识权限和使用数字标识权限两种。

（1）使用符号标识权限。

-rwxr-xr-x 表示3个权限位（属主/所有者，属组/所属组，其他用户）。

属主权限：rwx，此权限位标识为 user，简写为 u。

属组权限：r-x，此权限位标识为 group，简写为 g。

其他用户权限：r-x，此权限位标识为 other，简写为 o。

所有的权限位可以统一用 all 标识，简写为 a。

（2）使用数字标识权限。

用二进制数字标识权限，在对应的权限位上，有权限为1，无权限为0，如--- 000 对应0，--x 001 对应1，-w- 010 对应2，-wx 011 对应3，r-- 100 对应4，r-x 101 对应5，rw- 110 对应6，rwx 111 对应7。

这两种标识权限方式的区别如下。

（1）使用符号标识法可以只标识某个特定的权限位，也可以同时标识所有的权限位。例如：u=rx；ug=rwx；u=rwx，g=rx，o=r。

（2）使用数字标识法只能同时标识所有权限位。例如：744；644；7=007；75=075。

修改文件的使用权，chmod 的具体操作如下。

chmod [OPTION]... MODE[,MODE]... FILE...（符号标识法）
chmod [OPTION]... OCTAL-MODE FILE...（数字标识法）
chmod [OPTION]... --reference=RFILE FILE...

MODE：符号标识法。常用选项如下。

u，g，o，a：权限位。

+，-，=：授权方式。

+：在指定的权限位上增加指定权限；如果新增的权限是已经存在的权限，则结果相比于授权之前无变化。

-：在指定的权限位上撤销指定权限；如果被撤销的权限在原权限位并不存在，则结果相比于授权之前无变化。

=：在指定的权限位上精确授权，此种授权方式不考虑该权限位原有的权限设定。

r，w，x：具体的权限。

在默认情况下，所有的非目录文件都不应该有执行权限；一旦非目录文件具有了执行权限，便意味着该文件可以被执行、发起为进程，可以按需使用系统资源。

为了修改文件的所有权，具体操作如下。

（1）chown：修改文件的属主、属组。

chown [OPTION]... [OWNER][:[GROUP]] FILE...
chown [OPTION]... --reference=RFILE FILE...

常用选项如下。

-R, --recursive：递归地设置目标文件或目录的所有权。

对于文件，普通用户可以修改所有者为自己的文件的使用权，但无法修改文件的所有权；修改文件所有权的操作只有 Root 可以完成。

（2）chgrp：修改文件的属组。

chgrp [OPTION]... GROUP FILE...
chgrp [OPTION]... --reference=RFILE FILE...

chown 和 chgrp 命令所指定的用户和组，既可以是用户名和组名，也可以是 UID 和 GID。

（3）install：复制文件和设置文件属性。

install [OPTION]... [-T] SOURCE DEST   //单源复制，为复制后的文件增加执行权限
install [OPTION]... SOURCE... DIRECTORY   //多源复制，为复制后的文件增加执行权限
install [OPTION]... -d DIRECTORY..   //创建目录

常用选项如下。

-g, --group=GROUP：设定目标文件的属组为指定组，而不是进程所有者的主要组。

-m, --mode=MODE：设定目标文件的权限，不是 rwxr-xr-x。

-o, --owner=OWNER：设定目标文件的所有者，仅 root 可用。

注意：install 命令不能复制目录，即不能以目录为源文件；如果其源文件是一个目录，则 install 命令会进入这个目录，依次复制其中的所有非目录文件并放到目标位置。

特殊权限包括 SUID、SGID、STICKY。

（1）SUID 权限仅设置在可执行文件上。默认情况下，当用户执行可执行文件时，被发起的进程的所有者不是进程的发起者，而是可执行文件的所有者；换句话说，进程以文件所有者的身份运行。

SUID 权限所显示的位置：在文件属主权限位中的执行权限位上。如果属主本来有执行权限，则显示为"s"；如果属主本来没有执行权限，则显示为"S"。

管理 SUID 权限：符号标识法，chmod u+s FILE；数字标识法，chmod 47555 FILE。

（2）SGID 权限可设置在可执行文件或目录的属组权限位的执行权限上。如果某个目录设置了 SGID 权限，并且对某些用户有写权限，则所有在此目录中创建的新文件和目录的所属组均为

其父目录的所属组,而并非进程发起者的主要组。

SGID 权限的显示位置:在文件属组权限位上的执行权限。如果属组本来就有执行权限,则显示为"s";否则,显示为"S"。

管理 SGID 权限:符号标识法,chmod g+s DIR(目录);数字标识法,chmod 2770 DIR。

(3) STICKY 权限仅设置在目录的其他用户权限位的执行权限上。如果将某个目录的权限设置为多个用户都拥有写权限,那就意味着凡是拥有写权限的用户都能够直接管理该目录中的所有文件,包括修改文件名、删除文件等操作,因此需要为这样的目录设置 STICKY 权限,这样所有用户即便拥有写权限,也仅能修改所有者为自己的文件名或删除该文件。

STICKY 权限的显示位置:在目录的其他用户的权限位的执行权限上。如果该权限位本来有执行权限,则显示为"t";否则,显示为"T"。

管理 STICKY 权限:符号标识法,chmod o+t DIR;数字标识法,chmod 1770 DIR。

4.2.2　面向进程的基本访问控制

1.进程与文件权限

在 Linux 系统中,所有的操作实质都是进程访问文件的操作。访问文件需要先取得相应的访问权限,而访问权限是通过 Linux 系统中的安全模型取得的。Linux 系统中最初是 DAC 模型,后来增加了一个 MAC 模型。MAC 模型与 DAC 模型不是互斥的,DAC 模型是基本的安全模型,是 Linux 系统必须具有的功能,而 MAC 模型具备构建在 DAC 模型之上的加强安全功能,属于可选模块。访问前,Linux 系统通常先进行 DAC 权限检查,如果没有通过则操作直接失败;如果通过 DAC 权限检查并且系统支持 MAC 模块,再进行 MAC 权限检查。理论上,Linux 系统进程所拥有的权限与执行它的用户的权限相同。其中涉及的一切内容都是围绕这个核心进行的。

通过/etc/passwd 文件和/etc/group 文件保存用户和组信息,通过/etc/shadow 文件保存口令及其变动信息,每行一条记录。用户和组分别用 UID 和 GID 表示,一个用户可以同时属于多个组,且默认每个用户必属于一个组。若用户属于一个与 UID 相同的 GID,则这个用户组会在创建用户时同时创建。

对于/etc/passwd 文件,每条记录字段分别为"用户名:口令(在/etc/shadow 文件中加密保存):UID:GID(默认 UID):描述注释:主目录:登录 shell(第一个运行的程序)"。

对于/etc/group 文件,每条记录字段分别为"组名:口令(一般不存在组口令):GID:组成员用户列表(逗号分隔的用户 UID 列表)"。

对于/etc/shadow 文件,每条记录字段分别为"登录名:加密口令:最后一次修改时间:最小时间间隔:最大时间间隔:警告时间:不活动时间",口令信息为加密存储的。

对于进程,拥有与文件访问权限相关的进程属性。effective user id 表示与进程访问文件权限相关的 UID(简写为 EUID),effective group id 表示与进程访问文件权限相关的 GID(简写为 EGID),real user id 表示创建该进程的用户登录系统时的 UID(简写为 RUID),real group id 表示创建该进程的用户登录系统时的 GID(简写为 RGID),saved set user id 表示从 EUID 复制,saved set group id 表示从 EGID 复制。可以使用 ps 命令和 top 命令选择查看具有 EUID 和 RUID 的进程,或者通过 top 命令查看进程的信息。

进程访问文件的权限属性均以 EUID 为"中心"。进程的 EUID 一般默认为其 RUID 值。若可执行文件的可执行权限位为 s,进程对其调用执行后,其 EUID 被设置为该可执行文件的 UID。当进程的 EUID 与文件的 UID 匹配时,进程才具有文件 user 权限位所设定的权限,GID 的控制规则类似。执行进程时 RUID 值始终不变；EUID 值取决于文件的 SUID 位是否被设置。

通过 SUID 位权限属性，超级用户可顺利修改 EUID；而其他情况下，只能在 UID 与 RUID 相等时修改 EUID。

举例设置 SUID，代码如下：

```
$ ls -l /usr/bin/sudo
-rwsr-xr-x 1 root root 71288 /usr/bin/sudo
```

输出的含义是，对于 /usr/bin/sudo 文件，第 1～3 位的 rws 表示该文件可被它的属主以 r、w 或 x 权限访问；第 4～6 位的 r-x 表示该文件可被与该文件同一属组的用户以 r 或 x 权限访问；第 7～9 位的 r-x 表示该文件可被其他未知用户以 r 或 x 权限访问。这样设置之后，属主具有读、写、执行权限。不属于 Root 的普通用户进程执行命令时，通过其 other 中的 x 获得执行权限，再通过 user 中的 s 使得普通用户进程临时具有 sudo 可执行文件属主（root）的权限，即超级用户权限。

2．进程与用户和文件的关系

在操作系统中，进程才是真正活动的主体。进程在系统中代表用户进行工作，用户对系统的操作是由进程代其实施的，所以，进程与用户有很大的关系。进程是程序的执行过程，而程序是由文件表示的，所以，进程与文件有密切的关系。

用户通过操作系统进行工作时，会启动相应的进程。该进程执行操作系统中相应的可执行文件，为用户完成工作任务。可执行文件以程序映像的形式装入进程，成为进程的主体成分，构成进程的神经系统，指挥进程一步一步地开展工作。用户与进程和文件的关系如图 4.5 所示，描绘了用户启动进程执行程序文件的基本思想。

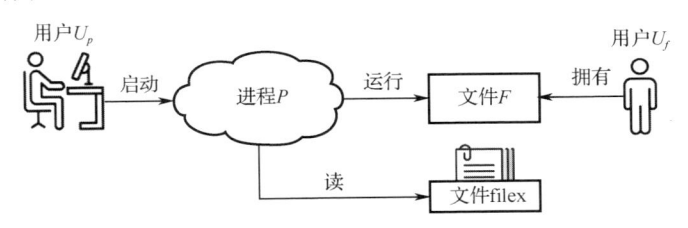

图 4.5 用户与进程和文件的关系

图 4.5 中，用户 U_p 启动了进程 P，进程 P 运行可执行文件 F 中的程序，文件 F 的属主是用户 U_f。进程 P 在操作系统中代表用户 U_p 进行工作。例如，用户 U_p 查看文件 filex，实际上就是进程 P 读文件 filex 的内容并把它显示出来。

用户 U_p 查看文件 filex，需要拥有对文件 filex 的读权限，同样，进程 P 读文件 filex，也必须拥有对文件 filex 的读权限。当然，对于写或执行操作，也是一样的道理。如何确定进程访问文件的权限呢？因为进程是由用户创建的，因此，可以借助用户的访问权限来确定进程的访问权限。

在操作系统中，进程必须拥有对文件的访问权限才能对文件进行相应的访问，需要给出一个确定进程对文件的访问权限的方法。

假设进程 P 是由用户 U_p 启动的，对任意的文件 filex，使进程 P 对文件 filex 的访问权限等于用户 U_p 对文件 filex 的访问权限。这个例子使用的方法是把启动进程的用户对文件的访问权限作为进程对文件的访问权限。

图 4.5 中涉及两个用户，即除了进程 P 的启动者 U_p 外，还涉及进程 P 所运行的文件 F 的属主 U_f。是否可以把用户 U_f 对文件的访问权限作为进程 P 对文件的访问权限呢？当然也是可以的。

可以假设进程 P 运行的是文件 F，文件 F 的属主是用户 U_f，对任意的文件 filex，使进程 P 对文件 filex 的访问权限等于用户 U_f 对文件 filex 的访问权限。

3. 进程的用户属性及访问控制判定

用户的访问控制根据用户属性和文件属性进行判定。用户属性是用户标志和用户组标志，文件属性是文件属主、文件属组和访问权限位串。通过上述分析可知，可以借鉴用户的访问控制方法设计进程的访问控制方法，可以为进程设立用户标志和用户组标志属性，作为访问判定的依据。

在操作系统中，进程中有用户标志和用户组标志属性，文件中有属主、属组和访问权限位串属性。根据这些进程属性和文件属性进行访问判定，可给出进程访问控制方法。

假设任意进程 P 请求对任意文件 F 进行访问，进程 P 的用户标志和用户组标志分别为 I_{up} 和 I_{gp}，文件 F 的属主、属组和访问权限位串分别为 I_{uf}、I_{gf} 和 S_1、S_2、S_3，其中，S_1、S_2、S_3 分别表示 9 位的访问权限位串中左、中、右 3 个 3 位的子位串。可以按照以下步骤进行判定。

步骤 1：当 I_{up} 等于 I_{uf} 时，检查 S_1 中是否有相应权限，如果有，则允许访问，否则不允许访问，结束判定。

步骤 2：当 I_{gp} 等于 I_{gf} 时，检查 S_2 中是否有相应权限，如果有，则允许访问，否则不允许访问，结束判定。

步骤 3：检查 S_3 中是否有相应权限，如果有，则允许访问，否则不允许访问。

进程 P 是由用户 U_f 创建的，但可以根据用户 U_f 的标志进行访问判定，而不根据用户 U_p 的标志进行访问判定。所以有必要记住两类用户，即创建进程的用户和借以进行访问判定的用户。重点给出一种在进程中设立用户属性的方法，要求能够反映创建进程的用户和借以进行访问判定的用户。

在进程中设立两套用户属性，一套用于记住创建进程的用户，另一套用于进行访问判定。每套用户属性都包含一个用户标志和一个用户组标志。

用于记住创建进程的用户的属性称为真实用户属性，相应标志分别称为真实用户标志（简记为 RUID）和真实用户组标志（简记为 RGID）。用于进行访问判定的用户属性称为有效用户属性，相应标志分别称为有效用户标志（简记为 EUID）和有效用户组标志（简记为 EGID）。在进行进程访问控制时，使用 EUID 和 EGID 进行访问判定。

4. 进程有效用户属性的确定

进程是程序在内存中的映像，从建立到消亡是存在一个生命周期的。在它的生命周期中，具有的权限也是不断变化的。进程是运行中的程序，进程所运行的程序决定了进程的本质。只要更换进程所运行的程序，不用创建新的进程，就能改变进程的本质，使进程执行新的任务。

通常，操作系统提供进程控制的方法，能够使任意一个现有进程在不结束生命周期的前提下执行新进程。在操作系统中设计一个系统调用，它的功能就是把调用它的进程所运行的程序替换成一个新的程序，将它表示为 exec( )，调用形式如下：

exec("progf")

其中，progf 是一个可执行程序文件名。该系统调用将调用它的进程所运行的程序替换成 progf，这相当于把正在运行的程序彻底清除掉，然后用程序 progf 来代替它。

假设操作系统中的进程可以通过系统调用 exec 函数更新程序映像，可以设计一个在进程的整个生命周期中确定进程的用户属性的方法。

假设用户 U 创建进程 P，进程 P 的 RUID、RGID、EUID 和 EGID 分别为 I_{up}、I_{gp}、I_{ue} 和 I_{ge}，F 是一个任意的可执行程序文件，其属主和属组的标志分别为 I_{uf} 和 I_{gf}，确定进程 P 的用户属性，具体方法如下：

步骤 1：用户 U 创建进程 P 时

$$I_{up} = I_{ue} = 用户 U 的标志$$

$$I_{gp} = I_{ge} = 用户\ U\ 的属组的标志$$

步骤 2：进程 P 调用 exec("F") 把程序映像替换为 F 时，如果 I_{uf} 的条件允许，则

$$I_{ue} = I_{uf}$$

如果 I_{gf} 的条件允许，则

$$I_{ge} = I_{gf}$$

涉及 I_{uf} 和 I_{gf} 的条件问题时，可以通过扩充文件的二进制访问权限位串来解决。需要设计一种扩充文件的二进制访问权限位串的方法，以便在进程更新程序映像时能够确定是否可以修改进程的 EUID 和 EGID。

假设 P 为任意进程，对于任意的文件 F，现有的 9 位二进制访问权限位串可以表示为

$$r_o w_o x_o r_g w_g x_g r_a w_a x_a$$

在该位串的左边增加 3 个二进制位，扩充为以下形式的 12 位的位串：

$$u_t g_t s_t r_o w_o x_o r_g w_g x_g r_a w_a x_a$$

其中，u_t 和 g_t 分别用于控制对进程的 EUID 和 GUID 的更新，可分别称为 SUID 控制位和 SGID 控制位，s_t 暂时不用。

当进程 P 调用 exec("F") 把程序映像替换为 F 时，控制方法定义如下。

（1）$u_t =1$：允许进程 P 的 EUID 值取文件 F 的属主标志；
（2）$u_t =0$：不允许进程 P 的 EUID 值取文件 F 的属主标志；
（3）$g_t =1$：允许进程 P 的 GUID 值取文件 F 的属组标志；
（4）$g_t =0$：不允许进程 P 的 GUID 值取文件 F 的属组标志。

以上扩充了文件的访问权限属性结构，将 9 位的权限位串扩充为 12 位的权限位串，增设 SUID 控制位和 SGID 控制位。这些控制位仅对可执行文件有意义。

至此，根据"属主/属组/其他"式的访问控制思想，实现了基于有效用户属性的进程访问控制支持。

4.3 SELinux 访问控制技术

4.3.1 SELinux 简介

SELinux 是美国国家安全局在 Linux 社区的帮助下开发的安全增强型 Linux（Security Enhanced Linux）系统，采用强制访问控制体系，保证进程只能访问执行任务所需要的文件。SELinux 默认安装在 Fedora 和 Red Hat Enterprise Linux 上，也可以作为其他发行版上的安装包。SELinux 是一种基于域—类型（domain-type）模型的 MAC 系统，作为内核模块包含到 Linux 内核中，相应的某些安全相关应用成为 SELinux 的补丁，还有相应的安全策略。任何程序对其资源都享有完全的控制权。

SELinux 是在 2.6 版本的 Linux 内核中提供的 MAC 系统，已经集成到内核中，被默认安装和启用。对于可用的 Linux 安全模块，SELinux 功能全面且测试充分。大部分都使用 SELinux 发行版，如 Fedora、RHEL、Debian 或 CentOS。它们都在内核中启用 SELinux，并且提供一个可定制的安全策略，以及很多用户层的库和工具，都可以使用 SELinux 的功能。SELinux 主要在权限的基础上为用户添加更安全的访问机制，配置足够复杂。其对进程、用户、文件进行联合访问控制操作。

SELinux 提供 3 种不同的策略，分别是 Target、MLS 及 Minimum。每种策略可分别实现满足

不同需求的访问控制。

（1）Target：主要对系统中的服务进程进行访问控制，同时，可以限制其他进程和用户。服务进程都被放入沙盒，在此环境中，服务进程被严格限制，保证通过此类进程所引发的恶意攻击不会影响到其他服务或 Linux 系统。

（2）MLS：对系统中的所有进程进行控制。启用 MLS 之后，用户即便执行很简单的指令（如 ls），都会报错。

（3）Minimum：最初是针对低内存计算机或设备（如智能手机）创建的。从本质上来说，Minimum 和 Target 类似，不同之处在于，它仅使用基本的策略规则包。对于低内存设备，Minimum 策略允许 SELinux 在不消耗过多资源的情况下运行。

SELinux 的配置文件为/etc/selinux/config，该文件用来控制系统上 SELinux 的状态。

```
# SELINUX=配置 SELinux 的模式，可以取以下 3 个值之一
# enforcing：SELinux 安全策略强制执行
# permissive：SELinux 打印警告而不是强制执行
# disabled：不加载 SELinux 策略
SELINUX=disabled
# SELINUXTYPE=配置 SELinux 的类型，可以取以下 3 个值之一
# targeted：目标进程受到保护
# minimum：目标策略可修改，只有选定的进程受到保护
# mls：多级安全保护
SELINUXTYPE=targeted
```

操作系统包括两类访问控制：DAC 和 MAC。标准 Linux 安全是一种 DAC，SELinux 为 Linux 增加了一个灵活的和可配置的 MAC。所有 DAC 都有一个共同的弱点，就是不能识别自然人与计算机程序之间最基本的区别。简单地说，如果一个用户被授权访问，意味着程序也被授权访问；如果程序被授权访问，那么恶意程序也将有同样的访问权限。DAC 的根本弱点是主体容易受到恶意软件的攻击，MAC 就是避免这些攻击的办法。多个 MAC 特性组成了多层安全模型。

SELinux 提供了一种灵活的 MAC 系统，其结合类型强制（TE）和非强制的多级安全（MLS），且内嵌于 Linux Kernel 中。SELinux 定义了系统中每个用户、进程、应用和文件的访问和转变的权限，然后使用一个安全策略来控制这些实体（用户、进程、应用和文件）之间的交互。安全策略指定如何严格或宽松地进行检查。

SELinux 对系统用户（System Users）是透明的，只有系统管理员需要考虑如何在服务器中制定策略，策略可以根据需要制定为严格的或宽松的。只有同时满足标准 Linux 访问控制和 SELinux 访问控制时，主体才能访问客体。

DAC 与 MAC 的关键区别在于 Root 用户。SELinux 是加到 Linux 系统中的一套核心组件及用户工具，可以让应用程序运行在其所需的最小权限上。未经修改的 Linux 系统是使用自主访问控制的，用户可以自己请求更大的权限，因此恶意软件几乎可以访问任何想访问的文件。如果授予其 Root 权限，那它就无所不能。SELinux 中没有 Root 这个概念，安全策略由管理员来定义，任何软件都无法取代它。这意味着那些潜在的恶意软件所能造成的损害可以被控制在最小范围。

4.3.2 SELinux 的体系结构

SELinux 采用 Flask 体系结构，实现了动态安全策略，可以灵活支持多种安全策略。Flask 体系结构明确地分为策略决策和策略实施两个部分，将策略逻辑和通用接口封装在一个称为安全服务器的内核子系统中，用于实现策略决策；而策略实施则由客体管理器完成。在 SELinux 中，除

安全服务器外的其他内核子系统（如进程管理、文件系统等）都是客体管理器。

如图 4.6 所示，安全服务器维护了系统的访问控制策略、SID 与安全上下文的映射关系，主要用于产生访问决策。客体管理器由两个要素组成：决策检索接口和访问向量缓存（Access Vector Cache，AVC）。其中，决策检索接口用于访问决策、标记决策和多实例决策检索，在策略变化时通知客体管理器更新内容；访问向量缓存用于存放从安全服务器获得的访问向量，从而有效提高客体管理器的执行效率，避免由于安全服务器的频繁访问而造成的性能下降。

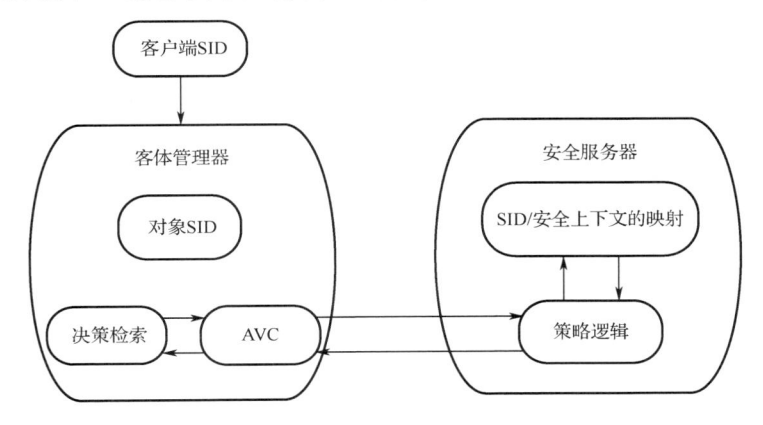

图 4.6　SELinux 的 Flask 体系结构

对于 Flask 体系结构，主要有 3 个操作：客体标记、决策检索和策略更新，具体如下。

（1）客体标记。

Flask 体系结构中定义了两个与安全策略无关的数据类型用于客体的标记，分别为安全上下文和 SID。其中，安全上下文是一个长度不固定的字符串，其内容和格式依赖于安全服务器所实现的特定的安全模型，在 SELinux 中由若干安全属性组成，这些属性包括用户、角色、类型和一个可选的安全级别；SID 是在安全服务器运行时映射到安全上下文的一个固定长度的整数，只能由安全服务器解释。当主体创建客体时，客体管理器将创建客体的主体的 SID、相关客体的 SID 和客体的类型传递给安全服务器，安全服务器在接收到这些数据后对其进行处理，从而为新建的客体生成一个安全上下文并将其转化为 SID，然后将其返回给客体管理器，客体管理器获得该 SID 后将其与相应的客体绑定。

（2）决策检索。

当主体对客体进行访问时，客体管理器会收集主体的 SID、客体的 SID 及客体类别，并根据其在 AVC 中进行查找。如果找到，则根据相应的安全决策进行处理；反之，客体管理器将主体的 SID、客体的 SID 及客体的类别传递给安全服务器，安全服务器根据这些数据及相应的安全策略进行计算，得到相应的访问向量，然后将其返回给客体管理器，同时将该访问向量存放到 AVC 中。

（3）策略更新。

当 SELinux 动态改变安全策略时，在新的安全策略文件装载之后，安全服务器首先会更新相应的安全标记映射，使不再授权的安全标记失效，接着安全服务器会根据 AVC 提供的接口通知 AVC。AVC 在接收到策略变化的通知之后，首先更新其自身的状态，然后调用客体管理器注册的回调函数来更新客体管理器中当前状态下的所有许可。当客体管理器完成其状态的更新并确认策略已经变化之后，AVC 通知安全服务器，完成到新策略的过渡。

4.3.3 SELinux 的安全模型

SELinux 采用由 TE 模型、RBAC 模型、IBAC（Identity-Based Access Control，基于身份的访问控制）模型和一个可选的 MLS 模型组合而成的安全模型。其中 TE 模型提供对进程和对象细粒度的控制；RBAC 模型和 IBAC 模型提供较高级别的抽象控制从而简化用户的管理；MLS 模型用于对保密性要求较高的系统，以便加强系统的安全。具体介绍如下。

（1）TE 模型。

TE 模型用于控制不同类型间的访问，是 SELinux 中限制资源访问的一个主要的强制访问控制模型。它将系统视为主体集合和客体集合，对于每个主体，都为其定义了一个与之相关联的域；对于每个客体，都为其定义了一个与之相关联的类型。其中，域是一个有能力访问客体的主体集合。其原理如图 4.7 所示。

当主体对客体进行访问时，系统根据 TE 模型定义的规则来判断该主体能否对客体进行访问，这些访问控制规则存放在安全策略文件中。策略文件分为源策略文件和二进制策略文件。源策略文件使用策略配置语言进行描述，由系统管理员创建和维护，经过编译之后生成二进制策略文件。二进制策略文件在内核启动期间装载到内核空间，形成内存中的策略库及缓存。

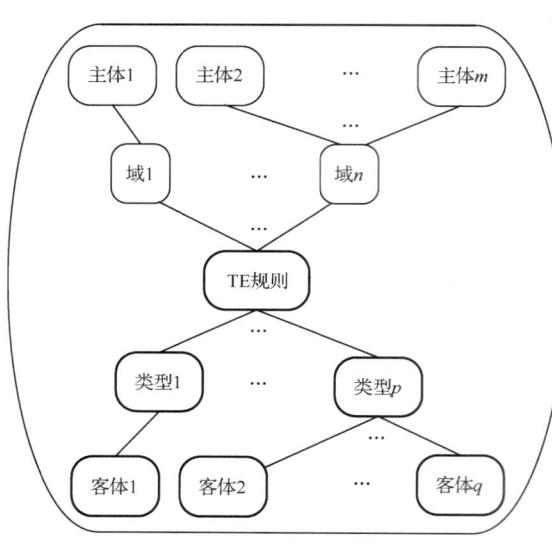

图 4.7　SELinux 的 TE 模型

（2）IBAC 模型。

IBAC 是 SELinux 中的一种传统访问控制模型，根据用户的身份（如用户名或用户 ID）来授权用户对系统资源进行访问。IBAC 模型直接将访问权限与个体的身份相关联，是最直观的访问控制方式之一。在 IBAC 模型中强调用户身份的作用，通过身份信息来控制访问权限。其原理如图 4.8 所示。

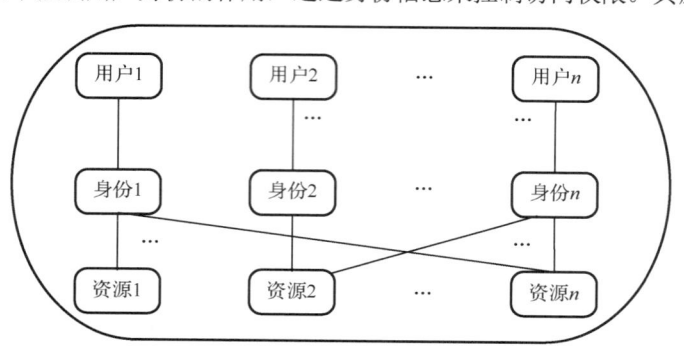

图 4.8　SELinux 的 IBAC 模型

IBAC 模型基于两个核心元素：用户和资源，用户是请求访问系统资源的实体，可以是个人、程序或设备；资源是需要保护的系统实体，如文件、数据库、应用程序等。在 IBAC 模型中，用户的身份信息用于确定其对资源的访问权限。IBAC 模型通过将用户的身份信息与资源的访问权限相关联，实现了用户与权限之间的关联。

（3）RBAC 模型。

SELinux 中的 RBAC 模型是建立在 TE 模型之上的基于角色的强制访问控制模型，通常与基于身份的访问控制模型 IBAC 结合在一起使用，为 SELinux 的安全上下文提供用户和角色两种属性，从而将 Linux 系统的用户及其运行的程序基于规则绑定起来。它为 SELinux 定义了角色的集合和角色可以进入的域集。其原理如图 4.9 所示。

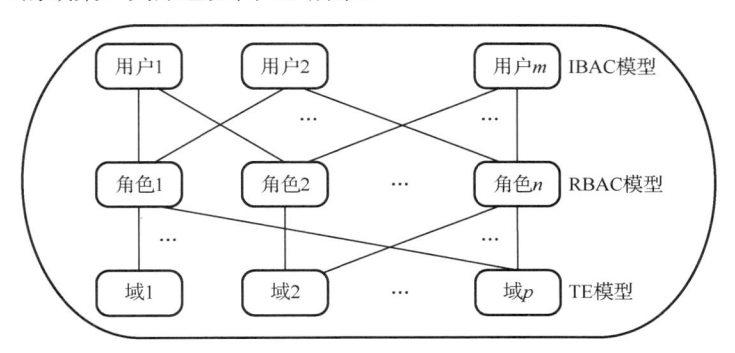

图 4.9　SELinux 的 RBAC 模型

在 RBAC 模型中，用户进入系统得到控制权之后，就会得到一个会话，会话表示用户和角色之间的关系，用户每次必须通过建立会话来激活相应的角色，从而获得相应的访问权限，进而根据该访问权限来对主体的访问进行限制。需要强调的是，RBAC 模型用于管理进程，因此对客体来说，角色没有什么意义。

（4）MLS 模型。

MLS 模型是 BLP 模型的简单安全特性和星号特性的形式化，相关内容可参见第 1.4.4 节中的"Bell-LaPadula 模型"，这里不再赘述。

SELinux 采用 TE 模型、RBAC 模型、IBAC 模型和一个可选的 MLS 模型组合而成的安全模型，如图 4.10 所示。

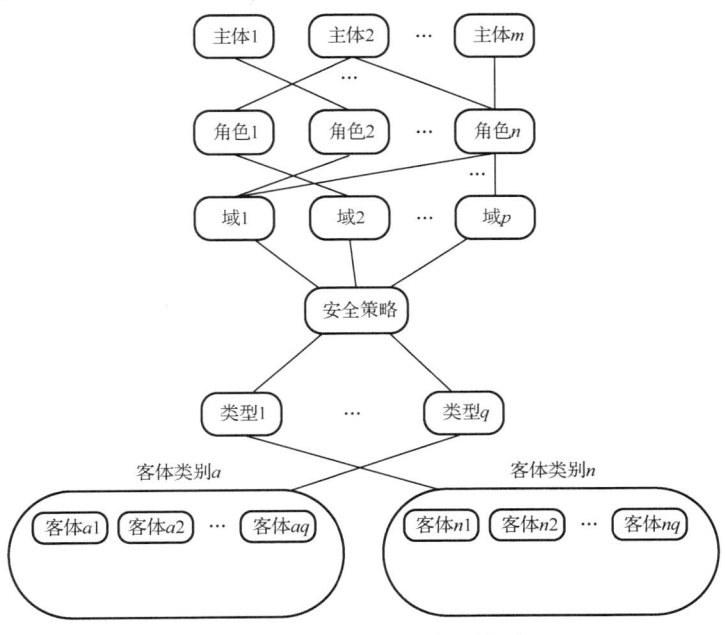

图 4.10　SELinux 的安全模型

4.3.4　SETE 模型

SELinux 实现的访问控制模型的核心是 DTE 模型,在该系统中称为 TE 模型或 SETE(SELinux Type Enforcement)模型。该模型提供了专门的安全策略配置语言（SELinux Policy Language,SEPL）。SEPL 用于配置 SETE 模型的访问控制策略,其作用与 DTE 模型的 DTEL 类似。

1. 基本方法

TE 是 SELinux 中非常重要的内容之一。SELinux 中所有的安全策略,都必须用 TE 规则明确定义,不管 Linux 的 UID 和 GID 是什么,没有被明确许可的其他访问方式,都被禁止（最小权限原则）。这就意味着在 SELinux 中没有默认的超级用户,不像在标准 Linux 中的 Root 用户。被同意的访问方式是由主体的类型（域）和客体的类型使用一个 allow 规则指定的。

SETE 模型对 DTE 模型进行了扩充和发展,与 DTE 模型相比,SETE 模型具有以下特点。

（1）类型的细分：DTE 模型把客体划分为类型,针对类型确定访问权限；SETE 模型在类型概念的基础上增加客体的类别（Class）概念,针对类型和类别确定访问权限。

（2）权限的细化：DTE 模型权限划分简单,而 SETE 模型为客体定义了几十个类别,为每个类别定义了相应的访问权限,因此,模型中定义了大量精细的访问权限。

一般情况下,SETE 模型把"域"和"类型"统称为"类型",在需要明确区分之处,将"域"称为"域类型"或"主体类型"。

SETE 模型中常用的客体类别包括 file（普通文件）、dir（目录）、process（进程）、socket（套接字）和 filesystem（文件系统）等。file 类别的常见权限有 read（读）、write（写）、execute（执行）、getattr（取属性）、create（创建）等。dir 类别的常见权限有 read（读）、write（写）、search（搜索）、rmdir（删除）等。process 类别的常见权限有 signal（发信号）、transition（域切换）、fork（创建子进程）、getattr（取属性）等。socket 类别的常见权限有 bind（绑定名字）、listen（侦听连接）、connect（发起连接）、accept（接受连接）等。filesystem 类别的常见权限有 mount（安装）、unmount（卸载）等。

SETE 模型是一个强制访问控制模型。在 SELinux 中,所有的访问都必须明确被授权,在默认情况下,所有的访问都是不允许的,只有经过授权的访问才是允许的。SETE 模型通过 SEPL 描述访问控制策略,确定访问控制的授权方法。

SEPL 的 allow 规则是描述访问控制授权的基本方法。allow 规则包含以下 4 个元素。

（1）源类型（source_type）：主体的域,即域类型或主体类型。主体通常是要实施访问操作的进程。

（2）目标类型（target_type）：由主体访问的客体类型。

（3）客体类别（object_class）：访问权限所针对的客体类别。

（4）访问权限（perm_list）：允许源类型对目标类型的客体类别进行的访问。

allow 规则的一般形式如下：

allow source_type target_type : object_class perm_list;

例如,SEPL 的访问授权规则及其含义如下：

allow user_d bin_t : file {read execute getattr};

该规则包含了两个类型标识符：源类型 user_d 和目标类型 bin_t。标识符 file 是定义在策略中的对象类别名称,这里表示一个普通的文件；大括号中包括的操作是文件操作类型的一个子集,此安全策略示例的含义是拥有域类型 user_d 的进程可以读、执行或获取拥有 bin_t 类型的文件客体的属性。该规则把对 bin_t 类型的 file 类别的客体的读、执行和取属性权限赋予 user_d 域的主体，允许 user_d 域的进程对 bin_t 类型的普通文件进行读、执行和取属性操作。取属性就是查看文件的属性信息，如日期、时间、属主等。

假设 user_d 域包含的是普通用户进程，如登录进程，bin_t 类型包含的是可执行文件，如 /bin/bash 命令解释程序，则该规则授权普通用户登录进程执行 bash 命令的解释程序。

SELinux 的 allow 规则在 SELinux 中用来允许访问。系统只允许必要的访问，保证系统正常工作，使其尽可能安全。

2. 类型强制机制

为了深入理解 SETE 机制，现以常见的密码管理程序 passwd 为例进行说明。在 Linux 系统中，用户读取或修改 shadow 文件（/etc/shadow）是值得信赖的，被加密的密码保存在 shadow 文件里面。密码管理程序实现了自己内部的安全策略，允许普通用户修改自己的密码，而允许超级用户修改任何密码。为了完成这项工作，密码管理程序需要有移动和重新创建 shadow 文件的能力。在标准 Linux 系统中，密码管理程序有这个特权，因为它的可执行文件有 SUID 位集合，所以，当它被其他用户执行的时候，也会以超级用户身份运行。然而，很多程序能够以超级用户身份运行，也就是说，任何以超级用户身份运行的程序都有可能修改 shadow 密码文件，同时也可能以超级用户身份做其他的事情。TE 机制就是确保只有密码管理程序（或者是相似的可以信任的程序）才能够访问 shadow 文件，不管运行该程序的用户是谁，且仅限于访问 shadow 文件。

在 Linux 系统中，/etc/shadow 文件保存用户的口令信息，passwd 程序管理口令信息，为用户提供修改口令的功能。这两个文件在 Linux 系统中的部分权限信息如下：

r-------- root root ... shadow
r-s--x--x root root ... passwd

口令信息存放在 shadow 文件中，用户修改口令时，必须修改该文件的内容，但普通用户没有访问该文件的权限。用户执行 passwd 程序修改口令，该程序文件的 SUID 控制位是打开的（由权限中的字符 s 表示），用户进程执行该程序时，进程的有效身份变成 Root 用户，由于 Root 用户是 shadow 文件的属主，所以，具有 Root 用户身份的进程可以访问 shadow 文件，从而实现普通用户修改口令信息的目的。

passwd 程序修改口令采用 SUID 机制，使执行该程序的用户进程的有效身份变为 Root，目的是使用户进程能够修改 shadow 文件中的口令信息。由于任何用户都能执行 passwd 程序，所以该机制实际上使任何用户的进程都能拥有 Root 的权限。但是，在 Linux 系统中，Root 用户不仅能够访问并修改 shadow 文件中的口令信息，还使得任何用户的进程都能具有无所不能的特权。

利用 SETE 模型，可以定义一个包含 passwd 进程的 passwd_d 域，定义一个包含 shadow 文件的 shadow_t 类型，配置以下规则，授权 passwd_d 域中的进程访问 shadow_t 类型的文件：

allow passwd_d shadow_t : file {ioctl read write create getattr
setattr lock relabelfrom relabelto append unlink link rename};

这个规则给 passwd_d 域中的 passwd 进程授予修改 shadow_t 类型的 shadow 文件中的口令信息所需要的访问权限，使 passwd 进程拥有访问 shadow_t 类型的文件的权限，但不拥有其他权限，从而克服了以上方法的不足。

Linux 系统修改 shadow 文件中的口令信息的方法是首先移动该文件，然后创建一个新的 shadow 文件。上述授权规则提供了执行这些操作所需要的各种权限。

SELinux 的访问控制是在 Linux 系统的访问控制的基础上增加访问控制。一个操作若在 SELinux 系统中得到允许，则首先必须在 Linux 系统中得到允许。所以，采用 SETE 模型的规则对 passwd 进程进行访问控制是以 SUID 机制为基础的，如图 4.11 所示。

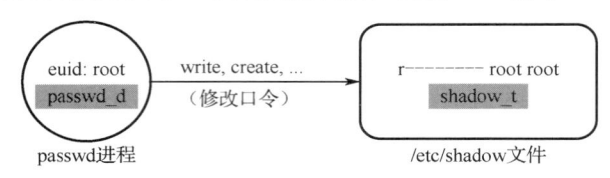

图 4.11　采用 SETE 模型控制 passwd 进程

图 4.11 中定义了两种类型：passwd_d 标识符是被密码管理程序 passwd 使用的一个域类型，shadow_t 标识符是被 shadow 文件使用的类型。查看磁盘上的文件信息：

```
# ls -Z /etc/shadow
-r—— root root system_u:object_r:shadow_t shadow
```

同样，在这种策略下，查看一个运行密码管理程序的进程时，将显示下列信息：

```
#ps -Z
Bob:user_r:passwd_d 16532 pts/0 00:00:00 passwd
```

可以先忽略安全上下文中的用户和角色元素，只关注标识符。allow 规则的目的是给进程标识符（passwd_d）访问 shadow 文件标识符的权限，该权限允许进程移动或创建一个 shadow 文件。运行密码管理程序的进程之所以能够成功地管理 shadow 密码文件，是因为它拥有有效的超级用户的 ID（在标准 Linux 中的访问控制），且 SETE 模型的 allow 规则允许它对 shadow 文件标识符有充足的访问权限（在 SELinux 中的访问控制）。这两者是必要条件，但不是充分条件。

3．安全域切换

如果需要允许一个主体来访问客体，则编写一个 SETE 策略是简单的。但如何确保一个正确的程序运行在一个有正确域类型的进程上呢？例如，一个程序以某种方式使用 passwd_d 域类型运行在进程中，但是这个程序是不可信的，因此不希望它访问 shadow 文件。

在这个典型的系统中，用户 Bob 通过登录进程登录系统，创建一个 shell 进程（如运行 bash）。在标准 Linux 安全中，真实有效的用户 ID(Bob)是一样的。在 SELinux 策略中，进程类型是 user_d，而 user_d 就是适用于普通的、不可信的用户进程的域类型。当用户 Bob 的 shell 进程运行其他程序的时候，被创建的新进程的域类型一般也会保持 user_d，除非采取了一些其他的操作。

我们不希望用户 Bob 的不可信的域类型 user_d 有直接读或写 shadow 文件的能力，因为这可能会使任何程序（包括用户 Bob 的 shell 进程）都能够查看或修改重要文件的内容。正如之前讨论的，我们希望只有密码管理程序，并且该密码管理程序仅以域类型 passwd_d 运行的时候才具有这样的访问权限。那么如何能够提供一套安全可靠并且不冲突的机制，使得域类型为 user_d 的用户 Bob 的 shell 进程过渡到运行域类型为 passwd_d 的密码程序的进程呢？

为了使进程的行为不威胁系统的安全，需要确保进程在正确的域中运行正确的程序。例如，针对修改口令的情况，不希望在 passwd_d 域中运行的进程运行不应该访问 shadow 文件的程序。换句话说，必须使运行指定程序的进程在合适的域中运行。问题是应该如何选择和设定进程运行时应该进入的域呢？这就需要了解用户在系统中执行操作时涉及进程的工作过程。

图 4.12 所示为用户 Bob 登录系统后修改口令的过程。普通用户进程在 user_d 域中运行，用户登录后运行 bash 进程，则该进程在 user_d 域中运行。口令文件 shadow 的类型是 shadow_t，user_d 域无权访问该类型的文件。负责修改口令的 passwd 进程在 passwd_d 域中运行，该域可以访问 shadow_t 类型的 shadow 文件。用户在 bash 进程中执行 passwd 程序可以生成 passwd 进程。所遇到的问题是在 user_d 域中生成的 passwd 进程如何进入 passwd_d 域。

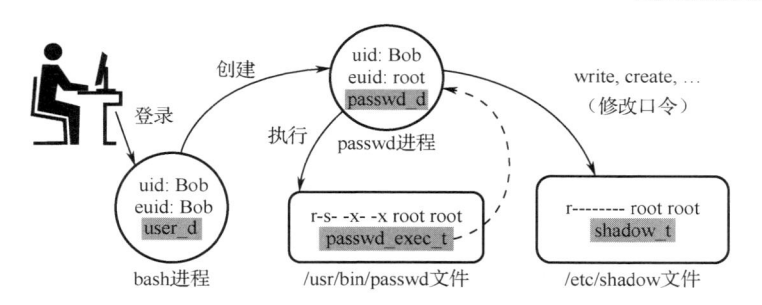

图 4.12 进程在 SELinux 中切换工作域后修改口令

在标准 Linux 系统中也存在类似的情况，用户运行的 bash 进程的有效身份没有访问 shadow 文件的权限，需要使由该进程生成的 passwd 进程拥有一个有权限访问 shadow 文件的有效身份。解决方法是采用 SUID 机制。

第 1 条 allow 规则：
allow user_d passwd_exec_t: file {getattr execute};

这条规则允许用户 Bob 的 shell 进程（user_d）初始化一个 passwd 可执行文件（passwd_exec_t）的 exec 系统调用。SELinux 的 execute 权限在本质上和标准 Linux 文件的 x 访问权限一样。shell 进程在运行之前需要 getattr 权限，然后用 fork 函数复制一份，包括完全相同的安全属性，保持用户 Bob 的 shell 进程原始的域标志（user_d）。因此，execute 权限一定要指向原始域（shell 进程的域标志）。user_d 是这条规则的源标志（Source type）。

第 2 条 allow 规则：
allow passwd_d passwd_exec_t: file entrypoint;

这条规则提供访问 passwd_d 域的入口点（entrypoint）。entrypoint 在 SELinux 中相当重要。该权限定义哪个可执行文件可能会进入一个域。对于一个域过渡，新的或将要进入的域（这里是 passwd_d）一定要有访问可执行文件的 entrypoint，用于过渡到新的域标志。假设仅 passwd 可执行文件被标识为 passwd_exec_t，仅标识 passwd_d 具有 passwd_exec_t 的 entrypoint 权限，这样仅 password 程序能够运行在 passwd_d 域标志中。

第 3 条 allow 规则：
allow user_d passwd_d: process transition;

这条规则不提供对文件客体的访问。客体类是 process，也就是代表进程的对象类。所有的系统资源都被封装在客体类中，这个概念也适用于进程。在这条规则中，权限是切换（transition）访问。这个权限进程的安全上下文的标志发生改变，原始的域标志（user_d）一定要有 transition 权限才被允许切换成新的域标志（passwd_d）。

上述 3 个规则共同提供了域切换发生的必要条件。因此，当以下 3 个条件都满足的时候，一个域切换才被允许。

① 进程新的域标志有对可执行文件标志的 entrypoint 权限；
② 进程当前（或过去）的域标志有对入口点文件标志的 execute 权限；
③ 进程当前的域标志有对新的域标志的 transition 权限。

在 TE 策略中，只有上述 3 个权限都被同意，一个域切换才会发生。进一步，通过对可执行文件 entrypoint 权限的使用，就有能力严格控制哪个程序能够运行在给定的域标志上。exec 系统调用是改变域标志的唯一方式，由策略定义者控制个人程序的访问权限，而不管调用程序的用户是谁。

4．默认域切换

上述规则仅允许域切换，不会命令用户 Bob 进行切换。如果被允许，可以使程序设计人员或用户能够明确地要求域切换。用户 Bob 想做的就是运行密码管理文件，希望确保系统能够执行，需要一种方式使系统能够默认初始化一个域切换。

一个进程满足 3 个条件的要求表示该进程拥有了从一个域切换到另一个域的条件，但并不表示域切换事件一定发生，原因是实现域切换还必须执行域切换操作。

SETE 模型支持域按要求切换和自动切换，由 exec 系统调用触发域切换操作。按要求切换就是仅当进程要求切换时才进行切换，如果进程不提出要求，就不进行切换。自动切换则不同，无须进程关心切换的问题，只要 exec 系统调用执行入口点程序，就可进行域切换。

为了支持域切换默认发生，需要介绍一下类型切换规则（type_transition）。该规则为 SELinux 策略提供了一种方式，能指定一个默认切换。

SETE 模型通过 type_transition 规则描述进程工作域的自动切换方法。该规则的形式如下：

type_transition source_type target_type : process default_type;

其中，source_type、target_type 和 default_type 分别表示进程的当前域、入口点程序文件的类型和进程的默认域。这条规则的语法与 allow 规则不同，不涉及权限。

type_transition 规则用于与默认标志相关的多个不同的目标。有 process 作为客体类的 type_transition。默认情况下，在一个 exec 系统调用中，如果一个调用的进程的域标志为 user_d，并且一个可执行文件的标志是 passwd_exec_t，则尝试从一个域切换到一个新的域（passwd_d）。

该规则所确定的指令是，当在 source_type 域中运行的进程通过 exec 系统调用执行 target_type 类型的入口点程序时，系统自动尝试将进程的工作域切换为 default_type 域。域切换的尝试是否成功取决于 3 个条件的要求是否得到满足。

为了使用户 Bob 登录 SELinux 后能够修改其口令，已进行了域切换的授权。实现域的自动切换的规则如下：

type_transition user_d passwd_exec_t : process passwd_d;

在该规则的控制下，当在 user_d 域中运行的 bash_c 进程通过 exec 系统调用执行 passwd_exec_t 类型的入口点程序 passwd 时，系统将尝试自动把 bash_c 进程的工作域切换为 passwd_d 域，所以，域切换尝试可以成功。此时的 bash_c 进程就是 passwd 进程，因此，系统自动使 passwd 进程进入 passwd_d 域中运行。

type_transition 规则允许策略定义者在没有明确的用户输入时，默认初始化一个域切换。例如，用户 Bob 运行 passwd 程序的目的是修改口令，希望系统能够按照他的意愿完成口令的修改任务。系统和策略定义者可以使用 type_transition 规则来为用户执行这些切换。

一个 type_transition 规则会触发一个默认的域切换尝试，但是该尝试不一定会成功。为了能够保证域切换成功完成，依然需要提供域切换所必需的 3 个标志。

通过使用 type_transition 规则，SETE 模型允许访问控制策略配置人员指示系统在不需要用户参与的情况下自动为进程完成域的切换工作。

4.3.5　SELinux 的运行机制

SELinux 决策过程如图 4.13 所示。当一个主体 subject（如一个应用）试图访问一个客体 object（如一个文件）时，系统内核中的策略执行服务器将检查访问向量缓存（AVC）。在 AVC 中，主体和客体的权限被缓存。如果不能基于 AVC 中的数据做出决定，则可请求安全服务器。安全服务器在一个矩阵中查找"应用+文件"的安全环境，然后，根据查询结果允许或拒绝访问。拒绝消息细节位于/var/log/messages 中。

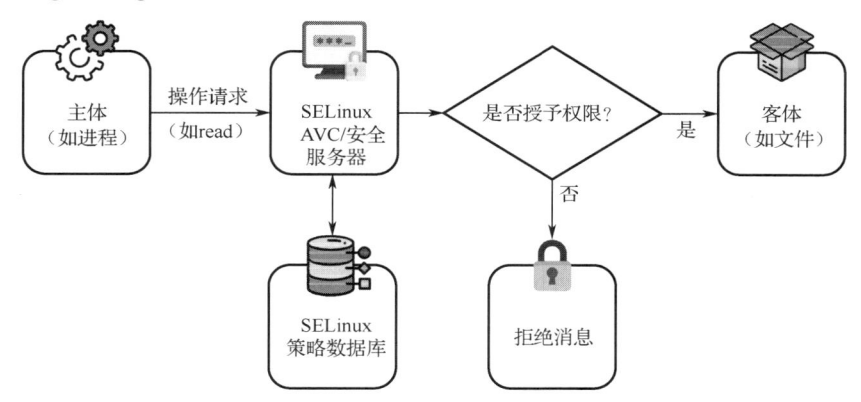

图 4.13　SELinux 决策过程

SELinux 访问控制基于与所有系统资源（包括进程）关联的安全上下文。安全上下文包括 3 个组件：用户、角色和类型标识符。类型标识符是访问控制的主要基础。

在 SELinux 中，访问控制的主要特性是类型强制，在主体（进程）与客体之间通过指定 allow 规则（主体的类型是源，客体的类型是目标）进行访问授权。访问被授予特定的客体类别，为每个客体类别设置细粒度的许可。类型强制的一个关键优势是它可以控制程序运行在给定的域类型上，因此，它允许对单个程序进行访问控制，使程序进入另一个域，以一个给定的进程类型运行。

SELinux 在访问控制安全上下文中不直接使用角色标识符，所有的访问都基于类型，用角色关联允许的域类型，将类型强制允许的功能组合到一起，将用户作为一个角色进行认证。

SELinux 提供了一个可选的 MLS 访问控制机制，其中有更多的访问限制，扩展了安全上下文的内容，包括一个当前的（或低）安全级别和一个可选的高安全级别。

4.3.6　SELinux 的具体实现

1．伪文件系统

/selinux/伪文件系统 kernel 子系统使用的命令通常位于/selinux/目录，类似于/proc/伪文件系统，系统管理员和用户不需要进行这部分操作。/selinux/目录如下：

```
-rw-rw-rw- 1 root root 0 Sep 22 13:14 access
dr-xr-xr-x 1 root root 0 Sep 22 13:14 booleans
--w------- 1 root root 0 Sep 22 13:14 commit_pending_bools
-rw-rw-rw- 1 root root 0 Sep 22 13:14 context
-rw-rw-rw- 1 root root 0 Sep 22 13:14 create
--w------- 1 root root 0 Sep 22 13:14 disable
-rw-r--r-- 1 root root 0 Sep 22 13:14 enforce
-rw------- 1 root root 0 Sep 22 13:14 load
-r--r--r-- 1 root root 0 Sep 22 13:14 mls
-r--r--r-- 1 root root 0 Sep 22 13:14 policyvers
-rw-rw-rw- 1 root root 0 Sep 22 13:14 relabel
-rw-rw-rw- 1 root root 0 Sep 22 13:14 user
```

例如，cat enforce 的值可能为 1：enforcing mode（强制模式），0：permissive mode（警告模式）。

2. 配置文件

SELinux 配置文件（configuration）或策略文件（policy）位于/etc/目录下。/etc/selinux/是存放所有策略文件和主要配置文件的目录。示例如下：

```
-rw-r--r-- 1 root root 448 Sep 22 17:34 config
drwxr-xr-x 5 root root 4096 Sep 22 17:27 strict
drwxr-xr-x 5 root root 4096 Sep 22 17:28 targeted
```

（学习视频）

/etc/sysconfig/selinux 是一个符号链接，真正的配置文件为/etc/selinux/config。

配置 SELinux 有如下两种方式。

（1）使用配置工具 Security Level Configuration Tool (system-config-selinux)。

（2）编辑配置文件/etc/sysconfig/selinux。

/etc/sysconfig/selinux 中包含如下配置选项。

（1）打开或关闭 SELinux。

（2）设置系统执行哪个策略（policy）。

（3）设置系统如何执行策略。

配置文件主要包括如下 3 个选项。

（1）SELINUX。

SELINUX=enforcing|permissive|disabled：定义 SELinux 的高级状态。

enforcing 表示强制执行 SELinux 安全策略。

permissive 表示 SELinux 系统会给出警告，但不强制执行策略。

disabled 表示 SELinux 已完全禁用，SELinux hooks 与内核脱离，伪文件系统也未注册。

（2）SELINUXTYPE（安全策略）。

SELINUXTYPE=targeted|strict：指定 SELinux 执行哪个策略。

targeted 表示只有目标网络 daemons 保护，每个 daemon 是否执行策略可通过 system-config-selinux 进行配置，保护常见的网络服务，为 SELinux 默认值。可使用如下工具查看或设置布尔值。

① getsebool -a：查看 SELinux 的所有布尔值。

② setsebool：设置 SELinux 的布尔值，如 setsebool -P dhcpd_disable_trans=0，-P 表示使用 reboot 后，布尔值仍然有效。

strict 表示对 SELinux 执行完全的保护，为所有的 subjects 和 objects 定义安全环境，且每个 Action 由策略执行服务器处理；提供符合 RBAC 的策略，具备完整的保护功能，保护网络服务、一般指令及应用程序。

（3）SETLOCALDEFS（设置本地定义）。

SETLOCALDEFS=0|1：控制如何设置本地定义。

1：这些定义由 load_policy 控制，load_policy 来自文件/etc/selinux/<policyname>。

0：这些定义由 semanage 控制。

3. 主要工具

（1）/usr/sbin/setenforce：修改 SELinux 运行模式。

setenforce 1 表示 SELinux 以强制模式运行。

setenforce 0 表示 SELinux 以警告模式运行。

为了关闭 SELinux，可以修改配置文件/etc/selinux/config 或/etc/sysconfig/selinux。

（2）/usr/sbin/sestatus -v：显示系统的详细状态。

```
SELinux status:enabled
SELinuxfs mount:/selinux
```

```
Current mode:enforcing
Mode from config file:enforcing
Policy version:21
Policy from config file:targeted
Process contexts:
Current context:user_u:system_r:unconfined_t:s0
Init context:system_u:system_r:init_t:s0
/sbin/mingetty:system_u:system_r:getty_t:s0
```

（3）/usr/bin/newrole 表示在一个新的安全上下文或 role（角色）中运行一个新的 shell。

（4）/sbin/restorecon 表示通过为适当的文件或安全上下文标记扩展属性，设置一个或多个文件的安全上下文。

（5）/sbin/fixfiles 表示检查或校正文件系统中的安全上下文数据库。

（6）getsebool-a 表示查看所有布尔值。

（7）setsebool-P 表示永久性设置。

（8）chcon 表示修改文件、目录的安全上下文。

```
chcon –u[user]
chcon –r[role]
chcon –t[type]
chcon –R
```

4．安全上下文

安全上下文是一个简单的、一致的访问控制属性。在 SELinux 中，类型标识符是安全上下文的主要组成部分。一个进程的类型通常被称为一个域，通常，域、域类型、主体类型和进程类型都是同义的，即都是安全上下文中的 TYPE。

SELinux 对系统中的许多命令进行了修改,通过添加一个-Z 选项显示客体和主体的安全上下文。

（1）系统根据 PAM 子系统中的 pam_selinux.so 模块设定用户运行程序的安全上下文。

（2）文件的安全上下文规则如下。

rpm 包安装：根据 rpm 包内的记录生成安全上下文。

手动创建的文件：根据 policy 中的规定设置安全上下文。

cp：重新生成安全上下文。

mv：安全上下文规则不变。

（3）id -Z 显示 shell 的安全上下文。

（4）ps -Z 检查进程的安全上下文。

（5）ls -Z 检查文件、目录的安全上下文。

所有操作系统的访问控制都以关联的客体和主体的某种类型的访问控制属性为基础。在 SELinux 中，访问控制属性称为安全上下文。所有客体（文件、进程间通信通道、套接字、网络主机等）和主体（进程）都有与其关联的安全上下文。常用以下格式指定或显示安全上下文：

USER:ROLE:TYPE[LEVEL[:CATEGORY]]

在 SELinux 中，访问控制属性总是安全上下文三元组（用户:角色:类型）形式，所有客体和主体都有一个关联的安全上下文。因为 SELinux 的主要访问控制特性是类型强制，所以安全上下文中的类型标识符决定了访问权。

安全上下文中的用户和角色标识符对类型强制访问控制策略没有影响，但是对进程、用户和角色标识符有意义，因为它们是用于控制类型和用户标识符的联合体，这样就与 Linux 用户账号关联起来了。然而，客体、用户和角色标识符几乎很少使用，为了规范管理，客体的角色通常是

object_r，客体的用户通常是创建客体进程的用户标识符，它们在访问控制上没什么作用。

标准 Linux 安全中的用户 ID 和安全上下文中的用户标识符之间存在区别，分别用于标准的和安全增强的访问控制机制，这两者之间的任意关联都是通过登录进程按照规范严格规定的，而不是通过 SELinux 策略直接强制实施的。

（1）USER。

① user identity：类似于 Linux 系统中的 UID，提供身份识别服务，用来记录身份，是安全上下文的一部分。

② 3 种常见的 user：user_u，普通用户登录系统后的预设；system_u，开机过程中系统进程的预设；root，Root 用户登录系统后的预设。

③ users 在 targeted 策略中不是很重要；但在 strict 策略中比较重要。除 Root 外，所有预设的 SELinux Users 都以 "_u" 结尾。

（2）ROLE。

① 文件、目录和设备的 role：通常是 object_r。

② 程序的 role：通常是 system_r。

③ 用户的 role：targeted 策略为 system_r；strict 策略为 sysadm_r、staff_r、user_r；用户的 role，类似于系统中的 GID，不同角色具备不同的权限；用户可以具备多个 role，但是同一时间内只能使用一个 role。

④ 在使用基于 RBAC 的 strict 和 MLS 策略中，用来存储角色信息。

（3）TYPE。

① type：用来将主体（subject）和客体（object）划分为不同的组，给每个主体和系统中的客体定义一个类型，为进程运行提供最小的权限环境。

② 当一个类型与执行中的进程相关联时，其 type 也称为 domain。

③ type 是 SELinux 安全上下文中的重要部位，是 SELinux TE 模型的"心脏"，预设值以_t 结尾；

（4）LEVEL 和 CATEGORY。

定义层次和分类，只用于 MLS 策略中。LEVEL 代表安全等级，已经定义的安全等级为 s0～s15，等级越来越高。CATEGORY 代表分类，已经定义的分类为 c0～c1023。

在标准 Linux 中，主体的访问控制属性是通过在内核中的进程结构关联的真实有效的 UID 和 GID 确定的。这些属性通过内核利用大量工具进行保护，对于客体（如文件），文件的节点包括一套访问模式、UID 和 GID。访问控制基于读、写、执行这 3 个控制位，文件属主、文件属组、其他用户各一套控制位。

注意：SELinux 在标准 Linux 基础上增加了类型强制（TE），这就意味着标准 Linux 和 SELinux 访问控制都必须能访问一个客体。例如，如果对某个文件有 SELinux 写权限，但没有该文件的写许可，那么也不能写该文件。表 4.1 总结了标准 Linux 和 SELinux 之间访问控制属性的对比。

表 4.1 标准 Linux 和 SELinux 之间访问控制属性的对比

项目	系统	
	标准 Linux	SELinux
进程安全属性	真实有效的 UID 和 GID	安全上下文
客体安全属性	访问模式、文件 UID 和 GID	安全上下文
访问控制基础	进程 UID/GID 和文件的访问模式，此访问模式基于文件的 UID/GID	在进程类型和文件类型之间允许的许可

5．类型强制访问控制

在 SELinux 中都是授予访问权限，真正的挑战是如何保证数以万计的访问被正确授权，只授予必需的权限，实现尽可能的安全。

从以上分析中可以看出，passwd 以 Root 用户的身份运行，可以访问系统的任何资源。这给系统带来了安全问题，其实它只需要访问 shadow 及其相关的文件就可以。而且 shadow 文件只需要接受 passwd 的访问即可。这在标准 Linux 中是无法做到的，而 TE（类型强制）可实现此功能。

6．多级安全

传统的 MLS MAC 与 TE 共同使用更有价值。在这些情况下，SELinux 总是包括某种格式的 MLS 功能。MLS 特性是可选的，对部分应用程序增强了安全性。

在大多数 SELinux 策略中，敏感度（s0，s1，...）和范畴（c0，c1，...）使用通配名，将它留给用户空间程序和程序库，以指定有意义的用户名。

为了支持 MLS，安全上下文被扩展包括安全级别，格式如下：

user:role:type:sensitivity[:category,...] [-sensitivity[:category,...]]

例如：

root@shangtao-virtual-machine:~# ps -aZ
LABEL   PID   TTY   TIME   CMD
unconfined_u:system_r:insmod_t:s0-s0:c0.c255 4940 pts/0 00:00:00 passwd

MLS 安全上下文至少有一个安全级别（由单个敏感度和 0 个或多个范畴组成），但可以包括两个安全级别，这两个安全级别分别被称为低安全级别（或进程趋势）和高安全级别（或进程间隙）。如果高安全级别丢失，它会被认为与低安全级别的值是相同的。实际上，对客体和进程而言，低安全级别和高安全级别通常都是相同的，而用于进程的级别范围通常被认为是受信任的主体（进程信任降级信息）或多层客体。例如，一个目录包括了不同安全级别的客体。为了描述简单，假设所有的进程和客体都只有一个安全级别。

🔒 4.4 Windows 访问控制技术

4.4.1 基本概念

Windows 提供了一个访问控制机制来控制用户访问特定的资源，因此所描述的访问控制大部分是对于资源（或者说是安全对象）的访问控制。Windows 本身提供了一些安全机制来保证这些用户对象的安全性，如无法跨 session 访问。Windows 提供了一些 API 供开发者加强这些对象的安全性，如控制窗口是否可以接收低完整性进程的窗口消息。

访问控制的一些基本概念如下。

（1）A 访问 B 时，A 是访问的主体，B 是访问的客体。A 的令牌和 B 的安全描述符共同决定 A 是否可以访问 B。

访问的主体是进程，因为线程没有自己的权限，权限来源于线程所属的进程。一个进程中的所有线程都具有同样的权限，因此可以将进程的权限看成访问的主体。

访问的客体是安全对象，所有被访问的对象都具有安全描述，包括文件、注册表、事件（Event）、互斥（Mutex）、管道等。

（2）进程——访问令牌。

访问令牌是操作系统专门表示用户权限的数据结构，由两部分组成，一部分是令牌所表示的用户（如用户标识符）及组（如组标识符）等，另一部分是权限（privilege）。

权限是一个列表，每种权限都是列表中的一项，权限列表存在于进程的访问令牌中。

（3）对象——安全描述符。

安全描述符是安全属性（SECURITY_ATTRIBUTES 结构体）的表示形式，包括 ACL。

访问控制列表有两种，一种是自主访问控制列表（Discretionary Access Control List，DACL），另一种是系统访问控制列表（System Access Control List，SACL）。DACL 决定了用户和组能否访问这个对象，SACL 控制了尝试访问安全对象的检测信息的继承关系。

DACL 包括访问控制的常用信息，加上 0 条或多条 ACE。ACE 表明用户能否进行操作，以及能进行哪种操作。系统在进行访问控制检测时，依次检测 DACL 中的 ACE，直到被允许或被拒绝，因此列表前端的 ACE 优于列表后端的 ACE。

4.4.2　系统实现

Windows 中资源的属主概念是通过 SID 实现的，因为 SID 可以唯一地标识某个安全实体。打开"命令提示符"窗口，执行 whoami/all 命令，可以看到当前登录的账户的 SID 及组信息，在计算机中的输出如图 4.14 所示。

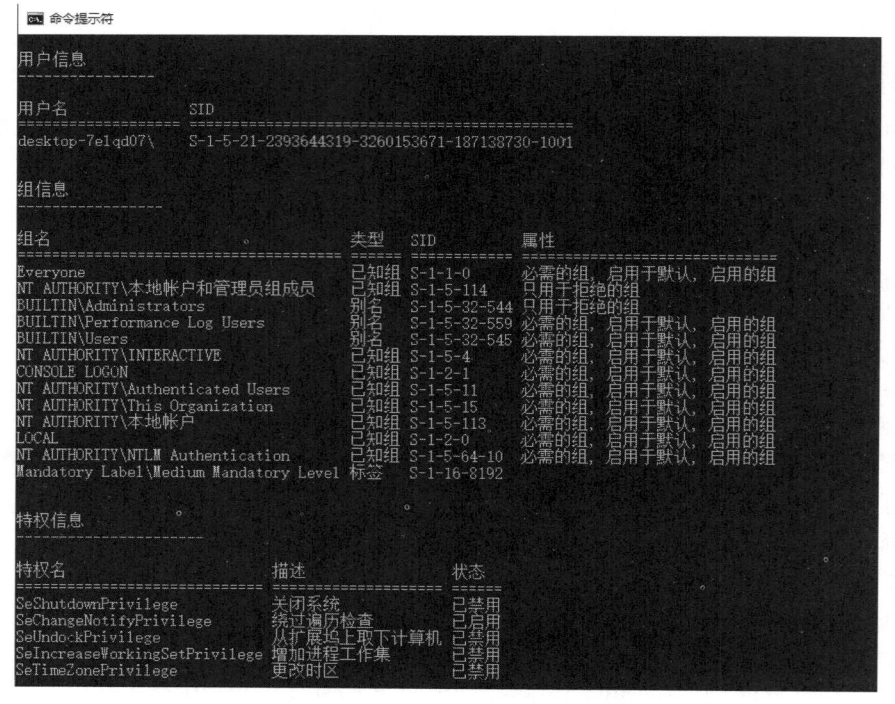

图 4.14　whoami/all 命令的输出

whoami/all 命令的输出包含 3 个部分：用户名及 SID、用户所属的组及当前账户的特权。

进程访问安全对象时，只用到 SID，与进程的权限无关。

进程进行特殊操作时，只用到权限，如关闭系统、修改系统时间、加载设备驱动等。

创建进程相关 API 包括两种：①CreateProcess 函数，该函数所创建的进程使用的访问令牌是当前登录用户的访问令牌；②CreateProcessAsUser 函数和 CreateProcessWithTokenW 函数等可以指定用户令牌，需要使用 LogonUser 函数登录用户，通过函数的返回值得到用户令牌。

4.4.3 开发接口

Windows 系统中的窗口程序是基于消息的，由事件驱动，在实现访问控制时需要捕获或修改消息，从而完成权限控制。对捕获消息而言，无法使用导入地址表（IAT）或 Inline Hook 之类的方式进行，需要用到 Windows 系统提供的专门用于处理消息的钩子函数作为开发的接口函数。

1. 挂钩原理

Windows 系统消息传递的简化流程如图 4.15 所示。

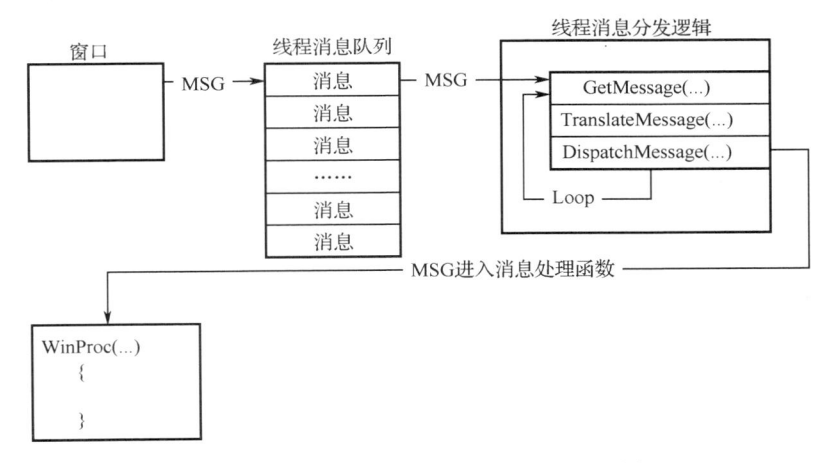

图 4.15　Windows 系统消息传递的简化流程

安装钩子之后，Windows 系统消息传递流程如图 4.16 所示。

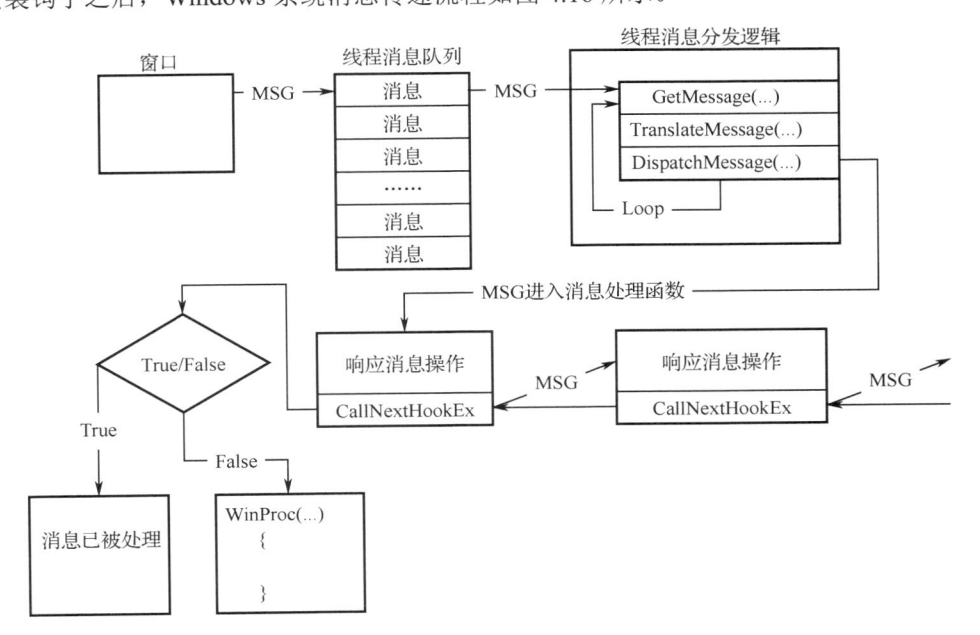

图 4.16　安装钩子后的 Windows 系统消息传递流程

Windows 系统的大部分应用程序都是基于消息机制的,它们都会有一个消息过程函数,根据不同的消息完成不同的功能。Windows 系统提供的钩子的作用就是截获和监视这些系统中的消息,以应对各种不同的消息。

按钩子的作用范围,可以将其分为全局钩子和局部钩子。全局钩子具有相当大的功能,几乎可以实现对所有 Windows 系统消息的拦截、处理和监控,作用于整个系统中基于消息的应用。局部钩子是针对某个线程的全局钩子,需要使用 DLL 文件,在 DLL 中实现相应的钩子函数。在操作系统中安装全局钩子后,只要进程可以发出钩子的消息,全局钩子的 DLL 文件就会被操作系统自动或强行地加载到该进程中。因此,设置消息钩子,也可以达到 DLL 注入的目的。

按使用范围分类,钩子主要有线程钩子和系统钩子。线程钩子监视指定线程的事件消息;系统钩子监视系统中所有线程的事件消息。因为系统钩子会影响系统中所有的应用程序,所以必须将钩子函数放在独立的 DLL 中,这是系统钩子和线程钩子最大的不同之处。

一般来说,Hook API 由两个组成部分,即实现 Hook API 的 DLL 文件和启动注入的主调客户端程序。例如,采用 Hook API 技术对与剪切板相关的 API 函数进行拦截,从而实现对剪切板内容的监控功能,同样使用该技术可以实现进程防终止功能。其中 DLL 文件支持 Hook API 的实现,而主调客户端程序会在初始化时将带有 Hook API 功能的 DLL 文件随着鼠标钩子的加载注入目标进程中。这里的鼠标钩子属于系统钩子。

对于钩子的使用,需要进行如下说明。

(1) 如果对同一个事件(如鼠标消息)既安装线程钩子又安装系统钩子,那么系统会自动先调用线程钩子,后调用系统钩子。

(2) 可对同一个事件消息安装多个钩子,这些钩子处理过程会形成钩子链。当前钩子处理结束后应把信息传递给下一个钩子。而且最晚安装的钩子在链的开始,最早安装的钩子在链的最后,也就是后加入的钩子先获得控制权。

(3) 钩子特别是系统钩子会消耗消息处理时间,降低系统性能,所以只有在必要的时候才安装钩子,在使用完毕后要及时卸载。

按事件分类,钩子有如下常用类型。

(1) 键盘钩子和低级键盘钩子,可以监视各种键盘消息。

(2) 鼠标钩子和低级鼠标钩子,可以监视各种鼠标消息。

(3) 外壳钩子,可以监视各种 shell 事件消息,如启动和关闭应用程序。

(4) 日志钩子,可以记录从系统消息队列中取出的各种事件消息。

(5) 窗口过程钩子,可以监视所有从系统消息队列发往目标窗口的消息。

此外,还有一些特定事件的钩子,在此不再列举。

2. 钩子函数

```
HHOOK SetWindowsHookEx(
int idHook,
HOOKPROC lpfn,
HINSTANCE hMod,
DWORD dwThreadId
);
```

该函数的返回值是一个钩子句柄。具体参数的含义如下。

lpfn:指定钩子函数的地址。如果 dwThreadId 被赋值为 0,或者被设置为其他进程中的线程 ID(远程钩子/全局钩子),那么 lpfn 属于 DLL 模块中的函数过程。如果 dwThreadId 为当前进程中的线程 ID，那么 lpfn 可以指向当前进程模块中的函数，也可以指向 DLL 模块中的函数（局部钩子/本地钩子）。

hMod：指定钩子函数所在模块的句柄，即 lpfn 所在模块的句柄。如果 dwThreadId 为当前进程中的线程 ID，且 lpfn 所指函数在当前进程中，则该参数被设置为 NULL。

dwThreadId：指定需要被挂钩的线程 ID。如果 dwThreadId 为 0，表示在所有的线程中挂钩；如果设置了具体的线程 ID，表示在指定线程中挂钩。该参数影响上面两个参数的取值，同时决定该钩子是全局钩子还是局部钩子。是全局钩子还是局部钩子与具体的钩子种类无关，仅由本参数控制。

idHook：钩子的类型。常用的类型如下。

（1）WH_GETMESSAGE。

该钩子的作用是监视被投递到消息队列中的消息。也就是当调用 GetMessage 或 PeekMessage 函数时，从程序的消息队列中获取一个消息后调用该钩子。钩子函数如下：

```
LRESULT CALLBACK GetMsgProc(
int code,            //钩子码
WPARAM wParam,       //删除选项
LPARAM lParam        //消息
);
```

（2）WH_MOUSE。

该钩子用于监视鼠标消息。钩子函数如下：

```
LRESULT CALLBACK MouseProc(
int nCode,           //钩子码
WPARAM wParam,       //消息标志
LPARAM lParam        //鼠标坐标
);
```

（3）WH_KEYBOARD。

该钩子用于监视键盘消息。钩子函数如下：

```
LRESULT CALLBACK KeyboardProc(
int code,            //钩子码
WPARAM wParam,       //虚拟键码
LPARAM lParam        //按键信息
);
```

（4）WH_DEBUG。

该钩子用于调试其他钩子。钩子函数如下：

```
LRESULT CALLBACK DebugProc(
int nCode,           //钩子码
WPARAM wParam,       //钩子类型
LPARAM lParam        //调试信息
);
```

移除先前用 SetWindowsHookEx 函数安装的钩子时，唯一的参数是待移除的钩子句柄。

```
BOOL UnhookWindowsHookEx(
HHOOK hhk
);
```

在实际应用中，可以多次调用 SetWindowsHookEx 函数来安装钩子，而且可以安装多个同类型的钩子。当一个钩子对消息处理完毕后，可以选择返回或者把消息继续传递下去。如果是为了

屏蔽某消息，可以在安装的钩子中直接返回非零值。如果希望钩子函数处理完消息后继续传递给目标窗口，则必须选择继续传递消息。继续传递消息的函数定义如下：

```
LRESULT CallNextHookEx(
HHOOK hhk,           //当前钩子的句柄
int nCode,           //传递给钩子过程的钩子码
WPARAM wParam,       //传递给钩子过程的信息
LPARAM lParam        //传递给钩子过程的数值
);
```

上述代码中，第一个参数是钩子句柄，就是调用 SetWindowsHookEx 函数的返回值；后面 3 个参数是钩子的参数，直接一次复制即可。例如：

```
HHOOK g_Hook = SetWindowsHookEx(…);
LRESULT CALLBACK GetMsgProc(
int code,            //钩子码
WPARAM wParam,       //删除选项
LPARAM lParam        //消息
)
{
return CallNextHookEx(g_Hook, code, wParam, lParam);
}
```

3．具体示例

Windows 系统中，钩子的应用场景非常广泛。下面提供一个应用示例。

编写钩子程序的步骤如下。

步骤 1：定义钩子函数。

```
LRESULT CALLBACK HookProc(int nCode ,WPARAM wParam,LPARAM lParam)
```

步骤 2：安装钩子。

```
HHOOK SetWindowsHookEx(int idHook,HOOKPROC lpfn, INSTANCE hMod,DWORD dwThreadId)
```

步骤 3：卸载钩子。

```
BOOL UnhookWindowsHookEx(HHOOK hhk)
```

需要注意的是，系统钩子必须放在独立的 DLL 中。因此，应用程序分为两个部分：一部分是钩子程序 DLL，实现了鼠标钩子程序；另一部分是 MFC 操作窗体，对 DLL 进行加载和卸载，即对 DLL 进行测试。具体实现部分如下。

（1）全局键盘钩子。

先新建一个 DLL 程序，在头文件中增加两个导出函数和两个全局函数。

```
#define MY_API __declspec(dllexport)
extern "C" MY_API VOID SetHookOn();
extern "C" MY_API VOID SetHookOff();
HHOOK g_Hook = NULL;//钩子句柄
HINSTANCE g_Inst = NULL;//DLL 模块句柄
//在 DllMain 函数中保存该 DLL 模块的句柄，以方便安装全局钩子
BOOL APIENTRY DllMain( HANDLE hModule,
DWORD ul_reason_for_call,
LPVOID lpReserved
)
{
//保存 DLL 模块句柄
```

```
    g_Inst = (HINSTANCE)hModule;
    return TRUE;
}
```
安装与卸载钩子的函数如下：
```
VOID SetHookOn()
{
//安装钩子
g_Hook = SetWindowsHookEx(WH_KEYBOARD, KeyboardProc, g_Inst, 0);
}

VOID SetHookOff()
{
//卸载钩子
UnhookWindowsHookEx(g_Hook);
}
```
钩子函数的实现如下：
```
//钩子函数
LRESULT CALLBACK KeyboardProc(int code, WPARAM wParam, LPARAM lParam)
{
    if(code < 0)
    {
        //如果 code 小于 0，必须调用 CallNextHookEx 传递消息，不处理该消息，并返回 CallNextHookEx 的返回值
        return CallNextHookEx(g_Hook, code, wParam, lParam);
    }
    if(code == HC_ACTION && lParam > 0)
    {
        //code 等于 HC_ACTION，表示消息中包含按键消息
        //如果为 WM_KEYDOWN，则显示按键对应的文本
        char szBuf[MAXBYTE] = {0};
        GetKeyNameText(lParam, szBuf, MAXBYTE);
        MessageBox(NULL, szBuf, "提示", MB_OK);
    }
    return CallNextHookEx(g_Hook, code, wParam, lParam);
}
```
编译链接后产生需要的 .dll 和 .lib 文件，然后新建一个项目来导入动态库内容调用相关函数。首先导入库：
```
#pragma comment (lib, "全局钩子.lib")
```
声明将要调用的函数（不声明链接时将报错）：
```
extern "C" VOID SetHookOn();
extern "C" VOID SetHookOff();
```
在按钮事件中调用导出函数：
```
void CHookDebugDlg::OnHookon()
{
    SetHookOn();
}
void CHookDebugDlg::OnHookoff()
```

```
{
SetHookOff();
}
```

(2) 低级键盘钩子。

数据防泄露软件通常会禁用 PrintScreen 键，防止通过截屏将数据保存为图片从而导致数据泄露。需要注意的是，普通的键盘钩子（WH_KEYBOARD）无法过滤一些系统按键，得通过安装低级键盘钩子（WH_KEYBOARD_LL）来达到目的。

在低级键盘钩子的回调函数中，判断按键是不是 PrintScreen 键，如果是，则直接返回 TRUE；否则传递给下一个钩子处理。

实现过程与全局键盘钩子相同。可能在编译时会报错，提示 WH_KEYBOARD_LL 和 KBDLLHOOKSTRUCT 未定义，此时可以在文件开头加上如下代码：

```
#define WH_KEYBOARD_LL 13
typedef struct tagKBDLLHOOKSTRUCT {
DWORD vkCode;
DWORD scanCode;
DWORD flags;
DWORD time;
DWORD dwExtraInfo;
} KBDLLHOOKSTRUCT, FAR *LPKBDLLHOOKSTRUCT, *PKBDLLHOOKSTRUCT;
```

其实在 winuser.h 中已有定义，可能是兼容原因导致不能使用。

(3) 钩子注入 DLL。

利用 WH_GETMESSAGE 钩子，可以方便地将 DLL 文件注入所有基于消息机制的程序中。因为有时候可能需要 DLL 文件完成一些工作，但是工作时需要 DLL 在目标进程的空间中。这样就可以将 DLL 注入目标进程来完成相关的功能。主要的代码如下：

```
BOOL APIENTRY DllMain( HANDLE hModule,
DWORD ul_reason_for_call,
LPVOID lpReserved
)
{
//保存 DLL 模块句柄
g_Inst = (HINSTANCE)hModule;
switch (ul_reason_for_call)
{
case DLL_PROCESS_ATTACH:
{
DoSomething();
break;
}
case DLL_THREAD_ATTACH:
case DLL_THREAD_DETACH:
case DLL_PROCESS_DETACH:
break;
}
return TRUE;
}
```

```
VOID SetHookOn()
{
g_Hook = SetWindowsHookEx(WH_GETMESSAGE, GetMsgProc, g_Inst, 0);
}

VOID SetHookOff()
{
UnhookWindowsHookEx(g_Hook);
}

LRESULT CALLBACK GetMsgProc(int code, WPARAM wParam, LPARAM lParam)
{
return CallNextHookEx(g_Hook, code, wParam, lParam);
}

VOID DoSomething()
{
MessageBox(NULL, "Hello，目标执行!", "提示", MB_OK);
}
```

4.5 本章小结

本章介绍了主要的访问控制模型，包括 TE 模型和 DTE 模型，介绍了面向用户和进程的基本访问控制方案，重点介绍了 Linux 访问控制技术和 Windows 访问控制技术，尤其是 SELinux 的访问控制实现。

4.6 习题

1. 操作系统访问控制的关键问题包括 ＿＿＿＿＿＿、＿＿＿＿＿＿、＿＿＿＿＿＿等方面。
2. 访问控制模型包括 ＿＿＿＿＿＿、＿＿＿＿＿＿、＿＿＿＿＿＿、＿＿＿＿＿＿。
3. TE 模型的源类型对应＿＿＿＿＿＿；目标类型对应＿＿＿＿＿＿；对象类别对应＿＿＿＿＿＿；操作类型表示＿＿＿＿＿＿＿＿＿＿。
4. 域类型增强 DTE 模型通过赋予文件不同的＿＿＿＿＿、赋予进程不同的＿＿＿＿＿进行访问控制。
5. 操作系统中最朴素的访问控制之一是＿＿＿＿＿＿＿＿＿＿＿＿。访问控制模型的 3 个基本要素是＿＿＿＿＿、＿＿＿＿＿和＿＿＿＿＿。
6. 用户的访问控制根据用户属性和文件的访问属性进行判定,用户属性是＿＿＿＿和＿＿＿＿＿，用到的文件属性是＿＿＿＿＿、＿＿＿＿＿和＿＿＿＿＿。
7. SELinux 是一种＿＿＿＿＿＿＿＿＿＿的 MAC 系统，能提供 3 种不同的策略，分别是＿＿＿＿＿、＿＿＿＿＿及＿＿＿＿＿。每种策略分别实现满足不同需求的访问控制。
8. SETE 模型是一个强制访问控制模型。通过 SEPL 描述访问控制策略，确定访问控制的授权方法。SEPL 的 allow 规则是描述访问控制授权的基本方法，allow 规则包含 4 个元素：＿＿＿＿＿、＿＿＿＿＿、＿＿＿＿＿、＿＿＿＿＿。

9．SELinux 中，进程要实现从旧的工作域到新的工作域的切换，必须拥有＿＿＿＿＿＿访问权限、＿＿＿＿＿＿＿＿＿＿访问权限和＿＿＿＿＿＿＿＿＿＿访问权限。

10．Windows 提供的专门用于处理消息的钩子函数，用来截获和监视系统中的消息，按使用范围分类，钩子有＿＿＿＿＿＿和＿＿＿＿＿＿类型，因为系统钩子会影响系统中所有的应用程序，所以钩子函数必须放在独立的＿＿＿＿＿＿＿＿＿中。

4.7 思考题

1．如何结合自主访问控制模型和强制访问控制模型对操作系统进行设计？
2．描述 SUID 和 SGID 控制位的作用，它们有什么不同？
3．如何才能实现进程工作域的切换？
4．Windows 全局钩子函数和局部钩子函数有何异同？
5．如何利用钩子函数实现访问控制？

第 5 章 文件加密

离线的计算机存储器面临被直接访问的风险。如何保护文件,防止离线攻击呢?加密是最直接的文件保护方式之一,但是将加密机制结合到系统内核会涉及系统的效率和安全问题。

5.1 加密文件系统

5.1.1 加密文件系统概述

近年来,保护敏感数据不被泄露成为人们关注的热点问题之一。攻击者除了可以直接盗取物理存储设备,还可以通过网络攻击来窃取文件数据。由于共享的需求,多人访问敏感数据,也增大了信息泄露的可能性。对数据或文件进行加密已经成为一种公认的比较成功的保护方法。目前,研究人员已开发了许多成熟的加密算法,如 DES、AES、RSA 等,并且有一些应用程序已使用这些加密算法,用户可通过工具手动完成加密/解密的工作。由于这些应用程序操作烦琐,缺少与系统的紧密结合,容易受到攻击,因此一般用户并不愿意使用。

加密文件系统通过将加密服务集成到文件系统这一层面来解决相关的问题。加密文件的内容一般经过对称密钥算法加密后以密文的形式存放在物理介质中,即使文件丢失或被窃取,在加密密钥未泄露的情况下,非授权用户几乎无法通过密文逆向获得文件的明文,从而保证了文件的高安全性。与此同时,授权用户对加密文件的访问则非常方便。用户通过初始身份认证后,对加密文件的访问就像该文件并没有被加密过,这是因为加密文件系统会自动地在后台完成相关的加密/解密的工作。加密文件系统一般工作在内核态,普通的攻击难以奏效,更加适用于基于块设备的文件系统。

加密文件系统具有很多优势,具体如下:
(1) 支持文件粒度的加密,用户可以选择对文件或目录加密;
(2) 用户可以完全透明地访问加密文件,应用程序不用关心文件是否被加密;
(3) 无须预先保留足够的空间,用户可以随时加密或恢复文件;
(4) 对单个加密文件更改密钥和加密算法比较容易;
(5) 不同的文件可以使用不同的加密算法和密钥,增大破解的难度;
(6) 只有加密文件才需要特殊的加密/解密处理,普通文件的存取没有额外的加密/解密开销;
(7) 将加密文件转移到别的物理介质上时,没有额外的加密/解密开销。

5.1.2 加密文件系统分类

加密文件系统基本上可以分为两大类,两类的实现方式和目标都有较大的区别。一类是面向网络存储服务,通常是基于网络文件系统(Network File System,NFS)的客户端—服务器模型,称为网络加密文件系统。在网络加密文件系统中,数据以密文的方式保存,用户通过客户端服务进程与网络文件服务器交互,网络文件服务器负责将用户请求的密文传递到客户端服务进程,由客户端服务进程进行解密后交给应用程序。在这类模型中，由于网络文件服务器不接触明文数据，因此不要求其可信，只要求客户端操作系统可信。另一类是面向计算机本地存储服务的本地加密文件系统。密文数据直接存放在本地物理介质中（如硬盘、U 盘等），由操作系统或服务进程完成数据的读取、加密/解密工作。本地加密文件系统的目标是应对存储介质失窃的威胁，安全模型同样将加密文件系统所在的操作系统视为可信。

　　本地加密文件系统又可以细分为两种，一种是在原有的普通文件系统中直接加入加密功能，如 Reiser4，但是 Ext2、Ext3 等常用文件系统并不支持加密功能，因此用户不得不转换整个文件系统；另一种被称为堆叠式加密文件系统（Stackable Cryptographic File System），可以将其看成一个加密/解密的转换层，而不是一个真实的全功能文件系统。堆叠式加密文件系统没有相应的磁盘布局，也不能实现数据在物理介质上的存取功能。它必须架构在别的普通文件系统之上，读加密文件时先通过下层普通文件系统将文件的密文读入内存，解密后将明文返给上层的用户进程；写加密文件时先将内存中的明文加密，然后传给下层普通文件系统，由它们真正地写入物理介质。堆叠式加密文件系统的优势在于实现相对容易且用户可以任意选择下层的普通文件系统来存放加密文件。本章重点讨论的 eCryptfs 文件加密系统属于本地堆叠式加密文件系统的范畴。

5.1.3　主要问题

　　加密文件系统已有诸多的实现，如 CFS、TCFS、Waycryptic 和 Windows EFS 等，但是这些加密文件系统均存在内在的局限和安全问题。

　　CFS 和 TCFS 通过 NFS 客户端—服务器模型提供加密服务，使用了 DES 算法来加密文件内容。主要的缺点有：难以使用，共享加密文件非常困难，用户不能选择加密算法，交换区或临时文件可能会泄露明文，以及性能较差等。

　　Waycryptic 是一个堆叠式加密文件系统，通过修改 Linux 内核的虚拟文件系统（Virtual File System，VFS）来提供加密及解密的功能。它使用两种算法来加密文件：对称密钥算法（如 AES，密钥随机产生）和公开密钥算法（如 RSA）。这种综合方式既保证了加密/解密的速度，又极大地提高了安全性。同时，允许加密文件方便安全地在多个用户间共享。为了应对密钥的丢失，允许用户指定别的账号来恢复文件。但是 Waycryptic 是一个研究项目，比较适合个人单机使用，无法满足企业或需要更高安全级别的用户的需求。

　　Windows 加密文件系统（Encrypting File System，EFS）是对 NTFS 功能的扩充，可以方便地加密 NTFS 卷上的目录或文件。Windows EFS 简单易用，功能强大，不足之处在于只能在 Windows 操作系统的 NTFS 卷上使用，文件内容使用的加密算法比较单一。此外，如果事先没有备份证书的话，一旦重装系统就无法再访问加密文件。

5.2　树状信息管理

　　可以将文件系统看成一个树状的分层数据库，保存分类信息。而且不限于文件系统，注册表同样采用树状信息管理方式。

5.2.1 文件系统

1．文件系统简介

操作系统中负责管理和存储文件信息的软件机构称为文件管理系统，简称文件系统。文件系统由 3 部分组成：文件系统的接口，操纵和管理对象的软件集合，对象及属性。从系统角度来看，文件系统是对文件存储设备的空间进行组织和分配，负责文件存储并对存入的文件进行保护和检索的系统。具体地，它负责为用户建立文件，存入、读出、修改、转储文件，控制文件的存取，当用户不再使用时撤销文件等。

在计算机中，文件系统是命名文件及放置文件的逻辑存储和恢复系统。DOS、Windows、OS/2、Macintosh 和 UNIX-based 操作系统都有文件系统，文件被放置在分等级的（树状）结构中的某个位置，即文件被放进目录或子目录。

文件系统指定命名文件的规则，包括文件名的最大长度，可以使用的字符集合，某些系统中文件名后缀的长度，以及通过目录结构找到文件的指定路径的格式。文件系统使得应用可以方便地使用抽象命名的数据对象和大小可变的空间。

文件系统也指用于存储文件的磁盘或分区。少数程序（如产生文件系统的程序）直接对磁盘或分区的原始扇区进行操作，这可能破坏已存在的文件系统。大部分程序基于文件系统进行操作，在不同类型的文件系统上不能工作。一个分区或磁盘在作为文件系统使用前需要初始化，并将数据结构写到磁盘上，这个过程称为建立文件系统。

大部分 UNIX 文件系统具有类似的通用结构，其中心概念是超级块（Super Block）、i 节点（inode）、数据块（Data Block）、目录块（Directory Block）和间接块（Indirection Block）。超级块包括文件系统的总体信息，如大小（其准确信息依赖文件系统）。i 节点包括除名字外的一个文件的所有信息，名字与 i 节点数目一起存在目录中，目录条目包括文件名和文件的 i 节点数目。i 节点用于存储文件的数据，其中只有少量数据块的空间，如果需要更多，会动态分配指向数据块的指针空间，这些动态分配的块是间接块。为了找到数据块，必须先找到间接块的号码。

文件系统的功能包括：管理和调度文件的存储空间，提供文件的逻辑结构、物理结构和存储方法；实现文件从标志到实际地址的映射，实现文件的控制和存取操作，实现文件信息的共享并提供可靠的文件保密和保护措施，提供文件的安全措施。

文件的逻辑结构是依照文件内容的逻辑关系组织的文件结构，可以分为流式文件和记录式文件。流式文件中的数据是字符流，没有结构；记录式文件由若干逻辑记录组成，每条记录又由相同的数据项组成，数据项的长度可以是确定的，也可以是不确定的。

2．主要的文件系统

（1）FAT。

计算机将信息保存在硬盘上被称为簇的区域。使用的簇越小，保存信息的效率就越高。采用 FAT16，分区越大，簇就越大，存储效率就越低，势必造成存储空间的浪费。随着计算机硬件和应用水平的不断提高，推出了增强的 FAT32。与 FAT16 相比，FAT32 主要具有以下特点。

① 可以支持的磁盘大小达到 32GB，但是不能支持小于 512MB 的分区。基于 FAT32 的 Windows 2000 可以支持的最大分区为 32GB。

② 由于采用了更小的簇，FAT32 可以更有效率地保存信息。例如，一个分区采用了 FAT32，FAT32 分区的簇只有 4KB。这样 FAT32 就比 FAT16 的存储效率要高很多，通常情况下可以提高 15%。

③ 可以重新定位根目录和使用 FAT 的备份。FAT32 分区的启动记录被包含在一个含有关键数据的结构中，减小了计算机系统崩溃的可能性。

（2）NTFS。

NTFS 是一个基于安全性的文件系统，是 Windows NT 所采用的独特的文件系统结构。它是建立在保护文件和目录数据基础上，同时能节省存储资源、减少磁盘占用量的一种先进的文件系统。Windows NT 4.0 采用了 NTFS 4.0，Windows 2000 采用了 NTFS 5.0，使得用户不但可以方便快捷地操作和管理计算机，而且可以享受 NTFS 所带来的系统安全性。

NTFS 5.0 的特点主要体现在以下几个方面。

① 可以支持的 MBR 分区（如果采用动态磁盘则称为卷）最大可以达到 2TB，GPT 分区则无限制。而 Windows 2000 中的 FAT32 支持单个文件最大为 4GB。

② 很少需要运行磁盘修复程序。NTFS 通过使用标准的事件处理日志和恢复技术来保证分区的一致性。在发生系统失败事件时，NTFS 可以使用日志文件和检查点信息自动恢复文件系统的一致性。

③ 支持对分区、文件夹和文件的压缩。任何基于 Windows 的应用程序对 NTFS 分区上的压缩文件进行读/写时，不需要事先由其他程序进行解压缩。当对文件进行读取时，文件将自动进行解压缩；文件关闭或保存时会自动对文件进行压缩。

④ 采用了更小的簇，可以更有效率地管理磁盘空间。在 Windows 2000 的 FAT32 下，分区大小在 2~8GB 时，簇的大小为 4KB；分区大小在 8~16GB 时，簇的大小为 8KB；分区大小在 16~32GB 时，簇的大小达到了 16KB。而在 Windows 2000 的 NTFS 下，分区大小在 2GB 以下时，簇的大小都比相应的 FAT32 簇小；分区大小在 2GB 及以上（2GB~2TB）时，簇的大小都为 4KB。相比之下，NTFS 能比 FAT32 更有效地管理磁盘空间。

⑤ 可以为共享资源、文件夹及文件设置访问许可权限。许可的设置包括两方面内容：一是允许哪些组或用户对文件夹、文件和共享资源进行访问；二是获得访问许可的组或用户可以进行什么级别的访问。访问许可权限的设置不但适用于本地计算机的用户，同样也适用于通过网络的共享文件夹对文件进行访问的网络用户。这种情况与在 FAT32 文件系统下对文件夹或文件进行访问相比，安全性要高得多。另外，在采用 NTFS 格式的 Windows 2000 中，应用审核策略可以对文件夹、文件以活动目录对象进行审核，审核结果记录在安全日志中，通过安全日志就可以查看哪些组或用户对文件夹、文件及活动目录对象进行了什么级别的操作，从而发现系统可能面临的非法访问，以便通过采取相应的措施，最大限度地减少这种安全隐患。这些在 FAT32 文件系统下是不能实现的。

⑥ 可以进行磁盘配额管理。磁盘配额就是管理员可以为用户所能使用的磁盘空间进行配额限制，每个用户只能使用最大配额范围内的磁盘空间。设置磁盘配额后，可以对每个用户的磁盘使用情况进行跟踪和控制，通过监测标识出超过配额报警阈值和配额的用户，从而采取相应的措施。磁盘配额管理功能的提供，使得管理员可以方便合理地为用户分配存储资源，避免由于磁盘空间使用的失控而可能造成的系统崩溃，提高了系统的安全性。

（3）Ext。

Ext 是 GNU/Linux 系统中标准的文件系统，其特点为存取文件的性能好，对于中小型的文件更有优势，主要源于簇快取层的优良设计。单一文件大小、文件系统本身的容量上限与文件系统本身的簇大小有关，在一般常见的 x86 计算机中，簇最大为 4KB，则单一文件大小上限为 2048GB，而文件系统的容量上限为 16384GB。由于 Linux Kernel 2.4 所能使用的单一分割区最大只有 2048GB，所以实际上能使用的文件系统容量最多只有 2048GB。

① Ext3

Ext3 是一种日志式文件系统，是对 Ext2 的扩展，兼容 Ext2，并且从 Ext2 转换成 Ext3 并不复杂。由于文件系统都有快取层参与运作，所以不使用文件系统时必须将其卸下，以便将快取层的资料写回磁盘中。因此，每当系统要关机时，必须将其所有的文件系统全部关闭（shutdown）。如果在文件系统尚未全部关闭前就关机（如停电）时，下次重开机后会造成文件系统的资料不一致，必须做文件系统的重整工作，将不一致与错误的地方修复。然而，重整工作相当耗时，特别是容量大的文件系统，并不能百分之百保证所有的资料都不会流失。

为了解决问题，Ext3 使用所谓日志式文件系统（Journal File System）。此类文件系统的最大特色是，将整个磁盘的写入动作完整地记录在磁盘的某个区域上，以便有需要时可以回溯追踪。在日志式文件系统中，由于详细记录了每个细节，当在某个过程中被中断时，系统可以根据这些记录直接回溯并重整被中断的部分，而不必花时间去检查其他部分，因此重整的工作速度相当快，几乎不需要花时间。

② Ext4

Linux Kernel 自 2.6.28 开始正式支持文件系统 Ext4。Ext4 是 Ext3 的改进版，修改了 Ext3 中部分重要的数据结构，而不像 Ext3 对 Ext2 那样只增加一个日志功能。Ext4 可以提供更佳的性能和可靠性，功能更为丰富。

5.2.2 注册表

1．注册表简介

注册表（Registry）是 Windows 系统中的一个重要数据库，用于存储系统和应用程序的设置信息。在 Windows 3.0 推出 OLE 技术的时候，注册表就已经出现。随后推出的 Windows NT 是第一个从系统级别广泛使用注册表的操作系统。从 Windows 95 系统开始，注册表才真正成为 Windows 用户经常接触的内容，并在其后的操作系统中继续沿用。

在 Windows 3.x 系统中，注册表是一个极小的文件，其文件名为 Reg.dat，里面只存放了某些文件类型的应用程序关联，大部分设置被存放在 win.ini、system.ini 等初始化 ini 文件中。这些初始化文件不便于管理和维护，时常会出现一些因 ini 文件遭到破坏而导致系统无法启动的问题。为了使系统运行得更为稳定，借用了 Windows NT 中的注册表的思想，将注册表概念引入 Windows 95/98/me 等系统中，而且将 ini 文件中的大部分设置移植到注册表中。因此，注册表在 Windows 95/98/me 等系统的启动、运行过程中起着重要的作用。

注册表是 Windows 系统中的一个核心数据库，其中存放着各种参数，直接控制着 Windows 系统的启动、硬件驱动程序的装载以及一些 Windows 系统中应用程序的运行，从而在整个系统中起着核心作用。这些作用包括了软、硬件的相关配置和状态信息，例如注册表中保存有应用程序和资源管理器外壳的初始条件、首选项和卸载数据等，联网计算机的整个系统的设置和各种许可，文件扩展名与应用程序的关联，硬件部件的描述、状态和属性，性能记录和其他底层的系统状态信息，以及其他数据等。

具体地，在启动 Windows 系统时，注册表会对照已有硬件配置数据，检测新的硬件信息；系统内核从注册表中选取信息，包括要装入的设备驱动程序、装入次序，以及内核传送回它自身的信息（如版权号）等；同时设备驱动程序也向注册表传送数据，并从注册表接收装入和配置参数，一个好的设备驱动程序会告诉注册表它在使用什么系统资源，例如，硬件中断或 DMA 通道等；另外，设备驱动程序还要报告所发现的配置数据，为应用程序或硬件的运行提供增加新的配置数据的服务。注册表会配合 ini 文件兼容 16 位 Windows 应用程序，当安装一个基于 Windows 3.x 的应用程序时，应用程序的安装程序 Setup 会像在 Windows 系统中一样创建它自己的 ini 文件，或在 win.ini 和 system.ini 文件中创建入口；Windows 系统还提供了大量其他接口，允许用户修改系统配置数据，如控制面板、设置程序等。

如果注册表遭到了破坏，可能使 Windows 系统的启动过程出现异常，也可能导致整个 Windows 系统完全瘫痪。因此，正确地认识、使用、及时备份及恢复有问题注册表对 Windows 系统用户来说非常重要。

2．注册表的数据结构

注册表由键（又称主键或项）、子键（又称子项）和值项构成。一个键就是分支中的一个文件夹，而子键就是这个文件夹中的子文件夹，同样是一个键。一个值项则是一个键的当前定义，由名称、数据类型及分配的值组成。一个键可以有一个或多个值，每个值的名称各不相同，如果一个值的名称为空，则该值为该键的默认值。

注册表的数据类型主要有以下 8 种。

（1）REG_SZ：字符串，文本字符串；

（2）REG_MULTI_SZ：多字符串值，含有多个文本的字符串；

（3）REG_EXPAND_SZ：包含对环境变量的未扩展引用的终止字符串；

（4）REG_BINARY：二进制数字，以十六进制显示；

（5）REG_DWORD：32 位数字；

（6）REG_QWORD：64 位数字；

（7）REG_RESOURCE_LIST：设备驱动程序资源列表；

（8）REG_NONE：没有定义的值类型。

正常情况下，用户选择"开始"菜单中的"运行"选项，在打开窗口的文本框中输入 regedit 或 regedit.exe，单击"确定"按钮就能打开 Windows 系统自带的注册表编辑器。如果上述打开注册表的方法不能使用，说明没有管理员权限，或者注册表被锁定。如果确认没有权限，需要管理员帮助解决；如果确认注册表被锁定，需要采取其他方法进行解锁。

5.3　Linux eCryptfs 文件加密技术

5.3.1　eCryptfs 简介

eCryptfs 是在 Linux 内核 2.6.19 版本中的一个功能强大的企业级加密文件系统，通过堆叠在其他文件系统之上（如 Ext2、Ext3、Reiser 等），为应用程序提供透明、动态、高效和安全的加密功能。本质上，eCryptfs 就像一个内核版本的优良保密协议（Pretty Good Privacy，PGP），插在 VFS 和下层物理文件系统之间，充当一个"过滤器"的角色。用户应用程序对加密文件的写请求，经系统调用层到达 VFS 层，VFS 转给 eCryptfs 文件系统组件处理，处理完毕后，再转给下层物理文件系统；读请求（包括打开文件）的流程则相反。

eCryptfs 的设计受到 OpenPGP 规范的影响，使用了两种方法来加密单个文件。

（1）eCryptfs 使用一种对称密钥加密算法来加密文件的内容，推荐使用 AES-128 算法，文件加密密钥（File Encryption Key，FEK）随机产生。有些加密文件系统为多个加密文件或整个系统使用同一个 FEK（甚至不是随机产生的），这样会损害系统安全性。如果 FEK 泄露，则多个或所有的加密文件将被轻松解密；如果部分明文泄露，则攻击者可能推测出其他加密文件的内容；攻击者可能从丰富的密文中推测出 FEK。

（2）eCryptfs 使用用户提供的口令（Password）、公开密钥算法（如 RSA 算法）或可信平台模块（Trusted Platform Module，TPM）的公钥来加密保护 FEK。如果使用用户口令，则口令先被哈希函数处理，然后再使用一种对称密钥算法加密 FEK。加密后的 FEK 则称为加密的文件加密密钥（Encrypted File Encryption Key，EFEK）。由于允许多个授权用户访问同一个加密文件，因此 EFEK 可能有多份。

这种综合的方式既保证了加密/解密文件数据的速度，又极大地提高了安全性。虽然文件名没有数据那么重要，但是入侵者可以通过文件名获得有用的信息或者确定攻击目标，因此，最新版的 eCryptfs 支持文件名的加密。

5.3.2 eCryptfs 的设计原理

1．eCryptfs 的设计目标

为了评估一个加密解决方案的可行性，需要考虑诸多因素。eCryptfs 在设计之初，充分考虑了用户的如下需求。

（1）易于部署。eCryptfs 完全不需要对 Linux Kernel 的其他组件进行任何修改，可以作为一个独立的内核模块进行部署。同时，eCryptfs 也不需要额外的前期准备和转换过程。

（2）用户能够自由选择下层文件系统来存放加密文件。由于不修改 VFS 层，eCryptfs 通过将文件挂载（mount）到一个已存在的目录之上的方式实现堆叠的功能。对 eCryptfs 挂载点中文件的访问首先被重定向到 eCryptfs 内核文件系统模块中。

（3）易于使用。每次使用 eCryptfs 前，用户只需执行 mount 命令，随后 eCryptfs 自动完成相关的密钥产生/读取、文件的动态加密/解密和元数据保存等工作。

（4）充分利用已有的成熟安全技术。例如，eCryptfs 对于加密文件采用 OpenPGP 文件格式，通过 Kernel Crypto API 使用内核实现的对称密钥加密算法和哈希算法等。

（5）增强安全性。eCryptfs 的安全性最终完全依赖于解密 FEK 时所需的口令或私钥。通过利用 TPM 硬件（TPM 可以产生公钥/私钥对，硬件直接执行加密/解密操作，而且私钥无法从硬件芯片中获得），eCryptfs 可最大限度地保证私钥不被泄露。

（6）支持增量备份。eCryptfs 将元数据和密文保存在同一个文件中，从而完美地支持增量备份及文件迁移。

（7）密钥托管。用户可以预先指定恢复账号，万一遗失加密 FEK 的口令/私钥，也可以通过恢复账号重新获取文件的明文；如果未指定恢复账号，即使是系统管理员也无法恢复文件内容。

（8）丰富的配置策略。当应用程序在 eCryptfs 的挂载点目录中创建新文件的时候，eCryptfs 必须做出许多决定，例如新文件是否加密、使用何种算法、FEK 长度、是否使用 TPM 等。eCryptfs 支持与 Apache 类似的策略文件，用户可以根据具体的应用程序、目录进行详细的配置。

2．eCryptfs 的架构

eCryptfs 的架构如图 5.1 所示。eCryptfs Layer 是一个比较完备的内核文件系统模块，但不能实现在物理介质上存取数据。在 eCryptfs Layer 的数据结构中，加入了指向下层文件系统数据结构的指针，通过这些指针，eCryptfs 就可以存取加密文件。

```
                        ┌─────────────────────┐
                        │   eCryptfs Daemon   │
                        ├─────────────────────┤
    ┌──────┐            │   Key Module API    │
    │ 应用 │            ├─────┬─────────┬─────┤
    └──┬───┘            │ TPM │ OpenSSL │ ... │
       │                └─────┴─────────┴─────┘      用户空间
    （系统调用）
 - - - -│- - - - - - - - - - - - - - - - - - - -
       │                                             内核空间
    ┌──────┐              ╭────────╮
    │ VFS  │──────────────│ 密钥库 │
    ├──────┤              ╰────────╯
    │eCryptfs Layer│       
    ├─────┬────────┬───┐   ┌─────────────────────┐
    │Ext3 │Reiserfs│...│   │  Kernel Crypto API  │
    └─────┴────────┴───┘   ├─────────┬─────┬─────┤
                           │ AES-128 │DES3 │ ... │
                           └─────────┴─────┴─────┘
```

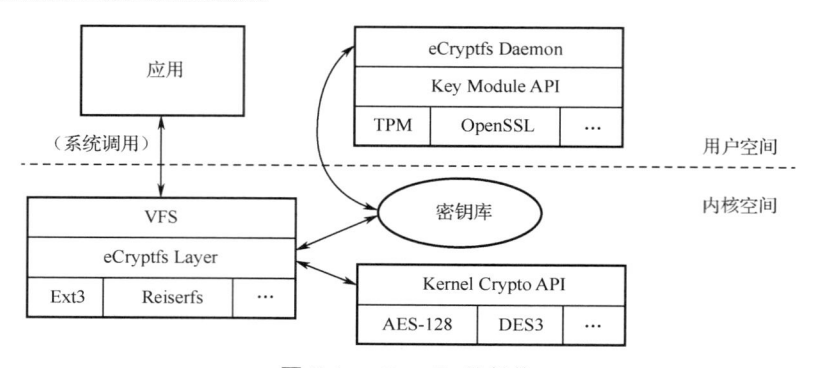

图 5.1 eCryptfs 的架构

以下是主要的数据结构：

```
static struct file_system_type ecryptfs_fs_type = {
    .owner = THIS_MODULE,
    .name = "ecryptfs",
    .get_sb = ecryptfs_get_sb,
    .kill_sb = ecryptfs_kill_block_super,
    .fs_flags = 0
};

struct ecryptfs_sb_info {
    struct super_block *wsi_sb;
    struct ecryptfs_mount_crypt_stat mount_crypt_stat;
};

struct ecryptfs_inode_info {
    struct inode vfs_inode;
    struct inode *wii_inode;
    struct file *lower_file; // wii_inode, lower_file 指向下层文件系统对应的数据结构
    struct mutex lower_file_mutex;
    struct ecryptfs_crypt_stat crypt_stat;
};

struct ecryptfs_dentry_info {
    struct path lower_path; // 下层文件系统的 dentry
    struct ecryptfs_crypt_stat *crypt_stat;
};

struct ecryptfs_file_info {
    struct file *wfi_file;
    struct ecryptfs_crypt_stat *crypt_stat;
};
```

密钥库 Keystore 和用户态的 eCryptfs Daemon 进程一起负责密钥管理的工作。eCryptfs Layer 首次打开一个文件时，通过下层文件系统读取该文件的头部元数据，交给 Keystore 模块进行 EFEK（加密后的 FEK）的解密。因为允许多人共享加密文件，头部元数据中可以有一串 EFEK。EFEK 和相应的公钥算法/口令的描述构成一个鉴别标识符，由 ecryptfs_auth_tok 结构表示。Keystore 依次解析加密文件的每个 ecryptfs_auth_tok 结构。首先在所有进程的密钥链（key ring）中查看是否

有相对应的私钥/口令,如果没有找到,Keystore 则发一个消息给 eCryptfs Daemon,由它提示用户输入口令或导入私钥。第一个被解析成功的 ecryptfs_auth_tok 结构用于解密 EFEK。如果 EFEK 是用公钥加密算法加密的,因为 Kernel Crypto API 并不支持公钥加密算法,Keystore 必须把 ecryptfs_auth_tok 结构发给 eCryptfs Daemon,由它调用 Key Module API 来使用 TPM 或 OpenSSL 库解密 EFEK。解密后的 FEK 及加密文件内容所用的对称密钥算法的描述信息存放在 ecryptfs_inode_info 结构的 crypt_stat 成员中。eCryptfs Layer 创建一个新文件时,Keystore 利用内核提供的随机函数创建一个 FEK;新文件关闭时,Keystore 和 eCryptfs Daemon 合作为每个授权用户创建相应 EFEK,一起存放在加密文件的头部元数据中。

eCryptfs 采用 OpenPGP 的文件格式存放加密文件,详情参阅 RFC 2440 规范。对称密钥加密算法以块为单位进行加密/解密,例如 AES 算法中的块大小为 128 位。因此 eCryptfs 将加密文件分成多个逻辑块,称为 extent。当读入一个 extent 中的任何部分的密文时,整个 extent 被读入 Page Cache,通过 Kernel Crypto API 被解密;当 extent 中的任何部分的明文数据被写回磁盘时,需要加密并写回整个 extent。eCryptfs 加密/解密原理如图 5.2 所示。extent 的大小是可调整的,但是不会大于物理页的尺寸。在 Linux 内核 2.6.19 版本中,extent 的默认值等于物理页的尺寸,因此在 IA32 体系结构下就是 4096 字节。加密文件的头部存放元数据,包括元数据长度、标志位及 EFEK 链,元数据的最小长度为 8192 字节。

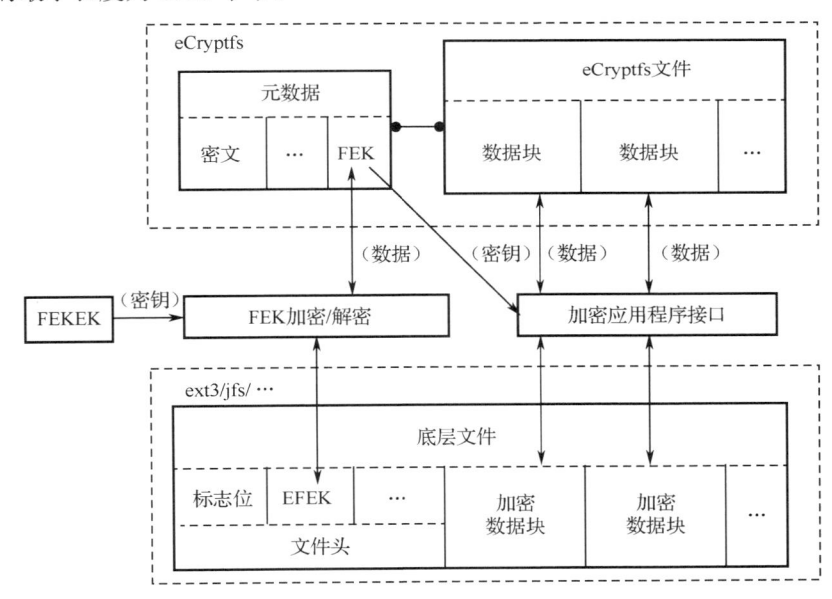

图 5.2 eCryptfs 加密/解密原理

尽管 eCryptfs 功能很强,但仍有很多不完善之处。

(1) 写操作性能比较差。通过 eCryptfs 性能测试,可知读操作的性能消耗不算太大,最多降低 30%;对于写操作,所有测试项目的结果都很差,普遍下降 1/16。主要因为 Page Cache 中只存放明文,因此首次数据的读取需要解密操作,后续的读操作没有性能消耗;而每次写 x 字节的数据,就会涉及 $[(x-1)/extent\_size+1]*extent\_size$ 字节的加密操作,因此性能消耗比较大。

(2) 可能造成信息泄露:当系统内存不足时,Page Cache 中的加密文件的明文页可能会被交换到 swap 区,解决方法是用 dm-crypt 加密 swap 区;应用程序也有可能在读取加密文件后,将其中某些内容以临时文件的方式写入未挂载 eCryptfs 的目录中(如直接写到/tmp 中),解决方法是配置应用程序或修改其实现。

（3）eCryptfs 实现的安全性完全依赖于操作系统自身的安全性。如果 Linux 内核被攻陷，那么攻击者可以轻而易举地获得文件的明文、FEK 等重要信息。

5.3.3　eCryptfs 的使用方法

eCryptfs 需要相应的内核模块和用户态的工具配合使用。用户态的工具可以从互联网上获得，使用 Debian 或 Ubuntu 系统的用户，用 apt-get 命令安装 ecryptfs-utils 包即可。如果用户自行编译内核，则需要如下内核选项。

（1）General setup。
[*] Prompt for development and/or incomplete code/drivers

（2）File systems。
Miscellaneous filesystems —>
< M> eCrypt filesystem layer support (EXPERIMENTAL)

（3）Security options。
< M> Enable access key retention support

（4）Cryptographic API。
< M> MD5 digest algorithm
< M> AES cipher algorithms

首先，需要加载 eCryptfs 内核模块，执行 modprobe ecryptfs。其次，将 eCryptfs 挂载到准备存放加密文件的目录，执行 sudo mount -t ecryptfs real_path ecryptfs_mounted_path，如图 5.3 所示。建议加密文件目录 ecryptfs_mounted_path 和真实目录 real_path 一致，这样非授权用户不能通过原路径访问加密文件。

```
Lin@localhost: ~$ sudo mount -t ecryptfs test_ecryptfs test_ecryptfs
[sudo] password for Lin:
Passphrase:
Select cipher:
 1) aes:     blocksize = 16;  min keysize = 16;  max keysize = 32  <not loaded>
 2) blowfish: blocksize = 16;  min keysize = 16;  max keysize = 32  <not loaded>
 3) des3_ede: blocksize = 8;   min keysize = 24;  max keysize = 24  <not loaded>
 4) twofish:  blocksize = 16;  min keysize = 16;  max keysize = 32  <not loaded>
 5) cast6:    blocksize = 16;  min keysize = 16;  max keysize = 32  <not loaded>
 6) cast5:    blocksize = 8;   min keysize = 5;   max keysize = 16  <not loaded>
Selection [aes]:
Select key bytes:
 1) 16
 2) 32
 3) 24
Selection [16]:
Enable plaintext passthrough <y/n> [n]:
Enable filename encryption <y/n> [n]: y
Filename Encryption Key（FNEK）Signature[d395309aaad4de06]:
Attempting to mount with the following options:
    ecryptfs_unlink_sigs
    ecryptfs_fnek_sig=d395309aaad4de06
    ecryptfs_key_bytes=16
    ecryptfs_cipher=aes
    ecryptfs_sig=d395309aaad4de06
WARNING: Based on the contents of [/root/.ecryptfs/sig-cache.txt],
it looks like you have never mounted with this key
before. This could mean that you have typed your
passphrase wrong.

would you like to proceed with the mount <yes/no>? yes
would you like to append sig [d395309aaad4de06] to
[/root/.ecryptfs/sig cache txt]
in order to avoid this warning in the future <yes/no>? yes
```

图 5.3　eCryptfs 挂载结果

eCryptfs 默认使用 AES-128 算法及用口令加密 FEK，如果用户想使用公钥加密算法加密 FEK，则需要事先采用 OpenSSL 产生公钥/私钥对。用户还可以在主目录下的.ecryptfsrc 文件中写入默认选项，配置文件的格式可参阅相关文件。

5.4 Windows EFS 文件加密技术

5.4.1 EFS 简介

EFS 存在于 Windows 2000 及以上版本中，用于在 NTFS 卷上存储已加密的文件。使用 EFS，类似于使用文件和文件夹上的权限。通过为文件和文件夹设置加密属性，可以对文件或文件夹进行加密和解密。如果加密一个文件夹，则在加密文件夹中创建的所有文件和子文件夹都自动加密。获得未经许可的加密文件和文件夹的物理访问权的入侵者将无法阅读文件和文件夹中的内容。如果攻击者试图打开或复制已加密文件或文件夹，将收到拒绝访问消息。EFS 是基于非对称加密算法实现的。在访问加密的文件时，系统利用当前用户的私钥进行解密。EFS 对加密的用户是完全透明的，加密的用户拥有这些文件的完全权限。用户可以在当前用户系统下感觉到它的存在，唯一的不同就是文件在系统中显示为绿色。

EFS 可以被认为是 NTFS 以外的第二层防护，为访问一个被加密的文件，用户必须访问文件的 NTFS 权限。相关 NTFS 权限的用户能看到文件夹中的文件，但不能打开文件，除非有相应的解密密钥。同样，一个用户有相应的密钥但没有相应的 NTFS 权限也不能访问文件。所以一个用户要能打开加密的文件，需要同时拥有 NTFS 权限和解密密钥。

5.4.2 EFS 的设计原理

1．EFS 的设计目标

EFS 的加密机制和操作系统紧密结合，不必为了加密数据而安装额外的软件。访问一个加密的文件不需要用户进行任何操作。EFS 集成到文件系统中，因此一个恶意的用户不能绕过文件系统访问硬盘，所有运行在内核模式的 EFS 驱动程序不能由用户直接访问。

EFS 对用户是透明的。如果某用户加密了一些数据，那么该用户对这些数据的访问将是完全被允许的，并不会受到任何限制。而其他非授权用户试图访问加密过的数据时，就会收到"访问拒绝"的错误提示。EFS 的用户验证过程是在登录 Windows 时进行的，只要登录到 Windows，就可以打开任何一个被授权的加密文件。

EFS 结合了对称加密（DES-X）和非对称加密（RSA）的优点，数据使用对称加密，优于使用非对称加密（仅用于 FEK 加密）。

Windows 的 CryptoAPI 体系允许用户在智能卡上存取自己的私钥，这比将密钥放在硬盘或软盘上更为安全，这也使多个位置访问成为可能。

2．EFS 的架构

EFS 使用对称密钥加密文件，即使用 FEK 加密。不同的操作系统版本和配置将使用不同的对称加密算法。FEK 会使用一个与加密文件的用户相关联的公钥进行加密，加密的 FEK 将被存储在加密文件的$EFS 可选数据流中。为了解密该文件，EFS 组件驱动程序使用匹配 EFS 数字证书（用于加密文件）的私钥解密存储在$EFS 流中的对称密钥。然后 EFS 组件驱动程序使用对称密钥来解密该文件。因为加密和解密操作在 NTFS 底层执行，因此它对用户及所有应用程序是透明的。

当一个用户使用 EFS 去加密文件时，必须拥有一个公钥和一个私钥，如果用户没有，EFS 服务将会自动产生一对。对初级用户来说，即使完全不懂加密，也能加密文件。可以对单个文件进行加密，也可以对一个文件夹进行加密，这样所有写入文件夹的文件将自动被加密。

一旦用户命令加密文件或试图添加一个文件到一个已加密的文件夹中，EFS 将进行以下操作。

步骤 1：文件被复制到临时文本文件，当复制过程中发生错误时，利用此文件进行恢复。

步骤 2：文件被一个随机产生的 FEK 加密，FEK 的长度为 128 位，这个文件使用 DESX 加密算法进行加密。

步骤 3：产生数据加密区域，这个区域包含了使用 RSA 算法加密的 FEK 和用户的公钥。

步骤 4：如果系统设置了加密，EFS 同时会创建一个数据恢复块（Data Recovery Field，DRF），然后将使用恢复密钥加密过的 FEK 放在 DRF 中，目的是预防在用户解密文件的过程中解密文件不可用。

步骤 5：将包含加密数据及所有 DRF 的加密文件写入磁盘。

步骤 6：删除在第 1 步中创建的文本文件。

在数据被解密时，EFS 将进行以下操作。

步骤 1：使用 DRF 和用户的私钥解密 FEK。

步骤 2：使用 FEK 解密文件。

在恢复文件的过程中，产生同样的进程。

此外，还可以在命令行模式下用 cipher 命令完成对数据的加密和解密操作，通过在命令符后输入 cipher/?，可以查看 cipher 命令的详细使用方法。

注意：如果通过网络传输经 EFS 加密的数据，这些数据在网络上将会以明文的形式传输。必须使用安全套接字层/传输层安全（SSL/TLS）或 Internet 协议安全（IPSec）等其他协议加密数据。

内容要被加密的文件夹会被文件系统标记为"加密"属性。EFS 组件驱动程序会检查"加密"属性，类似于 NTFS 中文件权限的继承，如果一个文件夹被加密，在里面创建的文件和子文件夹就会默认被加密。在加密文件移动到一个 NTFS 卷时，文件会继续保持加密。在许多情况下，Windows 系统可能不需要询问用户就解密文件。

被复制到另一种文件系统（如 FAT32）的文件和文件夹会被解密。最后，加密的文件使用 SMB/CIFS 协议通过网络复制时，文件在发送到网络前会被解密。为了避免复制时解密，最有效的方法是使用基于内核/回调函数的 API（RAW API）的备份软件。使用 RAW API 的备份软件会直接将已加密文件的流和$EFS 备用数据流复制为单个文件。换句话说，这些文件以加密形式被复制，备份过程中不牵扯解密。从 Windows Vista 系统开始，用户的私钥可以存储在智能卡上，数据恢复代理密钥也可以存储在智能卡上。

Windows EFS 简单易用，功能强大，不足之处如下。

（1）只有 NTFS 卷上的文件或文件夹才能被加密，不支持 FAT 卷。如果将加密的文件复制或移动到非 NTFS 格式的卷上，则该文件将会被解密。

（2）被压缩的文件或文件夹不可以加密。如果用户标记加密一个压缩文件或文件夹，则该文件或文件夹将会被解压。

（3）如果将非加密文件移动到加密文件夹中，则这些文件将在新文件夹中自动加密。然而，反向操作不能自动解密文件，文件必须明确解密。

（4）无法加密标记为"系统"属性的文件，位于 SystemRoot 目录结构中的文件也无法被加密。

（5）如果系统文件被加密，系统将不能用，仅可以对数据文件加密。操作系统需要引导的文件不能被加密，否则在开机的时候将不能被访问。

（6）在加密进程的步骤 1 中创建的文本备份文件在进程中以未加密的格式存在，恶意用户可能在文件存在时访问这个文件。

（7）病毒检测软件由于不能访问用户的密钥，所以不能扫描加密文件。

5.4.3 EFS 的使用方法

EFS 的使用方法如下。

（1）右击"EFS-file"文件夹，在打开的快捷菜单中选择"属性"命令，在打开的"EFS-file 属性"对话框的"属性"选区中单击"高级"按钮，打开"高级属性"对话框，在"压缩或加密属性"选区勾选"加密内容以便保护数据"复选框，如图 5.4 和图 5.5 所示，依次单击"确定"按钮。

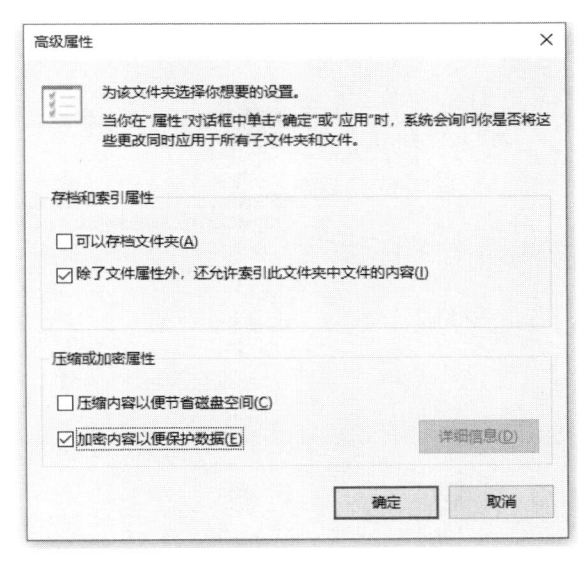

图 5.4　属性页　　　　　　　　　　图 5.5　高级属性

（2）备份加密证书和密钥。

第一次执行加密步骤，打开"加密文件系统"对话框，有备份文件加密证书和密钥提示，让用户立即进行备份，如图 5.6 所示。

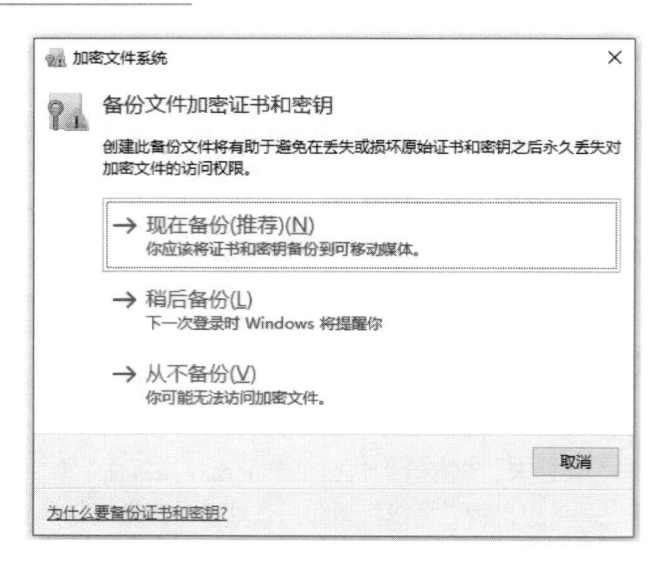

图 5.6　备份文件加密证书和密钥提示

单击"现在备份（推荐）"选项，打开"证书导出向导"对话框，如图 5.7 所示。

图 5.7　证书导出向导

单击"下一步"按钮，在打开的对话框的"选择要使用的格式"选区中选中"个人信息交换-PKCS#12(.PFX)"单选按钮，选择导出文件格式，如图 5.8 所示。

图 5.8　导出文件格式

单击"下一步"按钮，在"安全"选区输入证书和密钥的保护密码，在"加密"下拉框中选择合适的加密算法，如图 5.9 所示。

图 5.9　输入证书和密钥的保护密码

单击"下一步"按钮,在"文件名"文本框中输入(或借助"浏览"按钮选择)要导出文件的路径,如图 5.10 所示。

图 5.10　选择导出文件的路径

单击"下一步"按钮,确认信息。单击"完成"按钮完成操作,如图 5.11 所示。

图 5.11　确认信息

（3）如果没有立即备份，可以在系统"运行"对话框的"打开"文本框中输入"certmgr.msc"，单击"确定"按钮，如图 5.12 所示。

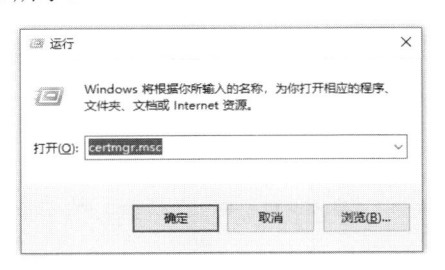

图 5.12　运行 certmgr.msc

在打开的"certmgr – [证书 – 当前用户\个人\证书]"窗口中找到"个人"选项中的"证书"选项，然后选中需要备份的证书，右击，在弹出的快捷菜单中选择"所有任务"菜单中的"导出"命令，如图 5.13 和图 5.14 所示。

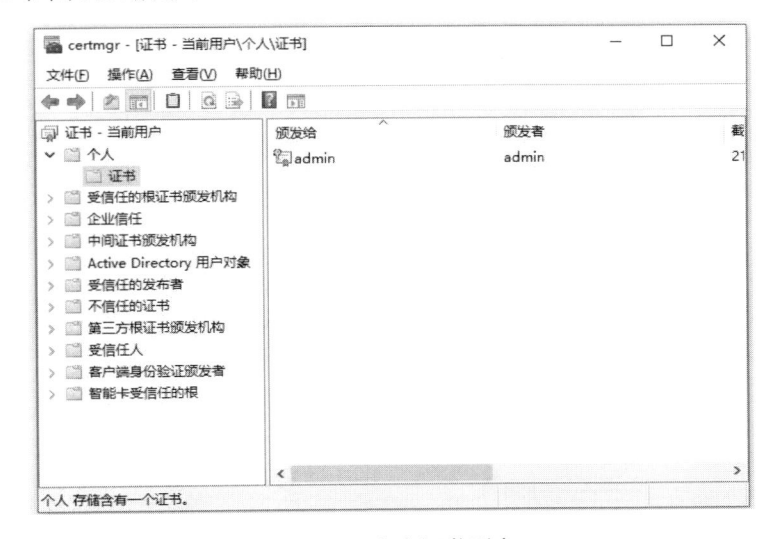

图 5.13　个人证书列表

图 5.14　选择"所有任务"菜单中的"导出"命令

打开"证书导出向导"对话框，选中"是，导出私钥"单选按钮，如图 5.15 所示。

图 5.15　导出私钥

单击"下一步"按钮，导出加密文件，如图 5.16 所示。

图 5.16　导出的加密文件

图 5.17 所示为正常打开的加密文件。

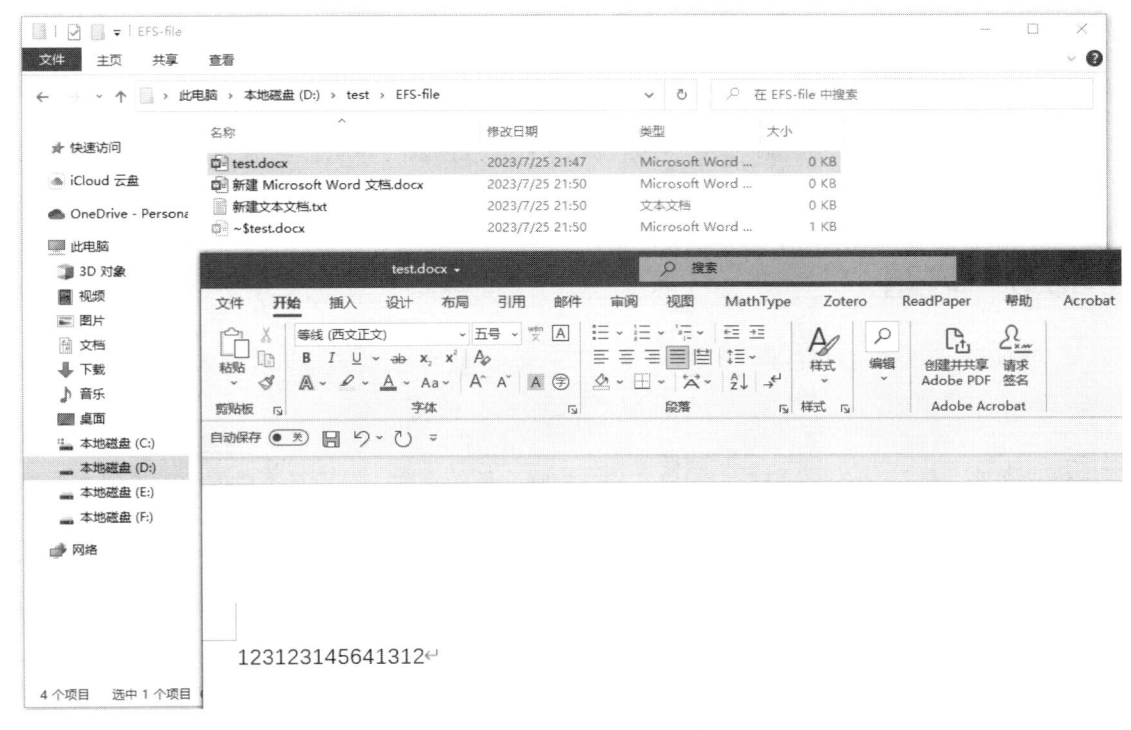

图 5.17　打开的加密文件

如果加密文件打不开，需要将证书导入系统，并要求用户名和密码都和原系统一样，如图 5.18 所示。

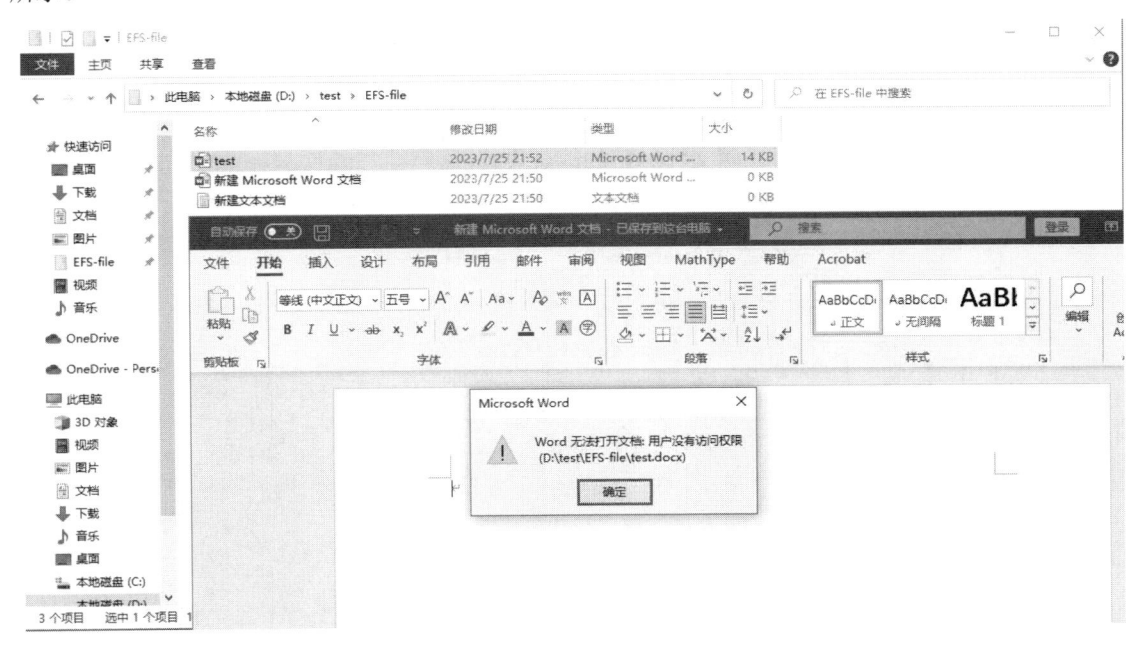

图 5.18　打开文件失败

如果导出的私钥丢失，文件无法打开。如果有备份的话，建议使用工具进行数据恢复。

5.5 本章小结

本章介绍与文件加密相关的加密文件系统，文件管理涉及与树状管理相关的文件系统和注册表，重点介绍了加密文件系统 eCryptfs 和 EFS 的实现原理。

5.6 习题

1．加密文件系统可以分成_____和本地加密文件系统，其中本地加密文件系统又可以细分为两种：_____和_____。
2．文件系统由_____、_____和_____ 3 部分组成，负责为用户建立文件，存入、读出、修改、转储文件，控制文件的存取，当用户不再使用时撤销文件等。
3．主要的文件系统有_____、_____和_____等。
4．注册表由_____、_____和_____构成。
5．eCryptfs 插在_____和_____之间，充当一个"过滤器"的角色。
6．eCryptfs 用来加密单个文件的两种方法：_____和_____。
7．EFS 存在于 Windows 2000 及以上版本中，用于在_____卷上存储已加密的文件。
8．EFS 在加密时，产生_____，这个区域包含了使用 RSA 算法加密的 FEK 和用户的公钥。如果系统设置了加密，EFS 同时会创建一个_____（DRF），然后将使用恢复密钥加密过的 FEK 放在 DRF。

5.7 思考题

1．NTFS 有很多优点，但多用于硬盘，很少用于 U 盘，说明具体原因。
2．针对 eCryptfs 的不足，说明文件加密的改进思路。
3．针对 EFS 的不足，说明文件加密的改进思路。

第 6 章　安全审计

安全审计作为一个重要安全机制，对于监督信息系统的正常运行、保障安全策略的正确实施、构建计算机入侵检测系统等具有重要的意义。从系统开发的角度，如何设计一个可行的安全审计系统呢？

6.1　审计系统

6.1.1　审计系统的设计方案

安全审计是指对系统中有关安全的活动进行记录、检查和审核，主要目的是检测和阻止非法用户对计算机系统进行入侵。安全审计是安全操作系统中必要的一项安全机制。

安全操作系统的总体框架如图 6.1 所示。

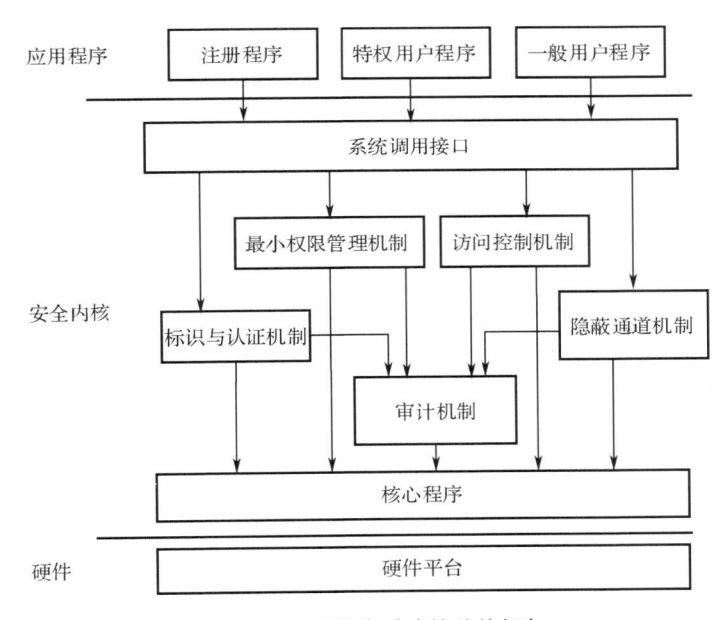

图 6.1　安全操作系统的总体框架

审计机制在整个系统框架中起着重要作用，会对其他内核安全机制的实施情况进行详细记录。审计系统的内部结构如图 6.2 所示。

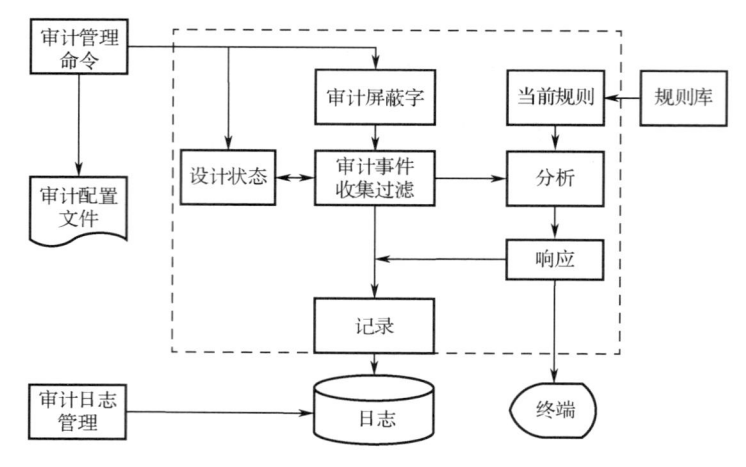

图 6.2　审计系统的内部结构

6.1.2　审计系统的功能与组成

为了完成安全审计，审计系统需要三大功能模块：审计事件收集及过滤功能模块、审计事件记录及日志管理功能模块、审计事件分析及响应报警功能模块。审计系统各功能模块之间的关系如图 6.3 所示。

审计事件是指审计系统中待审计的事件，是系统审计用户动作的最小单位。审计事件的收集是指一定安全级别审计事件标准下的审计事件的确立。审计事件标准一般从两方面来看：从主体角度看，系统要记录用户进行的所有活动，每个用户都有自己待审计的事件集，称为用户事件标准，一旦其行为落入用户事件集，系统就会把事件信息记录下来；从客体角度看，系统要有能力记录关于某个客体的所有存取活动，确定该客体的哪些操作事件要求被审计，即对象事件标准。

由于过多的系统内核级操作会影响系统的运行速度，过多的审计信息会使系统产生很大负载，也会淹没其中的重要信息。所以需要依据安全要求对审计数据进行过滤，设置有效的审计事件过滤规则，切实获取与安全审计直接相关的数据，在审计粒度和系统性能之间找到一个平衡点。

审计事件收集、过滤后得到的审计内容需要记录到审计日志中。为了较好地实现审计日志管理，采用三级审计日志：审计缓冲区、档案审计日志和永久审计日志。首先将来自系统各个审计点的审计数据汇集到系统的内存缓冲区。当信息量达到一定程度时，写入磁盘。当磁盘上的档案审计日志达到一定程度时，写入光盘或其他存储介质。审计缓冲区机制的总体示意如图 6.4 所示。

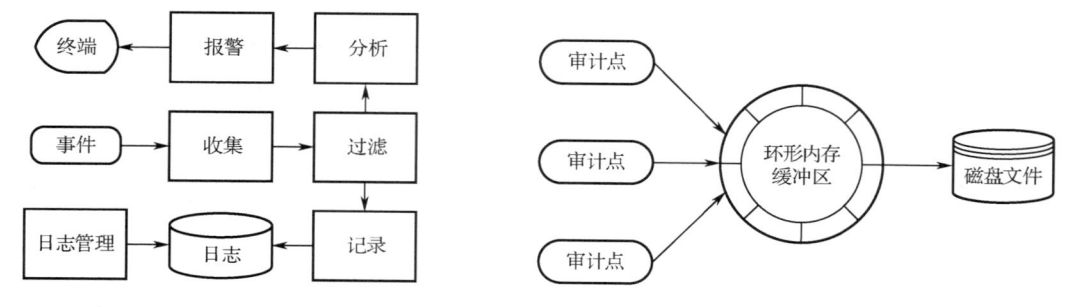

图 6.3　审计系统各功能模块之间的关系

图 6.4　审计缓冲区机制的总体示意

从图 6.4 可知，系统采用多个大小相同的缓冲区构成缓冲池以提高并发速度。缓冲区作为系统审计数据的集散地，各审计点独立地将审计数据写入其中，再由一个系统驻留服务进程定期将缓冲区内容输送到磁盘文件中。

一般情况下用户和审计员都可以对审计内容进行查询，用户只可以查看本人的审计内容，审计员可以按照审计事件类型、事件严重程度、报警时间等多种方式查看所有的档案日志。

系统为每个用户维持一个正常的规则库，将用户的当前行为与规则库进行比较。用户的正常库预定了用户的系统调用、文件访问、CPU 使用、内存使用、网络使用等。任何对系统的大量偏移都被视为不正常。

用户正常规则库可表示为{Rule,Value,Action}。Rule 表示统计的规则，每种度量产生一个 Rule；Value 表示该规则的正常值范围；Action 表示出现异常时系统是否应立即采取行动，以及采取何种行动。

6.1.3 审计系统的安全与保护

审计是安全操作系统的重要组成部分，它监督着系统中各个安全机制的实施。如果审计系统自身的安全被突破，将会对系统安全造成很大影响。在保证审计系统自身安全方面，可以采取以下措施。

（1）保证审计程序和代码的安全。将审计数据的采集、记录、分析集成到安全内核，使审计进程的执行不受外界影响；核外的应用程序严格遵循访问控制机制和最小特权管理机制，保证只有审计员才能使用这些程序。

（2）严格管理系统配置和审计数据的安全，确保只有审计员具备修改系统配置的权限。审计文件在运行的过程中生成，其安全级由审计进程在创建文件时指定。根据进程创建对象的安全级等于进程安全级的原则，创建的文件是系统审计级。密码系统对于审计记录的管理，可以保证即使审计记录泄露出去也不会被别人看到。另外，系统对审计员的监督机制可以使系统特权分离，将风险降低。

6.2 Linux 审计技术

6.2.1 Linux 审计系统的设计原理

Linux 是一个缺乏安全审计机制的操作系统，现有的审计机制通过 3 个日志子系统实现，即系统日志、记账日志和应用程序日志。Linux 系统的审计机制只提供了一些必要的日志信息，包括内核与系统程序信息、用户登录/退出信息、进程统计日志信息等。与 UnixWare、Solaries 等成熟的系统比，Linux 系统所提供的信息不完善。Linux 系统现有的安全审计机制大多数在应用程序级实现，按照系统日志守护进程的工作方式，可以抹掉所有的审计信息和入侵记录，也可以绕过审计记录。另外，系统对于审计数据的分析目标是从审计数据中获取利于系统管理的信息，并以此为依据对系统的问题及时做出反应。现有的 Linux 系统审计信息是从日志信息中获取的，日志系统不完全为审计机制服务，所以存在数据不全和难以分析的问题。

Linux 系统安全审计在一定安全级别的要求下，必须以独立于应用的方式进行设计，并能获取足够充分的审计数据。这种安全审计要求只能在内核级实现。如图 6.5 所示，内核级安全审计的逻辑

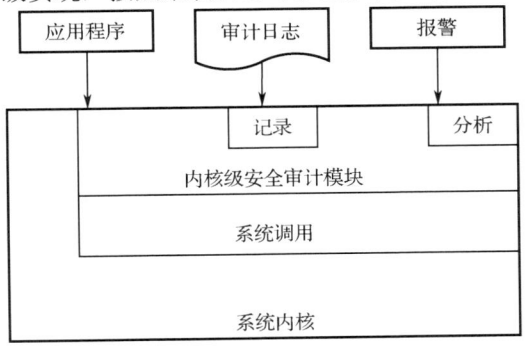

图 6.5 内核级安全审计的逻辑模型

模型支持系统审计。

审计系统的实现涉及 Linux 系统开发的关键技术 LKM。作为 Linux 内核的插件，其安装和卸载都很方便，支持热插拔操作，可以满足特殊内核操作的需要而不重新编译整个内核，广泛应用在存储和安全开发中。

6.2.2 核心模块的实现

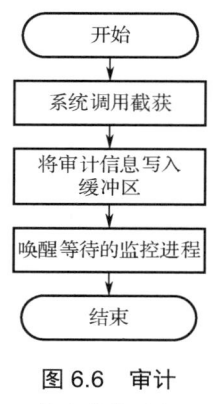

Linux 系统安全审计核心模块的实现利用的是具有动态扩充内核功能的 LKM 技术，系统根据需要对其动态加载后作为操作系统的一部分运行在内核空间中，不需要时可卸载它。LKM 包括两个基本的函数：init_module 和 cleanup_module，前者在模块载入内核时执行，后者在模块从内核卸载时执行。

核心模块中审计数据的收集是通过系统调用截获后，调用新处理函数处理相关信息并写到缓冲区中的，等待监控程序来读取，其流程如图 6.6 所示。系统调用实现了从用户空间到内核空间的转换。每个系统调用都有一个系统调用号，内核使用 0X80 中断来管理系统调用。系统调用号是内核结构 sys_call_table[] 的数组下标，若要劫持一个内核系统调用，需要修改 sys_call_table[] 的数组下标。一般方法如下：先将旧的 sys_call_table[x] 的内容存入一个函数指针中（x 表示截获的系统调用号），再填入系统调用新处理函数的入口地址。

图 6.6 审计信息收集流程

6.2.3 审计监控程序的实现

守护进程（Daemon）是一直在后台运行的进程，通常在系统启动时执行。利用守护进程技术实现的审计监控程序从核心缓冲区中的 proc 文件系统中读取审计信息，经过处理后，写入磁盘文件中。

proc 文件系统是一个伪文件系统，只存于内核中。它以文件系统的方式为访问系统内核数据的操作提供接口。使用该文件系统时需要定义一个 file_operation 结构，在 /proc 文件中创建一个健全的文件节点。init_module 函数用于在内核中登记该结构，而 cleanup_module 函数用于注销它。

6.2.4 核心模块与监控进程的通信

内存分为内核空间和用户空间两部分。内核空间是被映射到每个进程的地址空间，用户空间对每个进程则是局部的。一般情况下，用户进程不能写入内核空间，从内核空间也不能访问用户空间。Linux 提供了内核模式的函数来抽取用户空间的数据，如 get_user 函数或 memcpy_fromfs 函数。同样，需要向用户空间传送数据时，采用 copy_to_user 函数将内核空间的数据复制到用户空间。

审计监控进程和审计核心进程通过设备 /proc/audit 进行通信。审计监控进程通过 ioctl 函数与核心模块进行通信，核心模块通过模块中 file_operation 结构的 read 函数与监控进程进行通信。当产生新的审计事件时，核心模块在环形缓冲区中缓冲审计数据，接着向监控进程发送信号 SIGIO，由监控进程调用 read 函数，读取 /proc/audit 中的审计数据，经过处理后写入审计日志。其异步通信过程如图 6.7 所示。

在 Linux 安全审计系统中，通过在核内设置审计点，全面收集数据；通过主体、客体两方面的审计标准，使审计标准的配置更加灵活全面；通过优化缓冲区管理，提高整个系统的效率。因此，提高审计系统的实时分析和自动反应能力是下一步的方向。此外，为增强通用性，还应考虑将审计系统纳入 LSM 架构。

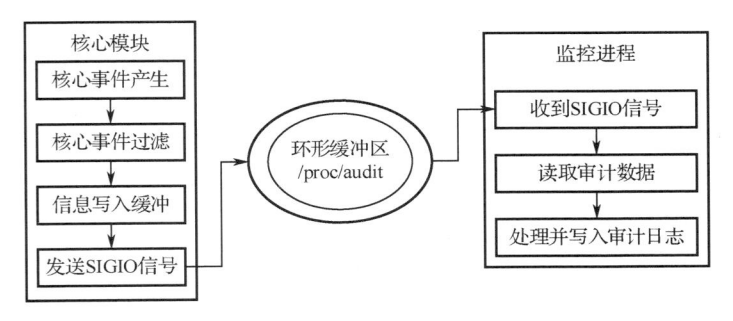

图 6.7　核心模块和监控进程的异步通信过程

6.3　4A 的综合技术

6.3.1　4A 简介

随着互联网的发展，越来越多的应用通过网络得以实现，拨号用户、专线用户及各种商用业务的发展使网络服务面临许多挑战。如何安全、有效、可靠地保证计算机网络信息资源存取，如何保证用户以合法身份登录，如何授予用户相应的权限，如何记录用户的操作过程，都成为网络服务提供者需要考虑和解决的问题。因此，AAA（3A）协议逐渐发展完善起来，成为网络设备解决该类问题的标准。

1. 3A

3A 指账号（Account）、认证（Authentication）、授权（Authorization）。通常的 3A 框架如图 6.8 所示。

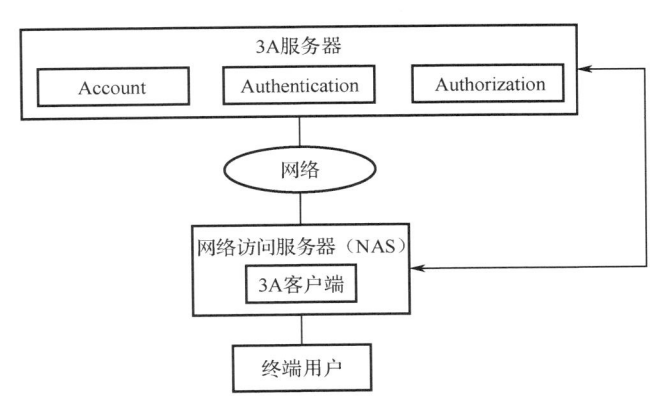

图 6.8　通常的 3A 框架

（1）3A 的定义。3A 通过账号、认证和授权集成控制用户在自己特定角色所遵循的原则下，对多个网络及特定网络下的某个平台、某种应用服务的访问。

（2）3A 的功能。3A 服务器都具有用户认证、授权用户请求、收集用户使用情况和访问过程的相关数据的功能。

2. 4A

随着企业承载的应用越来越多,对所有应用的统一访问、统一控制、统一授权的需求也随之出现,从 3A 到 4A,目标是提供统一安全管理平台解决方案。4A 就是针对此类问题的综合解决方案,将身份认证、授权、审计和账号定义为网络安全的四大组成部分,从而确立了身份认证在整个系统中的地位与作用。融合了统一用户账号管理、统一认证管理、统一授权管理和统一安全审计四要素后的解决方案,涵盖了单点登录(Single Sign On,SSO)等安全功能,既能够为用户提供功能完善、高安全级别的 4A 管理,也能够为用户提供符合萨班斯法案(Sarbanes-Oxley Act,SOX)要求的内控报表。

4A 在 3A 的基础上增加了审计功能,即 4A 包括账号(Account)、认证(Authentication)、授权(Authorization)、审计(Audit)。4A 平台的管理功能包括集中账号管理、集中认证管理、集中授权管理和集中审计管理,具体如下。

(1)集中账号(Account)管理:为用户提供统一集中的账号管理,支持管理的资源包括主流的操作系统、网络设备和应用系统;不仅能够实现被管理资源账号的创建、删除、同步等账号管理生命周期所包含的基本功能,还能够通过平台进行账号密码策略、密码强度、生存周期的设定。

(2)集中认证(Authentication)管理:可以根据用户应用的实际需要,为用户提供不同强度的认证方式,既保持原有的静态口令方式,又提供具有双因子认证方式的高强度认证(一次性口令、数字证书、动态口令),还集成了生物特征等新型认证方式;不仅能够实现用户认证的统一管理,还能够为用户提供统一的认证门户,实现企业信息资源访问的单点登录。

(3)集中授权(Authorization)管理:可以对用户的资源访问权限进行集中控制。它既可以实现对 B/S、C/S 应用系统资源的访问权限控制,也可以实现对数据库、主机及网络设备的操作权限控制,资源控制类型既包括 B/S 的统一资源定位(URL)、C/S 的功能模块,也包括数据库的数据和记录,以及主机和网络设备的操作命令、IP 地址、端口。

(4)集中审计(Audit)管理:将用户所有的操作日志集中记录、管理和分析,不仅可以对用户行为进行监控,还可以对集中的审计数据进行数据挖掘,便于进行事后的安全事故责任认定。

6.3.2 实用协议

1. RADIUS

远程用户拨号认证(Remote Authentication Dial In User Service,RADIUS)协议是基于 3A 的应用协议。它具有以下属性。

(1)基于客户端/服务器的操作模式。RADIUS 客户端在主机环境下,通过网络和 RADIUS 服务器通信。一个 RADIUS 服务器还可以作为其他 RADIUS 服务器或其他模式的认证服务器的客户端代理。

(2)网络安全。RADIUS 服务器和客户端之间的安全通信通过一个共享的口令来保证,而这个口令不通过网络传送。同时,包含在 RADIUS 信息中的用户口令信息被加密处理。

(3)认证具有灵活性。采取多种认证机制,包括口令认证协议(PAP)和挑战握手认证协议(Challenge Handshake Authentication Protocol,CHAP)。

2. TACACS+

TACACS+协议由终端访问控制器访问控制系统(Terminal Access Controller Access Control System,TACACS)完善而成,是通过控制系统进行终端访问控制的 3A 服务协议,采用客户端/

服务器模式。它被思科（Cisco）设备和许多终端服务器、路由器、网络访问服务器（Network Access Server，NAS）等设备所支持，与 RADIUS 协议有很多相同之处，主要存在以下差异。

（1）传输层协议不同，TACACS+利用传输控制协议（TCP）传送数据，而 RADIUS 基于用户数据报协议（UDP）传送数据。

（2）包加密不同，TACACS+是整个包加密，而 RADIUS 只加密用户口令。

（3）认证和授权不同，TACACS+允许认证和授权独立，而 RADIUS 是两者集成使用。

同样，在 TACACS+协议中，由 NAS 提出的属性值对是可选的或强制的。如果该属性值对是可选的，则安全服务器可能提出另外一个属性值；如果该属性值对是强制的，则安全服务器不能改变该属性值。如果该属性值对是强制的，则 NAS 必须使用该属性值对；如果 NAS 不同意使用该属性值对，则只能拒绝用户的请求。可见，TACACS+协议中的认证和授权可以独立进行。

6.3.3 账号

账号是系统使用者的唯一身份标志，可以是用户名、手机号、邮箱、身份证号或设备等一切可以唯一确定的系统使用主体。统一账号管理用于维护管理账号的生命周期、认证策略等信息。

4A 中的账号分为主账号和从账号，一个用户只有一个主账号，唯一标识了它的身份。该主账号还会有 N 个从账号，即对应不同的系统会有不同的从账号，方便用户访问其可以访问的系统。

4A 系统负责用户主账号管理，在应用资源与 4A 系统集成后，4A 系统也要实现对应用资源侧的从账号管理。根据应用资源与 4A 系统集成规范，对账户密码管理方式说明如下。

（1）应用资源侧应做到一个自然人对应一个主账号，而不是一个主账号由多个自然人共享，主账号以 UID 为自然人身份的唯一标志。一个主账号可对应一个从账号，也可同时对应多个从账号（每个从账号对应一个岗位或职务的权限）。

（2）如果一个主账号在一个应用资源内有多个从账号，则用户需要在登录界面中选择某个从账号进行访问。主账号认证方式由静态口令认证方式与动态短信认证方式或数字证书认证方式组成。

考虑到从账号密码维护的安全性，约定如下。

（1）应用资源的从账号密码应与主账号密码保持同步。当在 4A 系统中修改主账号密码时，要同时修改从账号密码。当密码过期时，4A 系统只负责提醒用户修改密码，不会自动修改主账号密码。

（2）当 4A 系统正常时，用户不应在应用资源侧自行修改从账号密码。

（3）对于多个主账号对应一个从账号的情况，4A 系统将不维护该从账号的密码，而由资源负责人自行维护。

为了保证密码的不可逆性，要求从账号密码统一采用哈希算法加密，之后以 Base64 编码存储。在 4A 侧采用哈希算法对从账号密码进行处理，将生成的摘要字符串传递至应用资源，4A 系统和应用资源均采用 Base64 编码存储该字符串。用户访问应用资源时，应用资源将从账号密码明文通过哈希算法处理得到摘要字符串，与 4A 系统传来的摘要字符串进行对比，如果结果一致，则说明用户输入的密码是正确的。对于需要保留现有密码加密存储方式的应用资源，可以对应用资源侧输入的从账号密码明文进行哈希算法变换，再通过应用资源原有的加密算法进行存储。

4A 系统初始化时从应用资源侧同步从账号到 4A 侧，之后从账号的增加、删除、查询、基本属性的修改维护（不包括对从账号的细粒度授权）统一在 4A 侧操作。通常情况下，4A 系统以增量方式完成从账号同步；进行定期从账号核查时，4A 系统进行从账号全量同步。4A 系统不从应用资源侧同步从账号密码，而是在用户修改主账号密码时将从账号密码同步到应用资源侧。从账号第一次同步到 4A 系统后，用户登录 4A 系统时将强制要求用户修改主账号初始密码。

4A 系统授权管理原则是谁管理谁授权。资源负责人在 4A 系统建立主账号到从账号的映射关系，从而实现自然人到资源的实体级授权。从账号在应用资源侧的权限，由资源负责人通过应用资源配置。

相比于 4A 与应用资源的集成规范，3A 系统通过账户同步模块来保持应用系统与 3A 账户的同步。

6.3.4 认证

身份认证是证明某人或某对象身份的过程，它有别于系统对象的标志，也有别于该对象能够拥有的权限，是保证系统安全的重要措施。

通过识别属性来判定用户是否拥有进入系统的权限；用户一般需要提供一个用户名（该用户名在这个认证系统中应该是唯一的）和该用户名对应的口令。服务器将用户提交的信息和存储在数据库中与用户相关联的信息比较，如果匹配成功，该次登录生效，否则拒绝用户请求。

对认证技术的分类有多种划分标准，这些标准包括实体间的关系、认证信息的性质、认证对象的分类、双方的信任关系等。

常用的认证协议如下。

（1）NTLM：Telnet 的一种身份验证方式，即质询/响应身份验证协议，是 Windows NT 早期版本的标准安全协议。

（2）Kerberos：作为一种可信任的第三方认证服务，通过传统的对称密钥密码技术提供认证服务。

（3）证书授权（Certificate Authority，CA）：认证中心负责发放和管理的数字证书，可以作为电子商务交易中受信任的第三方承担对用户的公钥的认证，采用公开密钥密码技术。

（4）PGP：由一系列哈希、数据压缩、对称加密及公钥加密的算法组合而成。

Kerberos 安全协议由美国麻省理工学院研究人员设计，是国内外应用较广、协议体系较成熟的安全认证协议之一。它是一个基于可信第三方的经典认证体系，用于开放和不可信的网络环境通信。基于对称密钥算法完成信息加密，主要采用共享密钥方式。相较于公开密钥算法实现的安全协议（如 SSL 等），Kerberos 不需要公钥/私钥密钥对的管理，流程简洁，具有很高的运行效率。

Kerberos 系统由 Kerberos KDC、客户端和服务器 3 部分组成。KDC 由 3 个组件组成：Kerberos 数据库、认证服务（AS）和票证授权服务（TGS）。KDC 能够独自运行，可以布置在任意一个服务器上，因此不会受到服务器运行的影响，可以长时间地稳定可靠运行。Kerberos 系统结构如图 6.9 所示。

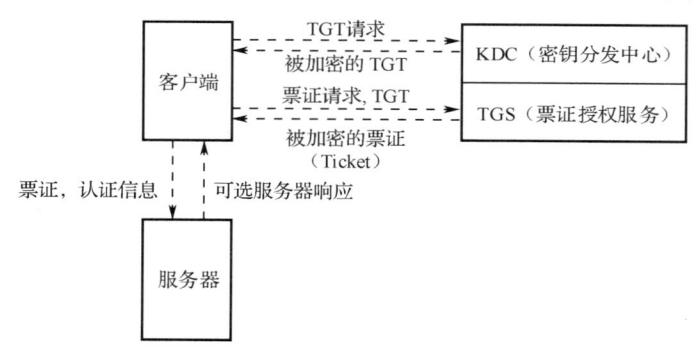

图 6.9 Kerberos 系统结构

基于 CA 的电子证书提供了一种认证方案：一个签名文档，标记特定对象的公开密钥。其由一个认证中心签发，认证中心类似于现实生活中公证人的角色，具有权威性，是一个普遍可信的第三方。当通信双方都信任同一个 CA 时，两者就可以得到对方的公开密钥，从而能进行秘密通信、签名和校验。X.509 标准的证书格式如表 6.1 所示。

表 6.1　X.509 标准的证书格式

字 段 名	意　义
Version	版本号
Serial number	序列号
Signature algorithm ID	签名算法 ID
Issuer name	认证中心名
Validity period	证书生效日期和失效日期
Subject(user) name	持证人姓名
Subject public key information	持证人公开密钥信息
Issuer unique identifier	认证中心唯一标识符（仅在版本 2、版本 3 中）
Subject unique identifier	持证人唯一标识符（仅在版本 2、版本 3 中）
Extensions	扩充内容（仅在版本 3 中）
Signature on the above field	认证中心对证书的签名

4A 系统的认证中心通常采用一种多层次的分级结构，各级认证中心类似于各级行政机关，上级认证中心负责签发和管理下级认证中心的证书，最下一级的认证中心直接面向最终用户。处在最高层的是认证根中心（Root CA），如图 6.10 所示。

对 CA 的威胁主要如下。

（1）CA 私有密钥的保存；

（2）攻击者使用逆向工程对保存 CA 私有密钥的设备进行分析；

（3）攻击者试图从 CA 公开密钥中计算出私有密钥，CA 应使用足够长的密钥，同时还应定期更改密钥；

（4）过期密钥问题，通常利用数字时间戳（Digital Timestamp）技术来解决；

（5）攻击者冒名申请证书。

X.509 证书的主要问题如下。

（1）大部分所必需的基础设施并不存在。

（2）标准化组织进展缓慢。

（3）证书基于证书持有者身份，而不基于密钥。

（4）随着越来越多属性的加入，证书会越来越像个人档案。

（5）层次型的认证模型并不适合典型的商业实践。

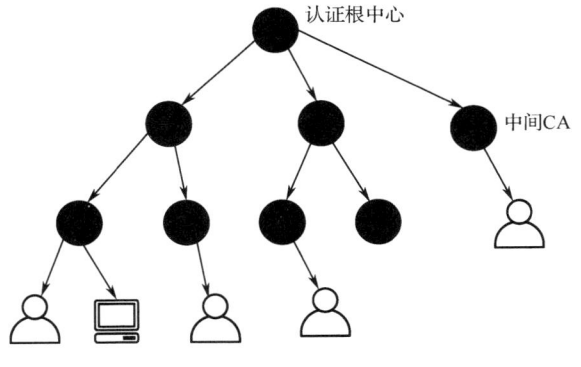

图 6.10　多级认证中心

6.3.5　授权

当用户通过认证以后，需授权该用户访问网络的权限范围及享有何种服务。

1. 访问控制实现机制

访问控制的实现机制主要包括访问控制表、能力关系表、权限关系表。

（1）访问控制表。

访问控制表可以为细粒度的访问控制提供较好的支持。利用访问控制表，针对一个给定的文件，可以为任意个数的用户分配相互独立的访问权限。权限相互独立是指即使改变分配给任意一个用户的权限，也不会对其他用户的权限产生任何影响。

访问控制表是指以文件为中心建立的访问权限表。表中记载了该文件的访问用户名和权限的隶属关系。利用此表容易判断出对特定客体的授权、可访问的主体和访问权限等。当将该客体的访问控制表置为空时，可撤销对特定客体的授权，如图 6.11 所示。

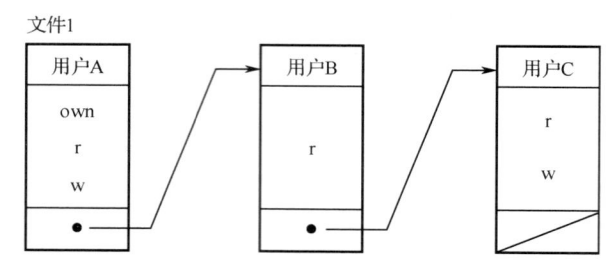

图 6.11 访问控制表

（2）能力关系表。

能力关系表是指以用户为中心建立的访问权限表。表中规定了该用户可访问的文件名及权限。利用此表可方便地查询一个主体的所有授权。相反，检索具有授权访问特定客体权限的所有主体，则需查询所有主体的能力关系表，如图 6.12 所示。

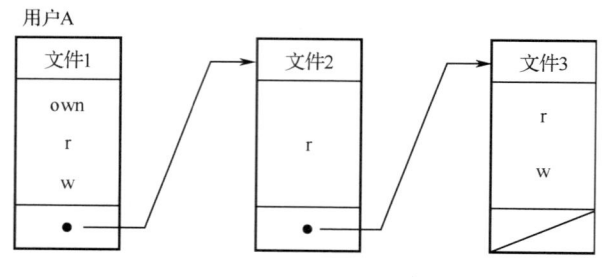

图 6.12 能力关系表

（3）权限关系表。

权限关系表的每行表示主体和客体的一个授权关系。对表按客体进行排序，可以得到访问控制表的优势；对表按主体进行排序，可以得到能力关系表的优势。适合采用关系数据库来实现权限关系表，如表 6.2 所示。

表 6.2 权限关系表

用　户	权　　限	文　件
用户 A	own	文件 1
用户 A	r	文件 2
用户 A	w	文件 3
用户 B	r	文件 3
用户 B	own	文件 4

2. 新型授权技术

（1）SAML。

安全声明标记语言（Security Assertion Markup Language，SAML）是解决授权问题的重要标准，由结构化信息标准促进组织（Organization for the Advancement of Structured Information Standards，OASIS）批准，是基于可扩展标记语言（eXtensible Markup Language，XML）的安全访问控制框架体系和协议。

在 SAML 技术框架下，无论用户使用哪种信任机制，只要满足 SAML 的接口、信息交互定义和流程规范，相互之间都可以无缝结合。SAML 的完整框架及有关信息交互格式与协议使得现有的各种身份认证机制（Kerberos、口令、PKI）、各种授权机制（ACL、Kerberos 的访问控制、基于属性证书的 PMI）能够使用统一接口，实现跨信任域的相互操作，便于分布式应用系统的信任和授权的统一管理，如图 6.13 所示。

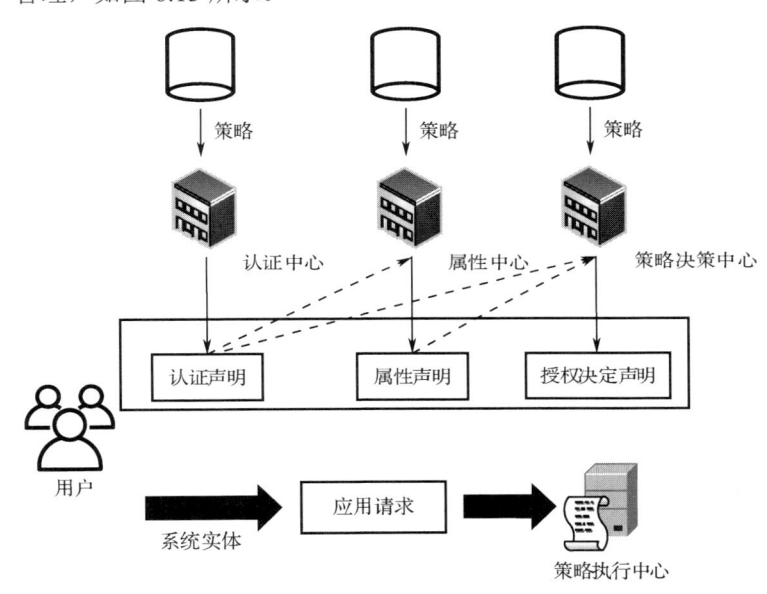

图 6.13　使用 SAML 进行授权管理

（2）XACML。

可扩展访问控制标记语言（XACML）是可以描述及适用通过 Internet 访问信息的控制策略的标记语言。通过提供能够表现权限认证策略的统一语言，在各种授权管理产品之间实现互联。由于该语言具有适应大规模集成环境的灵活性和功能，因此将成为新一代授权管理产品的标准。

在多种环境及不同供应商的产品中采用统一的策略是实现高度可靠、安全的关键，XACML 由于组合了传输访问申请人属性的机制，如 SAML 声明、Java 许可（Permission）及 WS-Security 训练集等，因此成为 Web 服务/J2SE 等电子商务环境基础访问许可设施中的一个要素。

（3）XML/SOAP。

简单对象访问协议（Simple Object Access Protocol，SOAP）利用 XML 来包装程序的请求和响应，可以使用 HTTP、SMTP 等网络上常用的通信协议来携带，可以通过 SSL、S/MIME 等机制进行加密，安全性高。

SOAP 是一个标准文字格式，具备程序语言和操作平台的独立性，这正是 Web-Service 时代所需要的特征。

（4）PMI/AA。

权限管理基础设施或授权管理基础设施（Privilege Management Infrastructure，PMI）是属性证书、属性中心、属性证书库等部件的集合体，用来实现权限和证书的产生、管理、存储、分发、撤销等功能。

属性中心（Attribute Authority，AA）是用来生成并签发属性证书（Attribute Certificate，AC）的机构，负责管理属性证书的整个生命周期。其中，属性注册中心（Attribute Registration Authority，ARA）是 AA 的延伸，主要负责提供属性证书注册、审核及分发功能。基于 AA 的体系架构如图 6.14 所示。

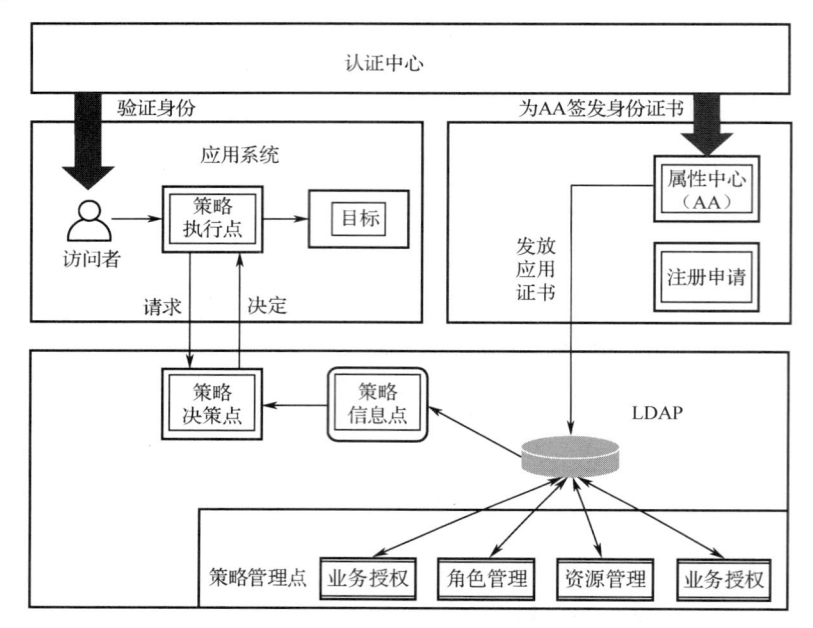

图 6.14 基于 AA 的体系架构

在基于属性的访问控制（ABAC）机制的部署实施中，功能点包括策略执行点（Policy Enforcement Point，PEP）、策略决策点（Policy Decision Point，PDP）、策略信息点（Policy Information Point，PIP）和策略管理点（Policy Administration Point，PAP）。这些组件处于同一个环境中，相互配合以实现访问控制策略执行。

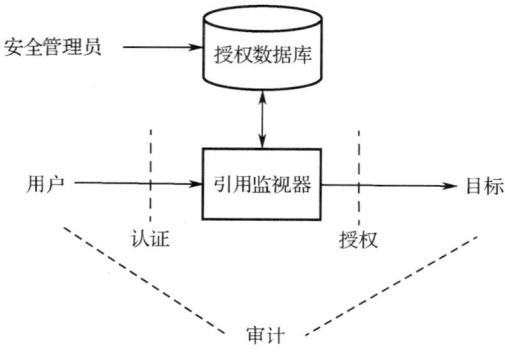

图 6.15 审计和其他安全机制的关系

6.3.6 审计

审计主要是对登录、访问等所有的动作记录日志，查看是否有不合规的事件，提供收集用户访问信息资源过程的方法。收集的该类数据，可以为信息审查提供依据。图 6.15 显示了审计和其他安全机制的关系。

审计的主要内容如下。

（1）对网络通信系统的审计：主要包括对网络流量中典型协议的分析、识别、判断和记录；包括对 Telnet、HTTP、Email、FTP、文件共享等服务的入侵检测；还包括流量监测、对异常流量的识别和报警、对网络设备运行情况的监测等。

（2）对重要服务器主机操作系统的审计：主要包括对系统启动、运行情况，管理员登录、操作情况，系统配置更改（如注册表、配置文件、用户系统等）及病毒或蠕虫感染、资源消耗情况的审计；还包括对硬盘、CPU、内存、网络负载、进程、操作系统安全日志、系统内部事件、重要文件访问情况等的审计。

（3）对重要服务器主机应用平台软件的审计：主要包括对重要应用平台进程的运行、Web Server、Mail Server、Lotus、Exchange Server、中间件系统、健康状况等的审计。

（4）对重要数据库操作的审计：主要包括对数据库进程运行情况、绕过应用软件直接操作数据库的违规访问行为、数据库配置的更改情况、数据备份操作和其他维护管理操作、重要数据的访问和更改情况、数据完整性等的审计。

（5）对重要应用系统的审计：主要包括对办公自动化系统、公文流转和操作、网页完整性、相关政务业务系统等的审计。其中相关政务业务系统包括业务系统运行情况、用户开始/中止等重要操作、授权更改操作、数据提交/处理/访问/发布操作、业务流程等内容。

（6）对重要网络区域的客户机的审计：主要包括对病毒感染情况、基于网络的文件共享操作、文件复制/打印操作、通过路由器擅自连接外网的情况、非业务异常软件的安装和运行等情况的审计。

审计的主要功能如下。

（1）基于各种应用系统，特别是安全产品，提供全面、及时可靠的安全审计信息，便于用户及时掌握网络全局的安全状况。

（2）兼容各种主流的操作系统、Web Server，以及通用软件系统中的审计子模块及日志文件。

（3）提供各种丰富的系统审计策略。

（4）提供灵活的用户策略制定功能，只需进行简单的设置即可审核各种安全信息。

（5）提供各种统计分析报表，以图形化界面显示各种统计信息。

（6）使用深层的数据挖掘技术，提供多种链接追踪功能。

（7）提供实时、准确、高效的数据采集功能。

（8）提供丰富的安全响应方式。

（9）提供完善的日志管理功能。

（10）提供统一的数据接口，可以轻松地扩展审计对象。

（11）提供人性化的操作界面和详尽的操作文档，便于用户快速掌握系统的使用方法。

6.3.7 4A 的应用

1. 单点登录技术定义

单点登录（SSO）用于在企业网络用户访问企业网站时进行一次身份认证，随后就可以对所有被授权的网络资源进行无缝访问。SSO 可以提高网络用户的工作效率，降低系统出错的可能性，但是比较难实现。

SSO 更加形象的解释是"单点登录、全网漫游"，所有以相同的 DNS 域名结尾的机器，可以共享用户的认证信息，例如，a.buaa.edu 和 b.buaa.edu 经过配置后可以实现 SSO。

2. 以前的用户登录模式

为了实现企业的信息化、电子商务需求和其他需求，越来越多的信息系统出现在互联网中，企业用户和系统管理员不得不面对这样一个现实：用户使用其中任何一个企业应用都需要进行一次身份认证，而且每次认证使用的认证信息（用户名和密码）不能保证一致；系统管理员需要对每个系统设置一种单独的安全策略，而且需要为每个系统中的用户单独授权以保证他们不能访问没有被授权的网络资源。

以前的用户登录模式如图 6.16 所示。

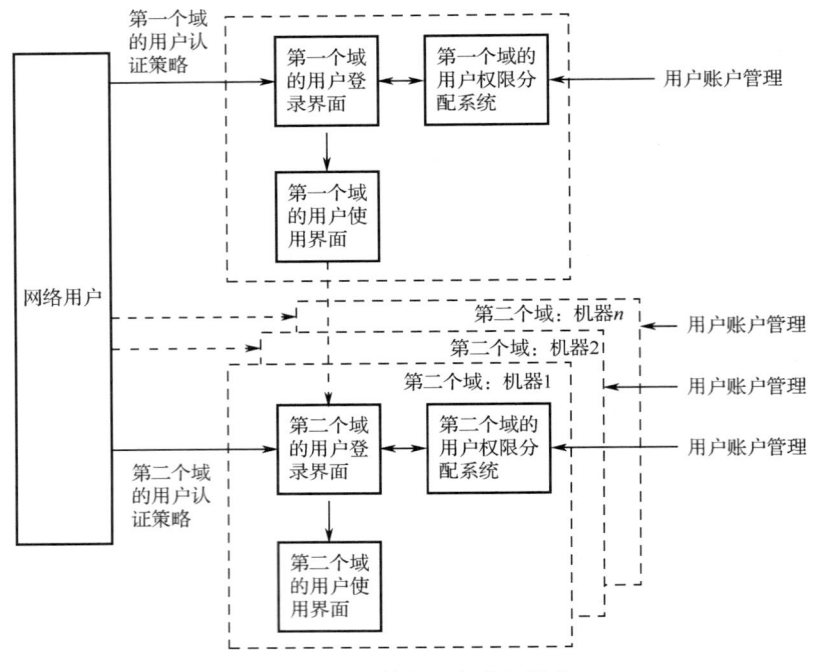

图 6.16　以前的用户登录模式

3．SSO 模式

以前使用的登录系统中，需要给每台计算机上的系统，甚至是每台计算机上的每个应用准备一套用户管理系统和系统用户授权策略。考虑到相互操作的可操作性和安全性，SSO 将一个企业内部所有域中的用户登录和账户管理集中到一起，具有如下优点。

（1）减少用户在不同系统中登录耗费的时间，降低用户登录出错的可能性；

（2）实现安全的同时避免处理和保存多套系统用户的认证信息；

（3）减少系统管理员增删用户和修改用户权限的时间；

（4）系统管理员可以通过直接禁止和删除用户的方式来取消该用户对所有系统资源的访问权限，增加了安全性。

SSO 模式如图 6.17 所示，SSO 体系结构设计如图 6.18 所示。

4．审计及其他技术

在用户开始认证之后，将执行对访问资源的全过程审计，所有审计信息会被保存到数据库中进行管理。保存的信息如下。

（1）相关事件的审查及跟踪。

（2）相关用户登录的追踪。

（3）对所有资源访问的审计及日志记录。

（4）当系统发生问题时，向用户发送报警信息。

SSO 并不是 J2EE 中的标准实现，而是各企业在提供 J2EE 应用服务器集群时提供的一种认证信息共享的机制，所以提供的实现方式各有不同，IBM 的 WebSphere 通过 cookies 记录认证信息，BEA 的 WebLogic 通过 session 共享技术实现认证信息的共享。尽管各个实现技术有差异，但都源于 J2EE 中的安全技术：Java 容器授权协议（Java Authorization Contract for Containers，JACC）和 Java 认证与授权服务（Java Authentication and Authorization Service，JAAS）。

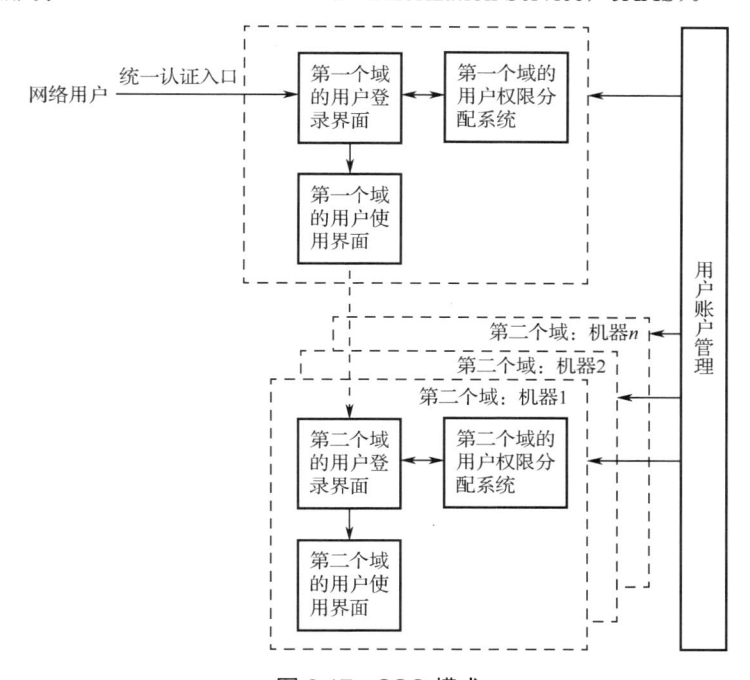

图 6.17 SSO 模式

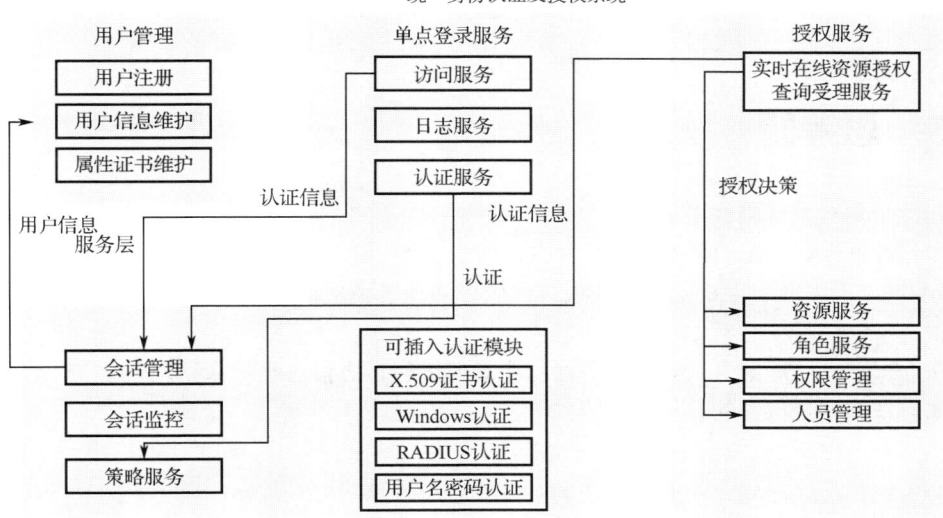

图 6.18 SSO 体系结构设计图

JACC 和 JAAS 是 J2EE 技术中实现安全访问机制的规范，JACC 属于 J2EE 规范部分，而 JAAS 属于 JACC 的实现部分。

JACC 规范定义了授权策略模块和 J2EE 容器之间的实现规范，使得容器安全提供者可以根据操作环境的要求提供 J2EE 容器的授权功能。

JACC 规范分为 3 个部分：安全提供者配置规范、安全策略配置规范、策略判断和执行规范。这 3 个部分共同描述授权提供者的安装和配置情况，J2EE 容器使用者根据这些规范实现访问控制。

（1）安全提供者配置规范规定了对安全提供者和容器的要求，是安全提供者和容器之间整合的基础。

（2）安全策略配置规范定义了容器配置工具和安全提供者之间的交互规范。交互是指将声明的授权策略信息转化为 J2SE 策略提供者可以识别的指令的过程。

（3）策略判断和执行规范定义了容器策略执行点和安全提供者之间的交互，实现 J2EE 容器需要的安全策略判断。

6.4 本章小结

本章介绍了安全审计的相关原理，重点介绍了基于 Linux 的内核级安全审计模型，同时结合账号、认证、授权和审计等需求，介绍了 4A 的实现技术。

6.5 习题

1．审计系统需要三大功能模块：_____、_____、_____。
2．系统在记录日志信息时采用三级审计日志，分别是_____、_____、_____。
3．4A 系统包含四大管理功能：_____、_____、_____、_____。
4．4A 系统安全审计的内容：_____、_____、_____、_____、_____、_____。
5．审计是安全操作系统的重要组成部分，监督着系统中各个安全机制的实施。审计的主要内容：_____、_____、_____、_____、_____。

6.6 思考题

1．为什么要对系统进行审计？
2．如何理解 3A、4A 的区别？
3．4A 系统采用基于主从账号管理模式，用户向系统请求访问应用资源时的认证和授权过程具体如何？
4．在 Linux 中，常见的 syslog 服务器程序如何进行日志信息收集和处理？
5．如何理解安全审计的目标和内容？

第 7 章　完整性保护

完整性包括数据完整性和系统完整性。数据完整性保护可以使用哈希函数等密码学机制，而系统完整性保护包含多个环节，为了保护系统的完整性，就需要与访问控制、可信计算相结合，以实现有效的保护。

7.1　完整性模型

7.1.1　Biba 模型

Biba 模型是毕巴（Biba）在 1977 年提出的完整性访问控制模型，是一个强制访问控制模型。

1．完整性级别

Biba 模型采用完整性级别来对完整性进行量化描述。设 i_1 和 i_2 是任意两个完整性级别，如果完整性级别为 i_2 的实体比完整性级别为 i_1 的实体具有更高的完整性，则称完整性级别 i_2 绝对支配完整性级别 i_1，记为 $i_1 < i_2$。

Biba 模型定义了信息传递路径的概念。如图 7.1 所示，设 S 是任意主体，O 是任意客体，通过主体 S_1 到 S_n 的读/写，信息从客体 O_1 中传递到 O_{n+1} 中。

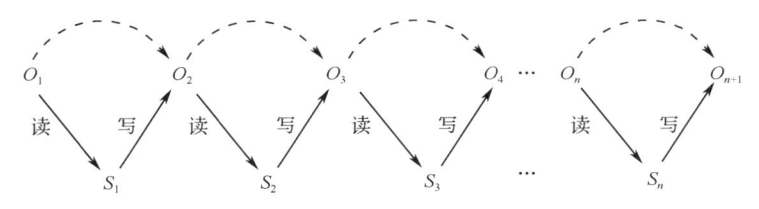

图 7.1　信息传递路径

2．访问控制规则

结合主体和客体的完整性级别，访问控制规则要求如下。

（1）对于"写"操作。

当且仅当 $i(O) \leqslant i(S)$ 时，主体 S 可以写客体 O。

（2）对于"执行"操作。

当且仅当 $i(S_2) \leqslant i(S_1)$ 时，主体 S_1 可以执行 S_2。

（3）对于"读"操作。

通过定义不同的规则，Biba 模型可分为 3 种模型。

① 低水标（Low-Water-Mark）模型。

若 $i_{\min} = \min(i(S), i(O))$，则不管完整性级别如何，主体 S 都可以读客体 O，但是"读"操作执行后，主体 S 的完整性级别被调整为 $i_{\min}$。

② 环（Ring）模型。

不管完整性级别如何，任何主体都可以读任何客体。

③ 严格完整性（Strict Integrity）模型。

当且仅当 $i(S) \leq i(O)$ 时，主体 S 可以读客体 O。在严格完整性模型中，当且仅当主体和客体拥有相同的完整性级别时，主体可以同时对客体进行"读"和"写"操作。

通常的 Biba 模型一般都指严格完整性模型。

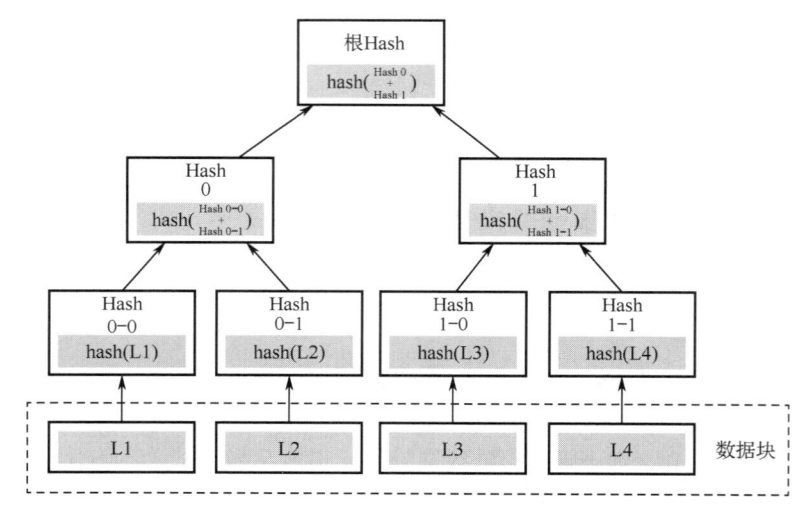

7.1.2 Merkle 树模型

1. Merkle 树定义

Merkle 树是由美国计算机科学家拉尔夫·默克尔（Ralph Merkle）在 1979 年提出的，是一种通过零知识证明方法让任意一个节点都可以验证一个数据库的所有数据是否正确的方法。

Merkle 树的特点如下。

（1）Merkle 树是一种树，大多数是二叉树，也可以是多叉树，无论是几叉树，它都具有树结构的所有特点。

（2）Merkle 树的叶子节点的值是数据集合的单元数据或单元数据哈希值。

（3）非叶子节点的值是根据它下面所有的叶子节点值按照哈希算法计算得出的。

通常，加密的哈希算法采用 SHA-2 或 MD5。如果仅仅防止数据不被蓄意地损坏或篡改，可以采用一些安全性低但效率高的校验算法，如循环冗余校验（Cyclic Redundancy Check，CRC）。

Merkle 树的根值并不表示树的深度，因此可能会导致二次原像攻击（Second-Preimage Attack），即攻击者创建一个具有相同树根的虚假文档。一个简单的解决方法是参考证书透明（Certificate Transparency）定义节点的数值：当计算叶子节点的哈希值时，在哈希值前加 0X00；当计算内部节点时，在前面加 0X01；或是通过在哈希值前加深度前缀，限制 Merkle 树的根。这样就可以区分不同类型或不同层级的节点，从而避免二次原像攻击。

2. Merkle 树的含义

可以将 Merkle 树视为哈希列表（Hash List）的泛化，反之，可以将哈希列表看成一种特殊的 Merkle 树，即树高为 2 的多叉 Merkle 树，如图 7.2 所示。

图 7.2 Merkle 树

在底层，Merkle 树和哈希列表一样，把数据分成小的数据块，有相应的哈希值和它对应。但是往根上走，并不是直接计算根哈希值，而是把相邻的两个哈希值合并成一个字符串，然后计算这个字符串的哈希值，这样每两个哈希值就结合得到了一个子哈希值。如果底层的哈希值总数是单数，那到最后必然出现单个哈希值，直接对它进行哈希运算，也能得到它的子哈希值。往根上走依然采用同样的方式，可以得到数目更少的新一级哈希值，最终形成一棵倒挂的树，到了树根这个位置，就剩下一个根哈希值，可以称为 Merkle 树根（Merkle Root）。

在对等（Peer to Peer，P2P）网络环境中，彼此连接的多台计算机之间都处于对等的地位，各台计算机有相同的功能，一台计算机既可作为服务器，设定共享资源供网络中的其他计算机使用，又可作为工作站。整个网络一般来说不依赖专用的集中服务器，也没有专用的工作站。P2P 网络应用 Merkle 树可以实现高效的存储、传输和下载。通常，在 P2P 网络下载文件之前，可以先从可信的源获得文件的 Merkle 树根，然后从其他不可信的源获取 Merkle 树。通过可信的树根来检查接收到的 Merkle 树，如果 Merkle 树是损坏的或虚假的，就从其他源获得另一个 Merkle 树，直到获得一个与可信树根匹配的 Merkle 树。

Merkle 树和哈希列表的主要区别是 Merkle 树可以直接下载并立即验证 Merkle 树的一个分支。因为可以将文件切分成小的数据块，如果有一个数据块损坏，那么仅仅重新下载这个数据块即可。如果文件非常大，那么 Merkle 树和哈希列表都很大，但是 Merkle 树可以一次下载一个分支，然后立即验证这个分支，如果分支验证通过，就可以下载数据。而哈希列表只有下载整个哈希列表才能验证。

3．Merkle 树的应用

（1）数字签名。

最初设置 Merkle 树的目的是高效地处理 Lamport 一次性签名。每个 Lamport 密钥只能被用来为一个消息签名，但是与 Merkle 树结合，可以为多个 Merkle 树签名。这种方法成为一种高效的数字签名框架，即 Merkle 签名方案。

（2）P2P 网络。

在 P2P 网络中，Merkle 树用来确保从其他节点接收的数据块没有损坏且没有被替换，甚至可以检查其他节点是否有欺骗行为或者发布虚假的数据块。流行的 BT 下载软件就是采用 P2P 技术实现客户端之间的数据传输，不但可以加快数据下载速度，而且能减轻下载服务器的负担。BT 即 BitTorrent，是一种中心索引式的 P2P 文件分发协议。

BT 下载软件必须从中心索引服务器获取一个扩展名为 torrent 的索引文件（种子），torrent 文件包含了共享文件的信息，包括文件名、大小、文件的哈希信息和一个指向 Tracker 服务器的 URL。Tracker 是指运行于服务器上的一个程序。用户在下载开始及下载进行过程中需要不停地与 Tracker 进行通信，以报告自己的信息，并获取其他下载用户的信息。torrent 文件中的哈希信息是每块需要下载的文件内容的加密摘要，这些摘要也可在下载的时候进行验证。大的 torrent 文件是 Web 服务器的瓶颈，也不能直接被包含在简易信息整合（Really Simple Syndication，RSS）中或采用流言传播协议进行传播。一个相关的问题是大数据块的使用，如果保持 torrent 文件非常小，那么数据块的哈希值也得很小，从而影响节点之间的交易效率，因为只有当将大数据块全部下载下来并校验通过后，才能与其他节点进行交易。

解决问题的办法是，采用一个简单的 Merkle 树代替哈希列表。设计一个层数足够多的满二叉树，叶子节点是数据块的哈希值，不足的叶子节点用 0 来代替。上层的节点是其对应子节点串联的哈希值，哈希算法采用 SHA-1，其数据传输过程与普通 torrent 类似。

7.2 可信计算技术

7.2.1 可信计算概述

ISO/IEC15408 标准给出了"可信"的定义：一个可信的组件，其操作或过程的行为在任意操作条件下是可预测的，并能很好地抵抗应用程序软件、病毒及一定的物理干扰造成的破坏。可信计算的主要思路是在计算设备硬件平台上引入安全芯片架构，通过该安全芯片提供的安全特性来提高系统的安全性。可信计算设备基于可信平台模块，以密码技术为支持，以安全操作系统为核心。计算设备可以是个人计算机，也可以是掌上电脑（Personal Digital Assistant，PDA）、手机等具有计算能力的嵌入式设备。

"可信计算"能够从以下方面来理解：用户的身份认证，体现了使用者的可信；平台软硬件配置的正确性，体现了使用者对平台运行环境的信任；应用程序的完整性和合法性，体现了应用程序运行的可信性；平台之间的可验证性，指网络环境下平台之间的相互信任。

1. 可信计算的发展

20 世纪 80 年代，美国国防部制定了世界上第一个可信计算机系统评价准则（TCSEC）。在 TCSEC 中首次提出了可信计算机和可信计算基（TCB）的概念，并把 TCB 作为系统安全的首要基础；之后，相继提出了可信数据库解释（Trusted Database Interpretation，TDI）和可信网络解释（Trusted Network Interpretation，TNI）的概念。

20 世纪 90 年代中期，国外一些计算机厂商开始提出可信计算技术方案，基于硬件密码模块和密码技术建立可信根、安全存储和信任链机制。该技术思路于 1999 年逐步被 IT 产业界接受和认可，由 IBM、HP、英特尔和微软等著名 IT 公司发起，形成了可信计算平台联盟（Trusted Computing Platform Alliance，TCPA）。2003 年，该联盟改组为可信计算组织（Trusted Computing Group，TCG），以可信平台模块（TPM）为技术核心，逐步建立起 TCG TPM 1.2 技术规范体系，将其思路应用到计算机的各个领域，并在 2009 年将该规范体系的 4 个核心标准推广为 ISO 标准（ISO/IEC 11889）。2015 年，TCG 发布了 TPM 2.0 技术规范，并拓展延伸到物联网、云计算、移动互联网等新领域。同时，可信执行环境（Trusted Execution Environment，TEE）技术开始在云服务、物联网、智能手机等领域广泛应用，例如，英特尔推出 SGX（Software Guard Extensions）技术，构建 Enclave（英特尔软件防护扩展技术下的受保护内存区域）保障云服务器的代码和数据安全；ARM TrustZone 在智能手机的指纹识别、数字钱包等方面应用普遍。2019 年，谷歌推出 Titan 芯片，英特尔发布 FPR（平台固件恢复力）等技术，解决了云服务器初始化的固件安全问题。多家 IT 巨头组建"机密计算联盟"，加快了 TEE 技术的标准化、商用化进程。目前，TCPA 和 TCG 已经制定了关于可信计算平台、可信存储和可信网络连接等一系列技术的规范。

TCG 第一次提出可信计算平台的概念，并把这一概念具体化到服务器、个人计算机、PDA 和手机，而且给出了可信计算平台的具体体系结构和技术路线，其不仅仅考虑信息的保密性，更强调信息的真实性和完整性。

国际上已有 200 多家 IT 公司加入了 TCG。IBM、HP、Dell、NEC、GATEWAY、TOSHIBA、FUJITSU 等公司都研制出了自己的可信个人计算机。Atmel、Infineon、Broadcom、National Semi-Conductor 等公司都研制出了自己的可信平台模块芯片。欧洲于 2006 年 1 月启动了名为"开放式可信计算"（Open Trusted Computing，OTC）的可信计算研究计划，有 23 个科研机构和工业组织参与该研究。

我国也一直高度重视可信计算这一领域，秉承核心技术自主创新、信息安全自主掌控的理念，积极推进可信计算的研究与发展，于 2007 年颁布的核心标准《信息安全技术 可信计算密码支撑平台功能与接口规范》在 2013 年成为国家标准。该标准提及了两个重要概念，即可信密码模块（Trusted Cryptography Module，TCM）和可信软件模块（Trusted Software Module，TSM），并在 2022 年进行了修订。在双系统体系框架下，可采用自主创新的对称与非对称相结合的密码体制，作为免疫基因；通过自主可控的可信平台控制模块（Trusted Platform Control Module，TPCM）芯片植入可信源根，在 TCM 基础上增加可信根控制功能，实现密码与控制相结合，将可信平台控制模块设计为可信计算控制节点，实现 TPCM 对整个平台的主动度量控制。TPCM 主动防御可信技术是完全自主创新的、安全可信的底层基础防护技术。TPCM 的相关标准名称为《信息安全技术 可信计算规范 可信平台控制模块》，已于 2022 年 5 月 1 日实施。2016 年，中关村可信计算产业联盟也组织审核通过 TPCM 联盟标准并发布 TPCM 规范。

2．可信计算的基本思想

为了理解"可信计算"，首先需要理解"可信"的含义，"可信"有很多不同的定义。在可信计算中，"可信"的定义如下：如果一个实体的行为总是以预期的方式朝着预期的目标执行，那么它就是可信的。可信计算的理念是以硬件安全芯片为基础，建立可信的计算环境，确保系统实体按照预期的行为执行。

可信计算主要实现以下 3 个功能。

（1）建立可信链，构建可信执行环境。可信计算能保证安全启动，抵抗病毒攻击；构建系统初始可信执行环境，进一步保障系统运行时计算环境可信。

（2）标识平台身份，实现平台可信认证。可信计算能识别平台假冒身份，认证平台运行的完整性。

（3）保护密钥，确保数据安全。可信计算能保证系统密钥不被攻击者获取和破解；防止保护数据被复制。

可信计算可解决计算机核心安全问题，提供主动免疫的安全功能。图 7.3 展示了可信计算的基本理念。

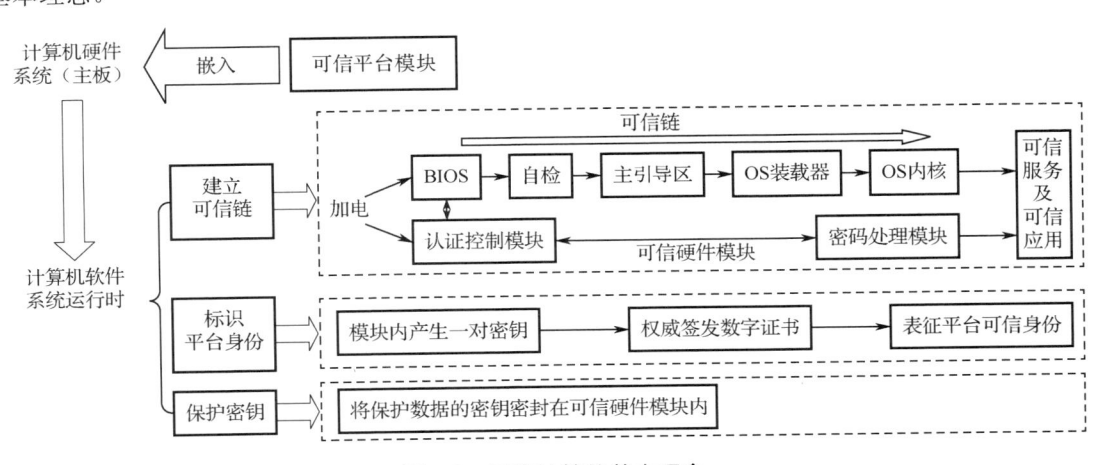

图 7.3 可信计算的基本理念

TCG 认为，可信计算平台应具有数据完整性、数据安全可靠存储和平台身份证明等方面的功能。一个可信计算平台必须具备 4 个基本技术特征：安全输入/输出（Secure I/O）、密封存储（Sealed

Storage)、存储器屏蔽（Memory Curtaining）和平台身份的远程证明（Remote Attestation）。可信计算产品可应用于电子商务、数字版权管理、安全风险管理、安全监测与应急响应等领域。

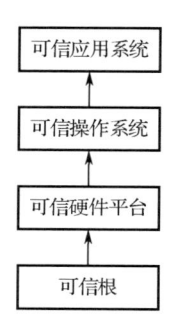

可信计算的基本思想：首先建立一个信任根，再构建一条信任链，从信任根开始到硬件平台，再到操作系统，最后到应用系统，一级认证一级，一级信任一级，从而把这种信任扩展到整个计算机系统，确保整个计算机系统的绝对可信。

一个可信计算机系统由可信根、可信硬件平台、可信操作系统和可信应用系统组成，如图 7.4 所示。

3．可信计算的相关概念

（1）可信计算机。

图 7.4　可信计算机系统组成

可信计算机是已经产品化的可信计算平台，其主要特征是在主板上嵌有可信构建模块（Trusted Building Block，TBB）。TBB 就是可信计算机平台的信任根，包括核心可信度量根（Core Root of Trust for Measurement，CRTM）和可信平台模块（TPM），以及它们与主板之间的安全连接。

针对可信移动终端的研究是可信计算研究热点之一，移动终端具有计算能力与存储资源有限、体积小、能源少等特点，与可信计算机从结构到应用上均有很大不同，瑞达可信安全技术有限公司、武汉大学、北京航空航天大学在该方面取得了一些成果。

（2）可信平台模块。

可信平台模块提供 3 个根：可信度量根（Root of Trust for Measurement，RTM）、可信报告根（Root of Trust for Report，RTR）、可信存储根（Root of Trust for Storage，RTS）。TPM 是一种系统级芯片（System on Chip，SoC），是可信计算平台的信任根（包括可信存储根和可信报告根），主要包括微处理器、Flash、EEPROM（电擦除可编程只读存储器）、随机数发生器等，主要完成 SHA-1 安全哈希算法、RSA 公钥加密/签名算法、存储加密密钥等敏感信息的功能。系统的安全认证和安全调用都通过 TPM 来完成，并建立起一条硬件—操作系统—应用软件—网络的完整的信任链。在信任传输的作用下，实现安全机制的检查，从而确保各环节的可信性，进而保证整个系统的可信性。

针对移动计算的安全问题，TCG 专门成立了手机工作组，在 2005 年推出针对可信计算的移动安全规范。该规范分别基于硬件、软件和通信协议对移动可信计算提出了要求，其硬件架构采用了两个处理器：一个为应用程序处理器，负责运行操作系统和管理所有的设备，包括 TPM；另一个为通信处理器，负责处理射频发送及与 SIM 卡的接口。

可信根为可信源点。系统启动后，先从可信根启动，由可信根度量系统固件，再由基本输入输出系统（BIOS）的 Boot Block 度量 BIOS 的其余部分，BIOS 再对 OS Loader 进行度量，对操作系统进行度量，这样一层一层地向上建立可信链。

以自主可控 TPCM 为信任根的可信计算支撑体系解决了传统防护技术中存在的问题，是一种行之有效的保护方式。TPCM 是可信计算节点中实现可信防护功能的关键部件，可以采用多种技术途径实现，如板卡、芯片、IP 核等，其内部包含中央处理器、存储器等硬件和固件，以及操作系统与可信功能组件等软件，支撑其作为一个独立于计算部件的防护部件，并行与计算部件按内置防护策略工作，对计算部件的硬件、固件及软件等需防护的资源进行可信监控，是可信计算节点中的可信根。

TPCM 的工作流程如下。

① 计算平台保证 TPCM 首先加电，TPCM 加电后进行自检，完成状态检查。

② TPCM 读取 BIOS 代码、对 BIOS 进行度量，度量结果存储在 TPCM 中。

③ TPCM 将控制权交给 CPU，TPCM 变为一个控制设备，为计算过程提供密码服务或可信服务。

可信度量可行性分析如下。

① TPCM 主动度量的实现。TPCM 支持主、从两种通信方式：主方式完成主动度量；从方式是一个从设备，接受外部实体的命令。TPCM 的固件实现对 BIOS 进行主动度量的功能，完成对 BIOS 代码的度量，通过主板外围电路的设计保证 TPCM 首先获得执行权限。

② 基于硬件电路的端口控制。TPCM 内部实现用户权限管理表，控制不同用户对平台上的硬件设备的使用权限，通过 TPCM 对外输出外设控制物理信号，实现外设硬件级别的控制。

（3）可信网络连接。

可信网络连接（Trusted Network Connect，TNC）的主要技术思想：通过验证访问网络的终端的完整性，来决定是否让访问终端接入网络，以确保网络的可信。TNC 的基础架构分为 3 层：网络访问层支持传统的网络连接技术（如 VPN 和 802.1X 等技术），这一层包括网络访问请求者（Network Access Requestor，NAR）、网络访问授权者（Network Access Authority，NAA）和策略执行点（PEP）3 个组件；完整性评估层进行平台的认证，评估访问请求者（Access Requestor，AR）的完整性；完整性度量层搜集和验证 AR 的完整性相关信息。

TNC 是对可信平台应用的扩展，也是可信计算机制与网络接入控制机制的结合。它是指在终端接入网络之前，首先对用户的身份进行认证；若对用户身份的认证通过，则对终端平台的身份进行认证；如果对终端平台的身份认证通过，则对终端平台的可信状态进行度量，如果度量结果满足网络接入的安全策略要求，则允许终端接入网络，否则将终端连接到隔离区域，并对其进行安全性修补。TNC 旨在将终端的可信状态扩展到网络中，使信任链从终端延续到网络。TNC 是一种网络接入控制的实现方式，是一种主动防御方法，能够将大部分潜在威胁抑制在发生之前。

（4）远程证明。

远程证明是指网络中两个节点中的一个节点将平台自身的相关信息使用约定的格式发送给另一个节点，使得另一个节点能获取该节点所在平台的相关信息。远程证明的最初思想是允许两个节点在交互之前判断双方的平台状态，如果平台状态满足交互的安全性要求，那么就允许节点之间进行交互。远程证明机制建立在可信度量、可信报告的基础上，但可以脱离可信平台而存在。

目前，对远程证明的研究主要集中在远程证明的协议、交互的信息及信息格式等方面。远程证明为平台间的可信交互提供了一个有效的方式，因此被广泛用于 Ad Hoc 网络、P2P 网络和 Web Service 等环境中。远程证明机制提高了平台报告自身状态、交互可信等方面的能力，但没有以可信模型为基础，协议交互的安全性尚未得到证明，具体的协议流程尚不完善且应用较少等。因此，远程证明正处于一个研究的热点状态。

4．机密计算

2019 年 8 月，Linux 基金会启动了机密计算联盟（Confidential Computing Consortium，CCC）技术咨询委员会，旨在为机密计算定义标准，并支持开源工具的开发和使用。数据安全和隐私泄露的风险是制约组织间进行数据流通的一大障碍，CCC 专注于方法标准化，以确保在 TEE 数据处理过程中加密内存数据，从而不会导致敏感代码和数据的泄露。CCC 希望解决的问题是数据使用中的安全性。众所周知，使用中的数据是数据加密领域的一个弱点，企业在处理信息时没有任何可靠的方法保护信息，而机密计算就是为了保障计算环境安全，确保数据能安全使用。

CCC 的成员主要由硬件供应商、系统厂商、云服务提供商和应用解决方案厂商构成。实际上，CCC 就是 Linux 基金会下面共同推进 TEE 应用的一个技术社区，以开源项目群的方式建立应用生态。CCC 所推进的机密计算为破解数据保护方法、利用数据之间的矛盾实现多方信息流通过程中数据的"可用不可见"提供安全解决方案。其技术目标是快速普及可信执行环境技术和标准。具体目标体现在两方面：一是统一的机密计算软件开发工具包（Software Development Kit，SDK）或 API；二是推广硬件 TEE 的应用。目前开源项目有 Enarx、Open Enclave SDK、Keystone、Veracruz 等，还有更多的开源 TEE 项目将加入其中。重点应用包括云计算、安全多方计算、区块链、移动计算设备、边缘计算等使用场景。

　　CCC 认为，机密计算通过在基于硬件的可信执行环境中执行计算来保护使用中的数据。可信执行环境是主处理器的一个安全区域。它能保证加载在其内部的代码和数据在保密性和完整性方面受到保护。数据完整性可防止 TEE 外部的未经授权实体更改数据，而代码完整性可防止 TEE 中的代码被未经授权的实体替换或修改。对于保密性，TEE 对内存加密，可以隔离内存中的特定应用程序代码和数据，所以可以将机密计算定义为一种保护使用中数据的安全的计算范式。这样定义机密计算不但不依赖于可信执行环境，而且含义更广。

　　机密计算的优势在于数据、算法（代码）、平台三者有相互独立的安全环境。通过硬件可信执行环境提供的安全计算环境实施机密计算，可保障数据拥有者、应用开发者、平台服务提供者等各方的相关利益和隐私。机密计算技术与可信计算、隐私计算（如同态加密、安全多方计算）形成有效的安全互补机制。机密计算可保障端到端可信执行环境的数据安全，允许端到端加密，在处理数据时保护用户的敏感数据；可信执行环境中数据的授权访问可保护敏感数据，避免外部人员的非授权访问；可信执行环境数据的安全迁移是指在两个不同环境之间移动数据时，机密计算保证敏感数据受到保护。

　　可信计算与机密计算是两个既有区别又有联系的概念。可信计算是机密计算的平台基础；可信计算与机密计算都包括可信执行环境，但可信计算实现静态可信执行环境，而机密计算可以动态创建、调整、销毁可信执行环境。

7.2.2　可信计算平台

　　随着计算机和通信技术的发展，其应用范围越来越广，对信息安全的要求也越来越高。
　　总体上，可信计算的主要思路是一致的，即在终端中引入安全芯片，并通过其提供的功能来保证终端和网络的完整可信。

1. 可信平台模块

　　TPM 是可信计算技术的核心，是可信平台的信任根，是一个具备密码运算功能和存储功能的小型芯片，是物理可信和管理可信的、独立的、被隔离的硬件，可以拒绝未经 TPM 授权的实体访问和读取数据，并且具有防范物理攻击的能力。

　　TPM 内部集成了 CPU、RAM、ROM、密码运算处理器、随机数发生器、I/O 部件等模块，通过低引脚数总线（Low Pin Count Bus，LPC 总线）与 PC 芯片组结合在一起，被固定在计算机的主板上，通过软件栈配合操作系统调用执行命令，在可信系统中起到核心作用。它能唯一标识一个平台的身份，具有身份认证、密钥生成及管理、数字签名、信息加密、完整性评估、可信存储和报告等功能，如图 7.5 所示。

　　TPM 可以实现 TCG 规定的密码算法：SHA-1 算法、随机数生成算法、RSA 算法、Triple DES 算法。同时，TCG 规范包含 5 种证书：背书证书、一致性证书、平台证书、确认证书和身份认证密钥（Attestation Identity Key，AIK）证书，其中 AIK 证书是可信计算中的关键证书，可以在对外证明 TPM 的身份时不泄露 TPM 的相关身份信息。

TPM 使用平台配置寄存器（Platform Configuration Register，PCR）保存系统的度量日志。TPM 具有完整性测试功能，用于采集平台软件和硬件的完整性信息等相关数据，并通过一定算法保存在 PCR 中。由于 TPM 具有安全存储的功能，因此 PCR 可以抵御来自外部的攻击。

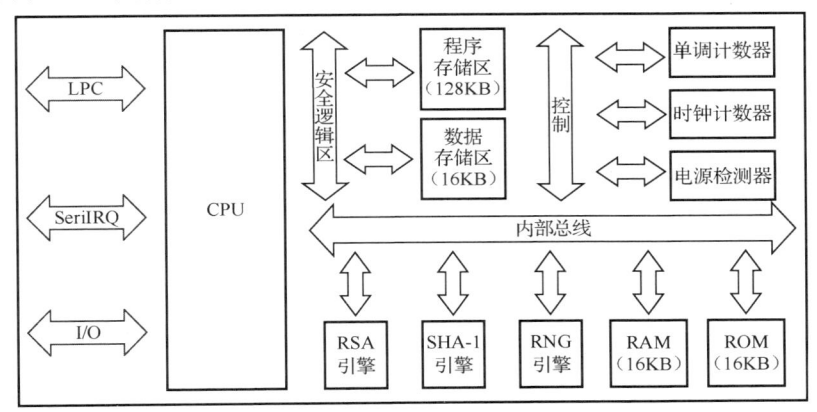

图 7.5　TPM 芯片架构

TPM 是具有加密功能的安全微控制器，旨在提供涉及加密密钥的基本安全功能。TPM 芯片集成在主板上并通过硬件总线与系统的其他部件通信。

TPM 的核心功能在于对 CPU 处理的数据流进行加密，同时监测系统底层的状态。在此基础上，开发出唯一身份识别、系统登录加密、文件夹加密、网络加密等各个环节的安全应用。它能够生成加密的密钥，还能进行密钥的存储和身份的验证，可以高速进行数据加密和还原，作为保护 BIOS 和操作系统（OS）不被修改的辅助处理器，通过可信软件栈（Trusted Software Stack，TSS）与 TPM 的结合来构建跨平台与软硬件系统的可信计算体系结构，即使用户硬盘被盗也不会造成数据泄露。TPM 的序号无法被轻易读出，其读取过程经过加密算法处理，与 IC 卡一样具有传输加密的安全特性，即 TPM 芯片就是一颗内嵌于计算机的智能卡，该芯片的序号代表着它的系统、装置、硬件等信息。TPM 上的数字如同身份证号码，是一组唯一的识别数字。

TPM 芯片是符合 TPM 标准的安全芯片。标准由 TCG 提出，目前的版本为 2.0。

TPM 1.2 规范主要面向 PC 平台；TPM 2.0 规范主要提供一个参考，以及可能实现的方式，但是并没有限制必须以安全芯片的形式存在，例如，可以基于虚拟技术或 ARM 的 TrustZone、英特尔的 TXT 等进行构建，只要能提供一个可信执行环境，就可以进行构建。由于 TPM 2.0 与 TPM 1.2 芯片并不兼容，在上层软件链成熟前，基于 TPM 1.2 的芯片还会持续一段时间。TPM 2.0 具有灵活性，解决了 TPM 1.2 存在的很多安全问题，且能满足更多场景的应用。

TPM 1.2 密码算法支持 RSA 加密和签名、RSA-DAA、SHA-1、HMAC（哈希消息认证码），但并没有要求支持对称算法。TPM 2.0 密码算法支持 RSA 加密和签名、ECC（椭圆曲线密码学）加密和签名、ECC-DAA、ECDH（椭圆曲线迪菲-赫尔曼密钥交换）、SHA-1、SHA-256、HMAC、AES，而且厂商可以随意使用 TCG IDs（编号）来增加新的算法（如在国内实现必须增加 SM2、SM3 和 SM4 算法）。

TPM 可以由硬件或软件实现。由硬件实现时，应在平台特征描述文档中说明实现的细节。作为可信平台的构建模块，工程实践、生产过程和工业评审均认为 TPM 部件的正常工作是可信的，这个结论体现在 CCC 认证的结果中。

2．TPM 与系统的集成

通过 TPM 芯片对计算机系统提供保护的方法如下：①在主板上设置 TPM 芯片；②启动

信息处理设备时，由 TPM 芯片验证当前底层固件的完整性，若正确则完成正常的系统初始化后再执行后续步骤，否则停止启动该信息处理设备；③由底层固件验证当前操作系统的完整性，若正确则正常运行操作系统，否则停止装入操作系统。总之，在信息处理设备的启动过程中对 BIOS、底层固件、操作系统依次进行完整性验证，从而保证信息处理设备的安全启动，再利用 TPM 芯片内置的加密模块生成并管理系统中的各种密钥，对应用模块进行加密/解密，以保证计算机等信息设备中应用模块的安全。

为了实现 TPM 与计算机系统的集成，信息处理设备的 CPU 与主板上的北桥相连，北桥、南桥和静态随机存储器（Static Random Access Memory，SRAM）分别直接相连，南桥分别与超级输入输出（SuperIO）接口、BIOS 模块和 TPM 芯片通过 LPC 总线直接相连，CPU 通过读/写控制线与 TPM 芯片中的 BIOS 模块直接相连，如图 7.6 所示。TPM 芯片通过完整性校验检查主板上的 BIOS 模块是否被非法修改。通过对 BIOS 的完整性验证，仅仅避免了 BIOS 中的病毒对操作系统的破坏，并不能防止 BIOS 本身被修改，只能在发现 BIOS 被修改后，停止启动计算机，因而采用这种方法只能被动应对可能的攻击。

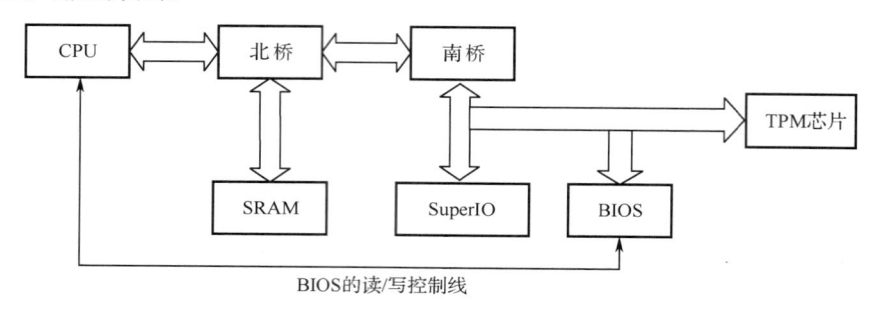

图 7.6　TPM 与系统的集成

相较于将所有的隐私信息存放于易被读/写的磁盘内，将隐私信息存入 TPM，可以防止数据被不适当访问。因为 TPM 的内存被 TPM 以外的任何实体屏蔽，所以 TPM 可以作为系统的存储可信根。

TPM 内存位置中的某些信息是不敏感的，如包含摘要的平台配置寄存器的当前内容，TPM 不保护这些信息不被泄露。而有些信息是敏感的，如非对称密钥的私有部分，TPM 不允许在没有适当权限的情况下访问这些信息。值得一提的是，TPM 可使用一个屏蔽位置的内容来阻断对另一个屏蔽位置的访问，如访问用于签名的私钥可能以具有特定值的 PCR 为条件。

TPM 为系统提供的保护基于受保护能力和受保护对象。受保护能力是指 TPM 正常工作时才能受信任的操作。受保护对象是指 TPM 操作可信时必须保护的数据与密钥，其存储于 TPM 认定的屏蔽位置。TPM 只能通过使用受保护功能来操作屏蔽位置的内容。对于屏蔽位置之外的受保护对象，主要以加密方式保护其完整性和保密性。在加载带有外部对象的屏蔽位置之前，TPM 将使用安全哈希函数来验证对象是否得到了适当的保护，即是否被恶意更改。如果完整性检查失败，则 TPM 将返回一个错误，并且不加载对象。TPM 的加密功能由其密码子系统实现。加密过程以传统的方式使用传统的操作实现，包括哈希函数、密钥生成、对称加密/解密、非对称加密/解密、HMAC、基于对称分组密码的消息认证码。

背书密钥（Endorsement Key，EK）是对 TPM 芯片而言最重要的密钥之一，它不直接参与数据的加密/解密，其主要作用在于唯一标识了对应 TPM 芯片的合法身份。在 TPM 芯片的生产过程中，硬件厂商将生成背书密钥所需的背书种子和真实性证书，并将其注入芯片，当用户使用 TPM 芯片时，通过内置的背书种子创建拥有真实性证书的背书密钥。

TPM 中涉及所有权的设定操作，获取 TPM 所有权的过程就是为 TPM 中的 ownerAuth、

endorsementAuth 和 lockoutAuth 函数变量赋值的过程。TPM 执行部分操作时会验证这些值，如使用 TPM 的持久存储功能。使用 TPM 加密功能则无须验证这些值，其可以被用户视为在软件加密库中进行调用。当用户不需要 TPM 的所有权时，可通过 TPM 提供的相应函数进行释放，如 TPM2_Clear()。

3. 信任链的传递

信任链的传递是可信计算保证平台可信的核心机制，其主要分为两个阶段：从平台加电开始到平台的操作系统运行；从操作系统运行开始到应用软件运行。从平台加电开始到 BIOS 启动区、BIOS、OS 引导区再到 OS 构成一个串行信任链，其中 BIOS Boot Block 是平台的可信度量根。TPM 采用一种迭代计算哈希值的方式，将 PCR 的现有值与新值相连，再将计算的哈希值作为完整性度量值存储到 PCR 中。

$$\text{New PCR}_i = \text{Hash}(\text{Old PCR}_i \| \text{New Value})$$

这样从信任根开始到硬件平台、操作系统再到应用软件，一级度量认证一级，信任逐渐扩展到整个计算机系统，确保整个计算机系统可信，如图 7.7 所示。

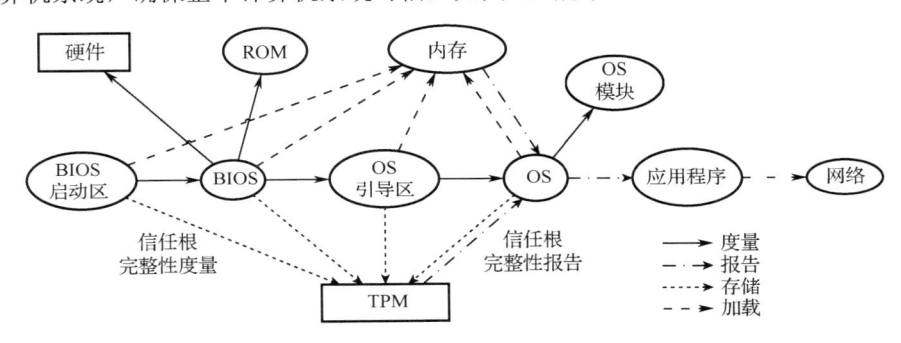

图 7.7 信任链传递模型

4. 可信网络连接

TNC 是对可信平台应用的拓展，是可信计算技术与网络接入控制技术的结合。终端在接入网络之前，对用户的身份进行认证，认证通过后对终端的身份进行验证，验证通过后再对终端的完整性进行检测，检测通过后才允许终端接入网络。否则，终端将连接到一个隔离的修复网络中，对终端的系统进行完整性修复。TNC 将信任链依次从终端中传递到网络中，从而建立从终端到网络的信任机制。因此，TNC 机制能够变被动为主动，防御网络中的潜在攻击。

TNC 包括 3 个实体、3 个层次及若干接口，其架构如图 7.8 所示。图中的每列代表一个实体，每行代表 TNC 架构中的 3 个抽象层。

3 个实体分别为访问请求者（AR）、策略执行点（PEP）和策略决策点（PDP）。AR 是请求访问受保护网络的逻辑实体，发出访问请求，收集平台完整性可信信息后发送给 PDP，申请建立网络连接；PDP 根据特定的网络访问策略对 AR 进行认证，检查 AR 的身份与平台完整性信息，并决定是否授权 AR 进行网络访问；PEP 负责执行 PDP 的访问控制决策。

AR 实体包含的 3 个组件中，网络访问请求者（NAR）发出网络访问请求，请求建立网络连接，一个 AR 实体可以有多个 NAR；TNC 客户端（TNC Client，TNCC）收集完整性度量收集器（Integrity Measurement Collector，IMC）的完整性度量信息；IMC 用来度量 AR 中各个组件的完整性，收集的信息包括操作系统安全性、反病毒软件、防火墙和软件版本信息等。

PDP 实体包含的组件中，网络访问授权者（NAA）对 AR 的网络访问请求进行决策，可以向 TNC 服务器询问 AR 的完整性状态是否满足 NAA 的安全策略；TNC 服务器用来管理完整性度量验证程序（Integrity Measurement Verifier，IMV）和 IMC 之间的消息流向，收集来自 IMV 的决策，形成一个全局的访问决策传递给 NAA，同时确定 AR 的完整性状态是否与 PDP 的安全策略相一致，从而决定 AR 是否被允许访问网络；IMV 从一个角度校验 AR 的完整性，基于 IMC 和其他数据得到度量结果。

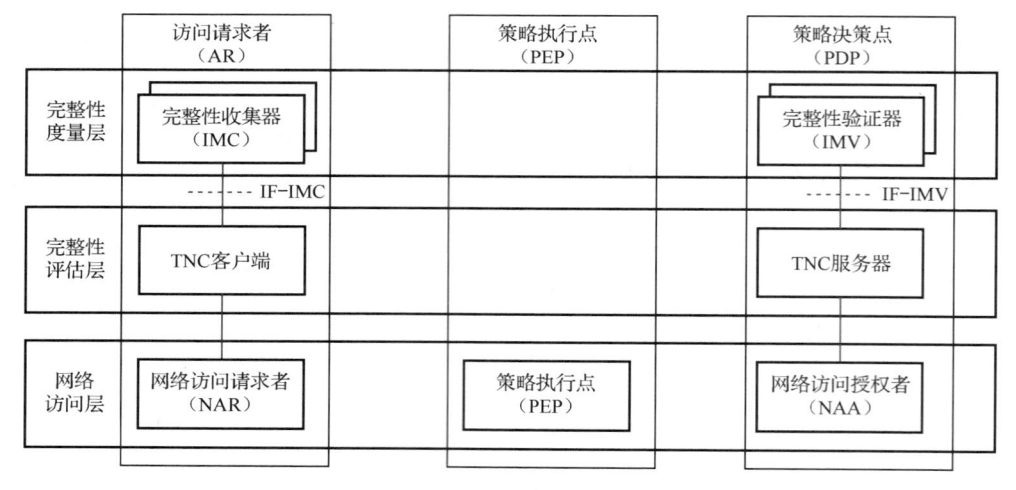

图 7.8　TNC 架构

PEP 实体中只有 PEP 组件，其功能为控制对受保护网络的访问，PEP 向 PDP 咨询是否授权访问。TNC 运行流程如图 7.9 所示。

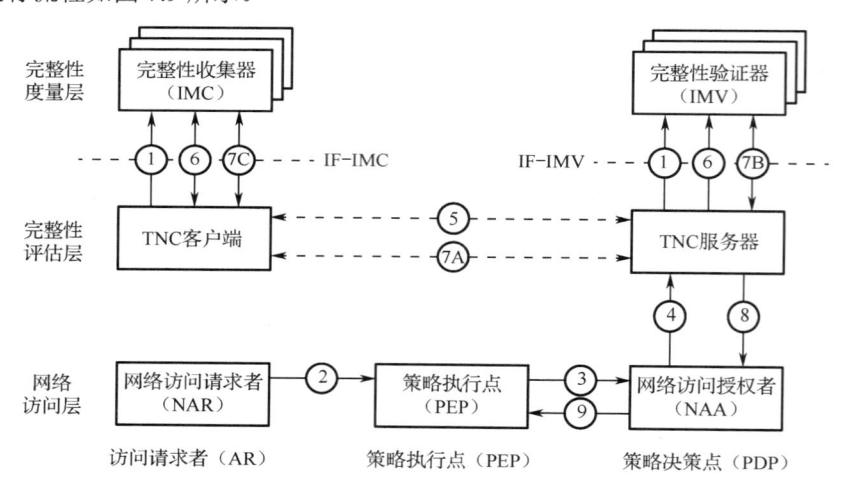

图 7.9　TNC 运行流程

步骤 1：开始网络连接，TNCC 对每个 IMC 进行初始化，TNCS 对每个 IMV 进行初始化，确保 TNCC 与 IMC 和 TNCS 与 IMV 之间的连接有效。

步骤 2：网络连接请求被触发后，NAR 向 PEP 发送一个连接请求。

步骤 3：当 PEP 收到 NAR 的连接请求之后，便向 NAA 发送网络访问决策请求，NAA 已经被设置成按照用户认证、平台认证和完整性检查的顺序进行操作。如果一个认证失败，则其后的认证过程将不会发生。用户认证可以在 NAA 和 AR 之间完成，平台认证和完整性检查必须在 AR 和 TNCS 之间进行。

步骤 4：如果 AR 和 NAA 之间的用户认证成功，则 NAA 把连接请求发送给 TNCS。

步骤 5：TNCS 和 TNCC 之间进行相互的平台认证，如两个端点进行双向 AIK 认证。

步骤 6：如果平台认证成功，则 TNCS 通知 IMV 有新的连接请求发生，需要进行完整性验证；同时 TNCC 通知 IMC 有新的连接请求发生，需要收集平台完整性相关信息。IMC 通过 IF-IMC 给 TNCC 发送信息，以应答 TNCC 的请求。

步骤 7：A 过程是为了实现完整性验证握手，TNCC 和 TNCS 开始交换关于完整性验证的信息，这些信息会通过 NAR、PEP 和 NAA 进行中转，直到 AR 的完整性状态满足 TNCS 的要求。B 过程是 TNCS 通过 IF-IMV 给对应的一个或多个 IMV 发送 IMC 消息，IMV 对 IMC 的信息进行分析，如果 IMV 需要更多的完整性信息，则将通过 IF-IMV 接口向 TNCS 发送信息，如果 IMV 已经对 IMC 的完整性信息做出判断，则将结果通过 IF-IMV 接口发送给 TNCS。C 过程为 TNCC 向 IMC 转发从 TNCS 接收到的信息，并将来自 IMC 的信息发送给 TNCS。

步骤 8：当 TNCS 完成和 TNCC 之间的完整性验证握手后，将给 NAA 发送 TNCS 行为建议，NAA 可以在其他安全策略的基础上，选择是否授权其进行网络访问。

步骤 9：NAA 给 PEP 发送网络访问决策，且必须向 TNCS 说明它最后的网络访问决策，这个决策也将发送给 TNCC，PEP 执行 NAA 的决策，同时要向 NAR 说明其执行决策的情况（如端口开放情况）。这次网络连接过程至此结束。

上述流程定义了 TNC 架构中实体的基本行为，在实际的网络环境中，可能部署不同的认证策略和网络拓扑结构。例如，可以增加一层修复层，对没有通过完整性验证的实体进行更新和修复，再次执行上述过程。

5. 可信密码模块

虽然我国可信计算标准的发展晚于 TCG，但在国家密码管理局的大力支持下，经历了从跟踪研究到自主创新的过程，提出了可信连接架构规范、可信计算密码支撑平台功能与接口规范、可信平台主板功能规范等标准。随后，我国的主动免疫可信计算被正式命名为可信 3.0。近年来，我国陆续提出一系列接口标准及架构规范，以逐步完善主动访问体系的完整性与功能性。在部署我国的可信计算体系时，密码模块是重要的组成部分。在设计时，需完全采用我国自主研发的密码算法和引擎构建一个安全芯片，即 TCM。在功能上，由于未提供对国密算法的支持等原因，TCM 没有提供对 TPM 的完全兼容，如 Windows BitLocker 和 Wave 指纹识别模块应用程序不支持 TCM，但在 TCM 中加入国密算法的硬件引擎，并按照我国的相关证书、密码等政策制定了相应的平台功能与接口规范，为使用者提供了符合我国管理政策的安全接口。

7.3 AEGIS 模型

系统引导（Boot 或 Bootstrap）是指从计算机上电到操作系统进入正常工作状态的过程。进行系统安全引导的目的是使系统能够顺利地引导起来，并确保引导起来的操作系统的完整性是有保障的。

美国宾夕法尼亚大学（University of Pennsylvania）的阿玻（William A. Arbaugh）、凡柏（David J. Farber）和史密斯（Jonathan M. Smith）于 1997 年提出了一个系统安全引导模型，称为 AEGIS 引导模型。通过系统安全引导，建立系统的完整性保护方法。

7.3.1 系统的一般引导过程

首先介绍计算机从通电到操作系统开始正常工作的过程中发生的具体事情。下面重点结合与 IBM 个人计算机兼容的普通计算机进行介绍。可以把计算机系统的引导过程划分为若干抽象层，每个抽象层对应系统引导的一个阶段，最低的抽象层对应引导的最早阶段，最高的抽象层对应引导的最后阶段。

将普通计算机系统的一般引导过程划分为 4 个抽象层，它们分别表示系统引导的 4 个阶段，如图 7.10 所示。

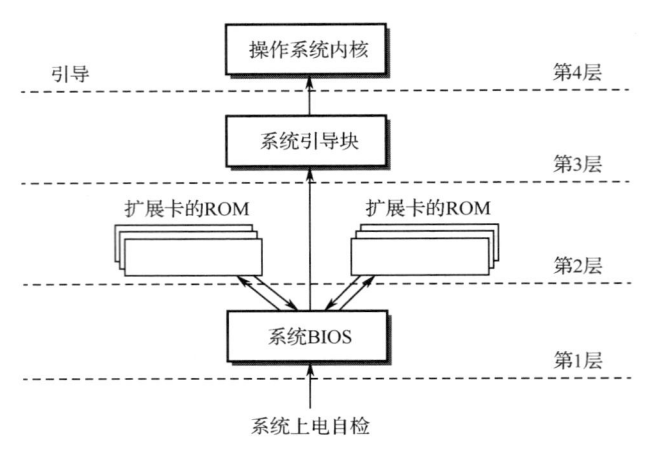

图 7.10 普通计算机的一般引导过程

给计算机通电是启动计算机引导过程的最直接方法之一。从断电状态进入通电状态时，计算机的硬件结构自动启动系统的上电自检（POST）过程，使 CPU 执行处理器复位向量指示的入口点处的指令。

POST 过程的启动也是系统引导过程的开端。POST 操作检测的硬件组件的基本状态包括 CPU 的状态。除了初始的 CPU 自检，POST 操作的检测工作在系统 BIOS 的控制下进行。POST 操作在引导过程的第 1 层进行。

执行 POST 操作之后，系统 BIOS 寻找系统中可能存在的扩展卡，如音频卡、视频卡等。如果找到有效的扩展卡，系统 BIOS 就把控制权交给相应扩展卡的 ROM。扩展卡的 ROM 代码在引导过程的第 2 层执行，执行完毕，将控制权还给系统 BIOS。

扩展卡的检查及相应的 ROM 代码执行完成后，系统 BIOS 调用初始引导代码。该初始引导代码属于系统 BIOS 的一部分，根据 CMOS 中的定义查找可引导设备（如光盘、硬盘等）。找到可引导设备后，从可引导设备中把系统引导块装入内存中，并把控制权交给内存中的系统引导块代码。

系统引导块代码在引导过程的第 3 层执行，负责把操作系统内核装入内存中。如果引导块由多个部分组成，则引导初始代码装入的是主引导程序，主引导程序再装入次引导程序，次引导程序再装入次次引导程序……如此依次进行下去，直到装入所有的引导程序。

最后装入的引导程序把操作系统内核装入内存，并具有控制权。操作系统内核在引导过程的第 4 层执行，进入正常工作状态后，系统引导过程结束。

在理想情况下，系统引导过程应该以线性顺序执行，即按照各个抽象层由低到高的顺序执行，每层代码执行完成后，将控制权交给与它相邻的高一层的代码，直到操作系统内核进入正常工作状态。图 7.10 表明，系统引导过程有可能呈非线性结构，因为第 2 层的代码执行完成后，将控制权交给第 1 层的代码，而不交给第 3 层的代码。

7.3.2 系统的可信引导过程

在系统的一般引导过程中，组件 A 把控制权交给组件 B 时，并不了解组件 B 的完整性状况，即使组件 B 的完整性已经受到破坏，组件 A 依然会把控制权交给组件 B，组件 B 依然能够运行。所以，在系统引导过程结束时，无法确认运行的操作系统的完整性，不是可信的引导过程。

可信引导需要确保引导过程中获得控制权的所有组件都是没有受到破坏的，进而确保操作系统的完整性是有保障的。

为了实现可信引导，需要对组件的完整性进行验证。组件的哈希值可以作为组件的指纹，用于进行组件的完整性验证。验证的方法是对比组件的原始指纹和即时指纹，若两者相同，则组件的完整性良好，否则组件的完整性受损。

假设系统中保存有组件 B 的原始指纹为 h_{B0}，组件 A 将控制权交给组件 B 前，计算组件 B 的指纹为 h_{Bt}，并对比 h_{Bt} 和 h_{B0}，如果 h_{Bt} 等于 h_{B0}，则将控制权交给组件 B，否则不把控制权交给组件 B。

通过指纹的对比，可以验证组件的完整性。采取这种完整性验证方法，一方面需要保存组件的原始指纹，另一方面需要进行即时指纹的计算和对比，即进行完整性验证，其可由专门设计的代码来完成。保存的原始指纹的完整性及进行完整性验证的代码的完整性也必须得到保障。

AEGIS 模型在系统中增设了一个专用的 ROM 卡，称为 AEGIS ROM，用于存储组件的原始指纹。该模型把系统 BIOS 划分成两部分，分别称为主 BIOS 和辅 BIOS。主 BIOS 中包含执行完整性验证任务的代码，辅 BIOS 中包含 BIOS 的其他成分及 CMOS。

AEGIS 模型假设 AEGIS ROM 和主 BIOS 是可信的，即它们的完整性由模型外的其他措施提供保障；它们还包含可信软件，是值得信赖的完整性验证的根。图 7.10 所示的一般引导过程可以扩展为图 7.11 所示的形式，用于支持系统的可信引导。其中，AEGIS ROM 和主 BIOS 作为可信根，位于系统可信引导过程的第 0 层，这一层组件的完整性被默认为是良好的。

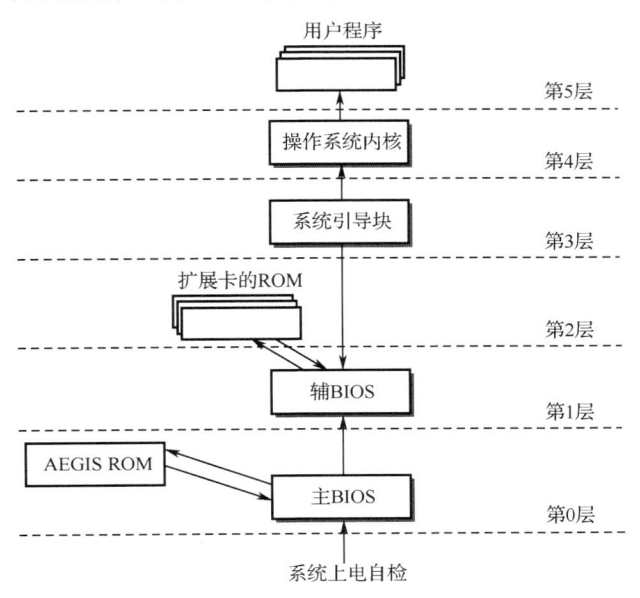

图 7.11 系统的可信引导过程

图 7.11 中的辅 BIOS 代替了图 7.10 中的系统 BIOS，位于引导过程的第 1 层。系统的引导过程到第 4 层的操作系统内核结束；图 7.11 中增用了由用户程序构成的第 5 层，它表示可信引导确保的完整性可以拓展到应用程序中。

系统的可信引导从第 0 层逐级向第 4 层推进。假设第 0 层的组件是可信的，无须进行完整性验证。为了避免 ROM 失效，主 BIOS 会验证其自身的地址空间的校验和（Checksum）。

将控制权交给辅 BIOS 之前，第 0 层的主 BIOS 计算第 1 层的辅 BIOS 当时的指纹，并与辅 BIOS 的原始指纹进行对比，从而验证辅 BIOS 的完整性，如果完整性良好，则将控制权交给辅 BIOS，第 1 层的辅 BIOS 开始执行。

第 1 层的辅 BIOS 验证第 2 层的扩展卡的 ROM 的完整性，如果完整性良好，则将控制权交给扩展卡的 ROM，第 2 层的扩展卡的 ROM 开始执行。

类似地，第 1 层的辅 BIOS 中的初始引导代码验证第 3 层的系统主引导块的完整性，如果完整性良好，则将控制权交给主引导块，第 3 层的主引导块开始执行。

如果系统有次引导块，则主引导块验证次引导块的完整性。完整性良好时，将控制权交给次引导块。第 3 层的最后一个引导块验证第 4 层的操作系统内核的完整性。如果完整性良好，则将控制权交给操作系统内核，第 4 层的操作系统内核开始运行。

在以上各步的完整性验证过程中，如果发现完整性受损，可以中止系统的引导过程。当操作系统能够进入正常的工作状态时，就可以确定它的完整性是良好的。因此，可信引导能够确保投入运行的操作系统的完整性。

7.3.3 组件完整性验证技术

以上方法通过保存组件的原始指纹来支持组件的完整性验证。采用公开密钥密码体制的数字签名技术对原始指纹进行签名，在系统中保存原始指纹的数字签名，而不是直接保存原始指纹，可以增强原始指纹的抗篡改性和真实性。

系统保存组件原始指纹的数字签名以支持可信引导，需要采用组件 A 验证组件 B 的完整性的方法。

假设组件 B 的原始指纹的数字签名为 $\{h_{B0}\}K_{PRV-S}$，系统的公钥证书为 $\{K_{PUB-S}\}K_{PRV-CA}$，证书发放机构的公钥为 K_{PUB-CA}。

根据公钥 K_{PUB-CA} 和证书 $\{K_{PUB-S}\}K_{PRV-CA}$ 可以得到系统的公钥 K_{PUB-S}，根据公钥 K_{PUB-S} 和数字签名 $\{h_{B0}\}K_{PRV-S}$ 可以得到组件 B 的原始指纹 h_{B0}。

根据组件 B 可以计算出组件 B 的指纹 h_{Bt}，对比 h_{Bt} 和 h_{B0}，如果 h_{Bt} 等于 h_{B0}，则组件 A 可以确定组件 B 的完整性是良好的，否则组件 A 断定组件 B 的完整性已被破坏。

AEGIS 模型采用数字签名来实现组件的完整性验证，它在 AEGIS ROM 中存储公钥证书和组件原始指纹的数字签名。

可信引导过程中的完整性验证操作的集合可以构成一个完整性验证链，可信引导是借助完整性验证链来维护系统完整性的。

7.3.4 系统的安全引导过程

可信引导的主要目标是确保顺利引导起来的系统内核的完整性是良好的，但不确保系统内核一定能够被顺利地引导起来。在可信引导的过程中，一旦发现组件的完整性受损，可以中止系统的引导过程，在这种策略的指导下，可信引导的最终结果有两个：一是完整性良好的系统内核被顺利地引导起来；二是系统内核没能被顺利地引导起来。也就是说，通过可信引导，顺利投入运行的系统内核一定是可信的，不可信的系统内核不可能顺利投入运行。

采取以上策略的可信引导不能抵御 DoS 攻击，当组件完整性受损时，引导过程就会中止。所以，攻击者只要破坏引导过程中涉及的某个组件的完整性，就能达到拒绝服务攻击的目的。因此，系统安全引导就是克服系统可信引导中存在的容易遭受拒绝服务攻击的弱点。

安全引导不但要确保顺利引导起来的系统内核一定是完整性良好的，而且要确保系统内核一定能够被顺利引导起来。为了实现系统安全引导的目标，需要在系统可信引导的基础上，增加系统恢复的功能。也就是说，在引导过程中，当发现某个组件的完整性已受破坏时，不应中止引导过程，而应首先用验证过的组件副本对该组件进行恢复，然后使引导过程继续进行下去。

在系统引导过程中，组件 A 的完整性已通过验证，需要确定组件 A 把控制权交给组件 B 的方法。组件 A 计算组件 B 的指纹 h_{B_1}，结合组件 B 的原始指纹的数字签名 $\{h_{B0}\}K_{PRV-S}$ 和系统的公钥证书 $\{K_{PUB-S}\}K_{PRV-CA}$，验证组件 B 的完整性。如果完整性验证通过，则组件 A 可把控制权交给组件 B。如果完整性验证没通过，则组件 A 首先请求系统恢复组件 B，然后重新进行组件完整性的验证工作。关于恢复组件 B 的方法，首先是获取验证过的组件 B 的副本 $B_{verified}$，然后把组件 B 的副本 $B_{verified}$ 复制到组件 B 的地址空间中，取代组件 B。由此可知，为了实现系统恢复功能，一要保存验证过的组件副本，二要利用组件副本恢复完整性受损的组件。

AEGIS 模型是一个系统安全引导模型，提供了完整性受损时的系统恢复支持。增加系统恢复功能后，图 7.11 所示的可信引导过程可以扩展为图 7.12 所示的 AEGIS 模型的安全引导过程。在 AEGIS 模型中，验证过的组件副本存储在 AEGIS ROM 和网络主机中，其中，AEGIS ROM 中只存储 BIOS 的组件副本，其他组件副本存储在网络主机中。网络主机像用户程序那样处于引导过程的第 5 层，它的完整性及它与被引导系统间的通信的安全性和可靠性由 AEGIS 模型以外的其他措施来保障。BIOS 组件的恢复工作相对比较简单，主要是把验证过的组件副本从 AEGIS ROM 的地址空间复制到 BIOS 组件的地址空间。执行这类恢复任务的代码存储在主 BIOS 中。其他组件的恢复工作相对比较复杂，包括从网络主机中获取验证过的组件副本，并把它复制到完整性受损组件的地址空间中。这类工作由执行系统恢复任务的系统恢复专用内核来完成。系统恢复专用内核存储在 AEGIS ROM 中。

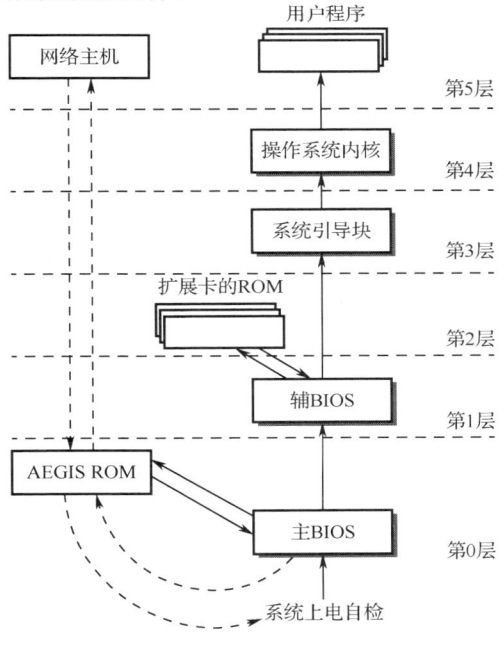

图 7.12 AEGIS 模型的安全引导过程

可见，AEGIS 模型的完整性验证和系统恢复支持主要是由第 0 层提供的，该层由 AEGIS ROM 和主 BIOS 构成，AEGIS ROM 包含公钥证书、数字签名、验证过的 BIOS 组件副本、系统恢复专用内核等。主 BIOS 包含执行完整性验证任务的代码和执行 BIOS 组件恢复任务的代码。

AEGIS 模型的安全引导过程与可信引导过程基本相同，不同之处是增加了系统恢复处理工作。在 AEGIS 模型的安全引导过程中，发现 BIOS 组件的完整性受损时，由存储在主 BIOS 中的执行 BIOS 组件恢复任务的代码，根据存储在 AEGIS ROM 中的验证过的 BIOS 组件副本，恢复完整性受损的组件。发现 BIOS 组件以外的其他组件的完整性受损时，系统中止进行中的常规引导过程，转而引导存储在 AEGIS ROM 中的系统恢复专用内核，该专用内核运行后，根据完整性受损的组件，从网络主机中获取所需的验证过的组件副本，并恢复完整性受损的组件。最后，重新启动计算机系统，安全引导过程重新开始执行。此时，上次完整性受损的组件已被恢复，再次验证时，其完整性应该是良好的，引导过程可以向前推进一步。所以，通过综合运用完整性验证和系统恢复的措施，安全引导过程可以确保系统被顺利地引导起来，且可以确保顺利引导起来的系统的完整性一定是良好的。

7.4 IMA 模型

7.4.1 完整性度量架构

2004 年，IBM 第一次提出了 IMA 架构。该架构通过在内核中进行补充，实现当应用程序运行、动态连接库加载、内核模块加载时，对用到的代码和关键数据（如配置文件和结构化数据）进行一次完整性度量，将度量结果扩展到 PCR，并创建与维护一个度量日志/列表（Measurement Log/List，ML）。当挑战者发起挑战时，将度量日志/列表与 TPM 签名的 PCR 度量值发送给挑战者，以此来判断平台是否可信。

7.4.2 完整性度量介绍

可信计算的实现方案依赖于 TPM。TPM 拥有 3 个可信根，具体如下。
（1）可信度量根（RTM）：负责对平台进行度量。
（2）可信存储根（RTS）：负责密钥等重要信息的存储。
（3）可信报告根（RTR）：将度量的结果与日志反馈给挑战者，挑战者在收到度量结果与度量日志后进行重新计算并与预期做对比，进而验证平台是否可信。

可信计算方案的一个重要环节就是对系统平台进行完整性度量，从系统启动开始，需对 BIOS、来自 GNU 项目的多操作系统启动程序（GRand Unified Bootloader，GRUB）、系统内核及操作系统启动后的应用程序等进行度量。在 TPM 中，使用 PCR 对度量结果进行记录。TCG 1.1 规范要求实现的一组寄存器至少有 16 个；TCG 1.2 规范中引入了 8 个额外的平台状态寄存器用于实现动态可信度量，平台状态信息的 SHA-1 哈希值存储在平台状态寄存器中，此时平台状态寄存器就能代表机器的运行状态。

为了防止 PCR 的值被恶意代码随便篡改或伪造，TPM 限制对平台状态寄存器的操作，不能像普通字符设备的寄存器那样通过端口映射随意进行读/写操作。平台状态寄存器位于 TPM 内部，其内部数据受到 TPM 的保护。对 PCR 内容的读取是不受限制的，TPM 只允许两种操作来修改 PCR 的值：重置（Reset）和扩展（Extend）。重置操作发生在机器断电或重新启动之后，PCR 的值自动重新清零（TCG 1.2 规范新引入的寄存器除外）。

TPM 1.2 版本在系统上电时对 24 个 PCR 进行清零，此后每次度量结果的存储均依靠扩展运算实现：

$$PCR[n] = SHA1\{PCR[n-1] \| newMeasurement\}$$

同时，将度量的文件名称、路径及结果存入度量日志/列表。从理论上说，PCR 能够度量无限次，但会导致度量日志/列表过大。

7.4.3 IMA 的安全机制

1．度量机制

IMA 的度量机制（Measurement Mechanism）依靠 TPM 中 PCR 的重置与扩展操作完成，每个 PCR 有 160 位。IMA 采用的是 PCR10，其运算如下：

$$SHA1(\cdots SHA1(SHA1(0\|m_1)\|m_2)\cdots\|m_i)$$

TPM 的 PCR 只支持重置与扩展，因此恶意代码无法随意篡改。在执行恶意操作之前，系统已经将恶意代码的度量值写入 PCR，因此恶意代码无法绕过度量机制。

2．完整性挑战机制

完整性挑战机制（Integrity Challenge Mechanism）主要使用完整性挑战协议。

完整性挑战协议用于挑战者与平台之间传输数据，最主要的数据就是 TPM Aggregate 和 ML。该协议通过 TPM 和密码学理论保证传输的数据是保密的、完整的，能够阻止重放攻击、篡改攻击、假冒攻击。

前已述及，IMA 模型能够对应用程序运行时加载的模块、动态连接库及程序本身进行度量，以及 TPM 能够实现可信启动（对从平台上电到操作系统启动进行度量并写入度量日志）。在这样的条件下，挑战者确定远程挑战平台是否可信的过程称为远程证实。TCG 对远程证实提供两种方案。一种方案借助隐私认证中心（Privacy CA，PCA）对 TPM 进行身份验证、颁发 AIK 证书，并且对网内的 TPM 密钥进行分发、注销等。然而，由于 TCG 假定 PCA 为完全可信的第三方，在 PCA 与平台串通后，挑战者无法知道挑战的平台是否已经被篡改，PCA 与挑战者串通后，远程证实也失去了存在的意义。另一种方案称为直接匿名认证（DAA），根据零知识证明技术进行 TPM 身份的认证。

3．完整性验证机制

挑战者通过完整性挑战协议获得了平台的 TPM Aggregate 和 ML，可以实施很多策略来验证平台的信息是否可信。完整性验证机制（Integrity Validation Mechanism）主要体现在验证策略上，与可信的度量值进行比较，是一种较简单的验证策略。更加复杂的验证策略包括多度量值评估等。

新的程序版本、未知程序、修改后的恶意程序都会产生未知指纹，而未知指纹会被挑战者发现，从而判断该平台不可信。

7.5 Linux 完整性保护技术

可信计算在信息系统中可以有不同的实现方式。下面结合可信计算的基本组成部分、安全目标、安全攻击，介绍 Linux IMA 完整性保护子系统的实现方案。

7.5.1 TPM+IMA 设计思想

可信计算指计算的同时进行安全防护，保证计算结果与预期值一致、计算全程可测可控且不被干扰。作为一种计算和防护并存的主动免疫计算模式，可信计算采用密码学方法实施身份识别、状态度量、保密存储，及时识别"自己"和"非己"，阻止别人对系统进行破坏。

可信计算平台的特点是具备保护能力，有完整性度量、存储和报告，可对外证明能力。从主机上电开始到 BIOS 启动、GRUB 菜单读取、Linux 内核加载、应用启动全链条逐级建立信任链，并将度量值存储在 PCR 中，如图 7.13 所示。管理平台可以远程证实被管理服务器中 PCR 的值与度量日志，获取平台当前状态，通过与预期值对比判断平台是否可信。

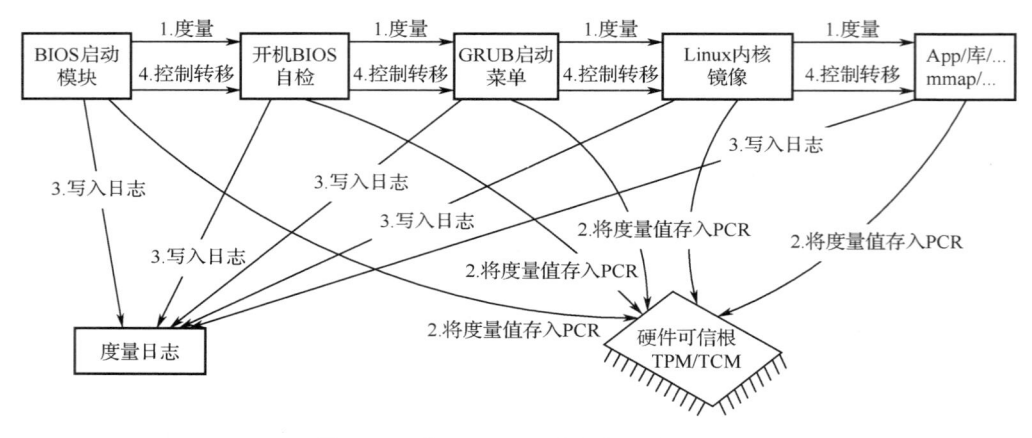

图 7.13 基于 TPM 的完整性保护方案

（1）TPM。

作为可信计算技术中的核心部分，TPM 是一个含有数字签名、身份认证、硬件加密、访问控制、信任链建立、完整性度量存储和密钥管理等所必需功能的核心硬件模块，基于对用户身份、应用环境、网络环境等不同层次的认证，彻底防止恶意盗取信息和病毒侵害，实现可信启动，并解决底层硬件设施的安全问题。TCM 是我国采用自主设计密码算法提出的 TPM。

（2）完整性度量。

从 Linux 2.6.30 内核开始，IMA 作为一个开源的可信计算组件被引入 Linux 内核中。IMA 用于维护一个运行时的度量列表，在有硬件 TPM 芯片的情况下，能够把此列表的完整性度量值存储到 TPM 中，这样即使攻击能破坏度量列表，也能被发现。若访问了恶意文件，则该恶意文件的度量值也会在访问该文件之前提交给 TPM，而恶意代码无法删除此度量值。即使不使用硬件 TPM 芯片，理论上还是存在恶意代码在不被发现的情况下伪造度量列表的可能。

整体上来说，IMA 度量目标是当攻击发生时或发生后最终都能被发现并及时处置，以便保护系统的完整性。

TPM 和 IMA 构成了 Linux 系统中可信计算的基础。基于 Linux TPM-IMA 可信计算框架的底层实现如图 7.14 所示。

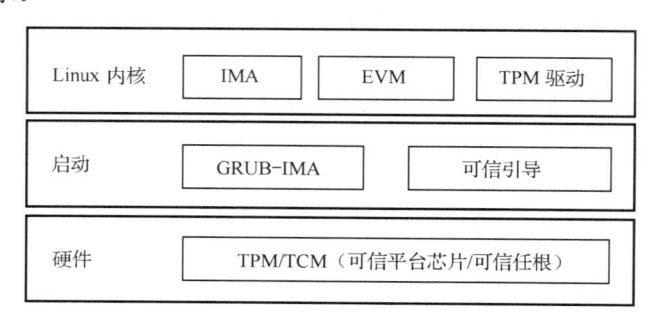

图 7.14 基于 Linux TPM-IMA 可信计算框架的底层实现

7.5.2 系统整体安全目标

系统有 3 个主要安全目标：完整性、保密性和可认证性。

（1）完整性（Integrity）。

完整性是基本的安全属性，没有完整性，就不存在保密性或可认证性，因为保密性和可认证性机制本身可能会受到损害。对一个文件来说，完整性通常被理解为"没有变"，即一旦安装，文件便不会因恶意或意外的修改而变动。从密码学角度，哈希值校验可用于检测文件内容是否已变化，通过比对文件在哈希前后是否一致，即可发现文件是否变动。在极端情况下，完整性不仅意味着不会变，而且意味着"不可变"，任何操作都不能修改文件。例如，BSD 操作系统具有不可变文件的概念，只能在单用户管理模式下更改；Android 操作系统也是将其所有系统文件保存在一个分区中，该分区在正常情况下只读，并且只能在引导期间由恢复程序修改。不可变的系统虽然提供了更高的完整性，却难以做到系统组件的正常更新安装或修补。

IMA 遵循 TCG 的完整性开放标准，将哈希值校验和不可变机制组合起来创建一个新的完整性解决方案。BSD 和 Android 的方法是使文件本身不可变，而 TCG 的方法是将这些不可变文件的哈希值存储在硬件上，如可信平台模块（TPM）、移动可信模块（Mobile Trusted Module，MTM）或类似的装置。IMA 维护所有被访问文件的哈希列表，如果存在硬件安全组件 TPM，即使软件攻击哈希列表也不会成功。通过管理平台，集中监视、判断、告警哈希列表是否被改变或破坏。

（2）保密性（Confidentiality）。

从本质上说，加密技术并不能保证完整性。例如，流密码 RC4 常被用于无线和互联网（HTTPS）通信中的标准加密，但是攻击者较为容易在加密流中进行"比特旋转"，使其完整性受到破坏。在使用分组密码的情况下，攻击者也能在文件和会话之间剪切、粘贴和重放加密块，而且成功率不低。另外，加密系统文件会带来很大的性能损失。

Linux 内核实现了安全密钥管理机制：①提供了一个内核密钥环服务，对称加密密钥对用户来说永远不可见。密钥是在内核中创建的，由硬件设备（如 TPM）密封，用户只看到密封的密钥信息。恶意或受损的应用程序无法窃取受信任的密钥，只有内核才能看到未密封的密钥信息。②可通过可信密钥，将获取密钥与完整性度量绑定在一起，这样在离线攻击中密钥就不能被窃取，如通过 CD 或 USB 引导未锁定的 Linux 映像。由于度量结果不同，TPM 将拒绝解封密钥（对于内核也是如此）。这样，Linux 将保密性和完整性绑定，其中，系统的完整性是解密系统保密文件的前提条件。结合完整性度量的基础防御图如图 7.15 所示。

图 7.15 结合完整性度量的基础防御图

（3）可认证性（Authenticity）。

可认证性是完整性概念的延伸，不仅要求具有完整性，而且要求出处是已知的。例如，不仅需要知道一个文件没有被恶意修改，还需要知道文件是由真实供应商提供的原始文件。简单的哈希不足以保证可认证性，而数字签名技术能保证文件的可认证性。通常，公钥签名（如 RSA）和对称密钥的哈希（如 HMAC）都可用于可认证性。公钥签名的优点在于唯一需要保护私钥保密性的实体只有中心机构，而所有其他系统只需要保护用于验证的公钥的完整性。公钥签名的缺点在于只适用于从不变化的文件，如果文件发生变化，本地系统将无法对其重新签名。实际上，系统的许多安全关键文件都需要不定期变更，因此这些文件只能使用基于本地对称密钥的签名进行保护，需要妥善保管用于身份认证的本地对称密钥，否则攻击者可能盗取本地对称密钥并在其他文件上伪造本地签名。

在 Linux 系统中，新的 IMA 评估签名和扩展验证模块（Extended Verification Module，EVM）使用对称密钥的哈希加密文件的数据和元数据，使用本地对称密钥签名的方式保障允许更改文件的可认证性。对于不希望更改的文件，IMA 评估签名将存储一个授权的 RSA 公钥签名，带有 RSA 签名的保障文件就不允许被更改，但仍可被删除。

7.5.3 攻击模型

对文件保密性、完整性和可认证性的攻击有许多不同的类型，它们在安全性、成本与性能方面存在较大的区别。

（1）远程攻击。

攻击者试图诱使用户运行攻击者的恶意代码（如木马、蠕虫等），或者发送恶意数据，试图利用系统软件中的漏洞（如代码注入、缓冲区溢出）。

（2）本地攻击。

攻击者具有对系统的物理访问权限，如恶意内部人员（操作员）访问，或者在系统被盗的情况下进行访问。本地攻击可以是基于软件的攻击（如离线攻击），也可以是基于硬件的攻击［如使用联合测试行动小组（JTAG）硬件工具读取内存］。常见的本地攻击是离线攻击，从 CD 或 USB 驱动器启动备用操作系统，攻击者使用此操作系统修改目标系统。离线攻击通常只是试图破解现有密码，或输入已知密码，以便攻击者可以简单地登录。在复杂的离线攻击中，甚至可以插入恶意代码并保留在适当位置，以便后续捕获敏感数据。

理想情况下能够预防这些攻击，Linux 系统中可以使用 MAC 来保护系统完整性，例如 SELinux、SMACK 等安全模块限制不受信任的代码和数据。即使进行了复杂、严格的规则设置，本地攻击特别是离线攻击仍可能成功，需要能够及时检测出此类攻击并进行处理。Linux IMA 完整性子系统用来检测对文件的任何更改，包括修改文件数据或元数据（如重命名）、重放旧文件和删除文件等。

7.5.4 Linux IMA 的主要功能模块

Linux IMA 的主要功能模块如表 7.1 所示。

（学习视频）

表 7.1 Linux IMA 的主要功能模块

作用范围	主要功能模块	功能简介
Local	IMA-Measurement	度量可执行文件、mmapped、库、kernel module、firmware 和 Root 用户打开文件的哈希值
Local	IMA-Appraisal	数据完整性评估，增加了 security.ima 扩展属性，用来存储"正常"或"基准"值
Local	IMA-Appraisal-Digital-Signature	评估数据完整性
Local	IMA-Appraisal-Directories	评估路径完整性
Local	EVM	元数据验证
Local	EVM-Digital-Signature	元数据可认证性
Remote	IMA-Attestation	远程证实服务利用 TPM 硬件、IMA 基础度量列表、run-time 度量值进行比对证实

1．IMA 度量

使用内核命令行参数开启 IMA 度量：ima_tcb=1。默认 ima_tcb 度量策略是度量可执行文件、mmapped、库、kernel module、firmware 和 Root 用户打开的文件。这些度量、度量列表和聚合完整性值可用于证明系统的运行时完整性。基于这些度量，可以检测关键系统文件是否已被修改，或者是否已执行恶意软件。通过 LSM 规则自定义设置度量（measure）或不度量（dont_measure）。将自定义 IMA 策略放在/etc/IMA/IMA policy 中，systemd 启动的时候将自动加载自定义策略；或者通过 cat 自定义 IMA 策略并将输出重定向到<securityfs> /IMA/policy 中。例如，日志文件一般不用度量，可以添加自定义规则：dont_measure obj_type=var_log_t，这样就不会度量日志文件。

默认的 IMA 策略在所有内核源码路径 Documentation/ABI/testing/ima_policy 下说明。

IMA 度量列表可以通过 IMA securityfs 文件读取，该文件通常安装在/sys/kernel/security/ima/ascii_runtime_measurements 中。

Linux 下的 head 命令用于查看该文件开始部分的内容，常用参数-n 用于显示行数。

度量列表的格式如下：

PCR template-hash template-name filedata-hash filename-hint

其中，PCR 表示使用的寄存器，filedata-hash 表示文件数据的哈希值，template-hash 表示 filedata-hash、filename-hint 的哈希值。

PCR 用来存放哈希值，IMA 默认使用 PCR-10。TCG 定义了一个标准的完整性验证服务机制——PTS（平台可信服务），其中包括度量列表及 TPM 在 PCR-10 值上的签名。远程系统可以验证 PCR-10 的值，而 TPM 已经对该值进行了签名，恶意软件无法伪造一个合法的度量列表和相应的 TPM 签名，因为恶意软件无法访问 TPM 的私有签名密钥，在访问恶意文件之前，会对该恶意文件进行度量，并包含在 PCR 的值中，而 PCR 的签名被保存在 TPM 中。恶意代码不能"收回"自己的度量，也不能伪造"干净"的度量签名，从而可以发现恶意软件或行为。

TCG 要求在读取/执行文件之前，对所有可信计算基（TCB）文件进行度量，如果文件已发生变更则重新度量。在文件系统挂载的时候开启 i_version 属性，文件变更后会触发 IMA 重新度量该文件。但是，启动该功能会对系统性能有影响，具体影响情况与文件数量级有关。

在/etc/fstab 中加上默认挂载选项：

/dev/system/lv_home /home ext3 defaults,i_version 1 2

或者对已经挂载的文件系统进行重新挂载：

mount -o remount,rw,i_version /home

2. IMA 评估

IMA 评估模块实现了本地完整性验证，增加了 security.ima 扩展属性，用来存储"正常"或"基准"值。在访问文件时进行本地完整性验证，与 security.ima 存储的"正常"值进行比对，如果值不匹配，则拒绝对该文件的访问。验证 security.ima 的方法可以基于哈希摘要值（因为伪造哈希值相对容易，仅需保证完整性），也可以基于数字签名（需保证完整性和可认证性）。

默认情况下，security.ima 包含哈希摘要值，而不是签名。对需要变更的文件来说很方便，但对于离线和在线攻击，并不能提供很强的完整性和可认证性保护。

内核中定义了一个新的启动参数 ima_appraise，用于给已经建立的文件系统打上 security.ima 扩展属性标签。

如果内核中开启了 IMA-appraisal 功能，那么文件系统也支持 i_version 功能，在内核启动时加上参数 ima_appraise_tcb' and 'ima_appraise=fix，即给文件系统加上 security.ima 标签。默认只要 Root 用户打开文件就会对该文件的 security.ima 属性进行写入更新。

对不允许变更的文件（如某些可执行文件），可以进行数字签名，将数字签名存储在 security.ima 扩展属性中。创建数字签名需要生成 RSA 私钥和公钥，私钥用于对文件进行签名，而公钥用于验证签名。

ima=ima-sig 模板除包含文件数据哈希和完整路径名外，security.ima 扩展属性中还包含文件的数字签名。

3. IMA 审计

IMA 审计模块会使审计日志中包含文件哈希值，用于增强现有的系统安全分析/取证。IMA audit 使用策略操作关键字 audit 来扩展 IMA 策略。格式如下：

```
audit func=BPRM_CHECK        ##审计可执行文件哈希
```

通过设置 audit 规则，开启 IMA 度量函数中的 ima_audit_measurement 功能，此时除了更新度量列表并将度量结果写入 PCR，还会向度量日志中写入度量记录，包括被度量文件的哈希摘要值等。

远程证实服务器通过获取被证实系统的基准度量日志建立白名单，并在证实阶段用来证实被证实系统加载的文件是否可信。

4. IMA 评估签名

IMA 评估签名模块的作用是代替哈希摘要值，使用增强的基于权限的 RSA 数字签名进行 IMA 评估，保证不需要变动的文件的完整性和可认证性。

在 IMA 评估签名中，security.ima 扩展属性的内容可以是 RSA 数字签名。如果设置此属性（首先应具备完整性能力），在访问之前会验证签名，可以认为该文件是不可变更的。有签名的文件不能被修改，但可以被删除和替换，以便更新。这些签名很难被攻击者伪造，因为它们必须在拥有系统的私钥的基础上才能产生。

5. 扩展验证

扩展验证模块（EVM）的作用是保护敏感的元数据（inode）免受脱机攻击。inode 中的敏感元数据包括所有者、组、模式及扩展属性。EVM 保护这些安全扩展属性免受脱机攻击。EVM 利用一系列安全扩展属性计算 HMAC-SHA1 哈希值，存储为扩展属性 security.evm。EVM 导出 evm_verifyxattr 函数验证扩展属性的完整性。

EVM 为所有安全扩展属性提供以下保护。

（1）security.ima（文件哈希或签名）；

（2）security.selinux（文件的 selinux 属性）；

（3）security.capability（可执行文件的权限范围）。

7.5.5 扩展实现方案

为了实现涉及运行时的应用行为度量和验证，可以通过应用行为白名单来实现，如图 7.16 所示。应用行为包括系统调用、网络访问、文件访问等，并对其进行收集和分析，通过大数据分析和机器学习等手段建立应用行为规则基线或白名单后，根据实时采集的应用行为数据，对比应用行为规则基线或白名单进行判断。如果应用行为无法匹配任何一条规则，则这个行为会被判断为异常，可信平台可以设置处置动作为告警或阻断应用运行。

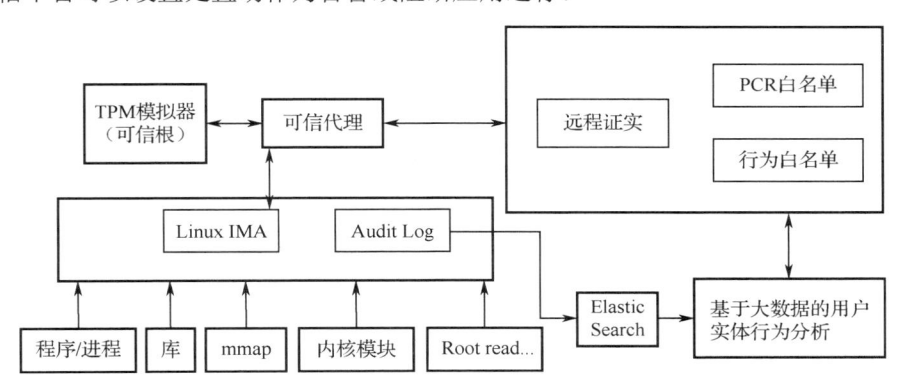

图 7.16 基于白名单的应用行为度量和验证

在具体实现时，可能没有完全实现 TCG 框架中的可信基础（如可信硬件、可信网络等）。如果服务器暂时不具备 TPM/TCM，可以采用 TPM 模拟器来模拟 TPM 的功能，虽不能称之为"绝对的可信根"，但考虑到实际严格的封闭环境，在当前阶段来说也是可接受的。另外，考虑到使用了用户行为分析配合 Linux IMA，从性能和收益的角度出发，可选择 IMA 度量、IMA 评估、EVM 扩展验证等功能。

程序版本更新及新程序、修改后的程序加载执行前都会产生新的度量值，如果对这些新度量值的比对失败（除非加入白名单或基准度量列表），那么可以判断该平台不可信。

7.6 Windows 完整性保护技术

7.6.1 Vista 可信机制

微软的 Windows 系统是主流的桌面操作系统之一，但 Windows 系列产品一直因安全问题而备受指责。微软除了对已有的安全技术进行完善，也在不断尝试将可信计算技术融入 Windows 系统，以提供更安全的计算平台。例如，加密文件系统（EFS）、驱动签名等都是微软在操作系统中集成可信计算技术的尝试。

作为可信计算的主要倡导者，微软一直致力于可信计算技术的应用。在微软的操作系统 Vista 中，应用了很多安全机制，实现了部分下一代安全计算基础（Next-Generation Secure Computing Base，NGSCB）的思想，如图 7.17 所示。除此之外，Vista 还提供了很多安全机制，如地址空间布局随机化（Address Space Layout Randomization，ASLR）、堆栈随机化及对堆栈损坏的保护等。这些机制在很大程度上提升了 Vista 的安全性，为用户提供了更加安全可靠的计算环境。

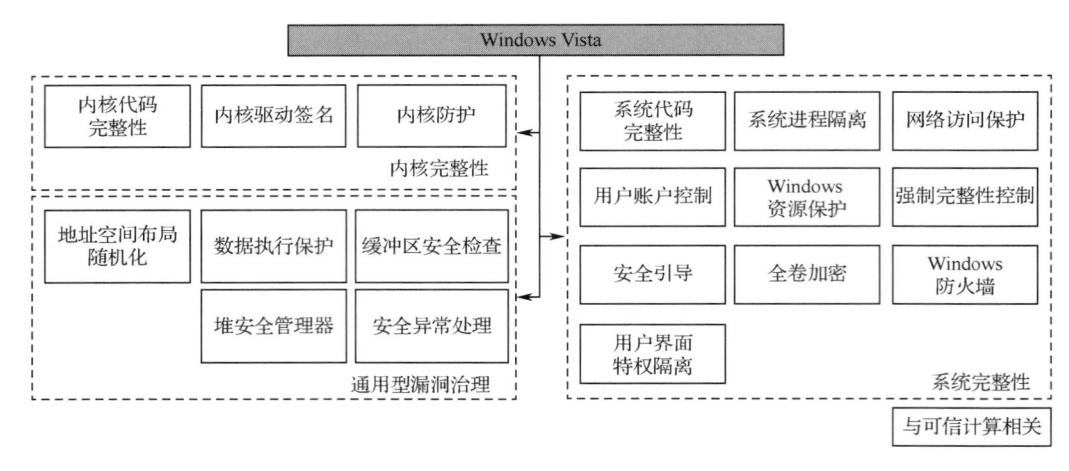

图 7.17 Vista 中与可信计算相关的安全机制

内核完整性机制采用了作为可信计算关键技术的完整性度量及验证机制。内核代码完整性采用静态保护和动态防护两种方式。内核代码完整性和内核驱动签名的主要思想是在加载内核模块时首先计算出代码的摘要，然后和预先生成的摘要进行比较，只有一致才被允许加载和运行，是一种静态的验证方式。内核防护是指在不定的时间间隔内动态地对系统关键数据结构和内核代码的完整性进行检查，防止它们在运行过程中被篡改。

系统代码完整性验证与内核代码完整性验证在原理上基本相同。内核代码完整性验证主要用于确保系统启动时加载内核模块的完整性，而系统代码完整性验证主要用于确保系统启动以后加载到内核内存及保护进程（Protected Process）的代码（如用于音频和视频解码器等）的完整性验证。

系统进程隔离（System Process Separation）主要用于内核服务进程空间和用户进程空间的隔离，防止内核进程被用户进程破坏，以便增强系统的安全性和稳定性。

安全引导（Secure Boot）和全卷加密（BitLocker）主要采用了可信计算中的信任链和存储保护技术，并使用 TPM 完整性报告及密封（Seal）存储功能，不但可以确保系统启动过程中各模块没有被篡改，而且可以使被保护的数据和特定计算机进行绑定，增强数据的安全性。

网络访问保护（Network Access Protection，NAP）和 TCG 的 TNC 具有相似的功能。当客户计算机接入网络时，网络中的认证服务器将会验证客户端的安全性（如操作系统的版本、病毒库的版本等），如果符合其安全策略则允许客户端接入网络。因此可以保证接入网络的终端是相对安全的，从而提高整个网络的安全性。

7.6.2 基于 TPM 和 BitLocker 的系统引导过程

如果用户的计算机具有 TPM 并且启用了 BitLocker，Windows 7 操作系统启动过程就会发生变化。计算机接通电源后在执行自检例程之前首先检测 CRTM，在最初的可信度量执行后依次检测 TPM 的 PCR 中保存的 BIOS、MBR、分区引导记录（Partition Boot Record，PBR）、启动管理器（Boot Manager，BootMGR）等启动模块的各个度量值。基于 TPM 的实施方法是，从上电开始，按照次序计算待检查对象的哈希值，并用 TPM 的扩展命令把该值存入 PCR，检查相应 PCR 的值是否与预先掌握的原始度量值一致。各项检测通过后，BootMGR 申请 TPM 使用 PCR 中的值对卷主密钥（Volume Master Key，VMK）解密。度量值与 VMK 封装时的度量结果一致时，VMK

成功解密，并取得全卷加密密钥（Full Volume Encrypt Key，FVEK）供 BitLocker 解密加密卷。这个过程完成后，控制权交给 BootMGR 并由它完成后续引导工作，如图 7.18 所示。

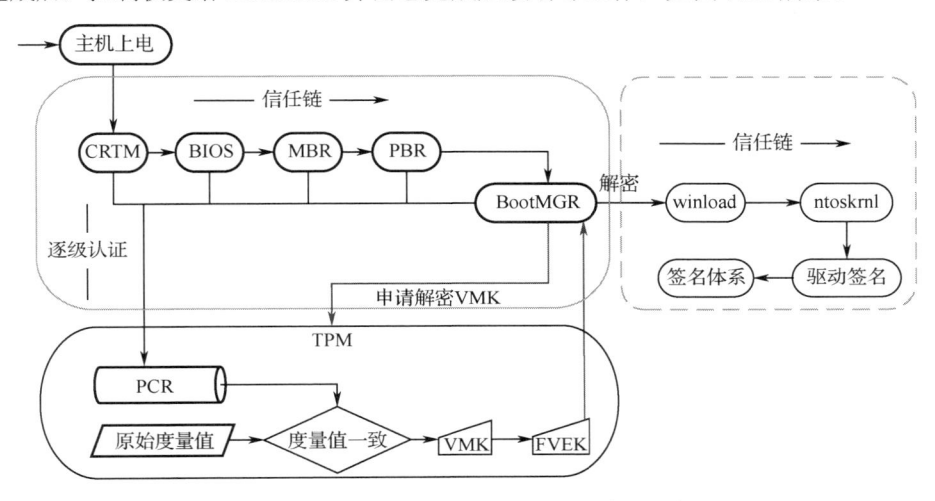

图 7.18　启用 BitLocker 后的系统启动过程

在借助 TPM 妥善保管 VMK 及 FVEK 的情况下，BitLocker 可以有效地保护磁盘静态数据的安全。综合来看，BitLocker 是一套基于信任引导链的静态验证安全机制，可以较好地应对以下问题：设备丢失或存储介质被窃取；使用其他引导介质启动后窃取硬盘数据或者进行写入木马、破坏安全策略等操作。

一旦操作系统完成引导过程，BitLocker 的安全使命即告完成，此时需要借助系统的其他安全机制保护磁盘数据的安全，防止攻击者非法访问明文形式的磁盘文件和内存数据。

7.6.3　可信模块的启用

Windows 11 公布后，硬件配备要求为最低 TPM 2.0。查看本机是否有 TPM 相关硬件模块及版本的两种方法如下。

（1）通过系统的"运行"对话框查看。

步骤 1：按 Windows+R 组合键调出"运行"对话框，在"打开"文本框中输入 tpm.msc；

步骤 2：在打开的"本地计算机上的 TPM 管理"窗口的"状态"选区中查看是否显示"TPM 已可以使用"。

步骤 3：在"TPM 制造商信息"选区右下角查看 TPM 对应的规范版本，如图 7.19 所示。

（2）通过系统的设备管理器查看。

打开"设备管理器"窗口，在"安全设备"选项下查看本机是否安装了受信任的平台模块 2.0。TPM 的作用是为安装 Windows 系统的计算机提供增强的安全功能，如 BitLocker 等。TPM 2.0 从 2015 年开始安装在一些个人计算机上，虽然是单独的硬件，但英特尔、AMD 均在处理器层面做了支持。如果计算机型号陈旧，可能需要加装 TPM 2.0 专用硬件。另外，Windows 11 泄露镜像可以通过替换 DLL 文件突破 TPM 2.0 限制。

图 7.19 查看 TPM 对应的规范版本

从 Windows 10 开始，操作系统自动初始化 TPM 并取得其所有权。在大多数情况下，用户应避免通过 TPM 管理控制台来配置 TPM。事实上，从 Windows Server 2019 和 Windows 10 版本开始，微软已经不再开发 TPM 管理控制台，而将以前在 TPM 管理控制台中提供的信息整合至 Windows Defender 安全中心的设备安全性页面中。此外，在某些特定的企业版方案中，如 Windows 10（版本 1507 和 1511），系统会使用组策略在 Active Directory 中备份 TPM 所有者授权值。由于 TPM 的状态在整个操作系统安装期间保持不变，因此，该 TPM 信息将存储在独立于计算机对象的 Active Directory 中的某个位置。图 7.20 所示为在英特尔第四代酷睿处理器平台上的 Windows 8.1 系统启用 TPM 1.2 的示例。

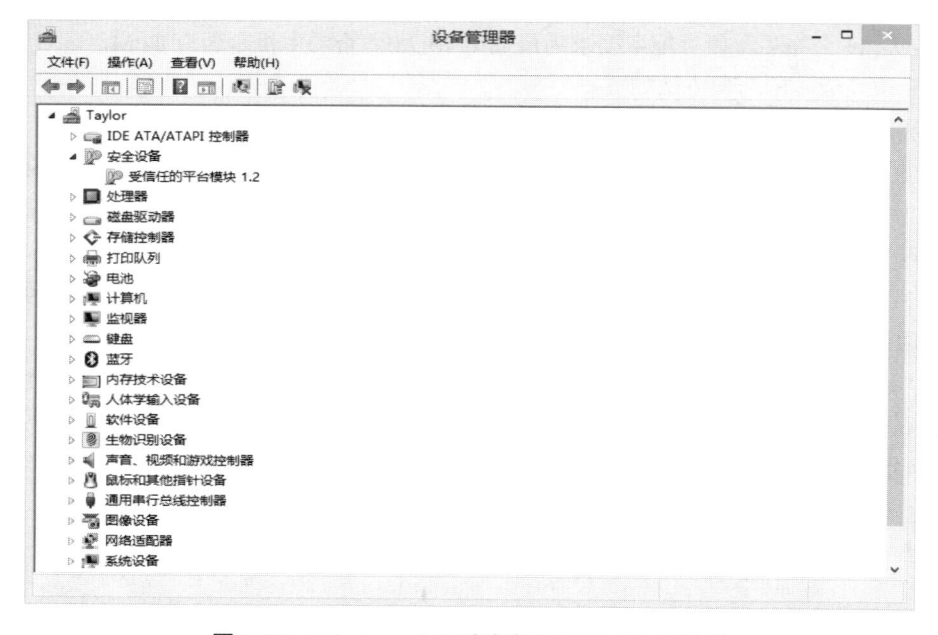

图 7.20 Windows 8.1 系统启用 TPM 1.2 的示例

7.7 移动终端完整性保护技术

随着计算能力和存储能力不断提升,移动终端上提供的服务功能和承载的业务种类也不断增加,移动终端已逐渐取代传统计算机成为人们生活中的主要生产工具。然而,不同于传统计算机,移动平台的开放性和灵活性也为其带来了不同于传统计算机的安全问题。移动终端作为接入移动网络和执行各类应用的重要设备,其安全问题不容忽视。因此,基于安全硬件和可信计算技术设计可信终端原型系统用以保护计算机终端的安全具有极大的研究意义。

可信移动终端系统的设计目标是建立一个集可信平台模块、可信硬件平台、安全增强操作系统为一体的可信平台,为运行的操作系统提供可信运行环境及密码支持,进而确保硬件环境配置、操作系统内核、应用程序的完整性及用户身份的合法性,从体系结构上提高终端的安全性。

7.7.1 可信移动终端系统设计方案

1. 体系结构

可信移动终端原型系统由 S3C6410、SSX0903、无线模块、LCD 模块、电源模块等构成,如图 7.21 所示。

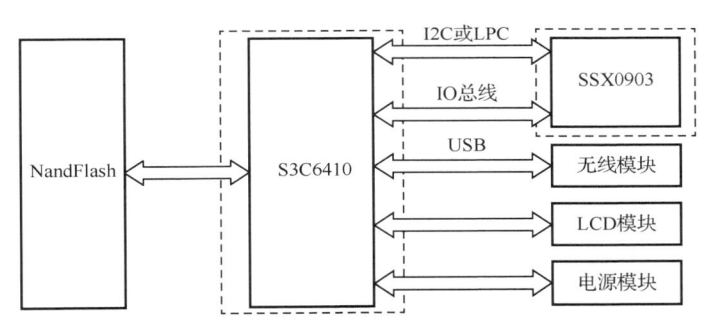

图 7.21 系统的架构

其中的 SSX0903 安全芯片为 TCM。TCM 是《信息安全技术 可信计算密码支撑平台功能与接口规范》中提出的可信密码模块,为可信计算平台提供密码运算功能,与 TCG 提出 TPM 相对应。

2. 可信密码模块

(1) SSX0903 芯片。

SSX0903 芯片是一款由瑞达信息安全产业股份有限公司推出,国内首款支持国家可信计算标准 TCM 规范的 32 位安全芯片,基于 32 位 RISC 处理器的安全处理平台,内部采用 7 级流水线,实现高效处理。芯片内置 128KB 的 Flash,支持固件的下载和内部数据的存储,内置 16KB ROM 作为芯片独立的运行内存。SSX0903 内嵌 TCM 标准协议固件,固件遵循《可信计算密码支撑平台功能与接口规范》的 TCM 标准协议。SSX0903 片内提供如下高速算法支持:SM4(对称密码算法)硬件处理模块、SM3(哈希算法)硬件处理模块、SM2(椭圆曲线密码算法)高速协处理器。以上算法均满足可信接入的相关需求。

(2) SSX0903 硬件接口。

SSX0903 硬件接口完全满足《可信计算密码支撑平台功能与接口规范》,其支持且仅支持 LPC

总线协议。LPC 总线协议用于主板上的数据资料传输，被认为可以取代工业标准结构（Industry Standard Architecture，ISA）总线。LPC 总线用于连接低速设备，特别适合串口、并口、键盘、鼠标、软驱、可信平台模块等与 CPU 的通信工作。可在 ARM11 S3C6410 开发板的基础上开发可信移动终端原型系统，制板并留出 USB 接口，以 USB 设备的形式将可信芯片接入原型系统，使用 USB 将 LPC 总线协议转为 ARM 平台的 I2C（集成电路总线）协议，完成 ARM 平台对可信模块的接口调用工作。

3．技术难点

本章介绍了一种可信终端的设计方案，可信终端实现了可信启动、数据恢复与加密、可信网络连接等功能，该可信终端的体系结构如图 7.22 所示。使用 FPGA（现场可编程门阵列）模块实现总线仲裁（类似于 PC 上的南桥芯片），很好地解决了可信芯片与 ARM 芯片双 CPU 工作对系统的控制权分配问题，实现了对 NandFlash 中的 Boot Loader、操作系统内核的完整性度量，保证了可信启动的第一步。

由于 S3C6410 开发板中的 NandFlash 已经与 ARM 芯片直连，因而加入 FPGA 模块实现总线仲裁的设计已经无法实现，可信芯片在该系统下只能作为一个模块加入系统中（如通过 USB 接口），如此可信芯片将无法在 ARM 启动前对 NandFlash 进行读取操作，也无法对 Boot Loader 和操作系统内核进行完整性度量，只能在 ARM 启动后对其进行调用，完成后续的可信网络连接等。

在无线局域网可信接入认证过程中，通信双方需要将 PCR 及度量存储日志（Stored Measurement Log，SML）发送给对方进行验证，若无可信启动过程，则 PCR 将不建立在信任根的基础之上，平台的可信性无法保证，那么在认证过程中对可信芯片的使用将只是其内部的密码引擎部分，完成接入认证过程中的密钥分发及加密/解密等功能。

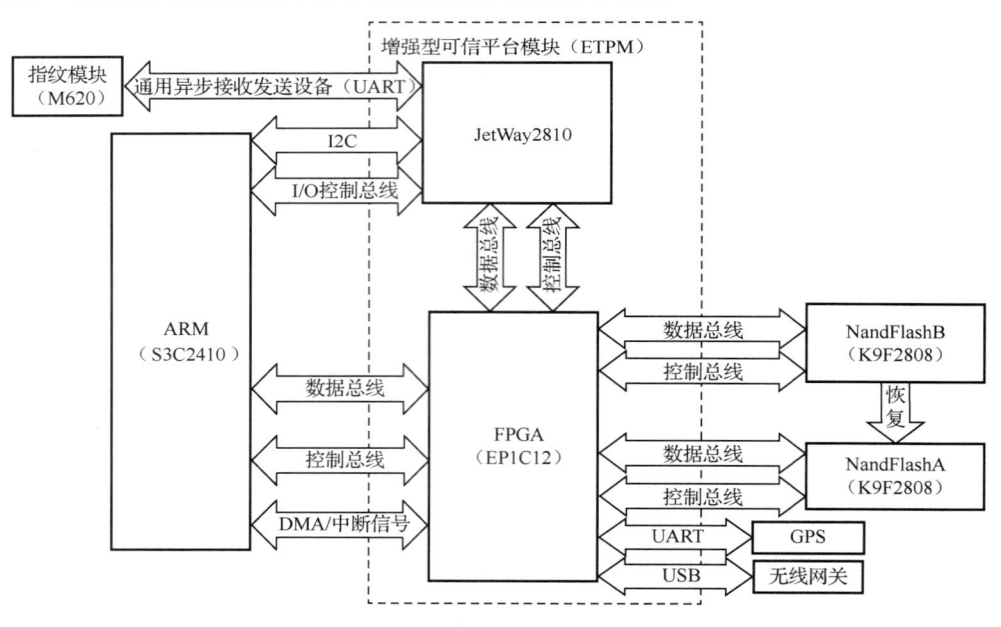

图 7.22　可信终端的体系结构

7.7.2　Android 可信计算平台架构

Android 移动操作系统的操作简单，系统运行流畅，UI（用户界面）设计精美，自发布以来受到广大用户和移动开发者的追捧，手机厂商亦顺势而为，发布了多款 Android 移动系统手机。然而，这部分智能手机无论是硬件设计还是软件架构都没有应用可信计算概念，传统的在硬件平台嵌入可信芯片模块以实现可信计算的方法在当前主流移动终端平台上应用的可行性不高。北京航空航天大学研究团队提出了一种基于 Android 操作系统的可信平台架构，将移动终端修改为部分可信的计算平台，论证了在不改变当前移动终端架构及 Android 系统架构的基础上，通过重用现有硬件和技术，在不丧失 Java 特性的前提下，使移动终端成为可信终端，并保证了可信认证的速度。

1．Android 的安全性分析

（1）Android 架构与分析。

Android 与 Java2 标准版（Java2 Standard Edition，J2SE）和 Java2 缩微版（Java2 Micro Edition，J2ME）的架构对比分析如图 7.23 所示。其中 J2SE 是面向 PC 架构的，主要用于桌面应用程序开发，且其架构被证明是安全的；J2ME 是针对嵌入式设备架构的，是 J2SE 的缩减版，因而部分功能使用受到限制，如无 Java 本地接口（Java Native Interface，JNI），这使得运算速度成为其瓶颈，同时出于安全性的考虑，不允许用户自定义现有类。

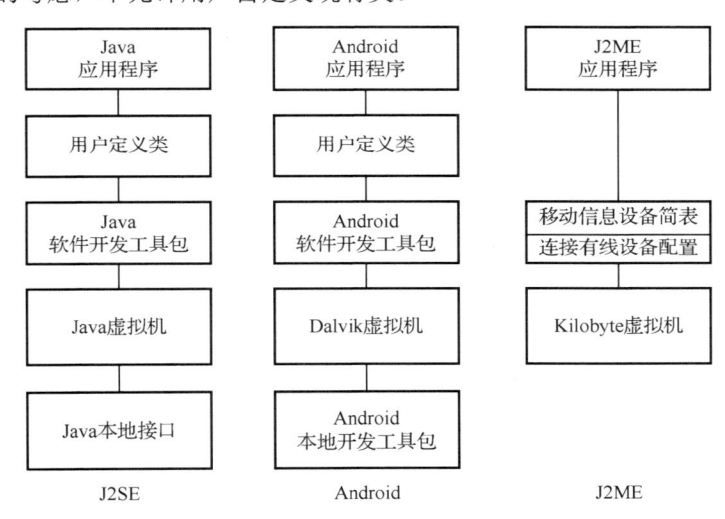

图 7.23 Android 与 J2SE 和 J2ME 的架构对比分析

由图 7.23 可以看出，Android 的架构与 J2SE 的架构极为相似，J2SE 中的每个模块在 Android 中都有对应的模块。此外，Android 具有 J2ME 不具备的用户自定义类载入模块和本地应用接口调用模块。因此 Android 允许开发人员自定义类，也允许开发人员通过 Android 本地开发工具包（Native Development Kit，NDK）技术调用本地 C 程序。

（2）Android 自定义类安全性分析。

在 Android 中的类按性质分为系统内部类和非系统内部类。其中，前者涉及系统对硬件模块的调用，如 Camera 类、WiFi 类、Bluetooth 类等，开发人员无法对这部分类进行修改，避免了恶意代码对硬件模块的攻击，从而保证了系统的安全运行。而非系统内部类则允许用户对其进行覆盖、重置等操作，以最大限度地给予开发者自由。从可信计算平台的安全可靠性方面考虑，可修改的类必然不以破坏硬件模块为目的，因此该结构满足可信计算平台的构造需求。

（3）Android NDK 安全性分析。

J2SE 使用 JNI 的 C 程序可以完成对终端的任意操作，J2ME 出于对嵌入式设备的安全性考虑，未引入 JNI 技术，避免了可能导致的硬件平台安全隐患。而在 Android NDK 中，允许开发人员执行本地 C 程序，但出于安全性考虑，Android 也对本地 C 程序进行了限制，本地 C 程序不能直接操作硬件，只能用于数学计算等。在可信计算平台中，引入 C 程序的初衷是加快代码执行速度，尤其是满足可信计算中的密钥生成、加密/解密、安全度量等操作，并非操作硬件设备，因而 Android NDK 在满足安全条件的前提下，能满足可信平台架构的需求。

（4）Android 外部模块接入安全性分析。

Android 3.1 及以上版本引入了 USB 操作类（android.hardware.usb），允许开发人员在 Java 层操作 USB 设备，使得在 Java 中操作移动终端外接设备成为可能。然而，出于安全性考虑，Android 对 USB 设备的接入有严格的限制。首先，必须在操作外接 USB 设备的应用程序中显式声明 USB 设备的 ProductID 和 VendorID，并且得到用户允许操作 USB 的授权后才能对 USB 设备进行操作，这样就保证了 USB 设备不被非法操作，保护整个系统的安全。

综上所述，Android 在满足安全性的前提下，将 J2ME 中所不具备的自定义类模块和本地函数接口调用模块引入系统中，使得在 Android 中构建可信计算平台成为可能。

2．基于 Android 的可信平台架构设计

根据 Android 的安全性分析，设计基于 Android 的可信计算平台架构，如图 7.24 所示。可信计算应用程序可以调用 TSS 和 TPM/TCM 中各函数库所提供的函数，为用户提供可信计算服务；协议算法用 Java 编写，通过 Java 和调用封装的可信芯片 API 与计算库 API，为可信计算应用程序提供协议和算法支持；可信芯片 API 是 Java 封装后的可信芯片应用程序接口，封装了可信芯片中的相关函数库，如密钥生成、密钥管理等密码学算法，供用户进行调用；计算库 API 利用 Android NDK 技术，将运算量较大的函数写入本地应用程序中，并且向开发人员提供计算库 API；计算函数库用 Java 和 C 共同编写，封装了本地 C 程序中的相关计算函数，供用户进行调用；可信芯片为外接硬件设备，与移动终端通过 USB 接口进行连接，并通过 Android 提供的 USB 操作类执行可信芯片的相关操作。

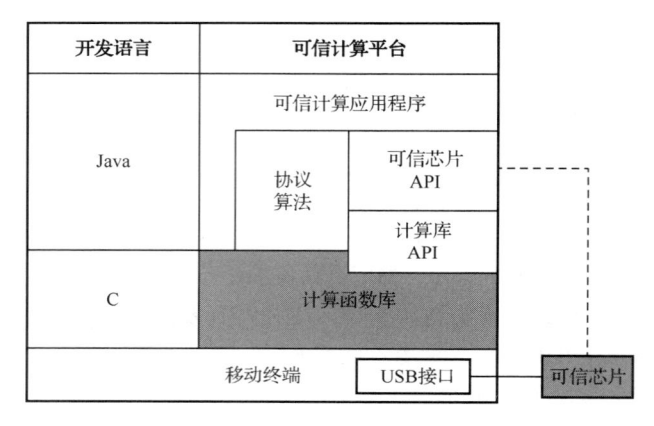

图 7.24 Android 可信计算平台架构

（1）移动可信模块构建。

TCG 的标准描述了移动可信模块（MTM）中所必须具备的特性，但没有给出具体的实现方法。考虑到现有移动终端的特性，通过修改硬件架构的形式实现可信模块并不可行，而通过已存在的软件库或可信芯片实现 MTM 是可行的。

一种方式是完全通过软件实现 MTM。这种方式的优点显而易见，即在对硬件无任何改动的前提下实现 MTM，可移植性和可修改性都较高；缺点是对 MTM 本身进行可信验证难度较大。

如今嵌入式处理器都提供了安全区，如 ARM 平台的 TrustZone，将 MTM 存储至安全区，即可保证 MTM 不被恶意修改和破坏，保证安全性。另外，在 Android 中，所有函数库都被存储为动态连接库文件（so 文件），因此通过检查 so 文件的校验值即可完成对软件库函数的可信验证，具有一定的可实现性。

另一种方式是通过可信芯片实现 MTM。可信芯片负责提供保护域和隐藏域，保护自身不被破坏和恶意修改，同时向上层提供必要的可信验证服务。Android 3.1 及以上版本已经提供了对 USB-Host 的支持，任何 Android 3.1 及以上版本的手机终端均可通过 USB OTG（即插即用）模式，以 Host 身份进行 USB 操作，这使得外接可信芯片实现 MTM 成为可能。考虑到可信芯片不能满足可信认证协议的需求，可采用可信芯片与计算函数库相结合的形式实现 MTM。

（2）MTM 抽象接口。

TCG 的标准中没有对如何进行 MTM 调用给出具体的实现方案。由于计算的复杂性，MTM 应放置在 C 语言层或可信芯片中，以提高代码执行速度。在 C 语言层中封装了计算库 API；在可信芯片层中封装了可信芯片 API。

直接匿名证明方案中包含 4 个实体，生产厂商、身份权威机构、终端及验证者。在 Linux 系统中，使用 PBC（Pairing-Based Cryptography）库完成以上实体的初始化及身份建立与身份验证过程。该系统架构如图 7.25 所示，主要完成以下 4 个功能。

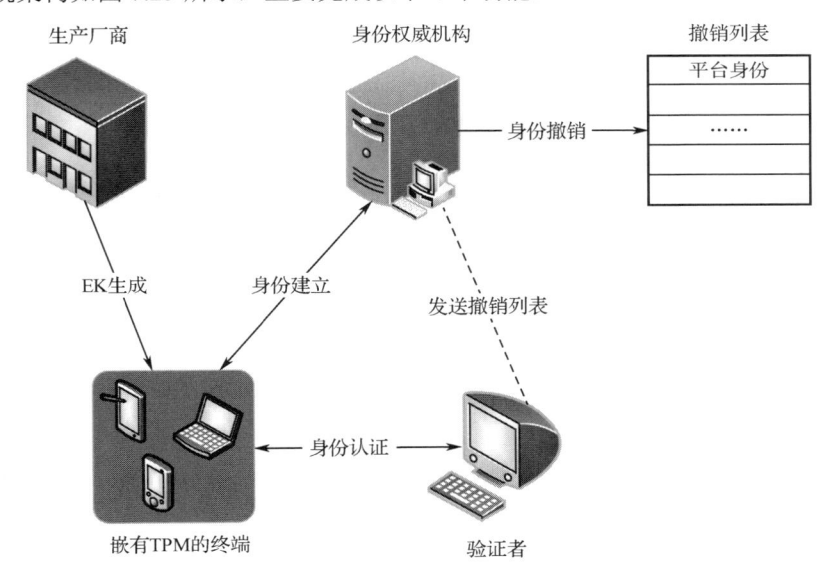

图 7.25　系统架构

① 系统初始化。生产厂商和身份权威机构初始化后将公/私钥及双线性对参数保存在本地，并公布自己的公钥。

② EK 生成。生产厂商为终端设备（S，H）生成 EK 对，终端设备（S，H）保存该密钥对。

③ 身份建立。该过程由终端设备（S，H）与身份权威机构共同完成，两者通过安全信道采用 UDP 完成数据的交互，完成身份建立过程，若验证通过，则身份权威机构为该终端颁发身份证书，并发送给终端，终端保存该身份证书。

④ 身份认证。该过程由终端设备（S，H）与验证者共同完成，两者通过无线网通信，使用 UDP 完成通信数据的交互。该过程中，终端通过运算将身份权威机构颁发的身份证书盲化。若终端通过认证，则验证者输出验证成功信息。

7.8 实用支撑技术

7.8.1 SGX 技术

英特尔 SGX 指令集扩展以硬件安全为强制性保障，不依赖于固件和软件的安全状态，提供用户空间的可信执行环境，通过一组新的指令集扩展与访问控制机制，实现不同程序间的隔离运行，保障用户关键代码、数据不受恶意软件的破坏。SGX 的 TCB 仅包括硬件，弥补了基于软件的 TCB 自身存在的软件安全漏洞与威胁的缺陷，极大地提升了系统安全系数。此外，SGX 可保障运行时的可信执行环境，恶意代码无法访问与篡改其他程序运行时的保护内容，进一步增强了系统的安全性。基于指令集的扩展与独立的认证方式，使得应用程序可以灵活调用安全功能并进行验证。作为系统安全领域的重大研究进展，SGX 是基于 CPU 的新一代硬件安全机制，其健壮、可信、灵活的安全功能与硬件扩展的性能保证，使得这项技术具有广阔的应用空间与发展前景。学术界和工业界已经对 SGX 技术展开了广泛的研究，英特尔也在其第六代 CPU 中加入了对 SGX 的支持。

远程计算的安全问题是在不受信任方拥有和维护的远程计算机上执行软件的问题，需要具有一定的完整性和保密性。在一般情况下，安全的远程计算是一个尚未解决的问题。全同态加密（Fully Homomorphic Encryption，FHE）解决了有限的一系列计算问题，但性能开销不切实际。

SGX 旨在通过远程计算机中的可信硬件来解决远程计算的安全问题，可信硬件建立一个安全容器，远程计算服务用户将所需进行的计算和数据上传到安全容器中，受信任的硬件在执行计算时会保障数据的完整性和保密性。SGX 的解决思路如图 7.26 所示。

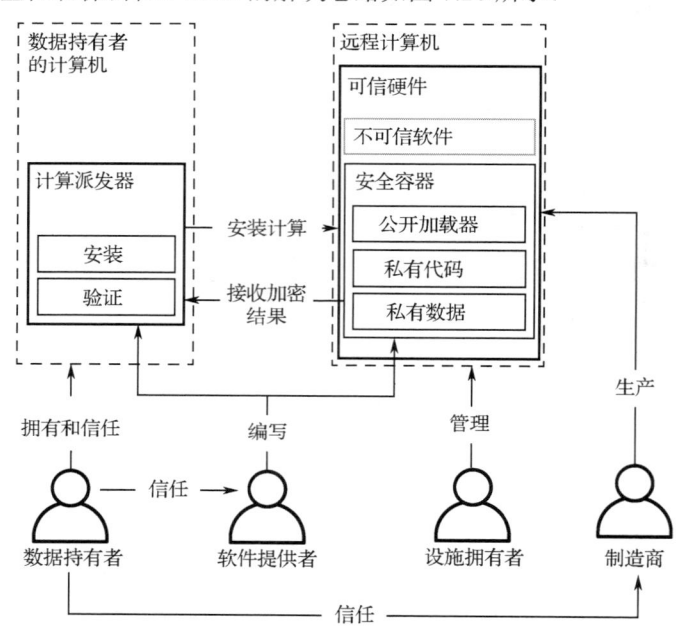

图 7.26 SGX 的解决思路

英特尔的可信执行技术（Trusted Execution Technology，TXT）和 SGX 都是英特尔为可信计算推出的技术，前者推出的时间较早。从保护对象来看，前者保护的对象可以理解为整个操作系统，后者保护的对象是应用程序运行时的一部分代码和相应的地址空间。这意味着两者的 TCB 不一样，前者的 TCB 范围要大得多，包括处理器芯片、BIOS、Boot Loader、操作系统，后者不需要信任 BIOS 或操作系统，即使两者被攻破，用户也不用担心运行在 Enclave 中的数据被泄露。从安全角度来看，后者的方案对用户的数据而言是更安全的。从应用的结果来看，TXT 主要用来作为大型平台的动态度量信任根（DRTM），用以取代可信计算技术中传统的 SRTM（如 BIOS 中的 CRTM），使得计算平台的度量信任根从安全级别较低的 BIOS 转变为 CPU，并根据用户需要在不重启系统的情况下随时重新构建信任链。SGX 主要用来在大型平台里保护微量敏感数据和关键代码，提供对这些代码和数据的远程证明。

SGX 依赖于软件认证，如同 TPM 和 TXT，向用户证明它正在与在受信任硬件托管的安全容器中运行的特定软件进行通信。认证是加密签名，用于证明安全容器内容的哈希值。因此，远程计算机的所有者可以在安全容器中加载任何软件，但是远程计算服务用户将拒绝将其数据加载到内容哈希值与预期值不匹配的安全容器中。远程计算服务用户根据受信任的硬件制造商创建的认可证书验证用于产生签名的证明密钥，证书指出，证明密钥仅有可信硬件知道，并且仅用于证明。

SGX 的功能超越了 TXT，其认证覆盖的代码位于使用硬件保护的系统的 TCB 中。TPM 原始设计产生的证明涵盖了在计算机上运行的所有软件，而 TXT 证明涵盖了 VMX（Virtual Machine Extensions，虚拟机扩展）代码。在 SGX 中，一个 Enclave 仅在计算中包含私有数据及对其进行操作的代码。例如，可以通过让用户上传加密的图像来实现对医学图像执行图像处理的云服务，用户可以将加密密钥发送给在 Enclave 内运行的软件，该软件内包含用于解密图像的代码、图像处理算法及用于加密结果的代码。而负责接收上传的加密图像并存储它们的代码，则留在 Enclave 之外。

启用 SGX 的处理器通过将 Enclave 内的代码和数据与外部环境（包括操作系统和管理程序，以及连接到系统总线的硬件设备）隔离开来，保护 Enclave 内部计算的完整性和保密性，同时，SGX 模型仍然与英特尔体系结构中的传统软件分层兼容，在该体系结构中，OS 内核和虚拟机管理程序管理计算机资源。

SGX 的原始版本也称为 SGX1，SGX2 为 Enclave 作者提供了非常有用的改进思路。

7.8.2　TXT 技术

英特尔的 TXT 使用 TPM 的软件认证模型和辅助防篡改芯片，但将 Enclave 内的软件减少为由 CPU 的硬件虚拟化功能托管的虚拟机（Virtual Machine，VM）。

TXT 通过确保容器在运行时对整个计算机具有独占控制权，将容器内的软件与不受信任的软件隔离开，通过安全的初始化身份认证代码模块（Secure INITialization Authenticated Code Module，SINIT ACM）来完成，该模块在启动容器的 VM 之前可以有效地执行系统热复位。

TXT 需要具有扩展寄存器集的 TPM 芯片。初始化 TXT VM 后，它会更新构成动态度量信任根（DRTM）的 TPM 寄存器。虽然 TPM 的 SRTM 寄存器仅在引导周期开始时复位，但每次启动 TXT VM 时，SINIT ACM 都会复位 DRTM 寄存器。

TXT 不实现动态随机存储器（DRAM）加密或 HMAC，因此像基于 TPM 的设计一样容易受到物理 DRAM 攻击。此外，早期的 TXT 实施容易受到攻击，其中恶意操作系统会对设备（如网卡）进行编程，以执行对 TXT 容器使用的 DRAM 区域的 DMA 传输。在较新的英特尔 CPU 中，内存控制器集成在 CPU 芯片上，因此 SINIT ACM 可以安全地设置内存控制器，以拒绝将 TXT 内存作为目标的 DMA 传输。英特尔芯片组数据表记录了"英特尔 TXT DMA 保护范围"IIO（Integrated I/O）配置寄存器。

早期的 TXT 无法衡量 SINIT ACM，所以执行 TXT 启动指令的微码通过硬编码的英特尔密钥验证了代码模块包含 RSA 签名，如果发现漏洞，则不能撤销 SINIT ACM 签名，因此当发现 SINIT ACM 漏洞时，必须修改 TXT 的软件证明。当前，SINIT ACM 的加密哈希包含在证明度量中。

由 SINIT ACM 执行的热复位不包括以系统管理模式（System Management Mode，SMM）运行的软件。SMM 专为固件使用而设计，并存储在受保护的存储区（System Management RAM，SMRAM）中，未以 SMM 运行的软件不能访问该存储区。但是，SMM 处理程序已经遭到攻击，并且获得 SMM 执行的攻击者可以访问 TXT 容器使用的内存。

7.8.3　TrustZone 技术

ARM 的 TrustZone 是一组硬件模块。从概念上来说，TrustZone 可在承载着 Enclave 的安全环境和运行着不可信软件堆栈的普通环境之间划分系统资源。TrustZone 文档描述了其半导体知识产权核心（IP 块）及其组成的安全属性。因此，系统中仅存在 TrustZone IP 块不足以确定系统在特定威胁模型下是否安全。

TrustZone 使用一个信号来扩展高级微控制器总线架构（Advanced Microcontroller Bus Architecture，AMBA）高级可扩展接口（Advanced eXtensible Interface，AXI）系统总线中的地址线，该信号指示访问属于安全或常规（非安全）领域。执行代码时，包含 TrustZone 的"安全扩展"的 ARM 处理器内核可以在常规环境和安全环境之间切换，内核执行的每个总线访问中的地址反映了内核当前正在执行的环境。

TrustZone 处理器中的复位电路将其置于安全模式，并将其指向存储在片内 ROM 中的第一级引导程序。此引导程序包含在 TrustZone 的 TCB 中，能初始化平台，设置 TrustZone 硬件，以保护安全容器不受不信任软件的侵害，并加载普通用户的引导程序。安全容器还必须实现一个监视器，该监视器在两个环境之间执行内核所需的上下文切换。监视器还必须处理硬件异常（如中断），并将其路由到适当的环境。

TrustZone 设计使安全环境的监视器可以访问正常环境，因此该监视器可以在两个环境中的软件之间实现进程间通信。监视器可以使用安全和非安全地址发布总线访问权限。例如，通过翻转寄存器中的一位，安全容器的软件可以跳转到正常环境中的任意位置，正常情况下不受信任的软件只能通过跳转到监视器内部定义明确的位置的指令来访问安全环境。

从概念上讲，每个 TrustZone CPU 内核为安全和正常环境提供单独的地址转换单元，这是通过两个页表基址寄存器来实现的，页表条目中的物理地址已扩展为要在 AXI 总线上发布的安全位的值。通过使用 CPU 内核将地址转换结果中的安全位强制置为零（对于正常的环境地址转换），可以保护安全环境免遭不受信任软件的侵害。由于安全容器管理自己的页表，因此不受信任的 OS 的页面错误处理程序无法直接观察其内存访问。

信任 TrustZone 的硬件模块可以使用每个总线访问中的安全地址位来实现环境之间的隔离。例如，TrustZone 的缓存将安全位存储在每条缓存行的地址标签中，从而有效地为运行在不同环境中的软件提供完全不同的内存空间视图，该设计假定存储空间在两个环境之间进行了划分，因此不会发生混叠。

预计不占用 TrustZone 地址位的硬件模块将通过实现简单分区技术的 IP 内核连接到 AXI 总线。例如，TrustZone 内存适配器（TrustZone Memory Adaptor，TZMA）可用于将片上 ROM 或 SRAM 划分为安全区域和普通区域，而 TrustZone 地址空间控制器（TrustZone Address Space Controller，TZASC）则可对 DRAM 控制器提供的存储空间进行分区，并拖曳到安全区域和正常区域。可识别 TrustZone 的 DMA 控制器拒绝来自引用安全环境地址的常规环境的 DMA 传输。

因此，分析 TrustZone 系统的安全属性需要对连接到 AXI 总线的所有硬件模块的行为和配置有准确的了解。例如，TrustZone 文档中描述的缓存不会在环境之间被强制完全隔离，因为它们允许用访问环境的内存来替换另一个环境的缓存行。这使得安全容器软件在正常情况下可以防御来自不受信任软件的实时攻击。

TrustZone 组件没有针对物理攻击的任何对策。在信任处理器芯片封装的威胁模型中，TrustZone 文档注明了系统不会受到物理攻击。AXI 总线用于连接 SoC 设计中的组件，因此攻击者无法利用它。TrustZone 文档建议将安全环境中的所有代码和数据存储在片上 SRAM 中，可以保护其不受物理攻击，但是这种方法对安全容器的功能有重大限制，因为片上 SRAM 比相同容量的 DRAM 芯片成本高出很多。

TrustZone 文档没有描述任何软件证明实施的内容，但确实概述了一种用于实现安全启动的方法：第一阶段的引导加载程序会针对公钥验证第二阶段的引导加载程序中的签名，该公钥的加密哈希值被写入片上一次性可编程（One-Time Programable，OTP）多晶硅熔断器中。通过将每个芯片的认证密钥存储在多晶硅熔断器中，让第一阶段的引导加载程序度量第二阶段的引导加载程序，将其哈希值存储在片上 SRAM 区域，可以在相同组件的顶部构建硬件度量体系，营造安全的环境。多晶硅熔断器将由 TZMA IP 块控制，这使得它们只能被安全的环境访问。

7.8.4　XOM 架构

仅执行内存（eXecute-Only Memory，XOM）架构引入了在不受信任的主机软件管理的隔离容器中执行敏感代码和数据的方法，使用了将容器的数据与其不受信任的软件环境相隔离的机制，例如，在处理中断之前将寄存器状态保存到受保护的内存区域。

操作系统通过使用拥有它的容器的标识符标记每条缓存行来支持多个容器，并通过禁止对与当前容器的标识符不匹配的缓存行进行内存访问来确保隔离。操作系统和不受信任的应用程序被视为属于具有空标识符的容器。

处理器的内存控制器中集成了加密和 HMAC 功能，以保护容器内存免受 DRAM 的物理攻击。加密和 HMAC 功能用于逐出和提取所有高速缓存行，DRAM 芯片中的 ECC 位用于存储 HMAC 值。

XOM 的设计不能保证 DRAM 的新鲜度，因此其容器中的软件容易受到物理重放攻击。XOM 不能保护容器的内存访问模式，意味着任何恶意软件都可以对容器中的软件执行缓存定时攻击。此外，XOM 容器在遇到硬件异常（如页面错误）时会被破坏，因此 XOM 不支持页面调度。

XOM 依靠修改后的软件分发方案，使用对称密钥加密每个容器的内容。该对称密钥也用于容器的标识。对称密钥使用受信任运行容器的 CPU 的公钥进行加密。通过将敏感信息嵌入加密的容器数据中并使用它来对容器进行身份认证，可以确保容器的作者在可靠的软件上运行该容器。从概念上讲，该方案比软件认证更简单，但是不允许容器作者审核容器的软件环境。

7.8.5　Bastion 体系结构

Bastion 体系结构使用受信任的管理程序为运行在未修改、不受信任的操作系统中的应用程序提供安全容器。Bastion 的管理程序可确保操作系统不会干扰安全容器。英特尔的 VMX 是 Bastion 对使用嵌套页表的体系结构的虚拟化扩展。

系统管理程序在 OS 页表中强制执行容器所需的内存映射，每个 Bastion 容器都有一个安全段，其中列出了所有容器页面的虚拟地址和权限。该系统管理程序还维护着一个模块状态表，该表存储着一个反向页面映射信息，从而将每个物理内存页面、容器和虚拟地址相关联。在使用地址转换结果更新转译后备缓冲区（Translation Lookaside Buffer，TLB）之前，对处理器的硬件页面漫游器进行修改，以便在每次 TLB 未命中时调用系统管理程序。系统管理程序检查转换所使用的虚拟地址是否与模块状态表中的物理地址相关联的预期虚拟地址匹配。

Bastion 的缓存行未使用容器标识符进行标记，仅标记 TLB 条目，系统管理程序的 TLB 未命中处理程序会在创建每个 TLB 条目时为其设置容器标识符。与 XOM 相似，安全处理器在每次访问内存时都会根据当前容器的标识符检查 TLB 标签。

Bastion 提供了针对物理 DRAM 攻击的保护，而没有限制容器的数据必须存储在连续 DRAM 区域。这一保护功能可以通过启用内存加密、HMAC 的标志扩展高速缓存行和 TLB 条目来实现。系统管理程序的 TLB 未命中处理程序在 TLB 条目上设置标志，这些标志在内存写入时传到高速缓存行。

Bastion 管理程序允许不受信任的操作系统逐出安全的容器页面，逐出的页面经过 HMAC 加密，由系统管理程序维护的 Merkle 树覆盖。因此，系统管理程序可确保交换页面的保密性、真实性和新鲜度。但是，可以自由逐出容器页面的功能使恶意操作系统可以按页面粒度了解容器的内存访问情况。

Bastion 不信任平台的固件。固件在引导过程中完成其作用后，计算虚拟机管理程序的加密哈希值。系统管理程序的哈希值包含在软件证明报告的度量中。

7.8.6 Sanctum 保护

Sanctum 引入了一种简单的软硬件协同设计方案，具有与 SGX 相同的抵御软件攻击的能力，并增加了针对内存访问模式泄露的保护，如页面错误监视攻击和缓存定时攻击。

Sanctum 使用概念上简单的缓存分区方案，将计算机的 DRAM 分为大小相等的连续 DRAM 区域，并且每个 DRAM 区域在共享的末级缓存（Last Level Cache，LLC）中使用不同的集合。每个 DRAM 区域恰好分配给一个容器，因此容器在 DRAM 和 LLC 中都是隔离的。可以通过上下文开关进行刷新，也可以将容器隔离在其他缓存中。

与 XOM、AEGIS 和 Bastion 一样，Sanctum 将虚拟机管理程序、OS 和应用程序软件在概念上归于一个单独的容器，通过容器彼此隔离的措施，可以保护容器免受不受信任的外部软件的侵害。

Sanctum 依赖于受信任的安全监视器，是处理器执行的第一部分固件。该监视器通过处理器 ROM 引导程序代码进行度量，并且其加密哈希值包含在软件证明报告的度量中。监视器验证操作系统的资源分配决策，如确保两个不同的容器都无法访问 DRAM 区域。

每个 Sanctum 容器管理映射其 DRAM 区域的自有页表，并处理自有页表的错误，因此恶意操作系统会导致容器中出现页面错误的虚拟地址。Sanctum 的硬件修改与安全监视器配合使用，可确保容器的页表仅引用容器 DRAM 区域的内存。

Sanctum 的设计完全专注于软件攻击，不能提供任何针对物理攻击的保护。

7.9 本章小结

本章介绍了完整性保护的基本模型，包括 Biba 模型和 Merkle 树模型，介绍了可信计算的基本原理，包括基本概念、体系结构、硬件构成，重点介绍了 AEGIS 和 IMA 模型，然后从系统实现的角度介绍了 Linux 完整性保护方案，通过 Windows 和 Android 展示了可信计算技术的开发和使用。

7.10 习题

1. Biba 模型可以分为_____、_____和_____3 种模型。
2. 可以将哈希列表看成树高为_____的多叉 Merkle 树。Merkle 树和哈希列表的主要区别是_____。
3. AEGIS 模型采用_____来实现组件的完整性，在 AEGIS ROM 中存储_____和_____。
4. 可信引导不能抵御_____，安全引导需要在可信引导的基础上，增加_____的功能。
5. 可信计算的实现方案依赖于_____。
6. PCR 主要有两种操作：_____和_____。
7. IMA 模型完整性度量的主要对象是_____和_____。
8. 可信计算主要实现以下 3 个功能：_____、_____、_____。

7.11 思考题

1. BT 是非常流行的网络下载软件，Merkle 树和网络编码技术是其核心技术，如何实现 BT？
2. 区块链中，Merkle 树有什么用途？
3. 内核主导的 IMA 模型的完整性度量方法是什么？
4. 结合 TPM 芯片进行系统开发时，需要注意哪些关键技术问题？
5. 针对国产 TCM 开发，有什么可用的方案？
6. 在可信计算中，信任链如何传递？TPCM 的工作流程是什么？

第 8 章　数据库系统安全

攻击者通过浏览器/服务器架构，以 Web 服务器为跳板，窃取数据库中的数据，SQL 注入就是一个典型的数据库攻击手段。多数应用程序需要访问数据库，因此它的安全直接关系到整个信息系统的安全。

8.1　数据库安全概述

数据库由数据库管理系统（DBMS）提供统一的数据保护功能来保证数据的安全可靠和正确有效。数据库的安全性是指保护数据库以防止不合法使用造成数据泄露、更改或破坏。安全性问题不是数据库系统所独有的，所有计算机系统都存在不安全因素，只是在数据库系统中由于大量数据集中存放，为众多用户直接共享，使安全性问题更加突出。

8.1.1　安全特性

数据库系统的安全特性主要针对数据而言，包括数据独立性、数据安全性、数据完整性、并发控制、故障恢复、安全策略等方面。具体说明如下。

（1）数据独立性。

数据独立性包括物理独立性和逻辑独立性两个方面。物理独立性是指用户的应用程序与存储在磁盘上的数据库中的数据是相互独立的；逻辑独立性是指用户的应用程序与数据库的逻辑结构是相互独立的。

（2）数据安全性。

比较完整的数据库通常对数据安全性采取以下措施。

① 将数据库中需要保护的部分与其他部分相隔。

② 采用授权规则，如账户、口令和权限控制等访问控制方法。

③ 对数据进行加密后存储于数据库。

（3）数据完整性。

数据完整性包括数据的正确性、有效性和一致性。正确性是指数据的输入值与数据表对应域的类型一致；有效性是指数据库中的理论数值满足现实应用中对该数值段的约束；一致性是指不同用户使用的数据库中的数据应该是一样的。要保证数据的完整性，需要防止合法用户使用数据库时向数据库中加入不合语义的数据。

（4）并发控制。

如果数据库应用要实现多用户共享数据，就可能在同一时刻有多个用户存取数据，可将这种事件称为并发事件。如果一个用户取出数据进行修改，在将修改后的数据存入数据库之前有其他用户再取此数据，那么读出的数据就是不正确的。这时，管理员需要对这种并发操作进行控制，排除和避免这种问题的发生，保证数据的正确性。

（5）故障恢复。

由数据库管理系统提供一套方法，用于及时发现故障和修复故障，从而防止数据被破坏。数据库系统能尽快修复运行时出现的故障。这种故障可能是物理上的或逻辑上的错误，如对系统的误操作造成的数据错误等。

（6）安全策略。

在进行数据库安全配置之前，管理员首先必须对操作系统进行安全配置，保证操作系统处于安全状态；然后对待使用的数据库软件进行必要的安全审核，以消除基于数据库的 Web 应用常出现的安全隐患。例如，对 ASP、PHP 等脚本，要防止攻击者构造恶意的 SQL 语句。

8.1.2　安全威胁

在传统的信息安全防护体系中，数据库处于被保护的核心位置，同时数据库自身已经具备安全措施，表面上看足够安全。但随着攻击者攻击手段的不断增加，单纯的数据库防护已解决不了所有问题。数据库受到的安全威胁主要包括如下几种。

（1）授权用户的非故意错误操作。

由于不慎而造成意外删除或泄露，而非故意地规避安全策略。授权用户无意访问敏感数据并错误地修改或删除信息时，就会发生第一种风险。用户进行了非授权的备份时，就会发生第二种风险。虽然这些不是恶意行为，但违反了安全策略，导致数据被存到存储设备上，而该设备遭到恶意攻击时，就会导致非故意的安全事件发生。

（2）非授权用户的恶意存取和破坏。

攻击者在授权用户访问数据库时获取用户名和用户口令，然后假冒合法用户盗取、修改甚至破坏用户数据。数据库管理系统提供的安全措施主要包括用户身份认证、访问控制和视图等技术。攻击者可以使用数据库的错误配置控制访问点，从而绕过认证方法并访问敏感信息。这种配置缺陷成为攻击者借助特权发动某些攻击的主要手段。如果没有重新正确设置，非授权用户就有可能访问未加密的文件，而未打补丁的漏洞可能导致非授权用户访问敏感数据。

（3）重要或敏感数据的泄露。

为了防止数据泄露，数据库管理系统提供了强制访问控制、数据加密存储和加密传输等主要技术。此外，为安全性要求较高的部门提供审计功能，通过分析审计日志，可以对潜在的威胁提前采取措施并加以防范，对非授权用户的入侵行为及信息破坏情况能够进行跟踪，防止对数据库安全责任的否认。

（4）安全环境的脆弱性。

数据库的安全性与计算机系统的安全性，包括计算机硬件、操作系统、网络系统的安全性，它们是紧密联系的。操作系统安全的脆弱、网络协议安全保障的不足等都会造成数据库安全性被破坏。如今，攻击方式已经从公开的漏洞利用发展到更精细的方法，漏洞利用的脚本在数据库补丁发布的几小时内就可以被发到互联网上。使用漏洞利用代码，再加上补丁周期，实质上就可以把数据库的大门完全打开。

8.1.3　安全标准

TCSEC（或 DoD85）标准由美国国防部发布，又称桔皮书。TCSEC/TDI（紫皮书）将 TCSEC 扩展到数据库管理系统，定义了在数据库管理系统的设计与实现中需满足和用以进行安全性级别评估的标准,从 4 个方面描述安全性级别划分的指标,即安全策略、责任、保证和文档。根据计算机系统对各项指标的支持情况,TCSEC/TDI 将系统划分为 4 组(7 个等级),如表 8.1 所示,从下到上,可靠程度或可信程度逐渐增高。

表 8.1 TCSEC/TDI 安全级别

安全级别	定　义
A1	验证设计(Verified Design)
B3	安全域(Security Domains)
B2	结构化保护(Structural Protection)DAC+MAC
B1	标记安全保护(Labeled Security Protection)MAC
C2	受控的存取保护(Controlled Access Protection)
C1	自主安全保护(Discretionary Security Protection)DAC
D	最小保护(Minimal Protection)

信息技术安全评价通用准则(The Common Criteria for Information Technology Security Evaluation,CC)是国际公认的表述信息技术安全性的结构通用准则。CC 提出了国际上公认的表述信息技术安全性的结构,即将对信息的安全要求分为安全功能要求和安全保证要求。安全功能要求用以规范产品和系统的安全行为,安全保证要求解决如何正确有效地实施这些功能。安全功能要求和安全保证要求都以"类—子类—组件"的结构表述,组件是安全要求的最小构建块。

CC 的文本由 3 部分组成,3 部分相互依存,缺一不可。第一部分是简介和一般模型,介绍 CC 中的有关术语、基本概念、一般模型及与评估有关的一些框架;第二部分是安全功能要求,列出了一些类、子类和组件,由 11 个大类、66 个子类和 135 个组件构成;第三部分是安全保证要求,列出了一系列保证类、子类和组件,包括 7 个大类、26 个子类和 74 个组件。

根据系统对安全保证要求的支持情况提出了评估保证级,从 EAL1 至 EAL7 共分为 7 级,数字按保证程度逐渐增高,如表 8.2 所示。

表 8.2 CC 标准

评估保证级	定　义	TCSEC 安全级别(近似相当)
EAL1	功能测试(Functionally Tested)	—
EAL2	结构测试(Structurally Tested)	C1
EAL3	系统地测试和检查(Methodically Tested and Checked)	C2
EAL4	系统地设计、测试和复查(Methodically Designed, Tested and Reviewed)	B1
EAL5	半形式化设计和测试(Semiformally Designed and Tested)	B2
EAL6	半形式化验证的设计和测试(Semiformally Verified Design and Tested)	B3
EAL7	形式化验证的设计和测试(Formally Verified Design and Tested)	A1

CC 的附录部分主要介绍保护轮廓和安全目标的基本内容。这 3 部分的有机结合具体体现在保护轮廓和安全目标中,CC 提出的安全功能要求和安全保证要求都可以在具体的保护轮廓和安

全目标中进一步细化与扩展,这种开放式的结构更适应信息安全技术的发展。CC 的具体应用也是通过保护轮廓和安全目标这两种结构来实现的。

8.2 一般安全机制

数据库安全机制是用于实现数据库的各种安全策略的功能集合,由这些安全机制来实现安全模型,进而实现保护数据库系统安全的目标。

在一般计算机系统中,安全措施是一级一级设置的,其安全模型如图 8.1 所示。

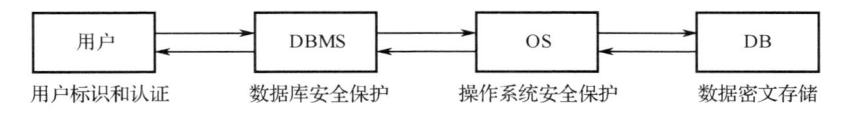

图 8.1 安全模型

用户要求进入计算机系统时,系统首先根据输入的用户标识进行用户身份认证,只有合法的用户才准许进入计算机系统;对于已经进入系统的用户,数据库管理系统还要进行访问控制,只允许用户执行合法操作;操作系统有自己的保护措施;数据最后还可以以密文形式存储到数据库中。

数据库的安全机制主要包括用户身份认证、多层访问控制、审计、视图和数据加密等技术。图 8.2 所示为数据库安全保护的总体流程图。

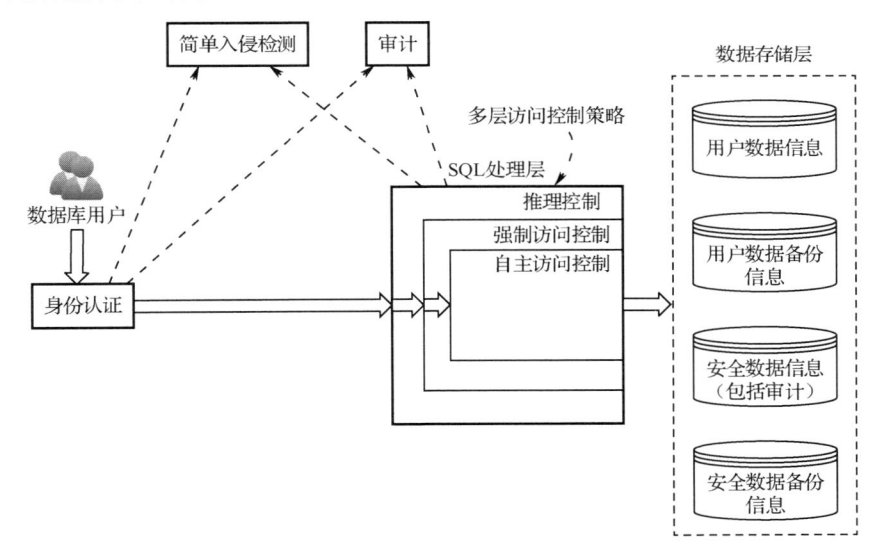

图 8.2 数据库安全保护的总体流程图

首先,数据库管理系统对提出 SQL 访问请求的数据库用户进行身份认证,防止不可信用户使用系统;然后,在 SQL 处理层进行自主访问控制和强制访问控制,进一步进行推理控制。数据库管理系统为监控恶意访问,可根据具体安全需求配置审计规则,对用户访问行为和系统关键操作进行审计。通过设置简单入侵检测规则,对异常用户行为进行检测和处理。在数据存储层,数据库管理系统不仅存放用户数据,还存储与安全有关的标记和信息(称为安全数据),提供存储加密功能等。

8.2.1 用户标识与认证

用户身份认证是数据库管理系统提供的最外层安全保护措施。每个用户在系统中都有一个用户标识。每个用户标识由用户名和用户标识号（UID）两部分组成。UID 在系统的整个生命周期内是唯一的。系统内部记录着所有合法用户的标识，系统认证是指由系统提供一定的方式让用户标识自己的名字或身份。每次用户要求进入系统时，由系统进行核对，通过认证后才提供给用户使用数据库管理系统的权限。

由于数据库用户的安全等级是不同的，因此分配给它们的权限也是不一样的，这要求数据库系统必须建立严格的用户认证机制。身份的标识和认证是数据库管理系统对访问者授权的前提，并且通过审计机制使数据库管理系统保留追究用户行为责任的能力。功能完善的标识与认证机制是访问控制机制能有效实施的基础，特别是在一个开放的多用户系统的网络环境中，识别与认证用户是构筑数据库管理系统安全防线的第一个重要环节。

近年来，标识与认证技术发展迅速，一些实体认证的新技术在数据库系统集成中得到应用，常用的方法有口令认证、数字证书认证、智能卡认证和生物特征识别等。

8.2.2 访问控制

访问控制的目的是确保用户对数据库只能进行经过授权的有关操作。在访问控制机制中，一般将被访问的资源称为"客体"，将以用户名义进行资源访问的进程、事务等实体称为"主体"。

数据库安全中最重要的就是确保只授权给有资格的用户访问数据库的权限，同时令所有未被授权的用户无法接近数据，主要通过数据库系统的访问控制机制实现。

访问控制机制主要包括定义用户权限和合法权限检查两部分。

（1）定义用户权限，并将用户权限登记到数据字典中。用户对某个数据对象的操作权利称为权限，数据库管理系统的功能是保证这些决定的执行。为此，数据库管理系统必须提供适当的语言来定义用户权限，这些定义经过编译后存储在数据字典中，被称为安全规则或授权规则。

（2）合法权限检查。每当用户发出存取数据库的操作请求（一般应包括操作类型、操作对象和操作用户等信息）后，数据库管理系统就查找数据字典，根据安全规则进行合法权限检查，若用户的操作请求超出了定义的权限，系统将拒绝执行此操作。

定义用户权限和合法权限检查机制组成了数据库管理系统的访问控制子系统。C2 级的数据库管理系统支持自主访问控制（DAC），B1 级的数据库管理系统支持强制访问控制（MAC）。

在自主访问控制中，用户对于不同的数据库对象有不同的存取权限，不同的用户对同一个对象也有不同的权限，而且用户可将其拥有的存取权限转授给其他用户，因此自主访问控制非常灵活；在强制访问控制中，每个数据库对象被标记一定的密级，每个用户也被授予某个级别的许可证，对于任意一个对象，只有具有合法许可证的用户才可以存取，因此强制访问控制相对比较严格。

1. 自主访问控制

大型数据库管理系统都支持自主访问控制，SQL 标准也对自主访问控制提供支持，主要通过 SQL 的 grant 语句和 revoke 语句来实现。用户权限是由两个要素组成的：数据库对象和操作类型。定义一个用户的存取权限就是要定义这个用户可以在哪些数据库对象上进行哪些类型的操作。在数据库系统中，定义存取权限称为授权。

在非关系数据库中，用户只能对数据进行操作，访问控制的数据库对象也仅限于数据本身。

在关系数据库系统中，访问控制的对象不仅有数据本身（基本表中的数据、属性列上的数据），还有数据库模式（包括数据库、基本表、视图和索引的创建等）。其对象和操作类型如表 8.3 所示。

表 8.3 关系数据库系统

对象类型	对象	操作类型
数据库模式	模式	CREATE SCHEMA
	基本表	CREATE TABLE，ALTER TABLE
	视图	CREATE VIEW
	索引	CREATE INDEX
数据	基本表和视图	ALL PRIVILEGES（全部操作），如 SELECT，INSERT，UPDATE，DELETE，REFERENCES
	属性列	ALL PRIVILEGES
	索引	ALL PRIVILEGES

在表 8.3 中，属性列权限包括 SELECT、INSERT、UPDATE、REFERENCES，其含义与表权限类似。需要说明的是，对属性列的 UPDATE 权限是指对于表中的某列的值可以修改。当然，有了这个权限后，在修改的过程中还要遵守表在创建时定义的主码及其他约束。属性列的 INSERT 权限是指用户可以插入一个元组。对于插入的元组，授权用户可以插入指定的值，其他列或者为空，或者为默认值。在给用户授予属性列 INSERT 权限时，一定要包含主码的 INSERT 权限，否则用户的插入动作会因为主码为空而被拒绝。

2. 强制访问控制

在强制访问控制中，数据库管理系统所管理的全部实体被分为主体和客体两大类。主体是系统中的活动实体，既包括数据库管理系统所管理的实际用户，也包括代表用户的各进程。客体是系统中的被动实体，是受主体操纵的，包括文件、基本表、索引、视图等。对于主体和客体，数据库管理系统为它们每个实例指派一个敏感度标记。主体的敏感度标记为许可证级别，客体的敏感度标记称为密级。

敏感度标记分成若干级别，如绝密（TS）、机密（S）、可信（C）、公开（P）等。保密程度的次序是 TS≥S≥C≥P。强制访问控制机制就是通过对比主体的敏感度标记和客体的敏感度标记，最终确定主体是否能够访问客体。

当某个用户注册系统时，系统要求它对任何客体的访问必须遵循如下规则：①仅当主体的许可证级别大于或等于客体的密级时，该主体才能读取相应的客体；②仅当主体的许可证级别小于或等于客体的密级时，该主体才能写相应的客体。规则①的意义是比较明显的，按照规则②，用户可以为写入的数据对象赋予高于自己的许可证级别的密级，这样一旦数据被写入，该用户自己也不能再读该数据对象了。如果违反了规则②，就有可能将数据的密级从高流向低，造成数据的泄露。

强制访问控制是对数据本身进行密级标记，无论数据如何复制，标记与数据永远是一个不可分的整体，只有符合密级标记要求的用户才可以操纵数据，从而提供更高级别的安全性。较高级别的安全保护要包含较低级别的所有保护，因此在实现强制访问控制时首先要实现自主访问控制，即 MAC 与 DAC 共同构成数据库管理系统的安全机制。其安全检查示意图如图 8.3 所示。

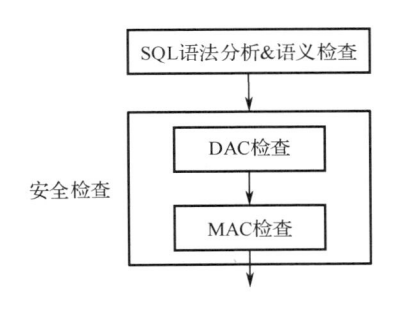

图 8.3 DAC + MAC 安全检查示意图

系统首先进行自主访问控制检查，对通过自主访问控制检查的允许访问的数据库对象再由系统自动进行强制访问控制检查，只有通过强制访问控制检查的数据库对象才可访问。

3．授权

SQL 中使用 grant 语句向用户授予权限，revoke 语句收回已经授予用户的权限。

（1）grant 语句。

grant 语句的一般格式如下：

grant <权限>…
on <对象类型><对象名>…
to <用户>…
[with grant option] ;

其语义如下：将对指定操作对象的指定操作权限授予指定的用户。发出 grant 语句的可以是数据库管理员，也可以是数据库对象创建者，还可以是已经拥有该权限的用户。接受权限的用户可以是一个或多个具体用户，也可以是全体用户（public）。

如果指定了 with grant option 子句，则获得某种权限的用户还可以将这种权限再授予其他用户。如果没有指定 with grant option 子句，则获得某种权限的用户只能使用该权限，不能传递该权限。

SQL 标准允许具有 with grant option 子句的用户将相应权限或其子集传递授予其他用户，但不允许循环授权，即被授权者不能将权限再授回给授权者或其"祖先"。

grant 语句可以一次向一个用户授权，也可以一次向多个用户授权，还可以一次传播多个同类对象的权限，甚至一次可以完成对基本表和属性列这些不同对象的授权。

（2）revoke 语句。

授予用户的权限可以由数据库管理员或其他授权者使用 revoke 语句收回，其一般格式如下：

revoke <权限>…
on <对象类型><对象名>…
from <用户>…
[cascade | restrict] ;

SQL 提供了非常灵活的授权机制。数据库管理员拥有对数据库中所有对象的所有权限，并可以根据实际情况将不同的权限授予不同的用户。用户对自己建立的基本表和视图拥有全部的操作权限，并且可以用 grant 语句将其中某些权限授予其他用户，被授权的用户如果有"继续授权"的许可，还可以将获得的权限再授予其他用户。所有授予出去的权限在必要时又都可以用 revoke 语句收回。

可见，用户可以"自主"地决定将数据的存取权限授予何人、决定是否也将"授权"的权限授予别人，这样的存取控制称为自主存取控制。

（3）创建数据库模式的权限。

对创建数据库模式的数据库对象的授权，由数据库管理员在创建用户时实现。

create user 语句用来创建用户，其一般格式如下：

create user <username> [with][DBA | RESOURCE | CONNECT]

只有系统的超级用户才有权创建一个新的数据库用户。新创建的数据库用户有 3 种权限：CONNECT、RESOURCE 和 DBA。create user 命令中如果没有指定创建的新用户的权限，默认该用户拥有 CONNECT 权限。拥有 CONNECT 权限的用户不能创建新用户，不能创建模式，也不能建立基本表，只能登录数据库。由数据库管理员或其他用户授予该用户应有的权限，用户根据获得的授权情况可以对数据库对象进行权限范围内的操作。拥有 RESOURCE 权限的用户能创建基本表和视图，成为所创建对象的属主，但不能创建模式，不能创建新的用户。数据库对象的属主可以使用 grant 语句将该对象上的存取权限授予其他用户。拥有 DBA 权限的用户是系统中的超级用户，可以创建新的用户，可以创建模式、常见基本表和视图等；DBA 权限用户拥有对所有数据库对象的存取权限，且可以将这些权限授予一般用户。

需要注意的是，create user 语句不是 SQL 标准，因此不同的关系数据库管理系统的语法和内容相差甚远。这里主要说明对于数据库模式这一类数据对象也有安全访问控制的需要，也是需要授权的。

（4）创建登录用户。

创建登录用户的一般格式如下：

create login login_name with password='' ;

数据库用户是数据库级别上的用户，普通用户登录后只能连接到数据库服务器上，不具有访问数据库的权限，只有成为数据库用户后才能访问此数据库。数据库用户一般都来自服务器上已有的登录账户。使登录账户成为数据库用户的操作称为映射，一个登录账户可以映射多个数据库用户。默认情况下新建的数据库中已有一个用户：dbo。删除它的格式如下：

drop login login_name ;

创建数据库用户并将其映射到登录上：

create user user_name for/from login login_name;

删除数据库用户：

drop user user_name;

4．数据库角色

数据库角色是被命名的一组与数据库操作相关的权限，因此可以为一组具有相同权限的用户创建一个角色，并使用角色来管理数据库权限，从而简化授权的过程。

在 SQL 中，首先用 create role 语句来创建角色，然后用 grant 语句给角色授权，最后用 revoke 语句收回授予角色的权限。

创建角色的 SQL 语句格式如下：

create role <角色名>;

上面创建的角色是空的，没有任何内容，可以用 grant 为角色授权：

grant <角色 1>[,<角色 2>] …
on <对象类型> 对象名
to <角色> [,<角色>] …
//数据库管理员和用户可以利用 grant 语句将权限授予一个或几个角色

此外，还可以将一个角色授予其他的角色或用户：

grant <角色 1> [,<角色 2>]…
to <角色 3> [,<用户 1>]…
[with admin option]

该语句将角色授予某用户，或授予另一个角色。这样，一个角色（如角色 3）所拥有的权限就是授予它的全部角色（如角色 1 和角色 2）所拥有的权限的总和。授予者或者是角色的创建者，或者是拥有在这个角色上的 admin option 权限者，如果指定了 with admin option 子句，则获得某种权限的角色或用户还可以将这种权限再授予其他角色。一个角色拥有的权限包括直接授予这个角色的全部权限加上其他角色授予这个角色的全部权限。

用户可以收回角色的权限，从而修改角色拥有的权限：

revoke <权限> [,<权限>]…
on <对象类型><对象名>

from <角色 1>[,<角色 2>]…

revoke 动作的执行者或者是角色的创建者，或者是拥有在这个（些）角色上的 admin option 权限者。

可见，数据库角色是一组权限的集合。使用角色来管理数据库权限可以简化授权的过程，使自主授权的执行更加灵活、方便。

8.2.3 数据库加密

数据库加密是防止数据库数据在存储和传输中失密的有效手段。加密的基本思想是根据一定的算法将原始数据变换为不可直接识别的格式，从而使不知道解密算法的人无法获知数据的内容。对数据库加密必然会带来数据存储与索引、密钥分配与管理等一系列问题，同时加密也会显著地降低数据库的访问与运行效率。保密性与可用性之间不可避免地存在冲突，需要妥善解决二者之间的矛盾。

1．加密方式

数据库加密是使用已有的密码技术和算法对数据库中存储的数据和传输的数据进行保护。加密后数据的安全性能够进一步提升。即使攻击者获取数据源文件，也很难获取原始数据。但是，数据库加密增加了查询处理的复杂性，查询效率会受到影响。加密数据的密钥管理和数据加密对应用程序的影响也是数据加密过程中需要考虑的问题。

由于数据库在操作系统中以文件形式管理，所以入侵者可以直接利用操作系统的漏洞窃取数据库文件，或者篡改数据库文件内容。另外，数据库管理员（Database Administrator，DBA）可以任意访问所有数据，往往超出了其职责范围，同样造成安全隐患。因此，数据库的保密问题不仅包括在传输过程中采用加密保护和控制非法访问，还包括对存储的敏感数据进行加密保护，以保证即使数据泄露或者丢失，也难以造成泄密。同时，数据库加密可以由用户用自己的密钥加密自己的敏感信息，不需要了解数据内容的数据库管理员无法进行正常解密，从而实现个性化的用户隐私保护。

数据库中存储密文数据后，如何进行高效查询成为一个重要的问题。查询语句一般不可以直接运用到密文数据库的查询过程中，常规的方法是首先解密加密数据，然后查询解密数据。由于要对整个数据库或数据表进行解密操作，因此开销巨大。在实际操作中需要通过有效的查询策略来直接执行密文查询或较小粒度的快速解密。

一般来说，好的数据库加密系统应该满足以下几个方面的要求。

① 足够的加密强度，保证长时间且大量数据不被破译。
② 加密后的数据库存储量没有明显的增加。
③ 加密/解密速度足够快，影响数据操作响应时间尽量短。
④ 加密/解密对数据库的合法用户操作（如数据的增、删、改等）是透明的。
⑤ 灵活的密钥管理机制，加密/解密密钥存储安全，使用方便可靠。

按照加密部件与数据库系统的不同关系，数据库加密机制可以分为库内加密和库外加密两种。

（1）库内加密。

库内加密在数据库管理系统内核层实现加密，加密/解密过程对用户与应用透明，数据在物理存取之前完成加密/解密工作。

这种方式的优点是加密功能强，并且加密功能集成为数据库管理系统的功能，可以实现加密功能与数据库管理系统之间的无缝耦合。对数据库应用来说，库内加密方式是完全透明的。

（2）库外加密。

在库外加密方式中，加密/解密过程发生在数据库管理系统之外，由数据库管理系统管理密文。加密/解密过程大多在客户端实现，有的由专门的加密服务器或硬件完成。

在新兴的外包数据库服务模式中，数据库服务器由非可信的第三方提供，仅用来运行标准的数据库管理系统，要求加密/解密操作都在客户端完成。因此，库外加密方式受到越来越多研究者的关注。

2．加密粒度

一般来说，数据库加密的粒度分为 4 种，即表、属性、记录和数据元素。不同加密粒度的特点不同，总的来说，加密粒度越小，灵活性越好且安全性越高，但实现技术也更为复杂，对系统的运行效率影响也越大。

（1）表加密。

表加密的对象是整个表。这种加密方法类似于操作系统中文件加密的方法，即每个表与不同的表密钥运算，形成密文后存储。这种方式较为简单，但因为对表中任何记录或数据项的访问都需要将其所在表的所有数据快速解密，因而执行效率很低，浪费了大量的系统资源。在实际应用中，这种方法基本已被废弃。

（2）属性加密。

属性加密又称域加密或字段加密，即以表中的列为单位进行加密。一般而言，属性的个数少于记录的条数，需要的密钥数相对较少。如果只有少数属性需要加密，那么属性加密是可选的方法。

（3）记录加密。

记录加密是将表中的一条记录作为加密的单位，当数据库中需要加密的记录数比较少时，采用这种方法是比较好的。

（4）数据元素加密。

数据元素加密是以记录中每个字段的值为单位进行加密，数据元素是数据库中最小的加密粒度。采用这种加密粒度，系统的安全性与灵活性最高，但是实现技术也最为复杂。不同的数据项使用不同的密钥，相同的明文形成不同的密文，抗攻击能力得到提高，但是该方法需要引入大量的密钥。一般需要周密设计自动生成密钥的算法，密钥管理的复杂度大大增加，同时系统效率也受到影响。

为了得到较高的安全性和灵活性，目前采用最多的加密粒度是数据元素。为了使数据库中的数据能够充分而灵活地共享，加密后还应当允许用户以不同的粒度进行访问。

3．加密算法

加密算法是数据加密的核心，一个好的加密算法产生的密文应该频率均衡，随机无重码，周期很长而又不可能产生重复现象。窃听者很难通过对密文频率，或者重码等特征的分析获得成功。同时，算法必须适应数据库系统的特性，加密/解密操作，尤其是解密响应迅速。

常用的加密算法包括对称密钥算法和非对称密钥算法。

对称密钥算法的特点是解密密钥和加密密钥相同，或解密密钥由加密密钥推出。这种算法一般又可分为两类，即序列算法和分组算法。序列算法一次只对明文中的单个位或字节运算，常用的算法有 RC4 等；分组算法是对明文分组后以组为单位进行运算，常用的算法有 DES 等。

非对称密钥算法也称为公开密钥算法，其特点是解密密钥不同于加密密钥，并且从解密密钥推出加密密钥在计算上是不可行的。其加密密钥公开，解密密钥是由用户秘密保管的私有密钥。常用的公开密钥算法有 RSA 等。

一般根据数据库特点选择现有的加密算法来进行数据库加密。一方面，对称密钥算法的运算速度比非对称密钥算法快很多，二者相差 2～3 个数量级；另一方面，在公开密钥算法中，每个用户有自己的密钥对，而作为数据库加密的密钥如果因人而异，将产生异常庞大的数据存储量。因此，在数据库加密中一般采取对称密钥的分组加密算法。

4．密钥管理

对数据库进行加密时，一般对不同的加密单元采用不同的密钥。以加密粒度为数据元素为例，如果不同的数据元素采用同一个密钥，由于同一个属性中数据项的取值在一定范围内，且往往呈现一定的概率分布，因此攻击者可以不用原文，而直接通过统计方法得到有关的原文信息，这就是所谓的统计攻击。

大量的密钥自然会带来密钥管理的问题。根据加密粒度的不同，系统所产生的密钥数量也不同。加密粒度越小，所产生的密钥数越多，密钥管理也就越复杂。良好的密钥管理机制既可以保证数据库信息的安全性，又可以进行快速的密钥交换，以便进行数据解密。

对数据库密钥的管理一般有集中密钥管理和多级密钥管理两种机制。集中密钥管理机制是设立密钥管理中心。在建立数据库时，密钥管理中心负责产生密钥并对数据加密，形成一张密钥表。当用户访问数据库时，密钥管理机构核对用户识别符和用户密钥。通过审核后，由密钥管理机构找到或计算出相应的数据密钥。这种密钥管理方式方便用户使用和管理，但由于这些密钥一般由数据库管理人员控制，因而权限过于集中。

目前研究和应用比较多的是多级密钥管理机制。以加密粒度为数据元素的三级密钥管理机制为例，整个系统的密钥由一个主密钥、每个表上的表密钥及各个数据元素密钥组成。表密钥被主密钥加密后以密文形式保存在数据字典中，数据元素密钥由主密钥及数据元素所在行、列通过某种函数自动生成，一般不需要保存。在多级密钥管理机制中，主密钥是加密子系统的关键，系统的安全性在很大程度上依赖于主密钥的安全性。

8.2.4　数据库审计

数据库审计是指监视和记录用户对数据库所施加的各种操作的机制。按照 TCSEC/TDI 标准中关于安全策略的要求，审计功能是数据库系统达到 C2 以上安全级别后必不可少的一项指标。

审计功能自动记录用户对数据库的所有操作，并且存入审计日志。事后可以利用这些信息重现导致数据库现有状况的一系列事件，提供分析攻击者线索的依据。

数据库管理系统的审计主要分为语句审计、特权审计、模式对象审计和资源审计。语句审计是指监视一个或多个特定用户或所有用户提交的 SQL 语句；特权审计是指监视一个或多个特定用户使用的系统特权；模式对象审计是指监视一个模式中在一个或多个对象上发生的行为；资源审计是指监视分配给每个用户的系统资源。

审计机制应该至少记录用户标识和认证、客体访问、授权用户进行并会影响系统安全的操作，以及其他安全相关事件。对于每个记录的事件，审计记录需要包括事件时间、用户、时间类型、事件数据和事件的成功/失败情况。对于标识和认证事件，必须记录事件源的终端 ID 和源地址等；对于访问和删除对象的事件，则需要记录对象的名称。

审计的策略库一般由两方面因素构成，即数据库本身可选的审计规则和管理员设计的触发策略机制。当这些审计规则或策略机制一旦被触发，将引起相关的表操作。这些表可能是数据库自定义的，也可能是管理员另外定义的，最终这些审计的操作都将被记录在特定的表中以备查证。一般地，将审计跟踪和数据库日志记录结合起来，会达到更好的安全审计效果。

对于审计粒度与审计对象的选择，需要考虑系统运行效率与存储空间消耗的问题。为了达到审计目的，一般必须审计到对数据库记录与字段一级的访问。但这种小粒度的审计需要消耗大量的存储空间，同时会使系统的响应速度降低，给系统运行效率带来影响。

可审计事件有服务器事件、系统权限、语句事件及模式对象事件，还包括用户认证、自主访问控制和强制访问控制事件。换句话说，它能对普通用户和特权用户行为，如各种表操作、身份认证、自主和强制访问控制等进行审计。它既能审计成功操作，也能审计失败操作。

（1）审计事件。

审计事件一般有多个类别，如服务器事件（审计数据库服务器发生的事件，包含数据库服务器的启动、停止、数据库服务器配置文件的重新加载）、系统权限（对系统拥有的结构或模式对象进行操作的审计，要求该操作的权限是通过系统权限获得的）、语句事件（对 SQL 语句及数据控制语言语句的审计）、模式对象事件（对特定模式对象上进行的 select 或数据操作语言操作的审计）。模式对象包括表、视图、存储过程、函数等。模式对象不包括依附于表的索引、约束、触发器、分区表等。

（2）审计功能。

审计功能主要包括以下方面的内容：提供多种审计查阅方式（基本的、可选的、有限的等），提供多套审计规则（一般在数据库初始化时设定，以方便审计员管理），提供审计分析和报表功能，提供审计日志管理功能（包括为防止审计员误删审计记录，审计日志必须先转储后删除；对转储的审计记录文件提供完整性和保密性保护；只允许审计员查阅和转储审计记录，不允许任何用户新增和修改审计记录等），提供查询审计设置及审计记录信息的专门视图（对于系统权限级别、语句级别及模式对象级别的审计记录，也可通过相关的系统表直接查看）。

（3）audit 语句和 noaudit 语句。

audit 语句用来设置审计功能，noaudit 语句则取消审计功能。

审计一般可以分为用户级审计和系统级审计。用户级审计是任何用户可设置的审计，主要是用户针对自己创建的数据库表或视图进行审计，记录所有用户对这些表或视图的一切成功或不成功的访问要求，以及各种类型的 SQL 操作。系统级审计只能由数据库管理员设置，用以检测成功或失败的登录要求、监测授权和收回操作，以及其他数据库级权限下的操作。

审计设置及审计日志一般都存储在数据字典中。必须将审计开关打开（将系统参数 audit_trail 设为 true），才可以在系统表 SYS_AUDITTRAIL 中查看到审计信息。数据库安全审计系统提供了一种事后检查的安全机制。安全审计机制将特定用户或特定对象相关的操作记录到系统审计日志中，作为后续对操作查询分析和追踪的依据。通过审计机制，可以约束用户可能的恶意操作。

8.2.5　备份与恢复

一个数据库系统总是避免不了故障的发生。安全的数据库系统必须能在系统发生故障后利用已有的数据备份，恢复数据库到原来的状态，并保持数据的完整性和一致性。数据库系统所采用的备份与恢复技术，对系统的安全性与可靠性起着重要作用，也对系统的运行效率有着重大影响。

1．数据库备份

常用的数据库备份的方法有如下 3 种。

（1）冷备份。

冷备份是在没有终端用户访问数据库的情况下关闭数据库并将其备份，又称为脱机备份。这种方法在保持数据完整性方面显然最有保障，但是对那些必须保持每天 24 小时、每周 7 天全天候运行的数据库服务器来说，较长时间地关闭数据库进行备份是不现实的。

（2）热备份。

热备份是指当数据库正在运行时进行的备份，又称为"联机备份"。因为数据备份需要一段时间，而备份大容量的数据库需要较长的时间，那么在此期间发生的数据更新就有可能使备份的数据不能保持完整性，这个问题的解决依赖于数据库日志文件。在备份时，日志文件将需要进行数据更新的指令"堆起来"，并不进行真正的物理更新，因此数据库能被完整地备份。备份结束后，系统再按照被日志文件"堆起来"的指令对数据库进行真正的物理更新。可见，被备份的数据保持了备份开始时刻前的数据一致性状态。

（3）逻辑备份。

逻辑备份是指使用软件技术从数据库中导出数据并写入一个输出文件，该文件的格式一般与原数据库的文件格式不同，是原数据库中数据内容的一个映像。因此逻辑备份文件只能用来对数据库进行逻辑恢复，即数据导入，而不能按数据库原来的存储特征进行物理恢复。逻辑备份一般用于增量备份，即备份那些在上次备份以后改变的数据。

2．数据库恢复

在系统发生故障后，将数据库恢复到原来的某种一致性状态的技术称为"恢复"，其基本原理是利用"冗余"进行数据库恢复。问题的关键是如何建立"冗余"，并利用"冗余"实施数据库恢复，即采用何种恢复策略。

数据库恢复一般有 3 种策略，即基于备份的恢复、基于运行时日志的恢复和基于镜像数据库的恢复。

（1）基于备份的恢复。

基于备份的恢复是指周期性地备份数据库。当数据库失效时，可用最近一次的数据库备份来恢复数据库，即将备份的数据复制到原数据库所在的位置。用这种方法，数据库只能恢复到最近一次备份的状态，而从最近备份到故障发生期间的所有数据库更新将会丢失。备份的周期越长，丢失的更新数据越多。

（2）基于运行时日志的恢复。

运行时日志文件是用来记录对数据库每一次更新的文件。对日志的操作优先于对数据库的操作，以确保记录数据库的更改。当系统突然失效而导致事务中断时，可重新装入数据库的副本，将数据库恢复到上一次备份时的状态。然后系统自动正向扫描日志文件，将故障发生前所有提交的事务放到重做队列，将未提交的事务放到撤销队列，这样就可将数据库恢复到故障前某个时刻的数据一致性状态。

（3）基于镜像数据库的恢复。

数据库镜像就是在另一个磁盘上复制数据库作为实时副本。当主数据库更新时，数据库管理系统自动将更新后的数据复制到镜像数据库，始终使镜像数据和主数据保持一致。当主数据库出现故障时，可继续使用镜像磁盘，同时数据库管理系统自动利用镜像磁盘数据进行数据库恢复。镜像策略可以使数据库的可靠性大为提高，但由于数据镜像通过复制数据实现，频繁的复制操作会降低系统运行效率，因此一般在对效率要求满足的情况下使用。为兼顾可靠性和可用性，可有选择性地镜像关键数据。

数据库的备份和恢复是一个完善的数据库系统必不可少的一部分，目前这种技术已经广泛应用于数据库产品中，如 Oracle 数据库提供联机备份、脱机备份、逻辑备份、完全数据恢复及不完全数据恢复的全面支持。据预测，以"数据"为核心的计算将逐渐取代以"应用"为核心的计算。

在一些大型的分布式数据库应用中，多备份恢复和基于数据中心的异地容灾备份恢复等技术正在得到越来越广的应用。

以上探讨了数据库的多种安全机制，有必要说明的是这些安全技术不是相互独立的，而是彼此依赖并相互支持的。访问控制的正确性依赖于安全的用户标识和认证机制，用户标识和认证机制也是入侵检测和审计的基础。访问控制是数据库安全最基本也是最核心的措施之一，数据库加密在带来更高安全性的同时必然带来运行效率和可用性的降低。折中的结果是部分敏感信息加密，为此需要推理控制和隐私保护手段的有效配合。备份是几乎所有数据库必需的日常维护工作，是数据库恢复的前提，恢复则是数据库安全的最后一道屏障。

8.3 SQL Server 安全机制

8.3.1 SQL Server 安全概述

SQL Server 数据库是 Microsoft 开发设计的一个关系数据库管理系统（RDBMS），是主流数据库之一。SQL Server 安全涉及 4 个方面：平台、身份认证、对象（包括数据）及访问系统的应用程序。SQL Server 的平台包括物理硬件，将客户端连接到数据库服务器的联网系统，以及用于处理数据库请求的二进制文件。身份认证通常需要用户提供用户名和对应的密码，一个用户登录成功就是有效的，就可以访问服务器。主体是指获得 SQL Server 访问权限的个体、组和进程，安全对象是服务器、数据库和数据库包含的对象。每个安全对象都拥有一组权限，可对这些权限进行配置以减少 SQL Server 外围应用。应用程序安全性包括客户端程序、Windows Defender 应用程序控制（WDAC）等。

以 SQL Server 2022 为例，从以上 4 个方面详细介绍 SQL Server 的安全机制。

8.3.2 数据库环境安全

（1）物理网络安全性。

实现物理网络安全首先要防止未经授权的用户访问网络。物理和逻辑隔离是构成 SQL Server 安全的基础。若要增强 SQL Server 安装的物理安全性，可以将数据库的宿主计算机置于受物理保护的场所，最好是上锁的机房，房中配备水灾检测和火灾检测监视系统或灭火系统，未经授权的人员不得入内。将数据库安装在 Intranet 的安全区域，并且不得将 SQL Server 直接连接到 Internet。定期备份所有数据，并将备份存储在远离工作现场的安全位置。

（2）操作系统安全性。

操作系统包含重要的安全性增强功能。通过数据库应用程序对所有更新和升级进行测试后，再将它们应用到操作系统。

减少外围应用是一项安全措施，它涉及停止或禁用未使用的组件。限制 SQL Server 外围应用的关键在于通过仅向服务和用户授予适当的权限来运行具有"最小权限"所需的服务。

防火墙也提供了实现安全性的有效方式。从逻辑上讲，防火墙是网络通信的隔离者或限制者，可配置为执行的数据安全性策略。如果使用防火墙，则可通过提供一个检查点（安全措施）来增强操作系统级别的安全性。

（3）文件安全性。

SQL Server 使用操作系统文件进行操作和数据存储。限制对这些文件的访问可以提升文件的安全性。安装 SQL Server 时将安装一个或多个单独的实例。无论是默认实例还是命名实例都有自己的一组程序文件和数据文件，同时还有在计算机上的所有 SQL Server 实例之间共享的一组公共文件。对于包含 SQL Server、数据库引擎和 Analysis Services 的 Reporting Services 实例，每个组件都有一套完整的数据文件和可执行文件，以及由所有组件共享的公共文件。为了隔离每个组件的安装位置，将为给定 SQL Server 实例中的每个组件都生成一个唯一的实例 ID。

程序文件和数据文件无法安装在以下位置：可移动磁盘驱动器、使用压缩的文件系统、系统文件所在的目录，以及故障转移群集实例上的共享驱动器。可能需要安装扫描软件（如防病毒应用程序和反间谍应用程序）以排除 SQL Server 文件夹和文件类型。在安装系统数据库（master、model、MSDB 和 tempdb）和用户数据库时可以选择服务器信息块（Server Message Block，SMB）文件服务器作为存储器。这同时适用于 SQL Server 独立安装和 SQL Server 故障转移群集安装（FCI）。不能删除以下任何目录或其内容：Binn、Data、Ftdata、HTML 和 1033。如有必要，可以删除其他目录；但是，如果不卸载或重新安装 SQL Server，则可能无法检索失去的功能或数据。同样，不能删除或修改 HTML 目录中的任何.htm 文件，它们对于 SQL Server 工具的正常运行是必需的。

（4）网络安全性。

在网络方面，SQL Server 2022 支持表格数据流（Tabular Data Stream，TDS）8.0 和传输层安全性（Transport Layer Security，TLS）1.3。

TDS 协议是客户端用来连接到 SQL Server 的应用程序层协议，而 SQL Server 使用 TLS 加密在 SQL Server 实例与客户端应用程序之间的网络中传输的数据。

TDS 是一种安全协议，但在以前版本的 SQL Server 中，可以关闭或不启用加密。为了满足使用 SQL Server 时强制加密的标准，引入 TDS 8.0。将 TDS 会话包装在 TLS 中以强制执行加密，使 TDS 8.0 与 HTTPS 和其他 Web 协议保持一致，能够筛选和安全地传递 SQL 查询。

8.3.3 身份认证

在安装 SQL Server 的过程中，必须为数据库引擎选择身份认证模式。SQL Server 支持两种模式：Windows 身份认证模式，Windows 身份认证和 SQL Server 身份认证混合模式。

身份认证负责对登录到 SQL Server 数据库引擎的单个用户账户进行身份认证。SQL Server 数据库支持基于 Windows 身份认证的登录名和基于 SQL Server 身份认证的登录名。登录名的选取及使用与身份认证模式相关。Windows 身份认证模式会启用 Windows 身份认证并禁用 SQL Server 身份认证。混合模式会同时启用 Windows 身份认证和 SQL Server 身份认证。

1. Windows 身份认证

当用户通过 Windows 用户账户连接时，SQL Server 使用操作系统中的 Windows 主体验证账户名和密码。也就是说，用户身份由 Windows 进行确认，SQL Server 不要求提供密码，也不执行身份认证。Windows 身份认证是默认身份认证模式，并且比 SQL Server 身份认证更为安全。Windows 身份认证使用 Kerberos 安全协议，提供有关强密码复杂性验证的密码策略，还支持账户锁定和密码过期。通过 Windows 身份认证创建的连接有时也称为可信连接，这是因为 SQL Server 信任由 Windows 提供的凭据。通过使用 Windows 身份认证，可以在域级别创建 Windows 组，并且可以在 SQL Server 中为整个组创建登录名。在域级别管理访问可以简化账户管理，这也是 SQL Server 官方文档中推荐的身份认证模式。

在 Windows 身份认证模式下，SQL Server 完全将用户身份确认的工作交由 Windows 系统实现。一方面，Windows 系统的身份认证可以使用 Kerberos 安全协议，这是一种适用于 C/S 模型的网络认证协议。它提供了单点登录机制，每个会话只需要进行一次自我验证即可自动保护该会话过程中所有后续事务的安全。另一方面，Windows 提供多种密码策略供用户使用，相较于 SQL Server 重新建立密码策略，通过 Windows 系统完成身份认证可以减少涉及的密钥量，减轻密钥管理的负担，简化账户管理工作。

2．SQL Server 身份认证

选择混合模式时，Windows 身份认证和 SQL Server 身份认证将同时被启用。使用 SQL Server 身份认证时，系统会基于 Windows 用户账户在 SQL Server 中创建 SQL Server 登录名。登录名和密码均通过 SQL Server 创建并存储。用户每次连接到角色时都需要提供登录凭据，也就是登录名和密码。

SQL Server 身份认证要求所有 SQL Server 账户的密码为强密码，并且提供了 3 种可供 SQL Server 登录时选择使用的密码策略。

（1）用户在下次登录时必须更改密码。

要求用户在下次连接时更改密码。更改密码的功能由 SQL Server Management Studio 提供。类似一次一密的密码策略能最大限度地保护用户账户安全，但会给密钥存储等带来额外压力。同时用户也难以持续地生成强密码。频繁地更换密码也会带来记忆上的困难。

（2）强制密码过期策略。

对 SQL Server 登录名强制实施计算机的密码最长使用期限策略。

（3）强制实施密码策略。

对 SQL Server 登录名强制实施计算机的 Windows 密码策略，包括密码复杂性策略和密码长度策略。这一功能需要通过 NetVaildatePasswordPolicy API 实现，该 API 值在 Windows Server 2003 和更高的版本中提供。

SQL Server 身份认证存在以下缺点。

（1）如果用户是拥有 Windows 登录名和密码的 Windows 域用户，则还必须提供另一个登录名和密码才能连接。从用户角度来看，记住多个登录名与密码较为困难，同时每次连接到数据库时需要额外提供 SQL Server 验证凭据，用户操作不够简捷。

（2）SQL Server 身份认证无法使用 Kerberos 安全协议。

（3）Windows 提供的其他密码策略不适用于 SQL Server 登录名。

（4）必须在连接时通过网络传递已加密的 SQL Server 身份认证登录密码，一些自动连接的应用程序将密码存储在客户端。这可能产生其他攻击点。

SQL Server 身份认证同样存在一些优点。

（1）允许 SQL Server 支持那些需要进行 SQL Server 身份认证的旧版应用程序和由第三方提供的应用程序。

（2）允许 SQL Server 支持混合操作系统的环境，其中所有用户均可以未通过 Windows 域进行身份认证。

（3）可让用户从未知或不受信任的域进行连接。

（4）允许 SQL Server 支持基于 Web 的应用程序，在这些应用程序中用户可创建自己的标识。

（5）允许软件开发人员通过使用基于已知的预设 SQL Server 登录名的复杂权限层次结构来分发应用程序。

两种身份认证模式各有优缺点，也各有适用场景，如表 8.4 所示。

表 8.4 两种身份认证模式的适用场景

Windows 身份认证	SQL Server 身份认证
域控制器	工作组
应用程序和数据库位于同一台计算机	用户从不受信任的其他域连接
用户正在使用 SQL Server Express 或 LocalDB 的实例	Internet 应用程序（如 ASP.NET）

另外，如果选用混合模式进行身份认证，则必须创建 SQL Server 登录名，在这个过程中，必须为名为 sa（sysadmin）的内置 SQL Server 系统管理员账户提供一个强密码并确认该密码，sa 账户通过使用 SQL Server 身份认证进行连接。也就是说，如果启用 SQL Server 身份认证模式，sa 账户必须被启用。由于 sa 账户广为人知并且经常成为恶意用户的攻击目标，因此除非应用程序需要使用 sa 账户，否则不要启用 sa 账户，也不要为 sa 账户设置空密码或弱密码。这也是 SQL Server 推荐使用 Windows 身份认证模式的原因之一。

8.3.4 访问控制

完成身份认证后，用户会连接到角色。角色是被授权的主体，权限管理系统会将权限添加到角色。在 SQL Server 中，数据库引擎中的权限在服务器级别和数据库级别分别进行管理。服务器级别的权限管理通过登录名和服务器角色实现，而数据库级别的管理通过数据库用户和数据库角色实现。SQL Server 的授权管理系统通过安全主体和安全对象实现。

安全主体是使用 SQL Server 并可以为其分配执行操作权限的标识的正式名称，通常是人员，也可以是其他实体。可以通过 Transact-SQL 或使用 SQL Server Management Studio 创建和管理安全主体。换言之，安全主体是一组被授予权限的用户或用户群体。

主体是可以请求 SQL Server 资源的实体。与 SQL Server 授权模型的其他组件相同，主体也可以按层次结构排列为 Windows、服务器和数据库，并且同一个层次的主体还分为可分割主体和不可分割主体。例如，Windows 登录名是一个不可分割主体，而 Windows 组是一个集合主体。不同层次的主体的权限作用域也不同。主体的概念并不局限于用户，还涉及一些仅供内部系统使用的实体，如 INFORMATION_SCHEMA 和 sys 仅供数据库引擎内部使用，无法修改或删除。用双井号括起来的基于证书的 SQL Server 登录名从安装 SQL Server 时就已从证书创建，这些主体账户的密码基于证书，无法修改。除了这些较为特殊的主体，主体主要分为 SQL Server 级的主体、数据库级的主体和 guest 用户。

1. 服务器级角色

SQL Server 提供服务器级角色以帮助用户管理服务器上的权限。这些角色是可组合其他主体的安全主体。角色的概念类似于 Windows 操作系统中的"组"。SQL Server 2019 及以前的版本中提供了 9 个固定的服务器角色，这些角色的权限是无法更改的。从 SQL Server 2012（11.x）开始，用户可以创建用户定义的服务器角色，并将服务器级权限添加到用户定义的服务器角色中。换言之，固定服务器角色是预定义的一些安全主体，具有固定的一系列权限。同样，用户也可以自定义这种安全主体，并手动赋予服务器级权限。用户定义的服务器角色并不是不受限的，服务器级主体（SQL Server 登录名、Windows 账户和 Windows 组）可以被添加到服务器级角色，固定服务器角色中的每个成员都可以将其他登录名添加到该同一个角色中，而用户定义的服务器角色的成员不能这么做。表 8.5 列出了 9 类固定服务器角色及其权限说明。

表 8.5　9 类固定服务器角色及其权限说明

固定服务器角色名	权 限 说 明
sysadmin	其成员可以在服务器上执行任何活动
serveradmin	其成员可以更改服务器范围的配置选项和关闭服务器
securityadmin	其成员可以管理登录名及属性。可以管理 GRANT、DENY 和 REVOKE 服务器级权限，可以管理 GRANT、DENY 和 REVOKE 数据库级权限（如果具有数据库的访问权限），还可以重置 SQL Server 登录名的密码。 重要提示：如果能够授予对数据库引擎的访问权限和配置用户权限，安全管理员可以分配大多数服务器权限。securityadmin 角色应视为与 sysadmin 角色等效。或者，从 SQL Server 2022（16.x）开始，考虑使用新的固定服务器角色##MS_LoginManager##
processadmin	其成员可以终止在 SQL Server 实例中运行的进程
setupadmin	其成员可以使用 Transact-SQL 语句添加和删除服务器（使用 Management Studio 时需要 sysadmin 成员资格）
bulkadmin	其成员可以运行 BULK INSERT 语句。 Linux 上的 SQL Server 不支持 bulkadmin 角色管理 BULK OPERATIONS 权限。只有 sysadmin 角色才能对 Linux 系统中的 SQL Server 执行批量插入操作
diskadmin	其成员可以管理磁盘文件
dbcreator	其成员可以创建、更改、删除和还原任何数据库
public	每个 SQL Server 登录名都属于 public 服务器角色。当服务器主体尚未被授予或拒绝对安全对象的特定权限时，用户将继承授予对该对象的公共权限。只有在希望所有用户都能使用对象时，才在对象上分配 public 权限。但无法在公共场合更改成员身份。 注意：public 与其他角色的实现方式不同，可通过 public 固定服务器授予、拒绝或撤销角色权限

在 SQL Server 2022（16.x）中，添加了 10 个附加服务器角色，这些角色是专为考虑最低特权原则而设计的。

与本地 SQL Server 一样，服务器权限也是分层组织的，这些服务器级角色拥有的权限可以传播到数据库权限。若要使权限在数据库级别有效使用，则登录名需要是服务器级角色 ##MS_DatabaseConnector##［从 SQL Server 2022（16.x）开始］的成员，这将授予对所有数据库的 CONNECT 权限，或者在单个数据库中具有用户账户。这也适用于 master 数据库。

2．数据库级角色

与服务器级角色类似，SQL Server 同样提供了若干数据库级角色来管理数据库中的权限。其权限作用域为数据库范围。固定数据库角色及其权限说明如表 8.6 所示。

表 8.6　固定数据库角色及其权限说明

固定数据库角色名	权 限 说 明
db_owner	其成员可以执行数据库的所有配置和维护活动，还可以 drop（删除）SQL Server 中的数据库（在 SQL 数据库和 Synapse Analytics 中，某些维护活动需要服务器级权限，并且不能由 db_owner 执行）
db_securityadmin	其成员仅可以修改自定义角色的成员资格和管理权限。此角色的成员可能会提升其权限，应监视其操作
db_accessadmin	其成员可以为 Windows 登录名、Windows 组和 SQL Server 登录名添加或删除数据库访问权限
db_backupoperator	其成员可以备份数据库
db_ddladmin	其成员可以在数据库中运行任何数据定义语言（DDL）命令。此角色的成员可以通过操作可能在高特权下执行的代码来提升其特权，故应监视其操作

续表

固定数据库角色名	权 限 说 明
db_datawriter	其成员可以在所有用户表中添加、删除或更改数据。在大多数情况下，此角色将与 db_datareader 成员身份相结合，以允许读取要修改的数据
db_datareader	其成员可以从所有用户表和视图中读取所有数据。用户对象可能存在于除 sys 和 INFORMATION_SCHEMA 以外的任何架构中
db_denydatawriter	其成员不能添加、修改或删除数据库内用户表中的任何数据
db_denydatareader	其成员不能读取数据库内用户表和视图中的任何数据

数据库级角色与服务器级角色类似，也分为数据库中预定义的固定数据库角色和可以创建的用户定义的数据库角色。固定数据库角色是在数据库级别定义的，存在于每个数据库中。这些角色的权限同样是不能修改的，但 public 数据库角色除外。

3．安全对象

安全对象是 SQL Server 数据库引擎授权系统控制对其进行访问的资源。例如，表就是安全对象。通过创建可以为自己设置安全性的名为"范围"的嵌套层次结构，可以将某些安全对象包含在其他安全对象中。安全对象范围有服务器、数据库和架构。

服务器安全对象包含：可用性组、端点、登录、服务器角色、数据库。

数据库安全对象包含：应用程序角色、Assembly（程序集）、非对称密钥、证书、合约、全文目录、全文非索引子表、消息类型、远程服务绑定、数据库角色、路由、架构、搜索属性列表、服务、对称密钥和用户。

架构安全对象包含：类型、XML 架构集合、对象类。对象类又包含以下成员：聚合、函数、过程、队列、同义词、表、查看、外部表。

接受对安全对象授予的权限的实体就是前文提到的主体，最常见的主体是登录名和数据库用户。对安全对象的访问既可以通过直接授予或拒绝主体对某安全对象的权限，也可以通过将其添加到某些具有特定权限的角色中进行控制。

4．权限与权限层次结构

每个 SQL Server 安全对象都有可以授予主体的关联权限。数据库引擎分配登录名和服务器角色的服务器级别，并对分配的数据库用户和数据库角色的数据库级别进行权限管理。SQL Server 2019（15.x）的权限总数是 248 个，这些权限包括了针对各种安全对象的各种操作。GRANT、REVOKE 和 DENY 语句是授权语句，可以将服务器级别权限应用于登录名或服务器角色，将数据库级别权限应用于用户或数据库角色。例如，下面的两条语句：

GRANT SELECT ON SCHEMA::HumanResources TO role_HumanResourcesDept;
REVOKE SELECT ON SCHEMA::HumanResources TO role_HumanResourcesDept;

上述语句中，被授权主体是角色 role_HumanResourcesDept，授予权限是模式 HumanResources 的查找权限。那么第一句就是权限授予，第二句则是权限撤销。

权限在命名时要遵循一般规定。换言之，权限的命名要能表述出权限针对的安全对象和对安全对象能进行什么操作。涉及的具体操作如下。

（1）CONTROL。

为被授权者授予类似所有权的功能。被授权者实际上对安全对象具有定义了的所有权限。也可以为已被授予 CONTROL 权限的主体授予对安全对象的权限。因为 SQL Server 安全模型是分层的，所以 CONTROL 权限在特定范围内隐含着对该范围内的所有安全对象的 CONTROL 权限。例如，对数据库的 CONTROL 权限隐含着对数据库的所有权限、对数据库中所有组件的所有权限、对数据库中所有架构的所有权限，以及对数据库所有架构中的所有对象的所有权限。

（2）ALTER。

授予更改特定安全对象的属性（所有权除外）的权限。当授予对某个范围的 ALTER 权限时，也授予了创建、更改或删除该范围内包含的任何安全对象的权限。例如，对架构的 ALTER 权限包括了在该架构中创建、更改和删除对象的权限。

（3）ALTER ANY <服务器安全对象>。

授予创建、更改或删除服务器安全对象的各个实例的权限。例如，ALTER ANY LOGIN 将授予创建、更改或删除实例中的任何登录名的权限。

（4）ALTER ANY <数据库安全对象>。

授予创建、更改或删除数据库安全对象的各个实例的权限。例如，ALTER ANY SCHEMA 将授予创建、更改或删除数据库中的任何架构的权限。

（5）TAKE OWNERSHIP。

允许被授权者获取所授予的安全对象的所有权。

（6）IMPERSONATE <登录名>。

允许被授权者模拟该登录名。

（7）IMPERSONATE <用户>。

允许被授权者模拟该用户。

（8）CREATE <服务器安全对象>。

授予被授权者创建服务器安全对象的权限。

（9）CREATE <数据库安全对象>。

授予被授权者创建数据库安全对象的权限。

（10）CREATE <架构包含的安全对象>。

授予创建包含在架构中的安全对象的权限。但是，若要在特定架构中创建安全对象，必须对该架构具有 ALTER 权限。

（11）VIEW DEFINITION。

允许被授权者访问元数据。

（12）REFERENCES。

表的 REFERENCES 权限是创建引用该表的外键约束时所必需的。对象的 REFERENCES 权限是使用引用该对象的 WITH SCHEMABINDING 子句创建 FUNCTION 或 VIEW 时所必需的。

数据库引擎管理着安全对象的分层集合，其中最主要的安全对象是服务器和数据库，但可以在更细化的级别设置各种权限。

5．权限检查算法

权限检查算法包括重叠的组成员关系和所有权链接、显式和隐式权限，并且会受包含安全实体的安全类的权限影响。该算法的一般过程是收集所有相关权限。如果未找到阻止性 DENY，该算法将搜索提供足够访问权限的 GRANT。该算法包含 3 个基本元素：安全上下文、权限空间和必需的权限。

安全上下文是提供进行访问权限检查的权限的一组主体。这些是与当前登录名或用户有关的权限，只有使用 EXECUTE AS 语句才能将安全上下文更改为其他登录名或用户。安全上下文包括的主体有：登录名、用户、有资格的角色成员、Windows 组成员身份。如果使用了模块签名，还包括证书的任何登录名或用户账户，以及具有资格的该主体的相关成员。

权限空间是指所有安全实体和包含安全实体的安全类。例如，表包含在架构安全类和数据库安全类中，它将受到所有更高层次权限的影响。表的访问权限会受到表级、架构级、数据库级和服务器级权限的影响。

必需的权限很好理解，就是字面的意思，但访问可能需要多个权限，例如，存储过程既需要针对存储过程的执行权限，也需要针对存储过程中用到的表的插入权限。

权限检查算法的具体步骤如下。

（1）如果登录名是 sysadmin，固定服务器角色的成员或用户是当前数据库中的 dbo 用户，则绕过权限检查。

（2）如果所有权链接适用且以前针对链中对象的访问权限检查通过，则允许访问。

（3）聚合与调用方关联的服务器级、数据库级和已签名模块的标识，以创建安全上下文。

（4）对于该安全上下文，收集为权限空间授予或拒绝的所有权限。权限可以明确表述为 GRANT、GRANT WITH GRANT 或 DENY，也可以是隐含或涵盖的权限 GRANT 或 DENY。例如，针对架构的 CONTROL 权限隐含对表的 CONTROL 权限，对表的 CONTROL 权限则隐含 SELECT 权限。因此，如果授予了针对架构的 CONTROL 权限，也就授予了对表的 SELECT 权限。如果拒绝了对表的 CONTROL 权限，也就拒绝了对表的 SELECT 权限。

（5）标识必需的权限。

（6）如果对于权限空间中的对象，直接或隐式拒绝授予安全上下文中任何标识必需的权限，则权限检查失败。

（7）如果所需权限未被拒绝，并且所需权限包含 GRANT 或 GRANT WITH GRANT 权限，则传递权限检查。

8.3.5 数据库加密

本章介绍 SQL Server 中的主体与数据库对象安全性，其中主体是获得了 SQL Server 访问权限的个体、组和进程，安全对象是服务器、数据库和数据库包含的对象。每个安全对象都拥有一组权限，可对这些权限进行配置以减少 SQL Server 的外围应用。

加密是指通过使用密钥或密码对数据进行处理的过程。这样会使数据在没有对应的解密密钥的情况下变得毫无用处。如果数据库主机配置有误且攻击者获取了敏感数据，但加密数据被盗可能会毫无影响。

虽然加密是确保安全性的有力工具，但它并不适用于所有数据或连接。在决定是否实现加密时，需要考虑用户访问数据的方式。如果用户通过公共网络访问数据，则需要使用数据加密以增强安全性；如果所有访问都具有某项安全 Intranet 配置，则不需要加密。任何时候使用加密时，还应包括密钥、密钥和证书的维护策略。

1. 加密层次结构

用户 SQL Server 用分层加密和密钥管理基础结构来加密数据。每层都使用证书、非对称密钥和对称密钥的组合对它下面的一层进行加密。非对称密钥和对称密钥可以存储在 SQL Server 之外的可扩展密钥管理（Extensible Key Management，EKM）模块中。

图 8.4 说明了加密层次结构的每层是如何对它下面的一层进行加密的，并且显示了最常用的加密配置。对层次结构的开始进行的访问通常受密码保护。需要注意以下几点。

（1）为了获得最佳性能，使用对称密钥（而不是证书或非对称密钥）加密数据。

（2）数据库主密钥（Database Master Key，DMK）受服务主密钥（Service Master Key，SMK）保护。服务主密钥由 SQL Server 安装程序创建，并且使用 Windows 数据保护 API 进行加密。

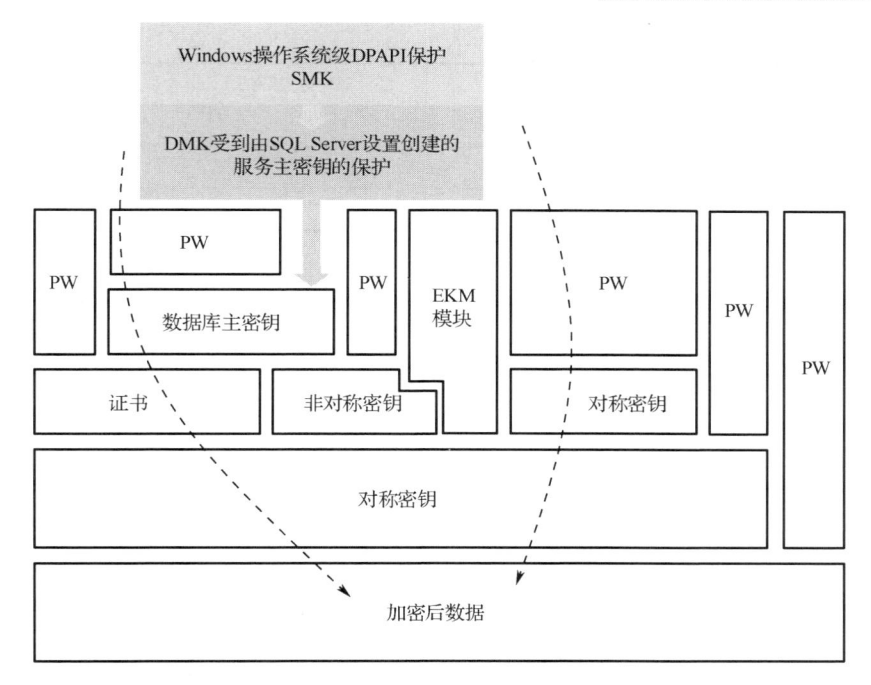

图 8.4 加密层次结构

（3）堆叠其他层的其他加密层次结构是可能的。

（4）EKM 模块将对称密钥或非对称密钥保存在 SQL Server 的外部。

（5）透明数据加密（Transparent Data Encryption，TDE）必须使用对称密钥，该密钥受由 master 数据库的数据库主密钥保护的证书保护，或者受存储在 EKM 中的非对称密钥保护。

（6）服务主密钥和所有数据库主密钥都是对称密钥。

（7）EKM 中的对称密钥和非对称密钥可以保护对存储在 SQL Server 中的对称密钥和非对称密钥进行的访问。与 EKM 有关的虚线表示 EKM 中的密钥可以替换存储在 SQL Server 中的对称密钥和非对称密钥。

2．加密机制

SQL 的加密机制包括如下几种：Transact-SQL 函数，证书，对称密钥，非对称密钥，透明数据加密。下面依次对这些加密机制进行具体介绍。

（1）Transact-SQL 函数。

通过使用 Triple DES 算法及 128 密钥位长度的通行短语对数据进行加密。加密参数如表 8.7 所示。

表 8.7 加密参数

参　　数	参 数 描 述
passphrase	用于生成对称密钥的通行短语
@passphrase	类型为 nvarchar、char、varchar、binary、varbinary 或 nchar 的变量，其中包含用于生成对称密钥的通行短语
cleartext	要加密的明文
@cleartext	类型为 nvarchar、char、varchar、binary、varbinary 或 nchar 的变量，其中包含明文。最大为 8000 字节
add_authenticator	指示是否将验证器与明文一起加密，int 型。如果添加验证器，则为 1

续表

参　　数	参　数　描　述
@add_authenticator	指示是否将哈希值与明文一起加密
authenticator	用于派生验证器的数据，sysname 型
@authenticator	包含验证器所源自的数据的变量

（2）证书。

公钥证书（通常只称为证书）是一个数字签名语句，它将公钥的值绑定到拥有对应私钥的人员、设备或服务的标识上。证书是由认证中心（CA）颁发和签名的。从 CA 接收证书的实体是该证书的主体。证书中通常包含表 8.8 所示的信息。

表 8.8　证书包含的信息

字　　段	描　　述
版本（Version）	标识本数字证书使用的 X.509 协议版本，可取 1、2、3
证书序号（Certificate Serial Number）	包含 CA 产生的唯一整数值
签名算法标识符（Signature Algorithm Identifier）	标识 CA 在数字证书上签名时使用的算法
签发者名（Issuer Name）	标识签发数字证书的 CA
有效期（之前/之后）［Validity(Not Before/Not After)］	包含两个日期时间值，指定数字证书有效的时间范围，这些值通常指定日期与时间，精确到秒或毫秒
主体名（Subject Name）	标识数字证书所指的实体（用户或组织）
主体公钥信息（Subject Public Key Information）	包含主体的公钥和与密钥相关的算法，这个字段不能为空
签发者唯一标识符（Issuer Unique Identifier）	在两个或多个 CA 使用相同签发者名时，标识 CA
主体唯一标识符（Subject Unique Identifier）	在两个或多个主体使用相同签发者名时，标识主体

证书的主要好处是使主机不再需要为每个主体维护一组密码。相反，主机只需要与证书颁发者建立信任关系，证书颁发者就可以颁发无限数量的证书。

当主机（如安全 Web 服务器）将某个颁发者指定为受信任的根 CA 时，主机将隐式信任该颁发者用来建立它所发出的证书绑定的策略。也就是说，主机将相信该颁发者已经验证了证书主体的标识。主机可以通过将颁发者自签名的证书（其中包含颁发者的公钥）放入主机的受信任根 CA 证书存储区，将此颁发者指定为受信任的根 CA。对于中间 CA 或从属 CA，只有当它们具有受信任根 CA 的合法路径时才会受到信任。

颁发者可以在证书到期之前撤销该证书。撤销证书后，将解除公钥与证书中声明的标识之间的绑定。每个颁发者都维护一个证书撤销列表，此列表可由程序在检查任何给定证书的有效性时使用。

由 SQL Server 创建的自签名证书遵循 X.509 标准并支持 X.509 v1 字段。

（3）对称密钥。

对称密钥是加密和解密都使用的一个密钥。使用对称密钥进行加密和解密非常快，适用于对数据库中敏感数据的日常使用。

（4）非对称密钥。

非对称密钥由私钥和公钥组成。非对称加密和解密相对来说消耗的资源较多，可用于加密对称密钥，以便存储在数据库中。

（5）透明数据加密。

TDE 是使用对称密钥进行加密的一种特殊情况。它使用称为数据库加密密钥的对称密钥加密整个数据库。数据库加密密钥受由数据库主密钥或存储在 EKM 模块中的非对称密钥保护的其他密钥或证书保护。

3．加密算法选择

加密算法定义了未经授权的用户无法轻松逆转的数据转换。SQL Server 允许管理员和开发人员从多种算法中进行选择，其中包括 DES、Triple DES、TRIPLE_DES_3KEY、RC2、RC4、128 位 RC4、DESX、128 位 AES（AES_128）、192 位 AES（AES_192）和 256 位 AES（AES_256）。从 SQL Server 2016（13.x）开始，除 AES_128、AES_192 和 AES_256 以外的所有算法都已过时。如果使用旧算法，必须将数据库设置为兼容级别 120 或更低。在使用 SQL Server 时，一般考虑以下因素。

（1）通常比较弱的加密占用更多的 CPU 资源。
（2）长密钥通常会比短密钥生成更强的加密。
（3）非对称加密比对称加密速度慢。
（4）如果密钥仅存储在本地，通常推荐使用对称加密；如果需要无线共享密钥，则推荐使用非对称加密。
（5）如果加密大量数据，应使用对称密钥来加密数据，并使用非对称密钥来加密该对称密钥。
（6）不能压缩已加密的数据，但可以加密已压缩的数据。如果使用压缩，则应在加密前压缩数据。

4．透明数据加密

TDE 技术可以加密 SQL Server 数据库、Azure SQL 数据库和 Azure Synapse Analytics 数据文件。这种加密方式称为静态数据加密。

为了保护用户数据库，可以采取如下措施。

（1）设计安全的系统。
（2）对敏感资产加密。
（3）在数据库服务器外围构建防火墙。

窃取物理介质（如驱动器或备份磁带）的攻击者可以还原或附加数据库并浏览其数据。一种解决方案是加密数据库中的敏感数据，并使用证书保护用于加密数据的密钥。此解决方案可以防止没有密钥的人使用这些数据，因此必须提前规划好此类保护。

TDE 对数据和日志文件进行实时 I/O 加密和解密。加密使用的是数据库加密密钥（Database Encryption Key，DEK）。数据库启动时记录存储该密钥，供还原时使用。DEK 是一种对称密钥，受服务器数据库存储的 master 证书或 EKM 模块保护的非对称密钥的保护。

TDE 保护静态数据（数据和日志文件），可以遵循许多法律、法规和各个行业建立的准则。软件开发人员可以使用 AES 和 Triple DES 加密算法来加密数据，且无须更改现有的应用程序。

将 TDE 与 SQL Database 一起使用时，SQL 数据库会自动创建存储在数据库中的服务器 master 级证书。若要在 SQL 数据库上移动 TDE 数据库，无须为移动操作解密数据库。表 8.9 为 TDE 命令和函数说明，表 8.10 为 TDE 目录视图和动态管理视图。

表 8.9　TDE 命令和函数说明

命令和函数	目　　的
CREATE DATABASE ENCRYPTION KEY (Transact-SQL)	创建用于加密数据库的密钥

续表

命令和函数	目的
ALTER DATABASE ENCRYPTION KEY (Transact-SQL)	更改用于加密数据库的密钥
DROP DATABASE ENCRYPTION KEY (Transact-SQL)	删除用于加密数据库的密钥
ALTER DATABASE SET 选项 (Transact-SQL)	解释用于启用 TDE 的 ALTER DATABASE 选项

表 8.10　TDE 目录视图和动态管理视图

目录视图和动态管理视图	目的
sys.databases (Transact-SQL)	显示数据库信息的目录视图
sys.certificates (Transact-SQL)	显示数据库中的证书的目录视图
sys.dm_database_encryption_keys (Transact-SQL)	提供有关数据库加密密钥的信息及加密状态的动态管理视图

5．数据库加密密钥

SQL Server 使用加密密钥来保护存储在服务器数据库中的数据、凭据和连接信息。SQL Server 有两种类型的密钥：对称密钥和非对称密钥。对称密钥使用相同的密码对数据进行加密和解密；非对称密钥使用一个密钥来加密数据（称为公钥），使用另一个密钥来解密数据（称为私钥）。

在 SQL Server 中，加密密钥包括用于保护敏感数据的公钥、私钥和对称密钥的组合。首次启动 SQL Server 实例时，SQL Server 在初始化期间创建对称密钥，用于加密存储在 SQL Server 中的敏感数据。公钥和私钥由操作系统创建，用于保护对称密钥。需要为存储在数据库中敏感数据的每个 SQL Server 实例创建公钥和私钥对。

SQL Server 有两个密钥的主要应用程序：SMK 为 SQL Server 实例生成，DMK 用于数据库。SMK 是 SQL Server 加密层次结构的根，是在首次启动 SQL Server 实例时自动生成的，用于加密每个数据库中的链接服务器密码、凭据和数据库主密钥。SMK 是通过使用 Windows 数据保护 API 的本地计算机密钥进行加密的。数据保护 API 使用派生自 SQL Server 服务账户的 Windows 凭据和计算机的凭据的密钥。服务主密钥只能由创建它时所用的服务账户或可以访问该计算机凭据的主体进行解密。

只有创建服务主密钥的 Windows 服务账户或有权访问服务账户名称和密码的主体才能够打开服务主密钥。SQL Server 使用 AES 加密算法来保护 SMK 和 DMK。AES 是一种比早期版本中使用的 Triple DES 更新的加密算法。将数据库引擎实例升级到 SQL Server 时应重新生成 SMK 和 DMK，以便将主密钥升级到 AES。数据库主密钥是一种用于保护数据库中存在的证书私钥和非对称密钥的对称密钥，可用于加密数据，但因具有长度限制，使得数据比使用非对称密钥更实用。要启用数据库主密钥的自动解密，可以使用 SMK 对此密钥的副本进行加密。此密钥的副本存储在使用它的数据库和 master 系统数据库中。每当更改 DMK 时，存储在 master 系统数据库中的 DMK 副本都将在没有提示的情况下更新。但是，使用 DROP ENCRYPTION BY SERVICE MASTER KEY 语句的 ALTER MASTER KEY 选项可以更改此默认设置。必须使用 OPEN MASTER KEY 语句和密码打开未使用 SMK 进行加密的 DMK。

对加密密钥的操作包括创建新数据库密钥，创建服务器和数据库密钥的备份，以及了解还原、删除或更改密钥的条件和方式。若要管理对称密钥，可以使用 SQL Server 中包含的工具执行以下操作。

（1）备份服务器和数据库密钥的副本，以便使用这些密钥来恢复服务器安装，或作为计划迁移的一部分。

（2）将以前保存的密钥还原到数据库。这样，新服务器实例就可以访问最初不是由其加密的现有数据。

（3）当不能再访问加密数据时，删除数据库中的加密数据。这种情况极少出现。

（4）当密钥的安全性受到威胁时，重新创建密钥并重新对数据进行加密。这种情况极少出现。作为安全性方面的最佳做法，应定期重新创建密钥以保护服务器，使其能够抵御试图解开密钥的攻击。

（5）在服务器扩展部署（多个服务器同时共享单个数据库，以及为该数据库提供可逆加密的密钥）中，添加或删除服务器实例。

8.3.6 数据库审计

审计 SQL Server 实例或单独的数据库涉及数据库引擎中发生的跟踪和记录事件。通过 SQL Server 审计，可以创建服务器审计，其中包含针对服务器级别事件的服务器审计规范和针对数据库级别事件的数据库审计规范。

SQL Server 的审计级别有多种，具体取决于安装要求或标准要求。SQL Server 审计提供若干必需的工具和进程，用于启用、存储和查看对各个服务器和数据库对象的审计。可以记录每个实例的服务器审计操作组、每个数据库的数据库审计操作组或数据库审计操作。在每次遇到可审计操作时，都将发生审计事件。SQL Server 的所有版本均支持服务器级审计。从 SQL Server 2016（13.x）SP1 开始，所有版本都支持数据库级审计。在此之前，数据库级审计限制为 Enterprise、Developer 和 Evaluation 版本。

1. SQL Server 审计组件

审计是将若干元素组合到一个包中，用于执行一组特定服务器操作或数据库操作。SQL Server 审计的组件组合生成的输出称为 SQL Server 审计，如同报表定义与图形和数据元素组合生成报表一样。

SQL Server 审计对象收集单个服务器实例或数据库级操作和操作组以进行监视。这种审计处于 SQL Server 实例级别，每个 SQL Server 实例可以有多次审计。定义审计时，将指定结果的输出位置，这是审计的目标位置。审计功能在默认状态下禁用，因此不会自动审计任何操作。

服务器审计规范对象属于 SQL Server 审计。可以为每个审计事件创建一个服务器审计规范，因为它们都是在 SQL Server 实例范围内创建的。服务器审计规范可收集许多由扩展事件功能引发的服务器级操作组，所以在服务器审计规范中包括审计操作组。审计操作组是预定义的操作组，它们是数据库引擎中发生的原子事件。这些操作将被发送给审计事件，审计事件将它们记录到目标中。

数据库审计规范对象也属于 SQL Server 审计。可以针对每个审计，为每个 SQL Server 数据库创建一个数据库审计规范。数据库审计规范可收集由扩展事件功能引发的数据库级审计操作。可以向数据库审计规范添加审计操作组或审计事件。审计事件是可以由 SQL Server 引擎审计的原子操作。审计操作组是预定义的操作组，它们都位于 SQL Server 数据库作用域。这些操作将被发送给审计事件，审计事件将它们记录到目标中。在用户数据库审计规范中不包括服务器范围的对象，如系统视图。

2. 使用 SQL Server 审计

可以使用 SQL Server Management Studio 或 Transact-SQL 定义审计。

创建和使用审计的一般过程如下。

（1）创建审计并定义目标。
（2）创建映射到审计的服务器审计规范或数据库审计规范，并启用审计规范。
（3）启用审计。
（4）通过使用 Windows 的事件查看器、日志文件查看器或 fn_get_audit_file 函数来读取审计事件。

如果在启动审计期间出现问题，则服务器将不会启动。在这种情况下，可以在命令行中使用"-f"选项来启动服务器。如果为审计指定了 ON_FAILURE=SHUTDOWN，但审计失败导致服务器关闭或不启动，则 MSG_AUDIT_FORCED_SHUTDOWN 事件将被写入日志。在第一次遇到此设置时将关机，此事件将被写入一次。在出现有关审计导致关闭的失败消息后，将再次写入此事件。管理员可以使用"-m"标志以单用户模式启动 SQL Server，从而绕过审计引起的关闭。如果在单用户模式下启动，则将指定 ON_FAILURE=SHUTDOWN 的任何审计降级为在相应会话中以 ON_FAILURE=CONTINUE 运行。使用"-m"标志启动 SQL Server 时，MSG_AUDIT_SHUTDOWN_BYPASSED 消息将被写入错误日志。

3. 使用 Transact-SQL 创建和管理审计

使用 DDL 语句、动态管理视图和函数及目录视图来实现 SQL Server 审计的所有方面。用 DDL 语句可创建、更改和删除审计规范，用于 SQL Server 审计的动态视图和函数，以及用于 SQL Server 审计的目录视图。表 8.11 所示为数据定义语言语句，表 8.12 所示为动态视图和函数，表 8.13 所示为目录视图。

表 8.11 数据定义语言语句

DDL 语句	说　　明
ALTER AUTHORIZATION	更改安全对象的所有权
ALTER DATABASE AUDIT SPECIFICATION	使用 SQL Server 审计功能更改数据库审计规范对象
ALTER SERVER AUDIT	使用 SQL Server 审计功能更改服务器审计对象
ALTER SERVER AUDIT SPECIFICATION	使用 SQL Server 审计功能更改服务器审计规范对象
CREATE DATABASE AUDIT SPECIFICATION	使用 SQL Server 审计功能创建数据库审计规范对象
CREATE SERVER AUDIT	使用 SQL Server 审计功能创建服务器审计对象
CREATE SERVER AUDIT SPECIFICATION	使用 SQL Server 审计功能创建服务器审计规范对象
DROP DATABASE AUDIT SPECIFICATION	使用 SQL Server 审计功能删除数据库审计规范对象
DROP SERVER AUDIT	使用 SQL Server 审计功能删除服务器审计对象
DROP SERVER AUDIT SPECIFICATION	使用 SQL Server 审计功能删除服务器审计规范对象

表 8.12 动态视图和函数

动态视图和函数	说　　明
sys.dm_audit_actions	为可在审计日志中报告的每项审计操作及可配置为 SQL Server Audit 一部分的每个审计操作组返回一行
sys.dm_server_audit_status	提供有关当前审计状态的信息
sys.dm_audit_class_type_map	返回一个表，将审计日志中的 class_type 字段映射到 sys.dm_audit_actions 中的 class_desc 字段
fn_get_audit_file	从由服务器审计创建的审计文件返回信息

表 8.13 目录视图

目 录 视 图	说　　明
sys.database_audit_specifications	包含服务器实例上 SQL Server 审计中的数据库审计规范的相关信息
sys.database_audit_specification_details	包含服务器实例上 SQL Server 审计中的数据库审计规范详细信息（操作）的相关信息
sys.server_audits	服务器实例中的每个 SQL Server 审计都各占一行
sys.server_audit_specifications	包含服务器实例上 SQL Server 审计中的服务器审计规范的相关信息
sys.server_audit_specification_details	包含服务器实例上 SQL Server 审计中的服务器审计规范详细信息（操作）的相关信息
sys.server_file_audits	包含服务器实例上 SQL Server 审计中的文件审计类型的存储扩展信息

4．权限

SQL Server 审计的每个功能和命令都有其独特的权限需求。

若要创建、更改或删除服务器审计规范，服务器主体必须具有 ALTER ANY SERVER AUDIT 或 CONTROL SERVER 权限。若要创建、更改或删除数据库审计规范，数据库主体必须具有 ALTER ANY DATABASE AUDIT 权限，或者针对该数据库的 ALTER 或 CONTROL 权限。此外，主体还必须具有连接到数据库的权限或者具有 ALTER ANY SERVER AUDIT 或 CONTROL SERVER 权限。

拥有 VIEW ANY DEFINITION 权限，有权查看服务器级别审计视图；拥有 VIEW DEFINITION 权限，有权查看数据库级别审计视图。若拒绝这些权限，则无法查看目录视图，即使主体拥有 ALTER ANY SERVER AUDIT 或 ALTER ANY DATABASE AUDIT 权限。

8.3.7 数据库账本

围绕存储在数据库系统中的数据的完整性建立信任是一个长期存在的问题。账本功能在数据库中提供防篡改功能，能够以加密方式向其他方（如审计员或其他业务参与方）证明数据未被篡改。

账本有助于保护数据免受任何攻击者或高特权用户（包括数据库管理员 DBA、系统管理员和云管理员）的攻击。与传统的账本一样，该功能将保留历史数据。如果某行在数据库中进行更新，则其以前的值将在历史记录表中得到维护和保护。账本提供了一段时间内对数据库所做的所有更改的历史记录。图 8.5 展示了数据库账本的结构。

账本和历史数据以透明方式进行管理，无须进行任何应用程序更改即可提供保护。该功能以关系形式维护历史数据，以支持用于审计、取证和其他目的的 SQL 查询。它在保持 SQL 数据库的功能、灵活性和性能的同时，提供对

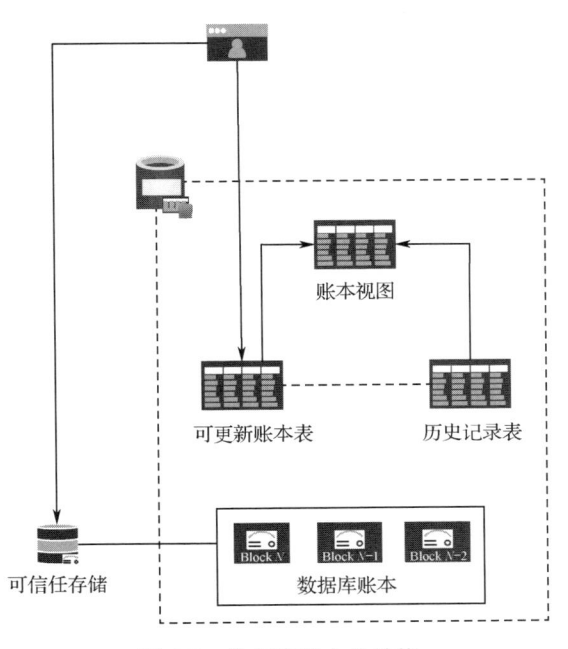

图 8.5 数据库账本的结构

加密数据完整性的保护。

账本表中由事务修改的任何行都是使用 Merkle 树数据结构进行加密 SHA-256 哈希处理的，该结构将创建表示事务中所有行的根哈希值。数据库处理的事务随后也会通过 Merkle 树数据结构一起进行 SHA-256 哈希处理，结果是构成块的根哈希值。然后通过该块的根哈希值及上一个块的根哈希值（作为哈希函数的输入）对该块进行 SHA-256 哈希处理。此哈希处理形成了区块链。

数据库账本中的根哈希值（数据库摘要）包含加密哈希处理的事务并表示数据库的状态，可以定期生成它们并将它们存储在数据外部防篡改的存储中，例如，使用不可变策略配置的 Azure Blob 存储、Azure 机密账本或本地 Write Once Read Many（WORM）存储设备。数据库摘要稍后会用于验证数据库的完整性，方法是将摘要中的哈希值与数据库中计算出的哈希值进行比较。

账本功能以两种形式引入表中：可更新账本表，用于更新和删除表中的行；仅追加账本表，仅允许在表中插入。可更新账本表和仅追加账本表都提供篡改证据和数字取证功能。

（1）可更新账本表。

对于希望对数据库中的表进行更新和删除的应用程序模式（如记录系统应用程序），可更新账本表是理想选择。应用程序的现有数据模式不需要更改即可启用账本功能。可更新账本表会在执行更新或删除的事务发生时，跟踪数据库中任何行的更改历史记录。可更新账本表是带有系统版本的表，它包含对另一个具有镜像架构的表的引用，另一个表称为历史记录表。每当更新或删除了账本表中的某行后，系统都将使用此表来自动存储该行的先前版本。创建可更新账本表时，将自动创建历史记录表。可更新账本表中的值及其相应的历史记录表提供了一段时间内数据库值的历史记录。一个系统生成的账本视图将连接可更新账本表和历史记录表，使用户可以轻松查询数据库的历史记录。

（2）仅追加账本表。

仅追加账本表非常适合仅插入的应用程序模式，如安全信息和事件管理（SIEM）应用程序。仅追加账本表在 API 级别阻止更新和删除，这种阻止可以进一步防止特权用户（如系统管理员和 DBA）篡改数据。由于系统只允许插入，因此仅追加账本表没有对应的历史记录表（因为没有要捕获的历史记录）。与可更新账本表一样，账本视图可提供对将行插入仅追加账本表的事务及执行插入的用户的记录和分析。

（3）账本数据库。

对于需要在数据库的整个生命周期内保护所有数据的完整性的应用程序，账本数据库提供了一种简单的解决方案。账本数据库只能包含账本表，不支持创建常规表（非账本表）。默认情况下，每个表都将创建为采用默认设置的可更新账本表，这使得创建此类表非常简单。在创建时将数据库配置为账本数据库，因为创建后无法将账本数据库转换为常规的数据库。

（4）数据库摘要。

数据库账本中最新块的哈希值称为数据库摘要，它表示生成块时数据库中所有账本表的状态。块形成时，它所关联的数据库摘要将发布并存储在数据库之外的防篡改存储设备中。由于数据库摘要表示在生成数据库时数据库的状态，因此保护摘要免受篡改至关重要。有权修改摘要的攻击者能够：篡改数据库中的数据；生成表示包含这些更改的数据库的哈希；修改摘要以表示该块中事务的已更新哈希值。通过账本，可以在不可变存储或 Azure 机密账本中自动生成并存储数据库摘要，以防止篡改。或者，用户可以手动生成数据库摘要，并将其存储在所选位置。数据库摘要用于稍后验证存储在账本表中的数据是否未遭篡改。

（5）账本验证。

账本功能不允许修改账本系统视图，仅允许追加表和历史记录表的内容。但是，控制计算机的攻击者或系统管理员可以绕过所有系统检查，直接篡改数据。例如，攻击者或系统管理员可以编辑存储中的数据库文件；账本无法防止此类攻击，但可保证在验证账本数据时会检测到任何篡改。账本验证过程使用先前生成的一个或多个数据库摘要作为输入，并根据账本表的当前状态，重新计算存储在数据库账本中的哈希值。如果计算所得的哈希值与输入摘要不符，则验证失败，提示数据已被篡改。然后，账本将报告它所检测到的所有不一致项。

8.4 本章小结

本章介绍了数据库系统安全机制，以 SQL Server 数据库为例，重点介绍了保护 SQL Server 的一系列步骤，包括数据库环境安全性、数据库身份认证与访问控制、数据库对象的安全保护及访问数据库的应用安全性。

8.5 习题

1. 数据库安全特性主要针对数据而言，具有_____、_____、_____、_____、_____、_____等方面特征。
2. 权限检查算法包含 3 个基本元素：_____、_____、_____。
3. 数据库环境安全包括 4 个部分，分别是_____、_____、_____、_____。
4. 常用的数据库备份方法有_____、_____和_____。数据库恢复技术的 3 种策略分别是_____、_____和_____。
5. SQL Server 安全涉及 4 个方面：_____、_____、_____及_____。
6. 数据库加密方式分为_____和_____，SQL Server 数据库加密机制可分为_____、_____、_____、_____。
7. 安全主体是一组被授予权限的用户或用户群体。在 SQL Server 中，主体包含 3 种角色：_____、_____和_____。

8.6 思考题

1. 非结构化数据库与结构化数据库的安全需求有什么不同？
2. 数据库系统包含哪些安全机制？简述这些安全机制如何实现安全模型，进而实现保护数据库系统安全的目标。
3. 简述数据库 5 种加密粒度的特点和区别。
4. SQL Server 数据库有哪些安全技术？简述这些安全技术如何保证 SQL Server 数据库的安全性。

第 9 章　新型电力信息系统安全设计案例

以"大云物移智链"（大数据、云计算、物联网、移动互联网、人工智能、区块链）和 5G 通信为代表的新一代数字化技术，与电力系统的各个环节深度融合，将能源流、信息流和业务流广泛交织，使电力领域面临诸多新的网络安全风险。

9.1　传统电力信息系统安全体系简介

我国是世界上较早重视电力监控系统信息安全的国家之一，国家电力监管委员会（2013 年与原国家能源局进行职责整合，重新组建国家能源局）于 2004 年发布的《电力二次系统安全防护规定》中首次明确了"安全分区、网络专用、横向隔离、纵向认证"原则，确定了中国电力监控系统安全防护体系。为了应对逐渐升级的信息安全威胁，进一步提高电力监控系统的安全防御能力，电力监管委员会在 2012 年发布了《电力行业信息系统安全等级保护基本要求》，规定电力系统要从"物理安全、网络安全、主机安全、应用安全和数据安全"5 个方面提出全面技术要求。国家发展改革委在 2014 年印发《电力监控系统安全防护规定》，要求生产控制大区实现网络环境的安全可信并对恶意代码具备免疫能力，强调了电网的主动防御能力。2017 年，《中华人民共和国网络安全法》正式实施，明确要求运营者需对关键信息基础设施潜在的安全风险做"定期评估"并"实行重点保护"，确保电力系统风险的安全可控。2019 年，中国国家标准化管理委员会发布了《信息安全技术　网络安全等级保护基本要求》，对电力信息系统的安全环境提出了更高的安全要求。2021 年，国务院发布《关键信息基础设施安全保护条例》，将电力系统列为重要的关键信息基础设施，明确安全保护责任主体、强化落实保护责任。

网络安全相关的国家标准、行业标准相继推出，完善了电力监控系统安全防护体系的总体框架，细化了防护原则，对防范黑客及恶意代码入侵、集团式攻击及网络安全相关电力设备事故或安全事件具有关键作用。电力监控系统安全防护总体框架如图 9.1 所示。

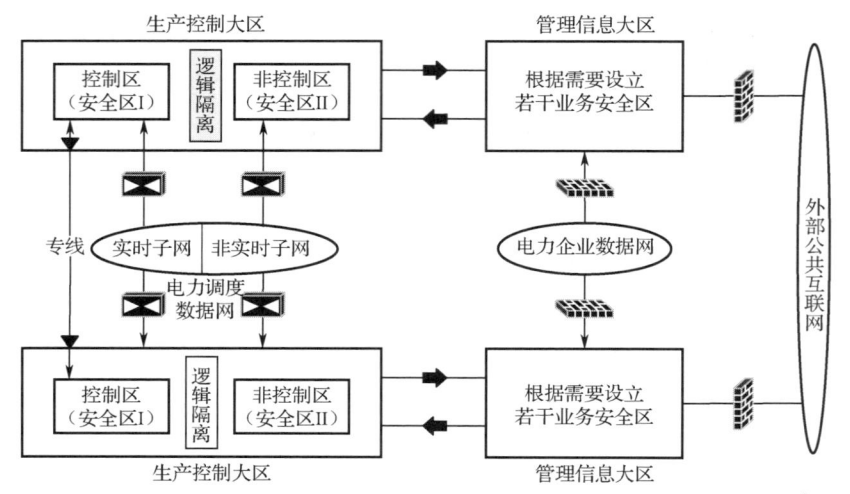

图 9.1　电力监控系统安全防护总体框架

9.1.1 安全分区

安全分区是电力监控系统安全防护体系的结构基础。发电、电网等电力能源相关企业的业务通信网络总体应分为生产控制大区和管理信息大区。生产控制大区又分为控制区（安全区Ⅰ）和非控制区（安全区Ⅱ）。安全区Ⅰ的业务系统主要包括数据采集与监控系统（SCADA）、能量管理系统（Energy Management System，EMS）等，是电力生产的重要环节，可以实现对电力一次系统的直接监测和调控，也是安全防护的重点与核心。安全区Ⅱ的业务系统主要包括电能量计量系统等非控制功能的在线系统，是电力生产的必要环节。管理信息大区是生产控制大区以外的电力企业管理业务系统的集合。

1. 生产控制大区的安全

生产控制大区的安全划分如下。

（1）控制区（安全区Ⅰ）。

控制区中的业务系统或其功能模块（或子系统）的典型特征如下：电力生产的重要环节，直接实现对电力一次系统的实时监控，纵向使用电力调度数据网络或专用通道，是安全防护的重点与核心。

控制区的传统典型业务系统包括电力数据采集和监控系统、能量管理系统、广域相量测量系统、配网自动化系统、变电站自动化系统、发电厂自动监控系统等，其主要使用者为调度员和运行操作人员，数据传输实时性为毫秒级或秒级，其数据通信使用电力调度数据网的实时子网或专用通道进行传输。该区内还包括采用专用通道的控制系统，如继电保护、安全自动控制系统、低频（或低压）自动减负荷系统、负荷控制管理系统等，这类系统对数据传输的实时性要求为毫秒级或秒级，其中负荷控制管理系统为分钟级。

（2）非控制区（安全区Ⅱ）。

非控制区中的业务系统或其功能模块的典型特征如下：电力生产的必要环节，在线运行但不具备控制功能，使用电力调度数据网络，与控制区中的业务系统或其功能模块联系紧密。

非控制区的传统典型业务系统包括调度员培训模拟系统、水库调度自动化系统、故障录波信息管理系统、电能量计量系统、实时和次日电力市场运营系统等，其主要使用者分别为电力调度员、水电调度员、继电保护人员及电力市场交易员等。在发电厂、变电站、换流站、开关站等厂、站内的设施（下文简称厂站端）还包括电能量远方终端、故障录波装置及发电厂的报价系统等。非控制区的数据采集频度是分钟级或小时级，其数据通信使用电力调度数据网的非实时子网。此外，如果控制区内个别业务系统或其功能模块（或子系统）需使用公用有线或无线通信网络及处于非控制区内的设备或终端等进行通信，其安全防护水平低于生产控制大区内其他系统时，应设立安全接入区。典型的业务系统或功能模块包括配电网自动化系统的前置采集模块（终端）、负荷控制管理系统、某些分布式电源控制系统等，安全接入区的典型安全防护框架如图9.2所示。

生产控制大区内部安全要求如下。

① 禁止生产控制大区内部的 E-mail 服务，禁止控制区内通用的 Web 服务。

② 允许非控制区内部业务系统采用 B/S 结构，但仅限于业务系统内部使用。允许提供纵向安全 Web 服务，但应当优先采用专用协议和专用浏览器的图形浏览技术，也可以采用经过安全加固且支持 HTTPS 的安全 Web 服务器。

③ 生产控制大区重要业务（如 SCADA、实时电力市场交易等）的远程通信应当采用加密认证机制。

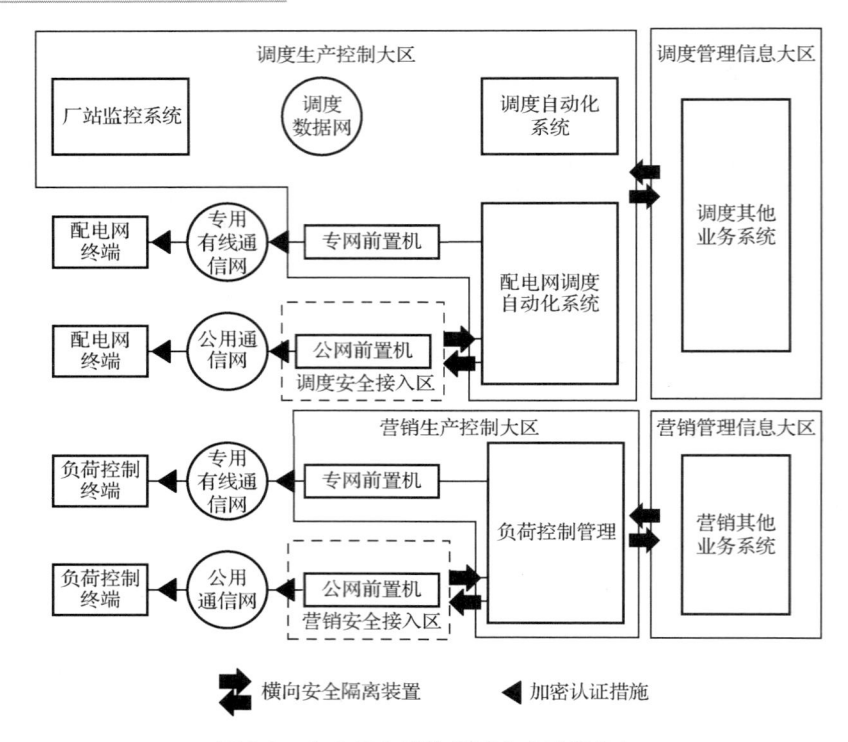

图 9.2　安全接入区的典型安全防护框架

④ 生产控制大区内的业务系统间应该采取虚拟局域网（Virtual Local Area Network，VLAN）和访问控制等安全措施，限制系统间的直接互通。

⑤ 生产控制大区的拨号访问服务，服务器和用户端均应当使用经国家指定部门认证的安全加固的操作系统，并采取加密、认证和访问控制等安全防护措施。

⑥ 生产控制大区边界上可以部署入侵检测系统（Intrusion Detection System，IDS）。

⑦ 生产控制大区应当采取安全审计措施，将安全审计与安全区网络管理系统、综合告警系统、IDS 系统、敏感业务服务器登录认证和授权、关键业务应用访问权限相结合。

⑧ 生产控制大区内主站端和重要的厂站端应该统一部署恶意代码防护系统，采取防范恶意代码措施。病毒库、木马库及 IDS 规则库应经过安全检测并可离线进行更新。

2．管理信息大区的安全

管理信息大区是指生产控制大区以外的电力企业管理业务系统的集合。管理信息大区的传统典型业务系统包括生产管理区（安全区Ⅲ）与管理信息区（安全区 Ⅳ），如调度生产管理系统、行政电话网管系统、电力企业数据网等。

管理信息大区应当统一部署防火墙、IDS 恶意代码防护系统及桌面终端控制系统等通用安全防护设施。

3．安全区拓扑结构

电力监控系统安全区连接的拓扑结构有链式结构、三角结构和星形结构 3 种。链式结构中的控制区具有较高的累积安全强度，但总体层次较多；三角结构各区可以直接相连，效率较高，但所用隔离设备较多；星形结构所用设备较少、易于实施，但中心点故障影响范围大。3 种模式均能满足电力监控系统安全防护体系的要求，可以根据具体情况选用，拓扑结构如图 9.3 所示。

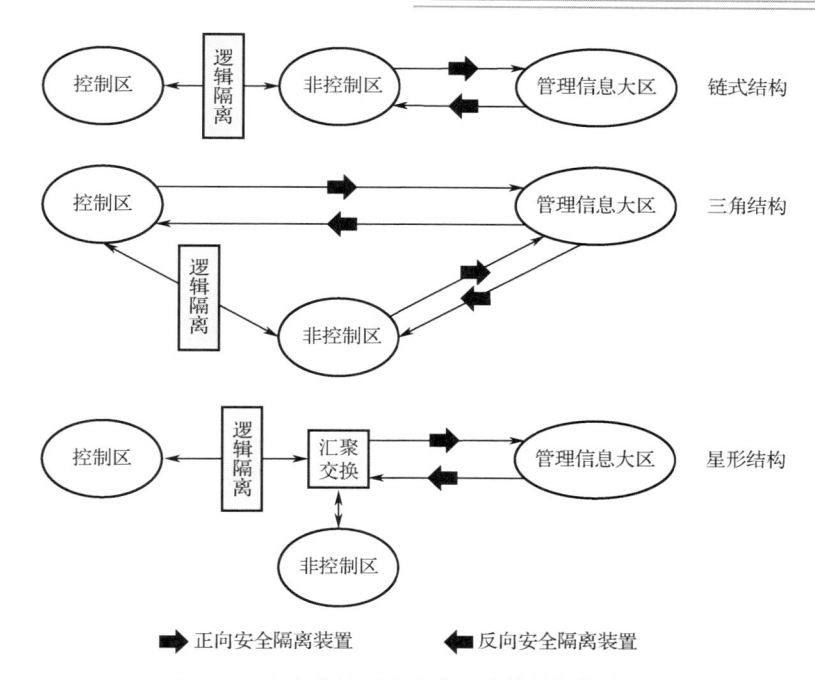

图 9.3 电力监控系统安全区连接的拓扑结构

9.1.2 网络专用

电力调度数据网是控制区和非控制区的专用网络，在专用通道上使用独立的网络设备组网，采用不同的光波、不同纤芯等方式在物理上实现与外部公共信息网的安全隔离。

电力调度数据网划分为基于逻辑隔离的实时子网和非实时子网，分别连接控制区和非控制区。可以采用多协议标签交换 VPN 技术、安全隧道技术、永久虚电路技术、静态路由等构造子网。

电力调度数据网采用以下安全防护措施。

（1）网络路由防护。

按照电力调度管理体系及数据网络技术规范，采用虚拟专网技术，将电力调度数据网分割为逻辑上相对独立的实时子网和非实时子网，分别对应控制业务和非控制生产业务，保证实时业务的封闭性和高可靠的网络服务质量。

（2）网络边界防护。

应当采用严格的接入控制措施，保证业务系统接入的可信性。经过授权的节点允许接入电力调度数据网，进行广域网通信。

数据网络与业务系统边界可采用必要的访问控制措施，对通信方式与通信业务类型进行控制。在生产控制大区与电力调度数据网的纵向交接处应当采取相应的安全隔离、加密、认证等防护措施。对于实时控制等重要业务，应该通过纵向加密认证装置或加密认证网关接入调度数据网。

（3）网络设备的安全配置。

网络设备的安全配置包括关闭或限定网络服务、避免使用默认路由、关闭网络边界自主动态路由功能（如禁用 OSPF 协议）、采用安全增强的 SNMPv2 及以上版本的网管协议、设置受信任的网络地址范围、记录设备日志、设置高强度的密码、开启访问控制列表、封闭空闲的网络端口等。

（4）数据网络安全的分层分区设置。

电力调度数据网采用安全分层分区设置的原则，由骨干网和接入网组成。地级以上调度中心

211

节点构成调度数据骨干网（简称骨干网），各级调度的业务节点及直调厂站节点构成分层接入网，各厂站按照调度关系接入两层接入网。

调度数据网未覆盖到的电力监控系统（如配电网自动化、负荷控制管理、分布式能源接入等）的数据通信优先采用电力专用通信网络，不具备条件的也可以采用公用通信网络（不包括Internet）、无线网络（GPRS、CDMA、230MHz、WLAN 等）等通信方式，使用上述通信方式时应当设立安全接入区，并采用安全隔离、访问控制、认证及加密等安全措施。

各层面的数据网络之间应该通过路由限制措施进行安全隔离。当县调或配调内部采用公用通信网时，禁止与调度数据网互联，以保证网络故障和安全事件限制在局部区域之内。

9.1.3 横向隔离

在生产控制大区与管理信息大区之间必须设置电力专用横向单向安全隔离装置，隔离强度应当接近或达到物理隔离标准。生产控制大区内部的安全区之间应当采用具有访问控制功能的网络设备、防火墙或者相当功能的设施，实现逻辑隔离。安全接入区与生产控制大区相连时，应当采用电力专用横向单向安全隔离装置进行集中互联。

按照数据通信方向电力专用横向单向安全隔离装置分为正向型和反向型。正向安全隔离装置用于从生产控制大区到管理信息大区的非网络方式的单向数据传输；反向安全隔离装置用于从管理信息大区到生产控制大区的非网络方式的单向数据传输，是管理信息大区到生产控制大区的唯一数据传输途径。反向安全隔离装置集中接收管理信息大区发向生产控制大区的数据，进行签名验证、内容过滤、有效性检查等处理后转发给生产控制大区内部的接收程序。专用横向单向隔离装置应该满足实时性、可靠性和传输流量等方面的要求。

严格禁止 E-mail、Web、Telnet、Rlogin、FTP 等安全风险高的通用网络服务和 B/S 或 C/S 方式的数据库访问穿越专用横向单向安全隔离装置，仅允许纯数据的单向安全传输。控制区与非控制区之间应当采用具有访问控制功能的设备或具有相当功能的设施进行逻辑隔离。

9.1.4 纵向认证

纵向加密认证是电力监控系统安全防护体系的纵向防线，采用认证、加密、访问控制等技术措施实现数据的远程安全传输及纵向边界的安全防护。对于重点防护的管理信息大区调度中心、发电厂、变电站，在生产控制大区与广域网的纵向连接处应当设置经过国家指定部门检测认证的电力专用纵向加密认证装置或者加密认证网关及相应设施，实现双向身份认证、数据加密和访问控制。安全接入区内纵向通信应当采用基于非对称密钥技术的单向认证等安全措施，重要业务可以采用双向认证。

加密认证网关除具有加密认证装置的全部功能外，还应实现对电力系统数据通信应用层协议及报文的处理功能。

9.2 安全防护措施

（1）恶意代码防范。

应当及时更新经测试验证过的特征码，查看查杀记录。禁止生产控制大区与管理信息大区共用一套防恶意代码管理服务器。

（2）逻辑隔离。

控制区与非控制区之间应采用逻辑隔离措施，实现两个区域的逻辑隔离、报文过滤、访问控制等功能，其访问控制规则应当正确有效。生产控制大区应当选用安全可靠的硬件防火墙，其功能、性能、电磁兼容性必须经过国家相关部门的检测认证。

（3）入侵检测。

生产控制大区可以统一部署网络入侵检测系统，合理设置检测规则，及时捕获网络异常行为、分析潜在威胁、进行安全审计。

（4）主机加固。

生产控制大区主机操作系统应当进行安全加固。加固方式包括：安全配置、安全补丁、采用专用软件强化操作系统访问控制能力，以及配置安全的应用程序。关键是要控制系统软件升级，在安装补丁前要请专业技术机构进行安全评估和验证。

（5）安全 Web 服务。

非控制区的接入交换机应当支持 HTTPS 的纵向安全 Web 服务，采用电力调度数字证书对浏览器客户端访问进行身份认证及加密传输。

（6）计算机系统访问控制。

能量管理系统、厂站端生产控制系统、电能量计量系统及电力市场运营系统等业务系统，应当逐步采用电力调度数字证书，对用户登录本地操作系统、访问系统资源等操作进行身份认证，根据身份与权限进行访问控制，并且对操作行为进行安全审计。

（7）远程拨号访问。

需通过远程拨号访问生产控制大区的用户，要求远程用户使用安全加固的操作系统平台，结合数字证书技术，进行登录认证和访问认证。

对于通过远程访问服务（Remote Access Service，RAS）访问本地网络与系统的远程拨号访问，应当采用网络层保护，使用 VPN 技术建立加密通道。对于以远方终端直接拨号访问的方式，应当采用链路层保护，使用专用的链路加密设备。

对于远程用户登录到本地系统中的操作行为，应该进行严格的安全审计。

（8）线路加密措施。

对远方终端装置、继电保护装置、安全自动装置、负荷控制管理系统等基于专线通道与调度主站进行的数据通信，应采用必要的身份认证或加密/解密措施进行防护。

（9）安全审计。

生产控制大区应当具备安全审计功能，可以对网络运行日志、操作系统运行日志、数据库重要操作日志、业务应用系统运行日志、安全设施运行日志等进行集中收集、自动分析，以便及时发现各种违规行为及攻击行为。

（10）安全免疫。

生产控制大区具备控制功能的系统应逐步推广、应用以密码硬件为核心的可信计算技术，以实现计算环境和网络环境安全可信，免疫未知恶意代码破坏，应对高级别的恶意攻击。

（11）内网安全监视。

生产控制大区应当逐步推广内网安全监视功能，实时监测电力监控系统的计算机、网络及安全设备运行状态，及时发现非法外联、外部入侵等安全事件并发出预警。

（12）商用密码管理。

电力监控系统中商用密码产品的配备、使用和管理等，应当严格执行国家商用密码管理的有关规定。

9.3 新型电力信息系统的安全需求

采用的电网安全防护平台被划分为 4 个安全区：控制区（安全区Ⅰ）、非控制区（安全区Ⅱ）、生产管理区（安全区Ⅲ）与管理信息区（安全区Ⅳ）。每个安全区之间设有隔离系统，并且在纵向布置专线、VPN 和加密认证装置，构建了较为完善的防御体系。然而，随着电网规模的逐渐扩张与网络攻击方式的不断升级，该体系的安全性难以满足需求，主要体现在以下几个方面。

（1）电力系统网络安全管理制度及技术标准尚未完善。

涉及网络安全设备与组件的供应商、服务提供商、企业用户的安全责任体系仍需发展，缺少切实可行的安全评估方案和管理标准。规划、设计阶段的网络安全要求未能切实得到满足，系统入网、并网、运维阶段未按照规定开展入网安全检测，导致系统有预置安全漏洞、后门等安全隐患。运维人员未严格执行网络安全相关管理要求，存在安防措施落实不到位、违规使用 U 盘、随意接入维护终端等情况。对于网络安全检查发现的问题、缺陷，在整改过程的闭环管理、风险过程管控及考核评价的处理手段不足。

（2）电力信息系统安全边界模糊。

在能源互联网时代，能源系统正向碎片化能源时代转型，并以万物互联、高度智能的形态存在，网络边界不再像传统经典结构那样清晰，智能终端设备急剧增加，在设备高度互联和信息多向流动的多变情况下，网络安全边界越来越模糊，任何一个电网设备由于自身的计算与存储资源有限，缺少足够的防护，其安全漏洞都可能导致电网运行的重大安全风险，因此攻击者很容易侵入智能电网设备中实施干扰、监视甚至远程控制。

（3）海量异构终端存在安全接入风险。

智能电网比传统电网具有数量更庞大的异构智能化交互终端、更泛在的网络安全防护边界、更灵活多样的业务安全接入需求，而用户终端存在信息泄露、非法接入、被控制的风险，这对电网异构终端自身完整性保护、攻击防御、漏洞挖掘等各方面都提出了更高的挑战，也对不同种类智能、移动终端的安全控制、安全接入提出了更高的要求。

新型电网的建设使电网规模迅速扩大，海量智能终端接入电网，在提升电网运行效率的同时，也带来了更多安全风险。例如，DDoS 是常见的难防范的攻击，其基本原理是攻击者操控大量设备同时向目标服务器发送数据包，消耗目标服务器性能或网络资源，从而使目标无法正常提供服务。目前，电网系统中的防火墙并未配置能有效防御 DDoS 攻击的防护策略，新型电网安全形势严峻。

（4）云环境下面临的安全问题。

① 虚拟化安全问题。如果物理主机和虚拟网络受到破坏，物理主机和虚拟机之间的交流受到破坏，则可能产生虚拟机逃逸或者共享机制被非法利用等安全问题。

② 数据集中的安全问题。用户的数据存储、处理、网络传输等都集中依靠云计算系统，则会产生如何避免数据丢失损坏、如何避免数据被非法访问篡改、如何对多租户应用进行数据隔离、如何避免数据服务被阻塞、如何确保云端退役数据能妥善保管或销毁等一系列问题。

③ 云平台可用性问题。用户的数据和业务流程非常依赖于云平台服务的连续性，当发生云平台故障时，如何保证用户数据和应用的快速恢复也成为问题。

④ 云平台遭受攻击的问题。云平台由于其用户信息资源高度集中，因而容易成为黑客攻击的目标，由此拒绝服务造成的破坏性将会明显超过传统应用环境。

（5）5G 环境带来的安全问题。

① 用户标识的隐私保护。在移动电力专用网络中，需要考虑采用标识匿名的方式防止攻击者识别出个人用户，进而防止攻击者通过核心网和无线接入网渗透进行流量监测和流量分析。

② 数据的保密性与完整性保护。需对网络传输、业务服务器处理、数据库存储的涉及用户隐私的数据等进行加密，防止敏感信息遭到泄露。

③ 保证终端的真实性。为防止攻击者冒充合法用户获取免费的服务，移动网络需要对每个接入网络的终端进行身份验证，以确保终端用户身份真实可靠。

④ 保证网络功能的可用性。在提升安全能力的同时需要考虑网络功能与设备性能的要求，确保网络功能与设备性能不会大幅下降，需要在网络功能、设备性能与安全需求间保持平衡。

（6）分布式系统导致的隐私泄露与数据窃取等安全问题。

智能设备读数包含电网系统运行数据、设备状态信息和消费者信息，例如，用电时段可以反映消费者在家时间。这些数据存储在智能终端或者数据中心，访问控制和密钥管理是必不可少的，没有相应密钥、未经授权或未认证的用户不能访问和修改用户数据。智能电网需要广泛使用智能电表、分布式电源、智能电器和充放电设备等。多种设备接入电网，如计费、监控等数据剧增，存在数据被窃取和被非法控制的安全风险。

（7）网络安全主动防御能力不足。

现有的电力监控系统网络安全态势感知平台已实现了对大部分厂站的历史流量、报文、日志的采集，但基于历史数据的智能入侵检测、溯源分析、攻击反制及主动防御的应用和研究仍处于探索阶段。

（8）电网信息系统中网络安全态势感知和预警手段普遍缺乏。

目前缺乏对非法外联、非法内联、病毒感染、网络入侵等行为的监测及阻断技术手段，造成无法及时发现网络安全事件并进行应急处置的问题。尚未实现网络接入管控的技术措施，缺乏技术手段对机房内厂家的运维操作进行管控。由于电力监控系统设备数量庞大，难以依靠人工手段有效地防范厂商违规使用移动存储介质，难以做到对外来设备非法接入的有效管控。

9.4 新型电力信息系统攻击行为建模技术

根据电力信息系统网络空间中元素的异质性特点，从攻击者视角对电力监控系统的组成元素的脆弱性和风险性进行分析，建立电力信息系统的网络空间攻击行为模型。

9.4.1 ATT&CK 框架

1. ATT&CK 与威胁情报

Gartner 对威胁情报的定义：针对一个已经存在或正在显露的威胁或危害资产的行为的，基于证据知识的，包含情境、机制、指征、影响和可行动性建议的，用于帮助解决威胁或危害进行决策的知识。

iSight 对威胁情报的定义：关于已经收集、分析和分发的，针对攻击者及其动机、目的和手段的,用于帮助所有级别安全的和业务员工用于保护其企业核心资产的知识。

ATT&CK 的英文全称是 Adversarial Tactics, Techniques, and Common Knowledge,是一个站在攻击者的视角来描述攻击中各阶段用到的技术的模型。ATT&CK 是对网络攻击手法的描述,它让攻击手法的表达有了一致性的标准。

图 9.4 所示为威胁情报困难程度,ATT&CK 在顶端,困难程度最大。

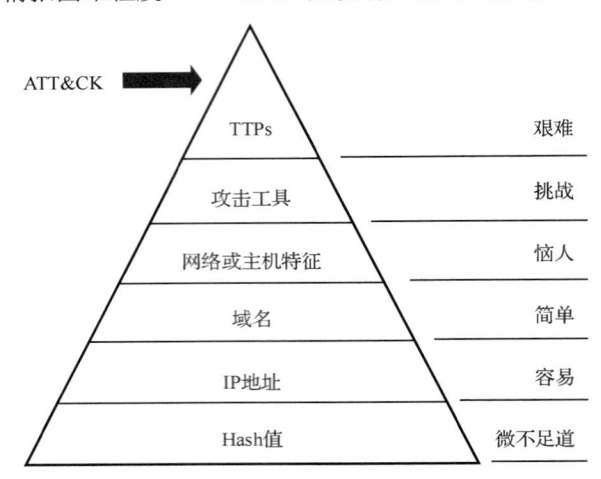

图 9.4 威胁情报困难程度

2. ATT&CK 内容

ATT&CK 是由 MITRE 公司提出的一套反映各个攻击生命周期的攻击行为的模型和知识库,其在 KillChain 模型的基础上,对更具观测性的后 5 个阶段中的攻击者行为构建了更具细粒度、更易共享的知识模型和框架。

ATT&CK 模型主要有 PRE-ATT&CK、ATT&CK for Enterprise、ATT&CK for Mobile、ATT&CK for Cloud 和 ATT&CK for ICS。其中,PRE-ATT&CK 覆盖攻击链模型的前两个阶段,ATT&CK for Enterprise、ATT&CK for Mobile、ATT&CK for Cloud 和 ATT&CK for ICS 覆盖攻击链模型的后 5 个阶段,并描述了在不同平台中的差异。ATT&CK for ICS 模型更适合于电力系统环境。

MITRE 公司的设计理念如下:基于攻击者视角;追踪现实世界中的用法和出现过的用法;抽象层恰好可以较好地将攻击手法和防守措施联系起来。MITRE ATT&CK 矩阵是指对黑客和攻击组织所使用过的攻击手段进行总结和分类,为了方便理解,以矩阵的形式呈现出来,如图 9.5 所示。矩阵包含 11 个列,一列代表一种战术,每列中不同的行表示该战术细化的技术。一种战术可能使用多种技术。

3. 攻击分类

结合安全目标,电力系统遭受的安全攻击如图 9.6 所示。

初步渗透	代码执行	权限维持	检测逃逸	资产发现	横向移动	环境搜集	命令控制	抑制响应	侵害流程	产生影响
历史数据库攻击	变更程序状态	挂钩	利用漏洞逃逸	控制设备识别	默认凭证	自动收集	常用端口	激活固件更新模式	I/O爆破	破坏财产
会话劫持	命令行接口	模组固件	主机信标移除	I/O模组发现	远程服务漏洞利用	信息存储库	连接代理	告警抑制	变更程序状态	拒绝服务
工程师站攻击	通过API执行	程序下载	伪装	网络连接枚举	外部远程服务	检测运行模式	标准应用层协议	阻断命令消息	伪装	拒绝监视
开放应用漏洞利用	图形用户界面	工程文件注入	主设备冒用	网络服务扫描	程序组织单元	检测程序状态		阻断报告消息	修改控制逻辑	可用性损失
外部远程服务利用	中间人攻击	系统固件	恶意软件	网络嗅探	远程文件复制	I/O镜像		阻断串行COM	修改参数	失去控制
互联网开放设备利用	程序组织单元	有效账号	报警信息欺骗	远程系统发现	有效账号	位置识别		数据销毁	模组固件	生产力和财物损失
移动介质摆渡	工程文件注入		利用变更运行模式	串口连接枚举		监控工艺流程状态		拒绝服务	程序下载	功能安全损失
鱼叉邮件攻击	脚本执行					点表识别		设备重启关闭	主设备冒用	失去监视
供应链攻击	用户执行					程序上线		操纵I/O镜像	停止服务	操纵控制
无线网攻击						角色识别		修改报告设置	报警信息欺骗	操纵监视
						屏幕截图		修改控制逻辑	未授权的命令消息	运行信息泄露
								程序下载		
								恶意软件		
								系统固件		
								利用变更运行模式		

图 9.5 MITRE ATT&CK 矩阵

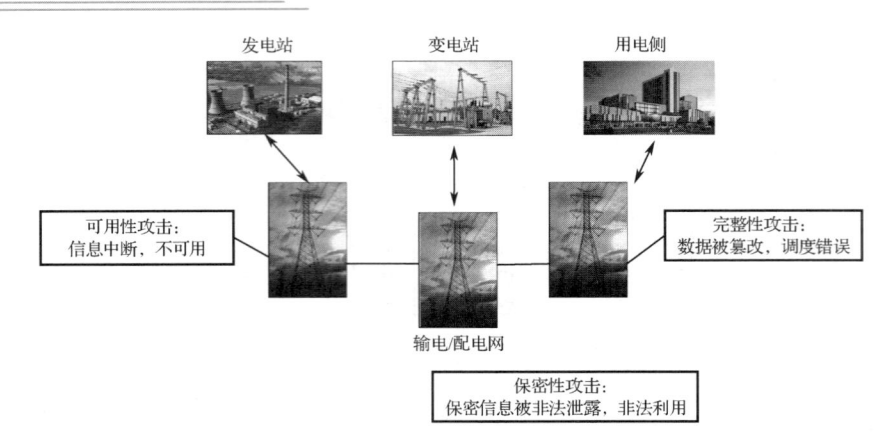

图 9.6　电力系统遭受安全攻击示意图

9.4.2　基于模糊层次分析法的攻击树模型

1．攻击树模型基本原理

攻击树模型由 Schneier 提出，一个攻击树包含 3 种节点：根节点、中间节点和叶节点。在攻击树中，根节点是攻击者的终极攻击目标，叶节点是攻击者为了实现攻击目标而采取的具体的攻击手段或方法，中间节点是叶节点和根节点的过渡。叶节点有 3 种逻辑关系，分别是"或""与"和"顺序与"，如图 9.7 所示。若两个节点存在"或"逻辑，那么只要其中一个叶节点表示的攻击发生，父节点就会被实现；若两个节点存在"与"逻辑，那么必须两个叶节点表示的攻击都发生，父节点才会被实现；若两个节点存在"顺序与"逻辑，那么两个叶节点表示的攻击必须按照先后顺序发生，所对应的父节点才会被实现。

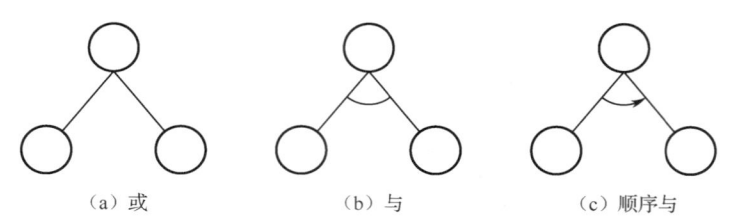

图 9.7　攻击树叶节点逻辑关系

2．攻击树叶节点概率

对叶节点进行指标量化，采用多属性效用理论，给每个叶节点赋予 3 个安全属性：攻击成本、攻击难度和攻击隐蔽性。安全属性的等级评分表如表 9.1 所示。

表 9.1　安全属性等级评分表

攻击成本/千元		攻击难度		攻击隐蔽性	
攻击成本	等级	攻击难度	等级	隐蔽程度	等级
>5	4	很难	4	很难	1
2~5	3	中等	3	中等	2
1~2	2	容易	2	容易	3
<1	1	很容易	1	很容易	4

一个叶节点被攻击成功的概率如下：
$$p(L) = W_{\text{cost}} \times U(\text{cost}_L) + W_{\text{diff}} \times U(\text{diff}_L) + W_{\text{det}} \times U(\text{det}_L)$$

其中，W_{cost}、W_{diff}、W_{det} 表示该安全属性的权值，$U(x)$ 表示该安全属性的效用值，假设效用值与安全属性评分呈反比关系：
$$U(x) = c / x$$

其中，c 为常数，x 是评分等级。

3. 安全属性权值计算

为了减少主观性，采用模糊层次分析法（Fuzzy Analytical Hierarchy Process，FAHP）对每个安全属性所对应的权值进行计算。主要步骤是根据表 9.2 所示的比较尺度，对安全属性两两进行比较，构建模糊判断矩阵。

表9.2 安全属性比较尺度

标　度	定　义	比　较　说　明
0.5	一样重要	一个属性和另一个属性一样重要
0.6	稍微重要	一个属性比另一个属性稍微重要
0.7	明显重要	一个属性比另一个属性明显重要
0.8	重要得多	一个属性比另一个属性重要得多
0.9	极端重要	一个属性比另一个属性极端重要
0.1，0.2，0.3，0.4	反比较	若属性 a_i 与 a_j 相比的标度为 r_{ij}，那么属性 a_j 与 a_i 相比的标度为 $r_{ji} = 1 - r_{ij}$

根据尺度表构建的模糊判断矩阵如下：
$$\boldsymbol{R} = \begin{bmatrix} r_{11} & r_{12} & \cdots & r_{1n} \\ r_{21} & r_{22} & \cdots & r_{2n} \\ \vdots & \vdots & & \vdots \\ r_{n1} & r_{n2} & \cdots & r_{nn} \end{bmatrix}$$

$\boldsymbol{R}$ 要进行一致性条件的验证，一致性检验公式如下：
$$\text{CI} = \frac{\lambda_{\max} - n}{n - 1}$$

其中，n 是矩阵 $\boldsymbol{R}$ 的阶，$\lambda_{\max}$ 是最大特征值。

如果不符合一致性检验，需要调整 r_{ij} 的值，直到符合一致性条件。最后，采用最小二乘法根据矩阵求出 3 个属性的权值，公式如下：
$$w_j = \frac{1}{n} - \frac{1}{2a} + \frac{1}{na} \sum_{k=1}^{n} r_{ik}, \ i = 1, 2, 3, \cdots, n$$

其中，n 为矩阵阶数，a 为权重影响因子。

4. 根节点实现概率计算

具有"或"逻辑关系的节点，其父节点的实现概率如下：
$$P = \max\{P_1, P_2, \cdots, P_n\}$$

具有"与"逻辑关系的节点，其父节点的实现概率如下：
$$P = P_1 \times P_2 \times \cdots \times P_n$$

具有"顺序与"逻辑关系的节点，其父节点的实现概率如下：
$$P = P_1 \times P(2|1) \times P(3|1,2) \times \cdots \times P(n|1,2,\cdots,n)$$

最后，得到攻击根节点的成功概率，公式如下：

$$P(S_i) = \begin{bmatrix} P(S_1) = \prod_{j \in s_1} P(L_j) \\ P(S_2) = \prod_{j \in s_2} P(L_j) \\ \vdots \\ P(S_k) = \prod_{j \in s_k} P(L_j) \end{bmatrix}$$

其中，S_i 表示攻击路径，是叶节点的一个攻击序列集合，$S_i = \{L_1, L_2, \cdots, L_n\}$，$k$ 是攻击路径的条数。

9.4.3 基于攻击树模型的攻击行为识别

1. 模块功能

采用攻击树模型，对不同攻击目标的攻击行为进行分析识别。攻击树模型的建立为一次性工程，考虑到执行的效率，将在系统初始化过程中建立存储。攻击树模型的建立参考 ATT&CK 模型，故所建立的攻击树并不是一个二叉树，一个父节点的所有子节点都存在执行顺序的关系。

通过需求分析，需要实现 5 个功能模块，如图 9.8 所示。

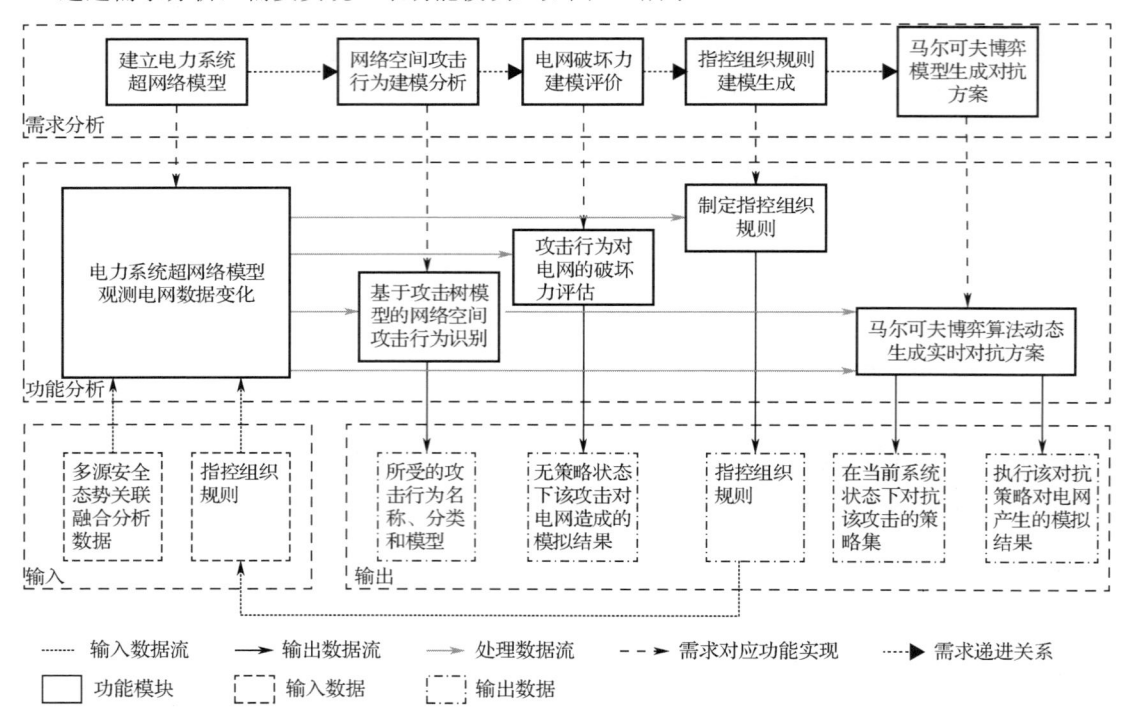

图 9.8 模块功能与业务流程分析

电力系统超网络建模模块接收电网原始数据生成初始电力系统拓扑模型，保存在数据库中；此后接收多源安全态势关联融合分析数据，生成新状态下的电力系统拓扑模型，输出拓扑结构和特征变量的变化数据，分发给破坏力评估模块、基于攻击树模型的攻击行为识别模块和马尔可夫博弈模块。

指控规则模块提取数据库存储的拓扑模型信息，依据复杂网络稳定指标，输出指控组织规则，若管理员接受该规则,将作为输入数据输入该功能模块。

电力系统超网络建模模块接收并生成新的初始电力系统拓扑模型,在数据库中进行更新。

破坏力评估模块依据拓扑结构和特征参数的前后变化,计算给定指标,输出指标值与破坏力判定结果。

基于攻击树模型攻击行为识别模块依据变化前后的数据判别攻击类型。

2. 攻击行为识别功能

服务器识别出电网异常数据后,自动调用前一段时间的电网数据;确定异常数据出现的节点或线路,依据节点或线路,推断需要用到的攻击树模型;向数据库调用该攻击树模型,服务器执行攻击树算法,依据观测序列,进行攻击行为和目标预测,并计算出攻击的发生概率和实现概率;最后将通过算法得到的数据在前端进行可视化呈现。上述功能序列图如图 9.9 所示。

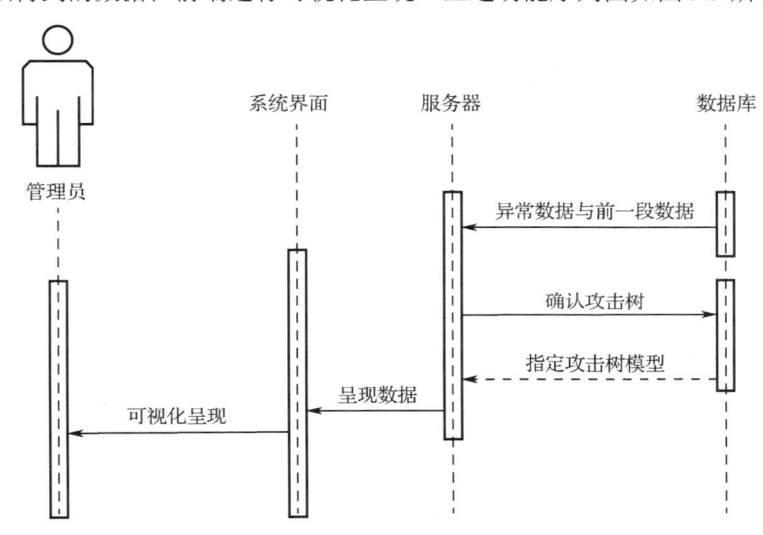

图 9.9 攻击树模型下攻击行为识别功能序列图

攻击行为识别功能模块的界面展示如图 9.10 所示。

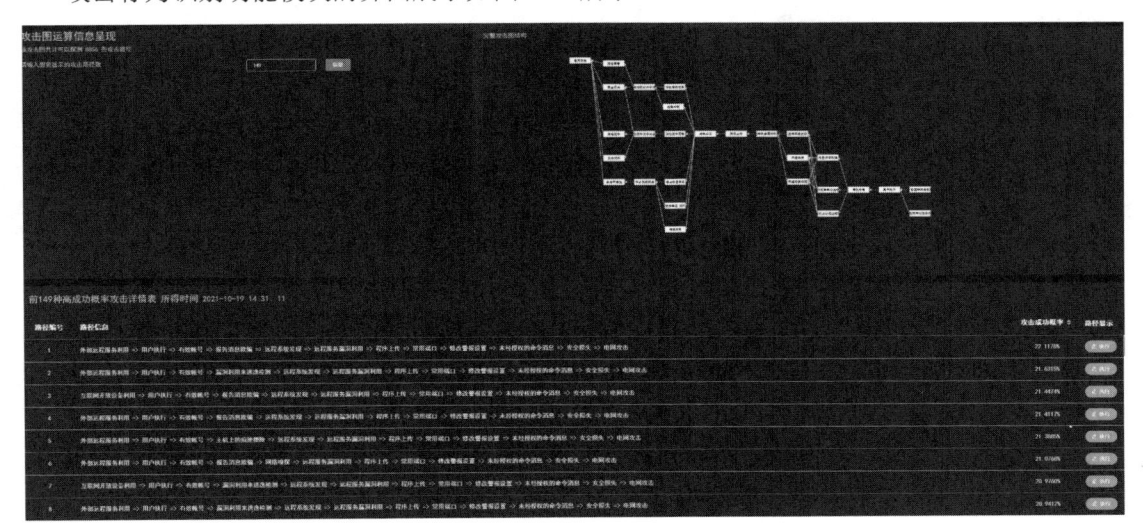

图 9.10 攻击行为识别功能模块的界面

在 ATT&CK 框架下，研究每种技术名称、战术、编号及技术说明，并结合各国发布的公开警报、大型基础设施安全事件分析报告（针对废水系统的 Maroochy 攻击、乌克兰电网攻击、Bowman 大坝攻击等）及我国智能电网结构和防护策略，对每种技术的成功概率进行打分，并采用算法计算成功概率，最终选取前 100 种大概率攻击路径并显示出来，如图 9.11 所示。

图 9.11 攻击检测策略界面

在选中某种攻击路径后，会以图的形式展示出来，可以形象地看到在 ATT&CK 框架下每步战术采取的技术，以及战术之间的衔接。链状形式可以方便观察下一步最可能采取的行动，如图 9.12 所示。

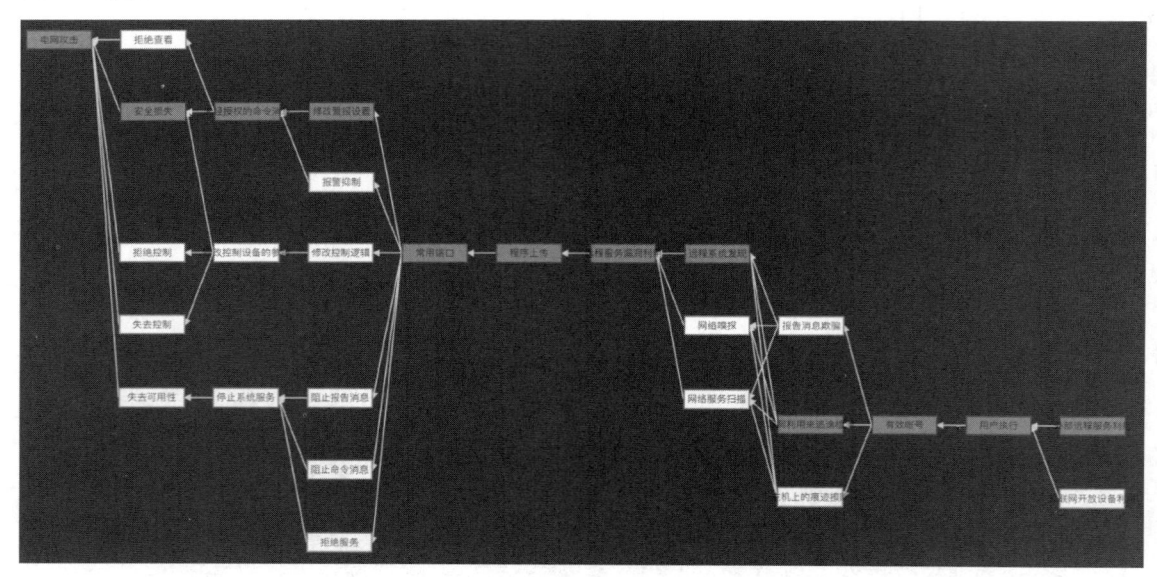

图 9.12 攻击路径可视化

9.5 基于零信任的新型电力信息系统网络安全防护机制设计

9.5.1 零信任理念

零信任的核心理念是构建以身份为核心的访问控制体系，目的是实现最小权限访问和保护资源的安全性。实现零信任有 3 种关键技术：软件定义边界、微隔离、身份认证和访问管理。它们分别能够实现零信任理念中提到的部分功能，通过3种技术的有机组合，为后续设计零信任关键模型做好铺垫。

1. 零信任定义

2010年，研究机构Forrester首席分析师约翰·金德维格（John Kindervag）首次提出了零信任模型的概念。零信任模型的核心概念是默认不信任任何申请访问资源的主体，无论该主体来自于内部或外部网络，都需要经过认证和权限判定构建全新的访问控制的信任基础，本质上就是构成以身份为核心的动态访问控制体系。2021年，美国国防部发布了零信任体系官方标准，标志着零信任体系已经成为美国未来网络安全防御体系的建设方向。该标准给出了零信任架构的定义：通过提供一系列概念和方法，最大限度地削减信息系统和服务中执行准确的、最小权限的每项请求访问决定时产生的不确定性。该定义指出零信任的主要目的是阻止未经授权的主体对信息系统的非法访问，强调用户要对主体访问权限进行细粒度的授权判定。

2. 零信任体系的必要性

在传统的网络安全防护理念中，一种默认的准则就是基于网络位置划分网络的安全性。企业通常在内网和外网的边界通过防火墙技术隔离内外网，来自互联网的数据包需要经过防火墙的层层过滤才能进入内部网络，而来自内部网络的数据可以轻易在内网进行传播。这种专注于边界防御的防御模式会导致一种严重后果，即经过认证的主体一旦进入内部网络，就有权访问广泛的资源集合。因此，能在未经授权的环境内横向移动一直是传统网络安全防护体系面临的最大挑战之一。

随着互联网技术的飞速发展，各种信息系统的网络基础设施的复杂度快速上升，尤其是物联网、云计算、大数据等新技术在提升了网络可用性的同时，也使网络安全边界逐渐变得模糊，数据和服务从传统的主要集中在内网的模式向分布式转移。一方面，现代网络的复杂性导致网络基础设施已不存在简单的、易于区分的安全防御边界，使得传统的基于边界的防御体系逐渐失效。另一方面，强大的边界防御技术已经能将绝大部分来自互联网的攻击拦截在内网之外，但这些技术无法保护布设在内网的系统和资源。近年来数次规模巨大的数据泄露事件，其风险都是攻击者通过系统漏洞或其他方式绕开防御边界，侵入内网系统后发起的，造成了重大损失。导致该现象的主要原因就是在传统的网络安全防护体系中，系统对内网主体的默认信任机制，使得进入内网的主体能够几乎不受阻拦地对内网资源进行访问。事实证明，这种固有的思维已经不再适用于目前的网络环境，正确的思维应当是在假设系统存在漏洞、系统已经被攻击者侵入、网络内部存在不可靠的主体的情况下重新考虑网络防御体系的建设。

3. 零信任原则

基于零信任的定义和应用需求，零信任体系的设计应遵循以下基本原则。

（1）所有数据和服务都被视为资源。这意味着信息系统中所有服务和数据都需要经过认证和授权才能被主体访问。

（2）无论主体处于何种网络位置，所有通信都需要被确保是安全的。网络位置本身并不意味着信任，不应该对处于内部网络的设备自动授予信任。所有通信都应该以安全的方式进行，保护保密性和完整性，并提供源身份验证。

（3）以单次通信为单位授予对资源的访问权限。主体的访问权限不应在一次通信开始前就被授予，在授予主体访问权限之前，应该评估对主体的信任并以主体完成任务所需的最低权限进行权限授予。

（4）对资源的访问权限应该动态实时判断。对资源的保护应当结合主体访问资源实时的因素动态决定，如访问时间、网络位置、操作系统版本等多种因素，并且根据资源的重要性和敏感性不同，还可以对不同资源制定不同的访问策略，以最大限度地保护资源的安全性。

（5）实时监控和衡量所有资源的完整性和安全状况。在主体的访问过程中，系统应当持续对资源的安全状况进行监控，当资源的安全状况改变时，应立刻对主体的访问权限进行调整。

（6）实现动态的认证和授权。在主体的访问过程中应当对主体的信任进行持续的评估，并动态调整主体的授权，调整的策略需要在安全性、可行性和成本、效率之间进行平衡。

（7）系统应收集有关资源安全态势、网络流量和访问请求的数据，并对这些数据进行分析，同时根据分析结果对访问控制策略进行调整。

9.5.2 零信任关键技术

1．软件定义边界技术

软件定义边界（Software Defined Perimeter，SDP）技术是国际云安全联盟（Cloud Security Alliance，CSA）于 2014 年提出的新一代网络安全模型，较好地践行了零信任理念技术方案。SDP 架构主要由 3 个关键部件组成：SDP 控制器（SDP Controller）、SDP 客户端（SDP Client）、SDP 网关（SDP Gateway），如图 9.13 所示。图中，SDP 客户端负责验证用户信息是否合法，并转发主体的访问请求；SDP 网关负责保护系统资源，并对所有访问资源的流量进行检测，且仅放行来自合法客户端的访问流量；SDP 控制器负责认证主体身份、执行访问控制策略并为主体分配权限，管控整个过程。

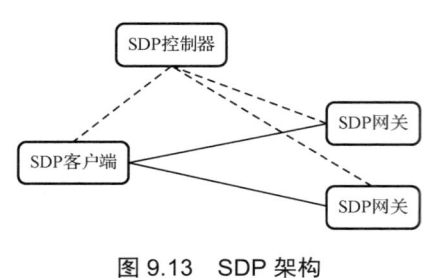

图 9.13　SDP 架构

SDP 架构的工作流程如下：客户端首先向控制器发起 SPA 认证，控制器接收到认证请求后对主体进行身份认证和策略判定，随后将认证结果返给客户端并将访问策略下发给网关，网关接收到访问策略后与客户端建立安全连接，向客户端开放指定端口，在网关与客户端通信期间，客户端需要全程监控，动态判断主体行为并对主体权限进行调整。

2．微隔离技术

微隔离（Micro-Segmentation）技术是 Gartner 公司提出的一种注重隔离东西向流量的技术，它是一种粒度划分更为细致的网络隔离技术，能够满足在多种网络环境下对东西向流量的隔离需求，主要目的是阻止已经侵入内网的流量在内网中的横向平移。云计算技术的兴起，使网络中产生了大量的东西向访问流量，对以防火墙为主的传统隔离体系提出了巨大的挑战。防火墙的特点是架构复杂，布设成本高，通常用来做大网段隔离，一般仅能用于网络边界防护和内部大区之间的物理隔离，要利用防火墙做东西向流量的隔离，从部署难度到部署成本都是较难承受的。

微隔离最大的特点是能实现单台服务器、主机甚至应用到容器量级的细致隔离，弥补了传统防火墙只能进行边界防御的缺陷。微隔离系统所能实现的细粒度隔离可以很大程度上减少侵入内部攻击者在内网的扩散，并且能够使零信任最小权限原则更高效地实施，是零信任体系的关键技术之一。

3．身份认证和访问管理技术

零信任理念本质上是构成以身份为核心的动态访问控制体系，因此实现访问主体的全面身份化是实现零信任的首要环节。Gartner 对身份认证和访问管理（Identity and Access Management，IAM）给出如下定义：IAM 是一种行为准则，能使值得信任的主体以合法的方式在合理的时间访问允许访问的资源。IAM 主要包含 4 个关键部分：身份治理与管理、访问管理、特权访问管理和认证。

身份治理与管理主要负责对系统中所有主体的身份进行管理，实现数字身份的全生命周期和用户名口令集中统一的管理与存储。

访问管理主要负责进行访问控制策略的维护与更新，例如，基于角色的访问控制机制或基于属性的访问控制机制。

特权访问管理主要负责对身份治理与管理及对访问管理部分进行补充，主要负责系统中特权账户的管理和权限控制。

认证主要负责对主体身份进行认证，可以使用多因素认证方式综合进行，如生物特征、用户名口令、数字证书等方式，保证主体身份认证顺利进行。

IAM 技术不是专为零信任体系提出的新技术，但很好地满足了零信任理念的需求，通过将 IAM 技术与软件定义边界技术和微隔离技术结合，在满足零信任体系全面身份化需求的同时，也能够进一步细化系统访问控制策略的执行与实施。

9.5.3 总体设计

在遵循现行电力系统安全防护规定的前提下，以零信任关键能力模型为主体，设计了基于零信任的新型电力系统网络安全防护机制，如图 9.14 所示。

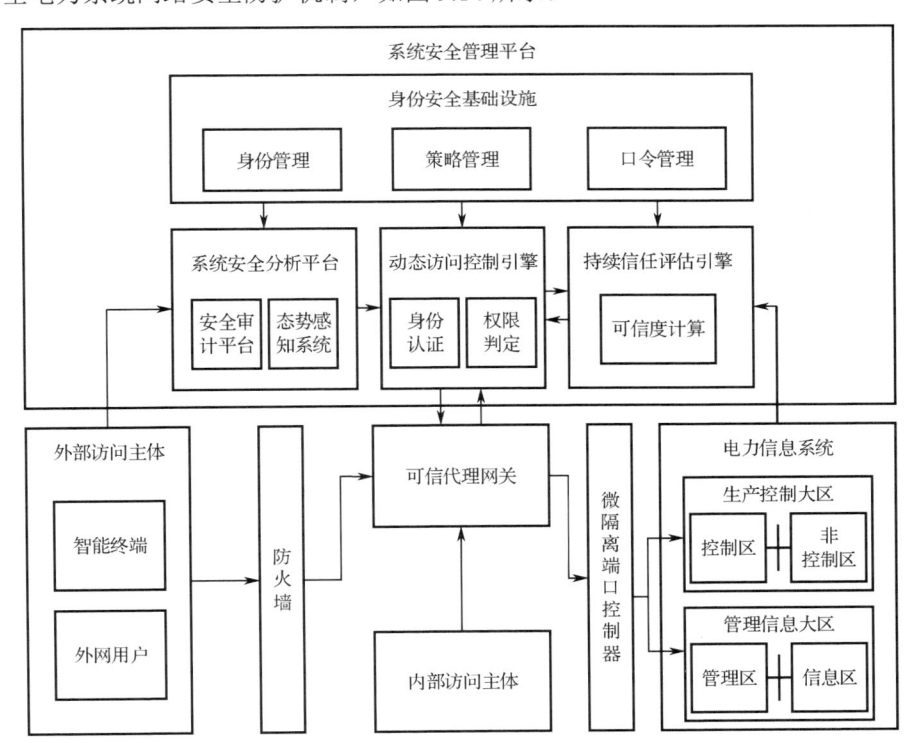

图 9.14 基于零信任的新型电力系统网络安全防护机制

该防护机制在保留传统电力防护系统的边界防护与安全分区的同时，引入了零信任关键技术，加强了对内网访问主体的认证与行为监控，并且将防御原则从传统防护体系的以网络位置为核心转变为以资源保护为核心，使任何主体都无法在未经认证的情况下访问系统资源，极大地加强了对电力系统的安全防护。

该机制安全性的提升主要依赖于零信任部分，将零信任部分进行抽取，设计零信任关键能力模型。零信任关键能力模型的总体设计思路遵循零信任理念,目的是在主体与客体之间建立以身份为核心的动态访问控制体系,结合零信任理念与零信任参考架构,设计零信任关键能力模型,如图 9.15 所示。

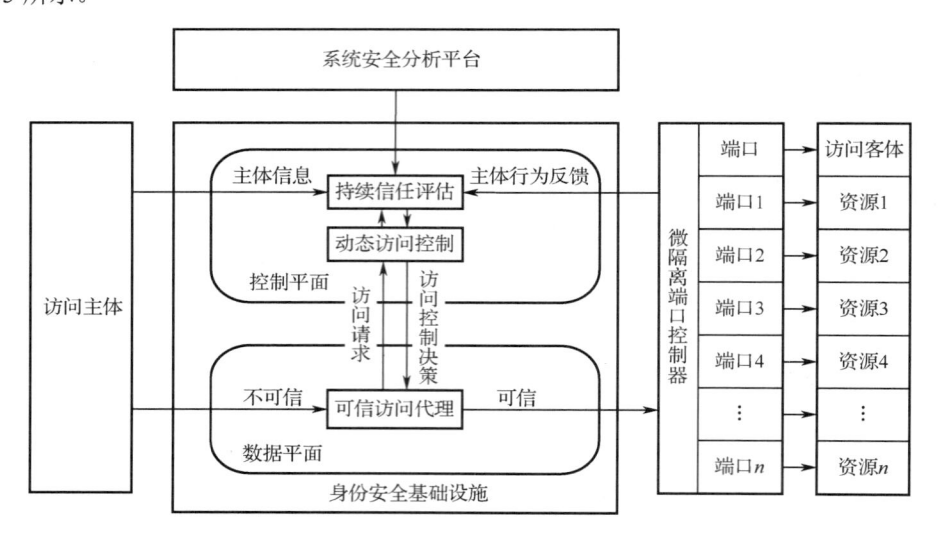

图 9.15 零信任关键能力模型

由图 9.15 可知,零信任关键能力模型主要包含 8 个模块,其中身份安全基础设施、持续信任评估、动态访问控制、可信访问代理和微隔离端口控制器是实现零信任理念的关键模块。身份安全基础设施是实现零信任全面身份化的关键组件,主要负责对所有访问主体进行身份化并对身份生命周期进行管理;持续信任评估是零信任中建立信任的主要模块,需要在主体访问时计算访问主体的初始可信度,并负责持续监测和评估访问主体的行为,动态调整主体的实时可信度;动态访问控制是访问策略的制定中心,需要对访问主体进行身份认证,并根据主体的信任评估结果和访问控制规则判定访问主体的权限;可信访问代理是保护资源的核心部件,是隔离主体对客体进行直接访问的中间件和访问控制策略的执行点,通过代理服务器能有效保护内网服务器的安全,提高内网的安全性;微隔离端口控制器将访问客体的隔离粒度细化到端口级,更加便于最小访问权限原则的执行,并有效保护内网服务的安全。

9.5.4 安全性分析

新型电力系统网络安全防护机制的工作流程如下。

(1)访问主体向可信代理网关发起访问请求,并发送主体的认证信息 M,若主体是外部主体,该访问请求应当能够穿过边界防火墙。

(2)可信代理网关将主体的认证信息 M 转发给动态访问控制引擎,由动态访问控制引擎验证主体的认证信息,并将认证结果反馈给可信代理网关。若主体认证成功,可信代理网关会向主体反馈网关的认证信息 M' 用于主体对网关的认证;若认证失败,网关会向主体反馈警告信息,并对主体认证失败的行为进行记录,当主体连续认证失败超过一定次数时,主体的认证信息将被锁定,需要向系统管理员进行申请才能解除锁定。

(3)完成双向认证的主体会将自身的访问请求发送给可信代理网关,由可信代理网关转发给动态访问控制引擎。

（4）动态访问控制引擎会向持续信任评估引擎获取主体的可信度，并根据访问控制策略，结合主体拥有的角色、主体的安全等级、申请资源的安全环境等信息对主体的权限进行判别，将判定后的策略下发至可信代理网关。

（5）可信代理网关执行动态访问控制引擎制定的策略，打开对应资源的端口，并由可信代理网关充当主体与客体的代理服务器进行通信。

下面对模型进行安全性分析，采用攻击检验方法，通过使用现有的主流网络攻击方式，对模型进行攻击，分析模型是否可以抵御这些攻击，验证模型的安全性。

主流网络攻击方式主要包括以下几种。

（1）中间人攻击。

中间人攻击是常用的网络攻击方式之一，广泛存在于网络通信之中，DNS 欺骗、会话劫持等都属于典型的中间人攻击。中间人攻击可以实施被动的窃听以求获取通信双方的敏感数据，也可以实施伪装、重放和消息篡改。零信任模型要求对通信双方之间所有的流量数据进行加密，能够有效保护数据的保密性，防止信息泄露，可信代理网关和主体之间需要进行双向认证，在双方的签名私钥未泄露的前提下，攻击者无法伪造通信双方的数字签名。该模型可以有效防御中间人攻击，保护通信的安全性和通信数据的保密性、完整性。

（2）端口扫描和拒绝服务攻击。

端口扫描通过向指定端口发送特定数据包寻求回应来探测目标系统的某种服务是否处于开启状态，通常用于黑客发起攻击前的探测，以寻求目标系统可能存在的漏洞。拒绝服务攻击是通过消耗系统资源从而让目标系统无法正常对外提供服务，是破坏系统可用性的一种攻击类型，其中分布式拒绝服务攻击的威胁最为严重。可信代理网关采用 SDP 技术设计，可以有效防范 DDoS 攻击，SDP 要求访问主体在对受保护的资源进行访问之前进行认证，主体未通过认证时无法查看系统提供的任何服务，因此，任何未认证用户的数据包都会被可信代理网关拦截，未认证的主体发起的 DDoS 攻击最多只能导致网关瘫痪而不会影响到受保护的资源。在零信任体系中，受保护的资源可以外接多个可信代理网关，理论上只要有一个网关处于工作状态，系统就可以正常对外提供服务，因此零信任体系具有高可用性。在推出 SDP 技术后，CSA 发布了 4 轮黑客大赛检验 SDP 技术的可靠性，验证了零信任体系足以抵抗 191 名攻击者百万量级的攻击，证明了零信任体系的高可用性。

在零信任模型下，如果攻击者是一个来自不具有系统内合法身份的主体，想要成功实施攻击是非常困难的，当风险来自合法主体时，零信任体系比传统防护体系的优势突出。这些潜在的风险可能涉及以下几个方面。

（1）非法使用。

传统电力防护系统注重纵深防御，水平防御力度较弱，且采用静态权限分配方式，进入系统的恶意主体能够在未取得授权的情况下访问同安全等级的资源。零信任模型采用微隔离技术，将资源隔离的单位细化至主机/应用，对受保护的资源分配逻辑端口，并采用动态授权，满足最小权限原则，能够对恶意主体的越权行为进行阻止。当检测到主体试图进行越权行为时，系统会将主体的越权行为反馈给访问控制引擎和信任评估引擎，以及时调整主体的可信度，对主体的权限进行进一步限制，若主体的可信度低于信任阈值，可信代理网关会直接切断与主体的连接。

（2）入侵防范。

假设攻击者已经成功入侵系统内部的某台主机，传统以边界防护为主的防御体系难以及时阻止攻击者在系统内部的扩散。零信任模型使用微隔离技术，对系统内的服务采取以应用/端口为粒度的逻辑隔离，在默认策略下，不同端口之间的服务不存在任何交互，可以有效防止攻击者在内部的横向移动，将威胁控制在最小的范围内，避免对系统的其他部分造成影响。

（3）策略更改。

在零信任模型中，策略管理员是访问控制规则的配置者，访问控制策略的正确实施是实现零信任最小授权原则的关键，因此拥有配置策略的主体就成为零信任体系的潜在风险之一，但这种风险并非零信任体系独有的，可以通过加强对访问控制引擎和策略管理员的监控来降低这种潜在的风险。

（4）对外部数据源的依赖。

零信任模型下访问控制策略的制定需要依赖于外部设备反馈的信息，如主体的网络信息、系统的威胁情报等，这些信息是支撑零信任模型动态访问控制的关键所在，企业应当在综合考虑数据源稳定性、数据源风险管理等因素的情况下制定适当的访问控制策略，降低可能出现的安全风险。

9.6 零信任关键能力模型设计

将零信任理念与电力系统防护机制结合，设计基于零信任的新型电力系统网络安全防御机制，并针对其中的零信任部分设计了关键能力模型。本节主要对防御机制中的零信任部分进行细化，阐述每个模块的设计思路，并进行安全性分析。

9.6.1 身份安全基础设施

零信任体系要求任何申请访问的用户或设备都具有合法数字身份，并对所有数字身份进行生命周期管理，主要包括数字身份的创建、使用、维护、注销等操作。如图 9.16 所示，数字身份的生命周期主要包括未知、创建、活跃、归档 4 种状态，其中：未知状态是指用户或设备在系统中没有任何身份信息的状态；对于未知的主体，通过注册向系统申请创建身份用以访问系统；身份被激活后，主体即可通过该身份访问系统并对身份进行维护；归档状态是指保留在系统中不能被使用的身份，如已经注销的身份。

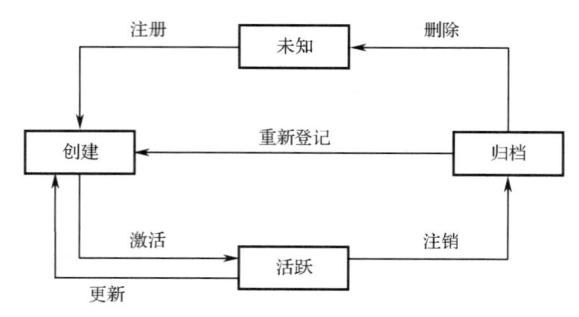

图 9.16　数字身份生命周期

1. 身份创建

身份创建主要负责为初次接入系统的主体分配唯一的标识符，用于主体接入系统的认证。在传统电网防护体系中，通常将数字证书与其他方式结合对用户身份进行认证，基于新型电网设备分布广泛、设备智能化程度不均的特点，使用身份标识密码算法替换传统公钥基础设施中的数字证书，作为身份创建的算法。身份标识密码（Identity-Based Cryptograph，IBC）是 Shamir 在 1984

年提出的一种密码体系，核心思想是以用户身份作为用户的公钥。在身份标识密码体系中，用户的私钥由密钥生成中心（Key Generation Centre，KGC）根据系统主密钥和用户身份计算得出，用户的身份即代表其公钥。与数字证书相比，IBC 不需要可信第三方保证公钥的真实性，因此在身份的管理和认证过程中不需要再向证书机构验证证书的有效性，有效降低了数字证书管理的复杂性，使系统更加方便部署和使用。

可以使用国密 SM9 算法作为身份生成的核心算法。SM9 是我国自主研发的基于有限域上椭圆曲线的运算性质和双线性对构造的密码算法，算法的详细参数可参见 SM9 算法标准。使用 SM9 创建主体身份的过程如下。

步骤 1：KGC 产生随机数 $k_s \in [1, N-1]$ 作为签名主私钥，并计算签名主公钥

$$P_{\text{pub-s}} = [k_s]P_2$$

其中，P_2 表示 SM9 算法标准中群 G_2 的生成元。

步骤 2：KGC 选择并公开用 1 字节表示的签名私钥生成函数识别符 hid。

步骤 3：根据主体 A 的身份标识 ID_A，KGC 首先计算

$$t_1 = H_1(ID_A \| hid, N) + k_s$$

其中，H_1 是 SM9 算法标准中由哈希函数派生的密码函数；N 是算法循环群 G_1、G_2 和 G_r 的阶。若 $t_1 = 0$，则需要重新生成签名主私钥并计算新的签名主公钥；否则计算

$$t_2 = k_s \cdot t_1^{-1}$$

然后计算主体 A 的私钥

$$d_{sA} = [t_2]P_1$$

身份认证需要用到 SM9 数字签名和验证签名算法对主体身份进行认证，设主体 A 的认证消息为 M，对消息 M 进行签名的步骤如下。

步骤 1：计算群 G_r 中的元素

$$g = e(P_1, P_{\text{pub-s}})$$

其中，e 表示从群 G_1、G_2 到群 G_r 的双线性对，P_1 是群 G_1 的生成元。

步骤 2：产生随机数 $r \in [1, N-1]$，并计算

$$w = g^r$$

步骤 3：计算整数

$$h = H_2(M \| w, N)$$

步骤 4：计算整数

$$l = (r - h) \bmod N$$

若 $l = 0$，则返回步骤 2。

步骤 5：计算群 G_1 中的元素

$$S = [l]d_{sA}$$

主体 A 对消息 M 的签名为 (h, S)。

收到消息 M' 和签名消息 (h', S') 后，验证签名的步骤如下。

步骤 1：计算群 G_r 中的元素

$$g = e(P_1, P_{\text{pub-s}})$$

步骤 2：计算群 G_r 中的元素

$$t = g^{h'}$$

步骤 3：计算整数

$$h_1 = H_1(\text{ID}_A \| \text{hid}, N)$$

步骤 4：计算群 G_2 中的元素

$$P = [h_1]P_2 + P_{\text{pub-s}}$$

步骤 5：计算群 G_r 中的元素

$$w' = e(S', P) \cdot t$$

步骤 6：计算整数

$$h_2 = H_2(M' \| w', N)$$

验证 $h_2 = h'$ 是否成立，若成立则通过验证，否则不通过。

2．身份管理

主体在系统中注册后，身份信息应当被身份管理系统记录，此后主体便可以使用该合法身份进行系统访问，同时身份管理应当负责对主体身份的安全存储、备份及更新维护操作进行管理，并根据主体身份信息的有效期对主体密钥进行更换。等级保护 2.0 要求中提到，主体的身份鉴别信息需要定期更换，可以依据用户的身份将用户分为不同的权限等级，并分别规定不同身份信息的有效期限。在身份有效期内，主体可以通过该身份进行访问申请，当身份信息超过有效期后，身份将被注销，主体需要在一定期限内重新登记获取新的身份认证信息，否则身份会被删除。

9.6.2　持续信任评估

持续信任评估是零信任体系打破传统基于网络位置授予信任的关键模块，使用信任评估算法在主体访问时实时计算主体的可信度，对主体和客体所处的环境进行分析，判断风险，对访问主体的行为进行监控，识别其异常行为，并对主体信任度进行动态调整。

在零信任体系中，访问主体主要包含人和设备两类。在对实体进行信任评估时，需要包括人和设备两类数字身份，需要建立基于身份的信任评估体系，并对数字身份的全生命周期的所有环境进行综合分析，包括数字身份本身的状态、配置和属性的信任评估，实体到数字身份映射（身份创建和验证）的信任评估等。在访问的过程中，人、设备和应用并不是孤立地发起访问请求，而是综合构成一次访问的发起者。因此，在进行身份认证的基础上，还需要对主体信任进行评估，主体信任是对身份认证在当前访问上下文中的动态调整，与认证强度、风险状态和主客体所处环境等因素相关。相对而言，身份信息的认证在一段时间内会相对稳定，主体信任会因为访问主体的变化而动态变化，这是一种实时的信任。因此，对主体信任的实时判定是实现访问控制动态化的核心。动态信任评估体系架构如图 9.17 所示。

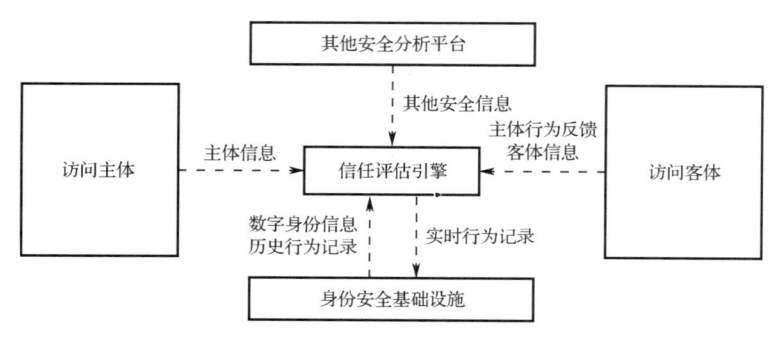

图 9.17　动态信任评估体系架构

在云平台环境下，主体的行为特征表现出一定程度的模糊性和动态性，即使主体已经完成身份认证，仍无法确保主体的行为完全可靠，甚至主体可能进行某些破坏系统安全的行为。基于此原因，当主体申请访问系统资源时，需要根据主体行为特征计算主体的信任值，为访问控制提供判定依据。

采用模糊层次分析法来计算用户的信任值。该方法首先将主体行为分为 n 个特性，进一步将某个特性再分为若干个证据类型，从而简化主体行为的动态性和不确定性。这些初始证据数据可以根据软硬件检测获得，表示为 $\boldsymbol{A}=(a_{ij})_{n\times m}$，其中 m 表示特性中的最大项数，不够的项用零补齐。为了便于数值计算和用户行为评估，需要把证据全部规范化为区间 [0,1] 沿正向递增的无量纲值，表示为矩阵 $\boldsymbol{E}=(e_{ij})_{n\times m}$。

为获得初始判断矩阵 $\boldsymbol{EQ}=(eq_{ij})_{n\times m}$，有 m 个证据 $\boldsymbol{E}=(e_1,e_2,\cdots,e_m)$，将证据集中的 e_i 和 e_j 的重要性进行二元对比：

$$eq_{ij}=\begin{cases}0, & e_i<e_j \\ 0.5, & e_i=e_j \\ 1, & e_i>e_j\end{cases}$$

将初始判断矩阵转换成模糊一致矩阵 $\boldsymbol{Q}=(q_{ij})_{m\times m}$，其中

$$\begin{cases}q_{ij}=\dfrac{q_i-q_j}{2m}+0.5 \\ q_i=\sum_{k=1}^{m}eq_{ik}\end{cases}$$

计算某个特性的 m 个证据的权重向量 $\boldsymbol{W}=(w_1,w_2,\cdots,w_m)^{\mathrm{T}}$，其中

$$w_i=\dfrac{\sum_{k=1}^{m}q_{ik}-0.5}{m\times(m-1)/2}$$

接着计算用户行为特性的评估值矩阵，证据矩阵 $\boldsymbol{E}=(e_{ij})_{n\times m}$，权重矩阵 $\boldsymbol{W}=(w_{ij})_{n\times m}$。根据 $\boldsymbol{E}\times\boldsymbol{W}^{\mathrm{T}}$ 得到的矩阵对角线上的值就是特性评估值矩阵 $\boldsymbol{F}=(f_1,f_2,\cdots,f_n)$。

最后，用户行为的信任值

$$T=1-\boldsymbol{F}\times\boldsymbol{W}_f^{\mathrm{T}}=1-\sum_{i=1}^{n}f_i\times w_i$$

基于模糊层次分析法计算出的主体信任值是一个处于区间 [0,1] 的无量纲值，根据实际需求，可以将区间划分为若干子区间，各子区间对应不同的信任等级，更高的信任等级可以获得更高等级的权限。当主体申请某种权限时，只有当信任值所处的信任等级大于或等于申请该权限的最低信任区间时，主体才可以获得该授权。例如，在电网防护体系中，主体对其创建的客体采用自主访问控制机制，在安全策略允许的范围内，主体可以对其创建的客体进行创建、读、写、修改和删除等操作。在实际访问数据的过程中，由于环境等因素的改变，主体并不能确保每次访问都处于安全的访问环境中，可以根据主体访问时的信任等级，对访问权限进行选择性授予，如表 9.3 所示。

表 9.3 信任等级划分

信 任 等 级	信 任 区 间	可 信 度	权 限 等 级
1	[0.00,0.05]	极不可信	拒绝访问
2	[0.05,0.35]	不可信	拒绝访问
3	[0.35,0.60]	低可信	只读
4	[0.60,0.80]	中等可信	下载
5	[0.80,1.00]	高可信	修改、上传

根据安全等级的不同，可以调整可信度判定的间隔时间，提高访问权限授予的灵活性，实现动态的访问控制。

9.6.3 动态访问控制

动态访问控制是实现零信任理念的关键所在，通过身份认证和访问控制策略实现对主体的权限授予，并根据持续的信任评估实现信任等级的分级和访问权限的动态授予，以实现动态的访问控制。

任何访问控制体系的建立都离不开访问控制模型，需要基于一定的访问控制模型制定权限基线。传统电网防护体系主要采用的是基于角色的访问控制机制，通过系统管理员分配角色并静态授予权限，这种机制便于进行用户权限管理和系统维护，缺点在于可能造成权限泄露。零信任模型下的访问控制体系采用基于角色的访问控制实现粗粒度授权，建立基本的权限基线，并通过主体、客体的属性实现对权限的进一步过滤，提高了权限分配的灵活度，更进一步满足最小权限原则，降低了权限泄露的风险。在根据权限策略对主体权限进行判定后，还要结合主体的可信度实时判断是否授予或部分授予主体权限，实现动态访问控制。

对主体进行认证和权限授予后，动态访问控制引擎会向可信代理网关反馈信息。若主体认证通过，则动态访问控制引擎向可信代理网关发送的数据包会包含主体的认证结果 C_A、主体的权限等级 L_A、主体的权限集合 P_A 和认证信息 M（用于主体对网关的认证）。若主体认证不通过，则动态访问控制引擎会向可信代理网关反馈主体认证失败，可信代理网关会拒绝主体的访问请求并返回告警信息。

9.6.4 可信访问代理

可信访问代理是零信任模型中直接参与数据交换的重要组件，也是访问控制策略的策略执行点，作为直接与主体交互的组件，可信访问代理是确保业务安全访问的重要关口。访问代理引擎在拦截主体的访问请求后，通过动态访问控制引擎对主体的身份进行认证并根据策略判定访问主体的权限，只有通过认证并且具有权限的访问请求才能通过代理服务器。并且，访问代理引擎需要对所有的访问流量进行加密，以保证通信数据的安全性。可信访问代理架构如图 9.18 所示。

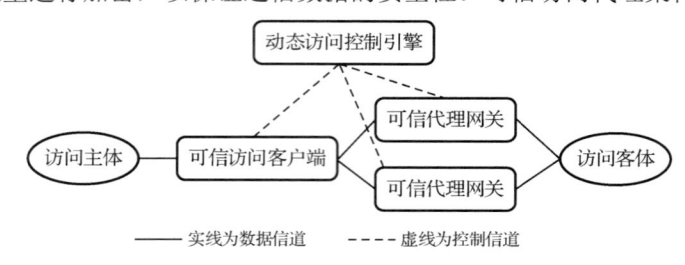

图 9.18　可信访问代理架构

可信访问代理是基于 SDP 技术进行设计的，其工作模式如下：访问主体需要通过安装在设备上的可信访问客户端向可信代理网关发起访问请求；可信代理网关在接收访问请求后，会向动态访问控制引擎申请身份认证和访问权限策略的判定；动态访问控制引擎在对可信访问客户端完成主体身份的认证和权限判定后，会将访问策略反馈给可信代理网关；可信代理网关会根据主体具有的访问权限从访问客体取得用户需要获得的数据或服务并返回给访问主体。布设在网络中的可信代理网关可以存在多个，理论上只要有一个可信代理网关处于正常工作状态，访问客体就可以正常对外提供服务，具有很高的可用性。

9.6.5 微隔离端口控制器

微隔离端口控制器是零信任模型中保护资源的重要组件，微隔离端口控制器能够有效地解决传统隔离设备布设难度高、隔离粒度不够细的问题，可以将访问客体以端口为单位进行隔离，在正常工作时能够高效实现零信任访问模型的最小权限原则。当有攻击侵入内部时，微隔离端口控制器能够尽可能将攻击局限在最小范围内，避免攻击者在内网横向移动。

9.6.6 安全性分析

1. 身份安全基础设施安全性

零信任关键能力模型下的身份安全基础设施相比于传统电网防护体系实现了身份全面数字化，减小了主体在认证和访问过程中的模糊性和不确定性，并引入 SM9 算法代替传统身份管理体系中的数字证书，可以有效减少系统的开销。身份标识密码与数字证书的对比如表 9.4 所示。

表 9.4 身份标识密码与数字证书的对比

数 字 证 书	身份标识密码
公钥是随机数	公钥是有意义的字符串
公钥需要与主体身份绑定	公钥即代表主体身份
信息发送方需要从可信第三方获取并验证接收方的数字证书	信息发送方只需得知接收方的身份信息即可通信
需要复杂的证书管理机制	不需要进行证书管理

由表 9.4 可知，零信任的身份管理体系引入身份标识密码体系，将传统认证模型中的可信第三方剔除，更加符合零信任理念默认不信任任何主体、从零开始建构信任的原则，并且减小了证书管理的复杂体系，通信期间也不需要向第三方验证证书的真实性，有效减小了通信双方在通信中的开销。使用 SM9 算法模拟 KGC 为主体生成私钥和进行身份验证的过程，如图 9.19 所示。

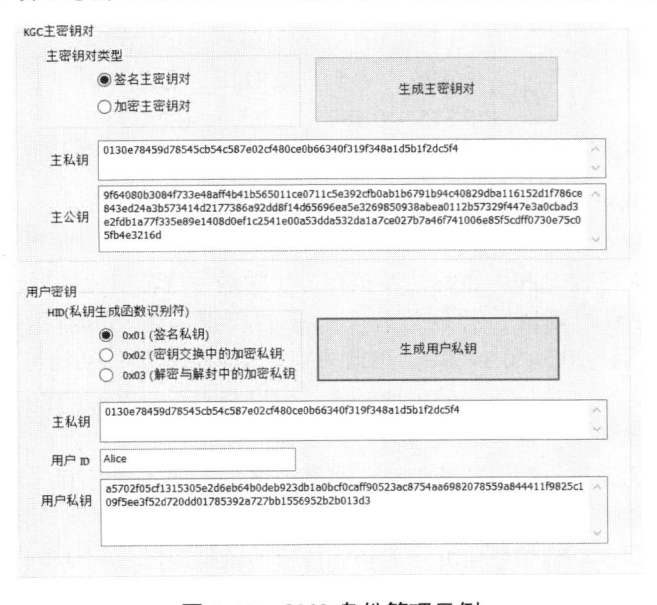

图 9.19 SM9 身份管理示例

图 9.19 中，KGC 产生随机数作为系统签名主私钥，并计算签名主私钥。主体 Alice 将自己的姓名作为身份标识向 KGC 申请进行身份创建，KGC 为 Alice 分配私钥。Alice 向 KGC 发送认证消息，并计算消息的签名值 h 和 S。KGC 收到 Alice 的认证消息和签名后，通过验签算法计算 h' 和 S'，证实主体 Alice 的身份，身份认证成功。

赖建昌等人通过形式化语言验证了 SM9 算法的安全性，证明了基于 q-strong Diffie-Hellman 假设时，不存在多项式时间算法能够破解 SM9 算法，SM9 的加密强度约等于 3072 位的 RSA 算法。零信任体系下的身份安全基础设施在满足安全性要求的情况下，细化了身份管理的粒度并提高了身份管理的效率，是一种可行的新型电力系统下的身份管理机制。

2. 持续信任评估安全性

为了更好地验证持续信任评估的有效性，可以通过实验验证该算法的有效性和安全性。受实验环境所限，无法搭建能达到电力系统专网通信安全性的实验网络，由于算法的有效性并不受网络条件制约，因此通过虚拟机搭建实验平台，在模拟用户通过互联网访问电网服务的条件下，信任评估算法的有效性。

根据模糊层次分析法的原理，首先将主体的行为证据分为 3 种类型：安全特性 S，功能特性 P，可靠特性 R。以安全特性为例，其可划分为 4 种证据类型：主体尝试非法认证次数 s_1，主体尝试越权访问次数 s_2，主体设备所含漏洞数 s_3，主体非法扫描端口次数 s_4。将收集到的行为证据值进行标准化处理后，可以得到安全特性 S 的规范证据值

$$S = (0.28, 0.17, 0.42, 0.09)$$

根据安全特性中各个证据对可信度影响程度的大小，可得到安全性证据的重要性排序为 $s_2 = s_4 > s_1 > s_3$，并可计算安全特性的初始判断矩阵

$$EQ = \begin{bmatrix} 0.5 & 0 & 1 & 0 \\ 1 & 0.5 & 1 & 0.5 \\ 0 & 0 & 0.5 & 0 \\ 1 & 0.5 & 1 & 0.5 \end{bmatrix}$$

将初始判断矩阵转化为模糊一致性矩阵

$$Q = \begin{bmatrix} 0.5 & 0.3125 & 0.625 & 0.3125 \\ 0.6875 & 0.5 & 0.8125 & 0.5 \\ 0.375 & 0.1875 & 0.5 & 0.1875 \\ 0.6875 & 0.5 & 0.8125 & 0.5 \end{bmatrix}$$

由模糊一致性矩阵可以求得安全特性中各证据的权重

$$w_i = (0.208333, 0.333333, 0.125, 0.333333)$$

同理，可以将功能特性 P 和可靠特性 R 按照该步骤进行规范量化处理，分别求得其对应的初始判断矩阵和模糊一致性矩阵，并计算各个证据的权重。用户的行为特性的重要性排序为 $S > R > P$，其权重分别为 0.5，0.3，0.2，由此可以计算得到主体的初始可信度为 0.628。根据主体信任等级划分规则，该主体处于中等可信等级，可以获得下载资源的权限。该情况与电力系统通信状况基本符合，当使用开放的公共网络时，主体的安全性无法得到保障，拥有的权限应受到限制；当主体使用电力系统专线进行通信时，在其他条件不变的情况下，其可信度必然高于使用公共网络通信时的可信度，有更大的概率得到更高级的权限。

在主体访问的过程中，初始可信度作为初始授权的依据，信任评估算法还应当对主体后续访问中的行为有及时的反馈。假设某主体的初始连接情况良好，即该主体在申请访问时处于高可信状态，测试该主体进行非法行为时可信度的变化情况如图 9.20 所示。

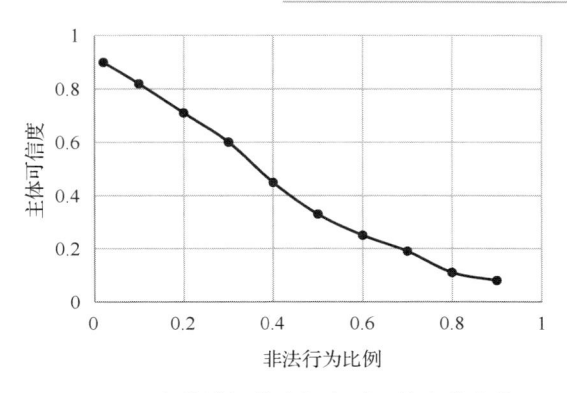

图 9.20　主体进行非法行为时可信度的变化

可见，随着主体非法行为比例的增大，主体的可信度迅速下降，信任评估引擎对主体的非法行为具有敏感性，符合实际需求，该信任评估模型能够对主体的访问权限进行及时调整。

3．动态访问控制安全性

动态访问控制主要包括认证和访问控制策略的制定两部分。认证部分采用多因素身份认证加强认证的安全性，其中的 SM9 算法的安全性已经分析过，多因素身份认证还能够结合其他认证方式（如生物特征、动态验证码、用户名口令等方式）共同对主体身份进行认证，进一步加强认证的安全性，确保主体身份可信。访问控制策略的制定部分在保留传统防护体系中 RBAC 机制的同时，引入基于属性的访问控制（ABAC）机制，通过对访问上下文环境的实时判定弥补了传统 RBAC 静态权限授予的缺陷，并结合持续信任评估进一步对主体权限进行控制，降低数据泄露的风险，提高系统的安全性。

4．可信访问代理安全性

可信代理网关基于 SDP 技术设计，采用 5 种安全机制提高系统的安全性。

（1）单包授权认证（Single Packet Authorization，SPA）。客户端仅向网关发送一个数据包申请访问，当主体进行身份认证后，才对该主体开放指定端口。在通过验证授权之前，服务和端口对主体全部默认关闭，SPA 可以有效防御端口扫描和 DDoS 攻击等。

（2）双向认证。网关与客户端之间的通信流量需要全部加密，并且网关与客户端之间进行双向认证，双向认证机制可以有效防御中间人攻击。

（3）动态防火墙。主体在通过认证后，网关会根据 SDP 控制器制定的访问策略对主体开放指定端口，但端口的开放是动态判断的，如果主体在一段时间内没有与端口进行通信，端口就会自动关闭，最大限度地提高防护强度。

（4）设备验证。SDP 不仅对主体身份进行认证，还要验证主体设备的安全性。例如，对设备证书的验证，只有安装证书的设备才会被验证为合法设备，保证连接的合法性。

（5）应用绑定。通过认证的主体只能访问策略中明确授予权限的资源，严格限制主体对其他资源的访问，符合最小权限原则。

5．微隔离端口控制器安全性

微隔离技术的安全性突破主要体现在内网防护中，可通过一个实例验证微隔离技术的安全性。假设在电力系统某安全区内布设 3 台 Web 服务器对外提供服务，它们分别对应 3 台属于各自的数据库，安全区外布设防火墙与内网形成隔离，如图 9.21 所示。

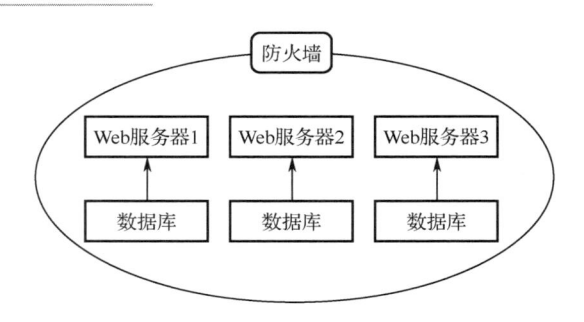

图 9.21　安全区内部分布图

由于传统防护体系和零信任模型对外网的防御均较为有效，因此主要讨论来自内网的攻击与已经侵入安全区攻击的攻击面，如表 9.5 所示。

表 9.5　传统防护体系与加入微隔离后的攻击面对比

	传统防护体系的攻击面	加入微隔离的攻击面
攻击来自内网	50%	50%
攻击已经侵入安全区内	100%	33.3%

当攻击来自内网时，由于防火墙通常对 Web 服务做代理转发，因此攻击者可以攻击到对外提供服务的 3 个 Web 服务器，但无法攻击到数据库，因此传统防护体系对来自内网攻击的防御作用为 50%；在这种情况下，微隔离与传统防护体系起到的作用一致，无法有效缩小攻击面，防御作用同样是 50%。

假设攻击者已经越过安全区防火墙，攻陷了内网的 Web 服务器 1，由于传统防护体系在安全区内未布设有效防御机制，攻击者可以顺利侵入此安全区内的所有服务器及数据库，攻击面为 100%；在这种情况下，如果微隔离技术阻拦了东西向服务器之间的交互，攻击者将无法横向入侵 Web 服务器 2 和 Web 服务器 3，只能入侵 Web 服务器 1 及其对应的数据库，攻击面被缩小至 33.3%。

可以看到，微隔离技术主要阻止已经侵入内部的攻击横向扩散，尽可能将攻击局限在最小范围内，相比于传统防护体系对内部防御的薄弱，微隔离有效提升了系统的安全性。

9.7　本章小结

本章在传统电力系统安全的基础上，介绍了电力系统攻击建模和零信任理念，设计了基于零信任的新型电力系统网络安全防护机制。对新型防护机制中的零信任部分进行细化，设计了零信任关键能力模型。相比于传统防护机制，基于零信任的新型电力系统网络安全防护机制有效地弥补了传统电力系统以边界防御为主的缺陷，实现了电力系统资源的细粒度防护。这种主动防御机制有效提高了电力系统的安全性，可以作为今后电力系统网络安全建设的参考方向。

9.8　习题

1. 电力监管委员会在 2012 年发布了《电力行业信息系统安全等级保护基本要求》，规定电力系统要从"＿＿＿＿、＿＿＿＿、＿＿＿＿、＿＿＿＿、＿＿＿＿"5 个方面提出全面技术要求。
2. 实现零信任的 3 种关键技术：＿＿＿＿、＿＿＿＿、＿＿＿＿。

3．数字身份的生命周期主要包括"＿＿＿＿、＿＿＿＿、＿＿＿＿、＿＿＿＿"4种状态。

4．以"大云物移智链"（大数据、云计算、物联网、移动互联网、人工智能、区块链）和5G通信为代表的新一代数字化技术，与电力系统的各个环节深入融合，将＿＿＿＿＿、＿＿＿＿＿和＿＿＿＿＿广泛交织，使电力领域面临诸多新的网络安全风险。

5．国家电力监管委员会于2004年发布的《电力二次系统安全防护规定》中，首次明确了"＿＿＿＿、＿＿＿＿、＿＿＿＿、＿＿＿＿"原则，确定了中国电力监控系统安全防护体系。

6．电力监控系统安全区连接的拓扑结构有＿＿＿＿、＿＿＿＿、＿＿＿＿3种。

7．＿＿＿＿＿＿是安全区Ⅰ和安全区Ⅱ的专用网络，在专用通道上使用独立的网络设备组网，采用不同的光波长、不同纤芯等方式在物理上实现与外部公共信息网的安全隔离。

8．零信任的核心理念是构建以＿＿＿＿为核心的访问控制体系，目的是实现最小权限访问和保护资源的安全性。

9．ATT&CK是一个站在＿＿＿＿＿＿＿＿＿＿的视角来描述攻击中各阶段用到的技术的模型，让＿＿＿＿手法的表达有了一致性标准。

10．SDP架构主要由3个关键部件组成：＿＿＿＿、＿＿＿＿、＿＿＿＿。

9.9 思考题

1．电力系统涉及的软硬件种类较多，如何设计一种满足使用效率的安全方案？

2．零信任架构与传统安全模型的区别是什么？

3．零信任关键能力模型包含哪些模块？每个模块的功能是什么？

4．基于零信任的新型电力系统网络安全防护机制工作流程是什么？基于零信任架构还可以应用在哪些领域和场景？

5．基于零信任的新型电力系统网络安全防护机制有什么不足？是否解决了所有传统电力信息系统安全防护体系的不足？

第 10 章 大数据系统安全设计案例

大数据系统是一种新型的集群信息系统，系统中存在着许多安全隐患，大数据平台的安全性面临很大的挑战。如何将安全机制与大数据系统相结合以保障效率和安全呢？本章以 Hadoop 开源项目为例讲解大数据系统安全设计。

10.1 大数据平台简介

大数据有 3 种常用的处理框架：Hadoop、Spark 和 Storm。

（1）Hadoop。

Hadoop 是一种专用于批处理的处理框架，是首个在开源社区获得极大关注的大数据框架。Hadoop 基于多篇谷歌发表的海量数据处理相关论文，重新实现了相关算法和组件堆栈，使大规模批处理技术变得更容易使用。Hadoop2.x 包含多个组件，配合使用可批处理数据。

① HDFS（Hadoop Distributed File System）是一种分布式文件系统层，可对集群节点间的存储和复制进行协调。HDFS 确保了无法避免的节点故障发生后数据依然可用，可将其作为数据来源，用于存储中间态的处理结果和计算的最终结果。

② YARN（Yet Another Resource Negotiator）可充当 Hadoop 堆栈的集群协调组件。该组件负责协调并管理底层资源和调度作业的运行。通过充当集群资源的接口，与以往的迭代方式相比，YARN 能使用户在 Hadoop 集群中运行更多类型的工作负载。

③ MapReduce 是 Hadoop 的原生批处理引擎。

（2）Spark。

Spark 是一种具有流处理能力的下一代批处理框架。基于与 Hadoop 的 MapReduce 引擎相同原则开发的 Spark 的一个重要优势是主要侧重于通过完善的内存计算和处理优化机制加快批处理工作负载的运行速度。

Spark 可作为独立集群部署（需要相应存储层的配合），也可与 Hadoop 集成并取代 MapReduce 引擎。与 MapReduce 处理数据的方式不同，Spark 的数据处理工作几乎全部在内存中进行，只在一开始将数据读入内存时及将最终结果持久存储时需要与存储层交互，所有中间态的处理结果均存储在内存中。因此使用 Spark 而非 MapReduce 的主要原因是 Spark 的数据处理速度比 MapReduce 快很多。在内存计算策略和先进的有向无环图（Directed Acyclic Graph，DAG）调度等机制的帮助下，Spark 可以用更快的速度处理相同的数据集。

Spark 的另一个重要优势在于多样性，可作为独立集群部署，或与现有 Hadoop 集群集成。Spark 可进行批处理和流处理，运行一个集群即可处理不同类型的任务。除了引擎自身的能力，Spark 还建立了包含各种库的生态系统，可为机器学习、交互式查询等任务提供更好的支持。相比 MapReduce，Spark 任务更易于编写，因此可大幅提高生产力。

相比之下，Spark 是一个专门用来对分布式存储的大数据进行处理的工具，不进行分布式数据的存储。MapReduce 是分步对数据进行处理的：从集群中读取数据，进行一次处理，将结果写到集群，从集群中读取更新后的数据，进行下一次处理，将结果写到集群等。Spark 在内存中以接近"实时"的时间完成所有的数据分析：从集群中读取数据，完成所有必需的分析处理，将结果写到集群。因此，Spark 的批处理速度比 MapReduce 快近 10 倍，内存中的数据分析速度则快近 100 倍。如果需要处理的数据和结果在大部分情况下是静态的，且时间允许等待批处理完成，MapReduce 的处理方式也是完全可以接受的。如果需要对流数据进行分析，如来自现场的传感器收集的数据或者需要多重处理的数据，那么应该使用 Spark 进行处理。大部分机器学习算法都需要多重数据处理。通常，Spark 可以应用在实时的市场活动、在线产品推荐、网络安全分析、机器日志监控等场景。

（3）Storm。

Storm 是一种侧重于极低延迟的流处理框架，是要求近实时处理的工作负载的理想选择。该技术可处理大量数据，可提供比其他解决方案更低的延迟。Storm 的流处理可对框架中拓扑的有向无环图（DAG）进行编排。这些拓扑描述了当数据片段进入系统后，需要对每个传入的片段执行的不同转换或步骤。拓扑如下。

① Stream：普通的数据流，是一种会持续抵达系统的无边界数据。

② Spout：位于拓扑边缘的数据流来源，可以是 API 或查询等，从这里可以产生待处理的数据。

③ Bolt：需要消耗流数据，对其应用操作，并将结果以流的形式进行输出的处理步骤。Bolt 需要与每个 Spout 建立连接，随后相互连接以组成所有必要的处理。在拓扑的尾部，可以将最终的 Bolt 输出作为连接其他系统的输入。

由于最初的大数据平台在设计时没有考虑安全因素，所以如今的大数据生态系统中存在着许多安全隐患，其安全性面临很大的挑战。大数据平台的安全风险主要表现在以下几个方面。

（1）缺乏必要的认证授权与访问控制机制。认证授权与访问控制是实现数据受控共享的有效手段。由于大数据可能被用于多种不同场景，访问控制需求十分突出，其访问控制的难点在于：难以预设角色，实现角色划分。通常，大数据平台只有简单的认证模式，没有完整的授权与访问控制模型，任何人都能提交代码并执行。恶意用户可以冒充其他用户对数据或提交的作业进行攻击。不能根据用户角色的不同进行不同权限的访问控制，导致大数据平台容易被攻击者操控。

（2）缺乏对数据的隐私保护。在如今的大数据时代，大数据未被妥善处理会对用户的隐私造成极大的侵害。根据需要保护内容的不同，隐私保护又可以进一步细分为位置隐私保护、标识符匿名保护、连接关系匿名保护等。事实上，人们面临的威胁并不仅限于个人隐私泄露，还包括基于大数据对人们状态和行为的预测。大数据平台中，不论是对存储在各个节点中的数据，还是对在各节点间交互的数据，都缺乏相应的安全保护。同时，对敏感数据没有特殊的访问控制，对分析处理过程中产生的中间数据也没有特别的保护，极易造成隐私泄露。

（3）系统与组件存在许多漏洞。大数据平台系统中存在着很多漏洞，其中一些组件中的漏洞容易被攻击者利用，对整个系统的安全性造成很大的破坏。例如：Kafka 的话题操作可以被恶意删除、恶意创建话题造成拒绝服务，通过访问描述和配置造成信息泄露；Hive 用户体系可能出现针对关系型数据库的表和字段的恶意访问及增、删、查、改等。

（4）缺乏可信性保证。关于大数据的一个普遍的观点：数据自己可以说明一切，数据自身就是事实。但实际情况是，如果不仔细甄别，数据也会"欺骗"人。大数据可信性的威胁之一是伪造或刻意制造的数据。错误的数据往往会导致错误的结论，若数据应用场景明确，恶意攻击者即可制造数据、营造某种"假象"，诱导分析者得出对其有利的结论。由于虚假信息往往隐藏于大量信息中，人们常常难以鉴别真伪，从而做出错误判断。大数据可信性的威胁之二是数据在传播过程中的逐步失真。人工干预的数据采集过程可能由于认知水平差距、背景知识不同、偏见、失误等原因引入误差，导致数据失真，最终影响数据分析结果的准确性。此外，数据失真还有数据版本变更的因素，如因现实情况的变化而导致早期采集的数据无法反映真实情况等。

10.2 Hadoop 的安全问题

Hadoop 的最初设想是部署在集群总是可信的环境中，由可信用户使用相互协作的可信计算机组成。最初的 Hadoop 不对用户或服务进行验证，也没有数据隐私。由于 Hadoop 被设计成能在分布式设备集群上执行代码的系统，所以任何人都能提交并执行代码。尽管在较早的版本中实现了审计和授权（HDFS 文件许可），然而相关访问控制很容易被避开，任何用户只需要执行一个命令行切换就可以模拟成任何其他用户。

随着安全专家不断指出 Hadoop 的安全漏洞及大数据的安全风险，Hadoop 的安全性一直在改进，很多厂商都发布了"安全加强"版的 Hadoop 和对 Hadoop 的安全机制加以补充的解决方案。相关产品有 Cloudera Sentry、IBM InfoSphere Optim Data Masking、英特尔的安全版 Hadoop、DataStax 企业版、DataGuise for Hadoop、用于 Hadoop 的 Protegrity 大数据保护器、Revelytix Loom、Zettaset 安全数据仓库等。同时，Apache 也有 Apache Accumulo 项目，为使用 Hadoop 提供额外安全措施。Knox 网关（由 HortonWorks 贡献）和 Rhino 项目（由英特尔贡献）等开源项目，承诺使 Hadoop 发生重大改变。

通常，Hadoop 的安全机制仅限于集群中各节点和服务的认证。NameNode（名称节点）和 YARN 之间、DataNode 和 YARN 之间缺乏安全授权机制。各节点间的数据以明文方式传输，使得其在传输过程中易被窃取。总之，Hadoop 的安全机制不够完善，具体表现在以下方面。

（1）KDC 的性能是系统的瓶颈。

由于 Hadoop 中的用户、节点和服务在交互前需通过 Kerberos 进行身份认证，而每次认证过程都需要经过 Kerberos 的密钥分发中心 KDC 来分发认证票据。Hadoop 集群中可能有成百上千个任务同时执行，而每个任务的执行都要向 KDC 进行认证。若在短时间内有大量任务同时向 Kerberos 认证服务器请求票据，就会使 KDC 的负载急剧增大，使其成为整个系统的瓶颈，从而影响 Hadoop 集群的性能。另外，当客户端向 KDC 申请票据授权票据时，发送的身份信息极易被截取，容易造成信息泄露。

（2）以 NameNode 为中心的主从模式不够健壮。

在 Hadoop 集群中，NameNode 作为整个系统的主节点，负责存储集群其他节点、服务及用户信息，进行系统资源访问控制，维护集群中数据块的映射，执行文件系统的命名空间操作，以及监控和调度 MapReduce 中的作业任务。虽然 NameNode 的功能强大，但其负担沉重，任务繁多，一旦遭受攻击，将给整个集群带来灾难性的破坏。

（3）过于简单的 ACL 访问控制机制。

传统的基于 ACL 的访问控制策略在 HDFS 和 MapReduce 中使用。可是，在服务器端，ACL 很容易被高权限的用户修改，存在着不安全因素。例如，NameNode 对与其交互的用户客户端进行 9 比特的权限判定，这种访问控制机制缺乏高等级访问控制所需的安全性。因此，对于使用 Hadoop 的企业，需要改进其访问控制策略，实现基于用户角色的更高等级的访问控制机制。

（4）集群节点间的数据明文传输和存储。

Hadoop 集群各节点间传输的数据及各 DataNode 上存储的数据都是明文，并无任何的加密/解密处理。在当前版本和未来可预见版本的 Hadoop 中，也没有传输和存储过程的数据保护机制。

考虑到 Hadoop 大量并行计算的系统开销,省去加密/解密过程确实能够提高系统的计算处理速度,但是安全隐患却无法避免。目前,已有第三方版本的 Hadoop 在 TCP/IP 层之上使用了 SSL,如 Cloudera Hadoop,满足了部分情况下的安全需求。

(5) 没有数据的隔离。

Hadoop 不加区分地存储着不同角色的用户信息、不同安全等级的数据,但缺少有效的安全隔离措施,一旦系统被入侵,就存在数据泄露的风险。在实际使用中,一些大型企业通常采取的手段是隔离 Hadoop 不同用户的数据,引入基于角色的管理控制体系来防止非法访问。

10.3 大数据安全需求

大数据在如今的互联网环境下面临着许多安全挑战,也随之产生了许多大数据安全性方面的需求。下面将从两个不同的角度分析大数据的安全需求。

大数据的生命周期可以分为 4 个阶段:采集、传输、存储和应用。面临的主要安全需求如下:在数据采集过程中,如何防止对数据采集器的伪造、假冒攻击;在数据传输过程中,如何防止传输的数据被窃取、篡改;在数据存储过程中,数据可用性与保密性面临威胁,如何确保数据资源在存储过程中的安全隔离;在数据应用过程中,通过大数据分析形成更有价值的衍生数据,如何对其进行敏感度管理。

从大数据平台系统安全的角度,大数据安全需求可以分为 4 个部分:预警、防护、检测、响应。面临的主要安全需求如下:大数据平台便于开发和应用的特性导致系统中存在许多漏洞,如何准确地进行系统安全预警;大数据平台中,集群节点分布复杂,如何保护分布式的计算节点不被欺诈、重放、拒绝服务等方式攻击;大数据系统组成相对复杂,组件数量繁多,版本功能各异,如何全面地对系统安全进行有效检测;大数据平台中存在着各种不同的用户角色,如何对其行为和影响进行监测、溯源。

通过对大数据安全挑战的分析,本节结合现有的安全体系,集中于大数据平台建设,将大数据安全需求分为 8 类(见图 10.1),分别是认证、授权、访问控制、网络边界安全、数据安全、系统与组件安全、系统安全监控、安全审计与管理。

(1) 认证。

大数据平台需要为用户提供单点登录认证功能,将大数据平台的认证与访问管理系统集成。根据用户应用的实际需要,为用户提供不同强度的认证方式,既可以保持原有的静态口令方式,又可以提供基于 Kerberos 的安全认证,还可以集成现有的其他安全认证方式;不仅可以实现用户认证的统一管理,还可以为用户提供统一的认证工具,实现用户信息资源访问的单点登录。认证系统应支持基于角色的认证管理,角色信息来源于授权管理中的角色信息;支持基于资源的认证管理,根据资源的重要程度,定义访问资源需要的认证方式和强度。

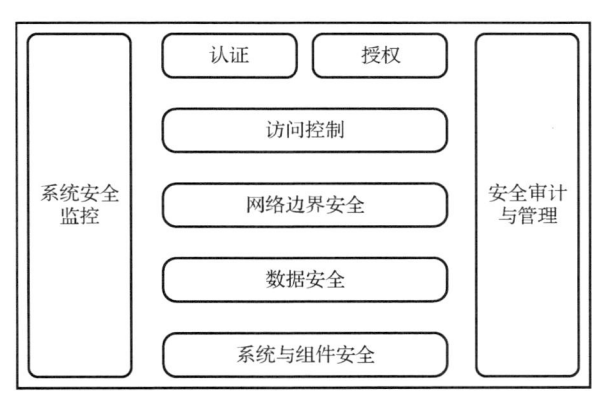

图 10.1 大数据安全需求

（2）授权。

大数据平台需要对敏感数据的访问实现基于角色的授权。授权是对用户的资源访问权限进行集中控制。用户授权管理需要以资源授权、访问决策控制集中管理为目标，以资源的访问控制为导向，以资源的安全、防扩散为前提，对所有受控资源进行统一授权，这样可以保护大数据系统的信息安全，建立全面的信息保密制度，满足对平台中敏感数据的加密和授权需求，构建安全可控的数据安全、防扩散管理系统。

（3）访问控制。

大数据平台需要控制不同的用户可以在数据集上做什么操作，哪些用户可以使用集群中什么范围的数据处理能力。既要防止非法的主体进入受保护的大数据资源，又要防止合法的用户对受保护的大数据资源进行非授权的访问。要结合大数据平台提供的功能模块，如 HDFS、Hive、HBase、YARN、Spark、Storm、SSH，实现相应的访问控制，制定灵活的访问控制策略。

（4）网络边界安全。

大数据平台需要加强集群网络边界安全。在搭建集群时，需要为平台设计合适的网络拓扑使大数据系统与其他信息系统相隔离，布置网络安全软件来控制数据的进出。应在集群边界路由器中配置防火墙，对流量进行分析和过滤，并按照管理者所确定的策略来阻塞或允许流量经过。大数据平台还应当提供 VPN 服务，建立私有数据传输通道，提供安全的端到端数据通信。

（5）数据安全。

大数据平台需要部署合适的数据加密和隐藏技术。用户的数据可能存储在第三方平台上，为了保证敏感数据不被泄露和授权个人对敏感数据的安全访问，应当采用数据加密技术。数据加密主要分为静态加密与动态加密。静态加密是指对存储在服务器上的数据进行加密，动态加密是指在数据传输过程中对其进行加密。对数据的处理和应用过程可能会暴露用户的相关隐私，所以需要采用数据隐藏技术。另外，还需要添加一定的数据可信认证机制，对数据的可信性进行检测。

（6）系统与组件安全。

大数据平台需要加强集群中系统和其组件的安全，提供系统层次的安全。大数据平台存在着许多已知和未知的漏洞，其各种组件也存在着不同的漏洞。一旦这些漏洞被利用，大数据平台的安全将不复存在。没有平台系统的安全性，就没有主机系统和网络系统的安全性。所以，大数据平台十分需要加强集群中大数据系统和组件的安全，提供系统层次的安全，着重考虑大数据系统和组件已知的漏洞。同样，也需要考虑不同组件相互组合时可能出现的兼容性问题。

（7）系统安全监控。

大数据平台需要通过一个安全事故和事件监控系统来负责收集、监控、分析集群中任何可疑的活动，并提供安全警报。通过收集各种系统日志、网络日志和应用日志来识别安全事故和事件。为了防御 APT 攻击对大数据平台的渗透入侵，平台需要配置入侵检测系统与入侵防御系统来对穿过防火墙的恶意事件进行检测和报警，并通过检测网络异常流量，自动对各类攻击性威胁进行实时阻断，提供主动防御。

（8）安全审计与管理。

大数据平台需要对数据生态系统的任何改变进行记录并提供审计报告，如数据访问活动报告和数据处理活动报告。通过对日志和活动报告的分析来对大数据平台进行安全审计。需要为大数据平台设计有效的安全管理策略，将审计结果作为大数据安全管理的重要评判标准。

10.4 大数据安全关键技术

传统的安全防护手段已无法满足大数据技术的发展、业务的要求，甚至会成为瓶颈，主要体现在以下几个方面：首先，随着大数据技术的发展，实时在线计算日益重要，传统加密/解密的防护措施成为计算性能的瓶颈；其次，对于海量数据的访问控制需要动态的数据权限，以满足安全管控要求；再次，大数据平台需要应对实时的数据流动，在传统的安全管控机制中，安全监控、流程审批等存在局限性；最后，对于敏感数据的保护问题，大数据平台中频繁的数据流转和交换，导致数据泄露不再是一次性的，通过二次组合后的非敏感数据可以形成敏感数据，造成敏感数据再次泄露。

同时，在大数据技术飞速发展的今天，越来越多的企业开始关注大数据安全解决方案，大量的大数据安全项目已经逐渐发展成熟。Hortonwork 的 Knox Gateway 项目、Cloudera 的 Sentry 项目、英特尔的安全加强版 Hadoop，以及 Rhino 等开源项目已经正式发布并承诺帮助企业应用开发者达到其安全要求。

结合大数据安全需求分析，本章设计了一个大数据安全关键技术体系。如表 10.1 所示，大数据平台的安全服务主要体现在 5 个方面：认证、访问控制、数据安全、网络安全、系统安全。针对大数据安全关键技术的需求，提供了关键安全服务的具体要求和解决方案。

表 10.1 大数据安全关键技术体系

安 全 服 务	具 体 要 求	解 决 方 案
认证	① 客户端认证 ② 集群节点认证 ③ 系统组件认证	Kerberos
访问控制	① 用户身份管理 ② 角色授权 ③ 功能授权 ④ 行/列授权	Apache Ranger Apache Sentry Record Service
数据安全	① 用户隐私规则 ② 数据脱敏 ③ 磁盘级加密 ④ 域/行级加密 ⑤ 文件级加密 ⑥ 中间数据保护 ⑦ 数据隐藏 ⑧ 可信认证	Rhino eCryptfs Gazzang
网络安全	① 客户端与集群间加密传输 ② 集群内各节点加密传输 ③ 系统信息与计算结果加密传输 ④ 安全域 ⑤ 网络隔离	Apache Knox Gateway
系统安全	① 日志/审计 ② 数据监控 ③ 流量分析 ④ 事件监控	Ganglia Zabbix

（1）认证。

认证主要分为 3 个方面：客户端认证、集群节点认证、系统组件认证。大数据平台本质上是一种分布式系统，集群中包含大量节点。首先，不管是主节点还是子节点，在加入集群时都需要进行认证，以保证用户的作业与数据在安全可信的节点中存储、处理。其次，在布置节点上的大数据环境时，应当对大数据系统的各个组件进行安全认证，以保证用户可以在系统的各个服务间进行安全通信。外部用户通过客户端访问大数据平台时，应当进行身份认证。对于集群中所存储的数据，只有认证的用户才能访问；对于集群所提供的服务，只有认证的用户才能使用。

常用的大数据平台的认证方式是基于 Kerberos 的认证技术。Kerberos 是一个安全的网络认证协议，主要用于计算机网络的身份鉴别，其特点是用户只需输入一次身份验证信息就可以凭借这个验证获得的票据访问多个服务，即单点登录。由于在每个客户机和服务器之间建立了共享密钥，因此该协议具有相当高的安全性。Kerberos 认证有许多优点：只在网络中传输对时间敏感的票据而不会传输密码，降低了密码泄露的风险；使用对称密钥操作，比 SSL 的公钥更加高效；服务器只需要识别自己的私有密钥，不需要存储任何与客户端相关的详细信息来认证客户端；支持将密码或密钥存储在统一的系统中，便于管理员管理系统和用户。

（2）访问控制。

首先，大数据平台需要一个管理系统来对用户的身份进行统一管理。统一用户管理系统在设计时就要建立一个能适应各种系统权限管理要求的权限模型，平台在建设初期就要把自己的权限设计要求提交给统一用户管理系统，并按照其需求在本身统一用户管理系统的权限模型上构建该系统的实例。管理员可以通过统一授权系统为各用户的权限进行配置，在登录时，各系统调用相关的统一认证和授权接口，获取用户的相关权限信息。应进入各系统后创建用户，将相关的权限信息赋予用户类，并在应用系统中进行权限验证，管理员通过管理系统对用户的权限进行管理；通过将用户划分成多个不同的角色，进行基于角色的授权管理；通过对基于角色的授权简化管理，将访问相同数据集的不同特权级别授予多个组。

其次，大数据平台应当支持细粒度的数据和元数据访问控制。大数据平台在服务器、数据库、表和视图范围内提供了不同特权级别的访问控制，包括查找、插入等，允许管理员使用视图限制对行或列进行访问；同样，可以根据用户的不同操作，对用户的行为进行功能授权与控制。通过正确的访问控制，可以识别出伪装用户，保证合法用户任务的安全隔离。

比较成熟的访问控制工具有 Apache Ranger、Sentry 和 Record Service。Apache Ranger 是一个 Hadoop 集群权限框架，提供操作、监控、管理的复杂数据权限，提供一个集中的管理机制，管理基于 YARN 的 Hadoop 生态圈的所有数据权限。Apache Ranger 可以对 Hadoop 生态的组件进行细粒度的数据访问控制。通过操作 Ranger 控制台，管理员可以轻松地通过配置策略来控制用户访问 HDFS 文件夹、HDFS 文件、数据库、表、字段的权限。这些策略可以设置不同的用户和组，同时其权限可与 Hadoop 无缝对接。Apache Sentry 是 Cloudera 发布的一个 Hadoop 开源组件，并已孵化完成，它提供了细粒度级、基于角色的授权及多租户的管理模式。Sentry 当前可以和 Hive/HCatalog、Apache Solr 和 Cloudera Impala 集成，未来会扩展到其他的 Hadoop 组件。Record Service 是 Hadoop 安全层，为保证安全的访问运行于 Hadoop 之上的数据和分析引擎而设计，包括 MapReduce、Apache Spark 和 Cloudera Impala。Cloudera 之前提供的 Sentry 安全组件支持访问控制权限的定义，Record Service 通过控制访问到行和列级别来补充了 Sentry。根据 Cloudera 的介绍，对于任何嵌入 Record Service API 的框架和分析引擎，它还支持动态的数据屏蔽、统一处理及细粒度的访问控制。

（3）数据安全。

数据安全可分为 8 个环节，包括用户隐私规则、数据脱敏、磁盘级加密、域/行级加密、文件级加密、中间数据保护、数据隐藏和可信认证。首先，在对数据进行处理之前，管理员应当根据数据与用户的具体需求制定相应的用户隐私规则。管理员需要考虑数据特性、安全需求、使用环境等因素来设计一个切实有效且适用的安全策略。在采集数据进入大数据平台之前，数据所有者应当根据用户隐私规则对数据进行脱敏处理。在存储数据时，系统管理员应当根据需要选择数据的加密方式，包括磁盘级加密、域/行级加密、文件级加密。在进行数据分析前，需要对可能泄露隐私的数据进行隐藏处理。由于在数据处理过程中产生的中间数据也可能会泄露隐私，所以还应当对中间结果数据进行保护。为了满足远程用户对数据可信性的要求，防止数据被恶意篡改，应当在大数据平台中加入数据可信认证，保证存入大数据平台的数据完整、有效。

对数据去隐私化，可以采用 K-anonymity、L-diversity 等数据匿名技术。对于数据加密，可以采用同态加密、混合加密等技术。同态加密库（FHEW）可以提供全同态加密功能，并支持对称加密算法对单比特数据的加密/解密。对数据中间结果的保护一般会用到基于数据失真和加密的技术，包括数据变换、隐藏、随机扰动、平移和翻转技术。目前，可以提供数据安全的项目有 Rhino、eCryptfs 和 Gazzang。Rhino 项目是由 Cloudera 公司、英特尔公司和 Hadoop 社区合力打造的一个项目。该项目旨在为数据保护提供一个全面的安全框架，解决静态加密的问题，使得加密解密变得透明。eCryptfs 是一个功能强大的企业级加密文件系统，堆叠在其他文件系统之上，为应用程序提供透明、动态、高效和安全的加密功能。Gazzang 提供了块级加密技术，其产品包括 Hadoop 环境下的一款数据加密产品及访问权限管理产品。后者可以控制对键值、令牌等数据访问授权协议的访问。除了支持 Hadoop 环境，Gazzang 的加密技术还支持 Cassandra、MongoDB、Couchbase、Amazon Elastic MapReduce 等下一代数据存储环境。

（4）网络安全。

大数据平台的安全离不开网络安全。首先，大数据集群需要构建在一个与外部网络隔离的安全域当中。数据进出大数据平台均需经过网络防火墙的监控与审查，用户无法直接访问集群中的节点，需要通过统一的网关，经过认证获得访问权限。在大数据平台中，为了防止数据泄露，需要对传输的数据进行加密，主要有 3 个方面：客户端与集群间加密传输、集群内各节点加密传输、系统信息与计算结果加密传输。

可采用 SSL 对流动中的数据进行加密处理。SSL 可以认证用户和服务器，确保数据在客户机和服务器之间的交换是加密的，不会被其他人窃取；还可以维护数据的完整性，确保数据在传输过程中不被改变。使用 Apache Knox Gateway 对大数据集群进行网络隔离。Apache Knox Gateway 提供的是 Hadoop 集群与外界的唯一交互接口，也就是说，所有与集群交互的 REST API 都通过 Apache Knox Gateway 处理。这样，Apache Knox Gateway 就给大数据系统提供了一个很好的基于边缘的安全环境。

（5）系统安全。

系统安全主要分为 4 个方面：日志/审计、数据监控、流量分析和事件监控。即使在大数据平台配置了多种安全措施，还是很有可能存在一些未授权的访问或者恶意入侵。所以管理员应当周期性地审计整个大数据平台，并且部署监控系统来对安全事件和数据流向进行自动监控。管理员需要先在集群的各个节点上安装日志收集代理，负责记录节点中的事件和数据流动；然后，需要一个中央审计服务器对日志按照预先设置的安全策略进行审计。一旦发生安全事故或可疑事件，应通过警报系统自动向用户发出提醒。

采用 Ganglia 和 Zabbix 对大数据平台进行监控。Ganglia 是一个开源集群监视项目，用于测量数以千计的节点，主要用来监控系统性能，如 CPU、内存、硬盘利用率、I/O 负载、网络流量情况等，通过曲线了解每个节点的工作状态，能对合理调整、分配系统资源，提高系统整体性能起到重要作用。Zabbix 是一个监视系统运行状态和网络信息的系统，能够监视所指定的本地或远程服务和主机，同时提供异常通知功能，当产生与解决服务或主机问题时，将通知发送给联系人。另外，管理员还可以定义一些处理程序，使之能够在服务或主机发生故障时起到预防作用。

10.5 大数据系统安全体系

结合对大数据安全技术的讨论，在 Hadoop 框架的基础上设计了一个大数据系统安全体系框架，如图 10.2 所示。该体系框架包含基础安全层、组件安全层、安全服务层和应用层。具体说明如下。

```
┌─────────────────────────────────────────────────────────┐
│                       应用层                              │
│  ┌────────┐ ┌────────┐ ┌────────┐ ┌────────┐ ┌────────┐ │
│  │管理工具 │ │分析工具 │ │开发工具 │ │ 客户端  │ │其他工具 │ │
│  └────────┘ └────────┘ └────────┘ └────────┘ └────────┘ │
├─────────────────────────────────────────────────────────┤
│                      安全服务层                           │
│  ┌────────┐ ┌────────┐ ┌────────┐ ┌────────┐ ┌────────┐ │
│  │用户服务 │ │认证服务 │ │授权服务 │ │数据服务 │ │审计服务 │ │
│  │角色管理 │ │认证中心 │ │角色授权 │ │数据隐藏 │ │日志审计 │ │
│  │账户管理 │ │认证策略 │ │功能授权 │ │数据加密 │ │集群监控 │ │
│  │密码管理 │ │单点登录 │ │行/列授权│ │数据脱敏 │ │流量分析 │ │
│  └────────┘ └────────┘ └────────┘ └────────┘ └────────┘ │
├─────────────────────────────────────────────────────────┤
│                      组件安全层                           │
│  ┌───────┐ ┌──────────┐ ┌──────┐ ┌───────┐ ┌───────┐ ┌──────┐ │
│  │HDFS安全│ │MapReduce安全│ │Hive安全│ │HBase安全│ │Sqoop安全│ │Pig安全│ │
│  └───────┘ └──────────┘ └──────┘ └───────┘ └───────┘ └──────┘ │
├─────────────────────────────────────────────────────────┤
│                      基础安全层                           │
│  ┌────────┐      ┌────────┐    ┌────────┐    ┌────────┐  │
│  │系统安全 │      │网络安全 │    │数据安全 │    │存储安全 │  │
│  └────────┘      └────────┘    └────────┘    └────────┘  │
└─────────────────────────────────────────────────────────┘
```

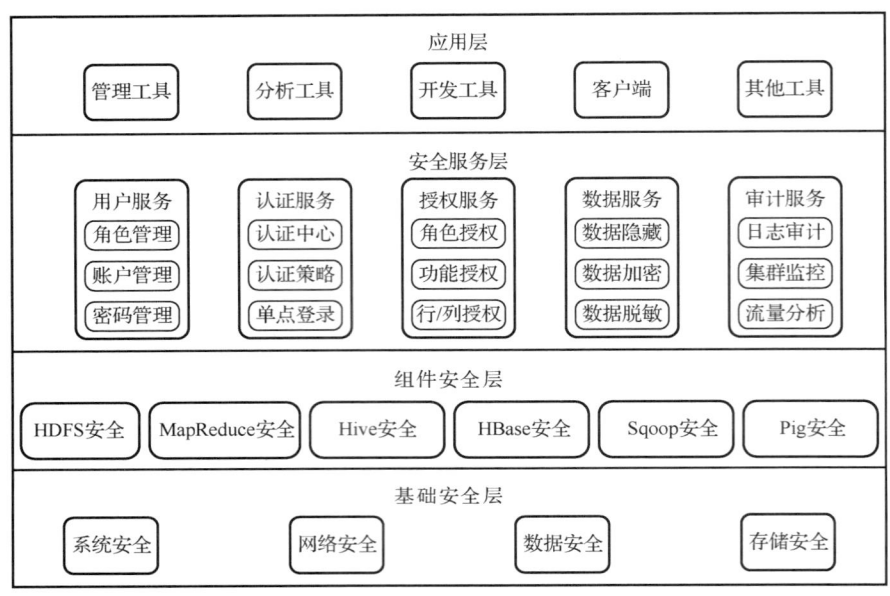

图 10.2 基于 Hadoop 的安全体系框架

（1）基础安全层。

基础安全层由系统安全、网络安全、数据安全和存储安全 4 个部分组成。系统安全主要是指保证 Hadoop 平台所在操作系统的安全。系统应当定期对网络、主机操作系统等进行安全漏洞扫描，确保漏洞识别的全面性和时效性，及时调整和更新病毒库，安装系统补丁。网络安全由网络边界隔离、入侵检测、防火墙与 VPN 等网络边界防护手段组成，旨在保证集群在安全可信的网络环境中运行，使用户可以安全地远程访问 Hadoop 平台。数据安全是在已有的操作系统和文件系统之上提供一个虚拟层来支持文件加密技术，文件在写入磁盘之前进行加密，读取后进行解密。同时，数据安全提供对数据的远程可信性认证，防止数据被恶意篡改。存储安全是对平台中存储的数据进行备份处理，以防止集群节点意外宕机导致数据丢失。

（2）组件安全层。

组件安全层是为了保证 Hadoop 平台功能组件的安全而存在的，如 HDFS 安全、MapReduce 安全、Hive 安全、HBase 安全、Sqoop 安全与 Pig 安全。每个 Hadoop 生态系统组件都有自己的安全问题，需要根据它的架构进行专门的配置；部分组件还存在安全漏洞，需有针对地进行防护。同时，为了保证用户对组件进行有效的访问控制，需要指定面向组件的访问控制策略。

（3）安全服务层。

安全服务层可以对用户提供 Hadoop 平台安全的用户服务、认证服务、授权服务、数据服务与审计服务。用户服务是对 Hadoop 平台的用户进行集中有效的管理，对用户的角色、账户和密码进行统一的管理调配。不同身份的用户通过不同应用访问 Hadoop 平台时，认证中心会首先结合预先设置的认证策略为访问用户提供身份认证、单点登录等认证服务。然后根据需要对认证后的用户提供角色授权、功能授权或行/列授权服务。数据服务是为用户在 Hadoop 平台传输数据时提供安全的加密传输服务，以及为静态数据的加密与敏感数据的隐藏提供服务。审计服务主要负责日志审计工作，提供对集群节点的实时监控与流量分析服务。

（4）应用层。

应用层为管理员、开发者、分析师、普通用户等不同角色的用户提供登录 Hadoop 平台的访问接口，并将操作界面进行可视化处理，方便不同用户的使用。通过管理工具、分析工具、开发工具、客户端和其他工具，用户可以安全地远程访问 Hadoop 平台。

10.6 大数据系统一体化安全管理系统设计

10.6.1 管理需求

面对大数据平台的安全风险，必须增加保证其安全性的服务和机制。由于不同的安全服务有不同的实现体系架构，因此难以进行统一的调配管理，而且需要配置开发的安全服务种类多、操作复杂，给大数据平台的安全管理带来了极大的困难。因此，需要设计开发一个安全管理软件对这些安全服务进行统一管理。

参照大数据系统安全体系框架，大数据系统安全管理软件的需求如下：结合大数据安全技术体系，开发相应的大数据安全模块；集成各个安全模块，实现对各个模块的统一控制和调度；设计一个安全的网络拓扑结构以保证大数据平台的网络安全；提供人性化的 UI，使用户能够完全通过 UI 完成对平台的安全相关操作；对大数据平台各个组件框架的接口进行统一管理，提高用户和管理员的工作效率。

10.6.2 网络结构设计

为了降低对终端设备的要求，保证方案的通用性，此处采用 B/S（浏览器和服务器）架构模式来设计大数据系统安全管理软件，其架构如图 10.3 所示。

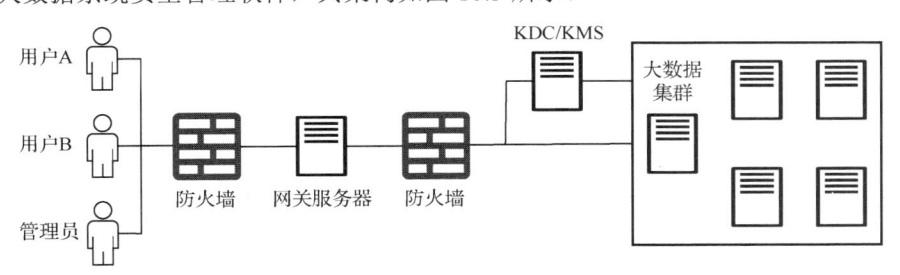

图 10.3 大数据系统安全管理软件架构

大数据系统安全管理软件的整体结构主要由网关服务器、KDC 和密钥管理服务器（KMS）、防火墙和大数据集群组成。外部网络与大数据集群之间通过防火墙进行隔离，只能通过网关服务器进行连通。网关服务器上设有大数据系统安全管理软件，系统管理员可以通过 Web UI 对整个大数据集群的安全服务进行管理和控制。KDC 服务器为整个集群提供身份认证服务，其中存储了大数据集群的所有用户身份信息。KMS 为大数据平台数据加密/解密等安全服务提供密钥。用户首先需要登录到网关服务器，然后通过 KDC 服务器进行身份认证，获得授权令牌。接着，网关服务器中的授权系统会对用户所要访问的资源进行访问控制。只有通过认证系统与授权系统的许可，用户才能访问集群中的资源。

大数据系统安全管理软件主要由 7 个安全模块组成，分别是集群监控模块、认证管理模块、访问控制模块、数据加密模块、日志管理模块、集群管理模块与安全策略模块，如图 10.4 所示。

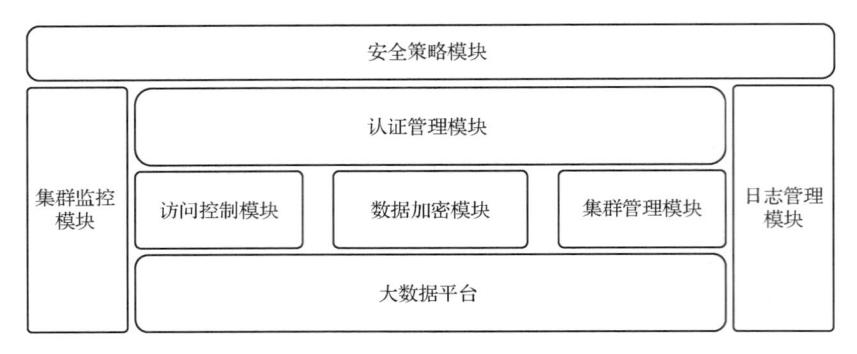

图 10.4 大数据系统安全管理软件安全模块总体设计

集群监控模块负责监控大数据平台与安全模块的状态，并提供报警功能。认证管理模块为大数据平台组件提供认证服务。访问控制模块为大数据平台组件提供访问控制服务。数据加密模块又包括数据加密子模块与传输加密子模块，分别为存储的静态数据与传输中的数据提供加密服务。日志管理模块为整个平台提供日志审计服务。集群管理模块为大数据平台组件提供统一的管理服务。安全策略模块负责对整个集群的安全模块进行策略管理。

10.6.3 安全模块设计

根据大数据系统安全管理软件的具体功能需求，对安全管理软件按不同的功能进行了模块划分，主要功能模块如下。

（1）集群监控模块。

集群监控模块提供对大数据平台状态的监控与事件监控报警功能，通过 Ganglia 对各个节点的系统性能（如 CPU 状态、磁盘利用率、I/O 负载、网络状态等）进行监控并以图表的形式展示，对超过设定阈值的状态通过 Zabbix 以邮件或短信的形式进行报警。

（2）认证管理模块。

认证管理模块对大数据平台提供身份认证服务。认证方案基于 Kerberos 认证协议，主要分成 3 个部分，分别是用户认证、获得票据、获取目标服务。其中每个部分都包含双方的交互，即请求和响应。其身份认证时序图如图 10.5 所示。

经过 6 步的身份认证过程之后，用户终端和目标服务器间的通信联系正式建立，拥有了可用于两者通信的会话密钥，之后两者的交互信息都可以使用这个会话密钥进行加密，建立一定的安全性保障。

（3）访问控制模块。

访问控制模块主要基于 Sentry 对大数据平台进行细粒度的、基于角色的权限控制。这里的细粒度是指访问控制不仅可以给某个用户组或某个角色授予权限，还可以为某个数据库或某个数据库表授予权限，甚至可以为某个角色授予只能执行某个类型的 SQL 查询的权限。

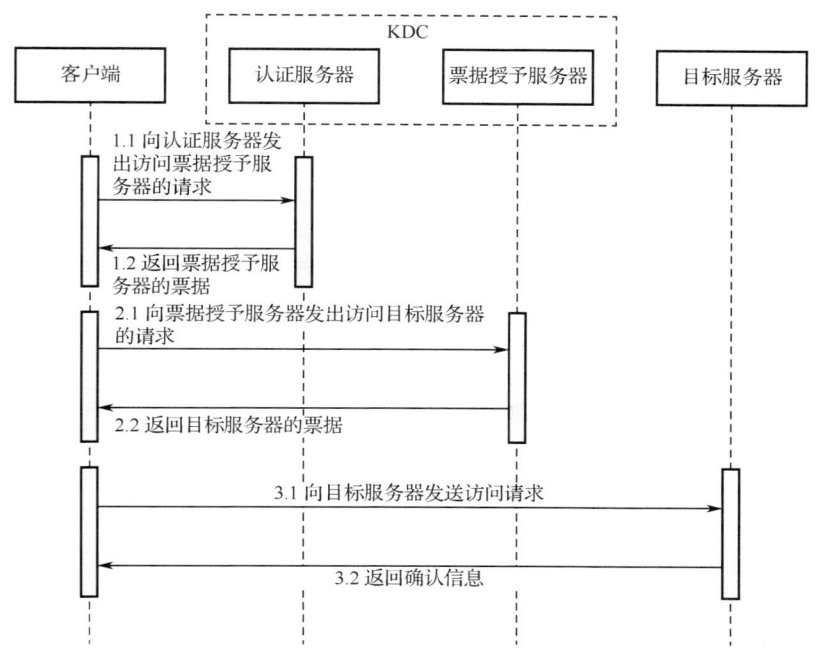

图 10.5　Kerberos 身份认证时序图

Sentry 不仅有用户组的概念，还引入了角色（role）的概念，使管理员能够轻松灵活地管理大量用户和数据对象的权限，即使这些用户和数据对象频繁变化。此外，Sentry 还是"统一授权"的，具体来讲，就是访问控制规则一旦定义好，这些规则就统一作用于多个框架（如 Hive、Impala、Pig）。

Sentry 是基于 Hive 的开源安全组件，提供了细粒度的、基于角色的授权及多租户的管理模式。Sentry 的运行原理如图 10.6 所示。

Sentry 提供了定义和持久化访问资源的策略。这些策略可以存储在文件中或者能使用 RPC 服务访问的数据库后端存储系统内。数据访问工具以一定的模式辨认用户访问数据的请求，如 Hive 从一个表读一行数据或删除一个表。这个工具请求 Sentry 验证访问是否合理。Sentry 构建请求用户权限的映射并判断给定的请求是否允许访问。请求工具此时根据 Sentry 的判断结果来处理用户的访问请求。Sentry 策略存储和服务将角色和权限及组合角色的映射持久化到一个关系数据库，并提供编程的 API 接口以方便创建、查询、更新和删除数据。这样就允许 Sentry 的客户端并行、安全地获取和修改权限。

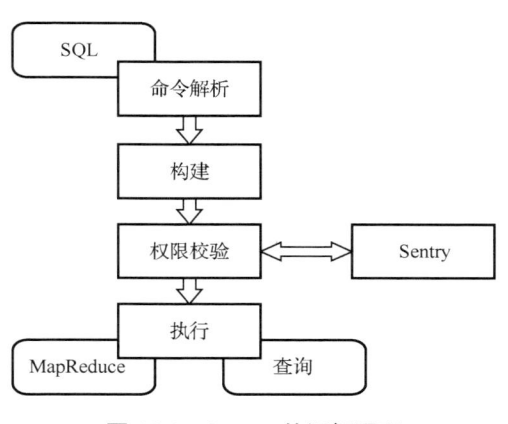

图 10.6　Sentry 的运行原理

（4）数据加密模块。

数据加密子模块主要对大数据平台存储的数据加密的相关安全服务进行管理。存储数据加密主要采用了透明加密技术。现介绍一下加密空间。加密空间是一个特殊的目录，它的内容将在写入时被透明地加密，在读取时被透明地解密。每个加密空间都与一个单独的、在创建时指定的加密空间的密钥相关联。加密空间中的每个文件都有自己独特的数据加密密钥（DEK），DEK 不与 HDFS 直接接触。HDFS 只处理一个加密的数据加密密钥（EDEK）。客户端对 EDEK 进行解密，然后使用解密后的 DEK 来读取或写入数据。HDFS 的数据节点只能看到一些加密后的比特流。存储数据加密如图 10.7 所示。

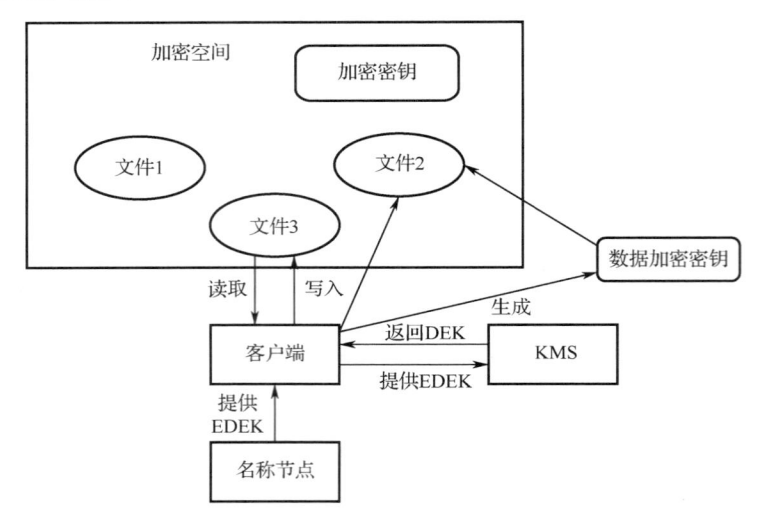

图 10.7 存储数据加密

传输加密子模块主要对大数据平台传输数据的加密相关安全服务进行管理。Hadoop 平台提供 Hadoop 服务与客户端之间的 RPC 通信，以及为 HDFS 不同节点间的数据块传输提供加密功能，如图 10.8 所示。

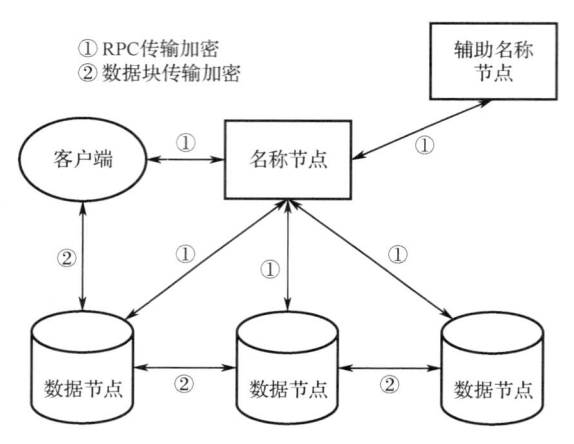

图 10.8 传输数据加密

（5）日志管理模块。

日志管理模块提供对大数据平台的日志信息进行审计的功能。通过 ELK（Elasticsearch，Logstash，Kibana）日志系统可以对大数据平台的系统日志、应用程序日志和安全日志进行收集、过滤，并将其存储，供以后进行汇总、分析和搜索，以实现安全审计的功能。

（6）集群管理模块。

集群管理模块提供对大数据平台常用功能与组件的管理功能，方便管理员对集群进行统一配置管理。许多大数据平台组件都有自己的 UI，如 HDFS 页面（调用 HDFS API，进行增、删、改、查的操作），Hive UI（使用 HiveServer2、JDBC 方式连接，可以在页面上编写 HQL 语句，进行数据分析查询），YARN 监控页面等。通过将这些技术整合并采用统一的 Web UI 来访问和管理，可以极大地提高大数据用户和管理员的工作效率。

（7）安全策略模块。

安全策略模块通过将大数据安全模块的安全服务按照具体应用需求分为 3 个安全级别。

① 高：所有安全服务均开启、加密算法级别最高、密钥比特长度最长，为大数据集群提供最强的安全防护能力，但相应的集群效率会有所降低。

② 中：部分安全服务开启，提供大数据平台运行的基本安全防护能力，不影响集群效率。

③ 低：安全服务全部关闭，提供原生大数据系统，便于进行开发调试。

事实上，可以结合实际需求，进一步细化安全级别和安全服务，如表 10.2 所示。

表 10.2 细化的安全服务和安全级别

安全服务	安全级别		
	低	中	高
Kerberos 认证服务	关闭	开启	开启
集群监控报警功能	关闭	开启	开启
数据块传输加密服务	关闭	关闭	开启
RPC 传输加密服务	关闭	开启	开启
传输加密算法选择	—	TripleDES（三重数据加密算法）	AES（高级加密标准）
AES 密钥比特	—	—	256
静态数据透明加密服务	关闭	关闭	开启
Sentry 访问控制服务	关闭	开启	开启

10.6.4 软件开发架构

由于大数据平台集群节点众多且时常变化，采用 B/S 架构开发安全管理软件可以保证大数据平台安全地进行动态更新。在 B/S 架构下，用户只需要通过浏览器就可以向服务器发出请求，使用大数据平台的相关安全服务。经过分析，可以采用如图 10.9 所示的软件开发架构对安全管理软件进行开发。

在图 10.9 中，大数据系统安全管理软件的开发分为 3 个部分：前端界面、Web 服务器与后端服务。前端界面部分通过 HTML 和 CSS 来构建 HTML 页面，通过 JavaScript 来构建一些特殊的 Web 组件结构。由于 Python 开发 Web 应用具有开发效率高、运行速度快等优点，所以 Web 服务器部分选用 Python 下的 Web 框架 Django 进行开发，其中 Python 模板选用 Metronic。多节点模式下，选用 HTTP 框架下的 REST Clients 开发分布式的客户端。后端服务部分的主体是运行在集群中已经配置完成的各种现有安全服务。

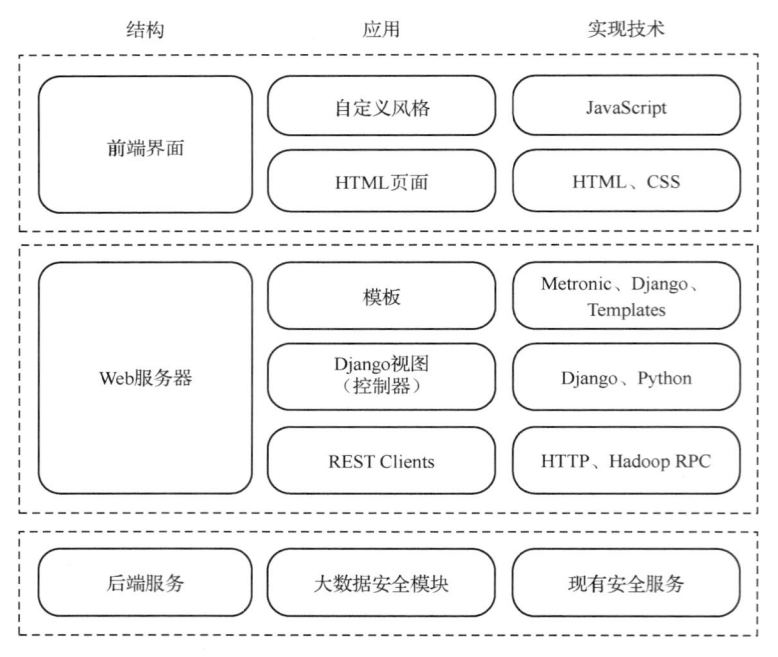

图 10.9 软件开发架构

10.6.5 软件运行流程

整体而言，整个系统的运行流程如图 10.10 所示。首先，用户通过在浏览器中输入正确的访问地址来访问大数据系统安全管理软件。接着，浏览器会跳转到系统的认证界面，用户填写相关的认证信息进行认证。认证通过后，用户便可以根据具体需求去访问系统的各个安全模块。在收到用户的相关操作信息后，服务器会调用后台相应的安全服务，执行用户命令，并将执行的结果返给用户。

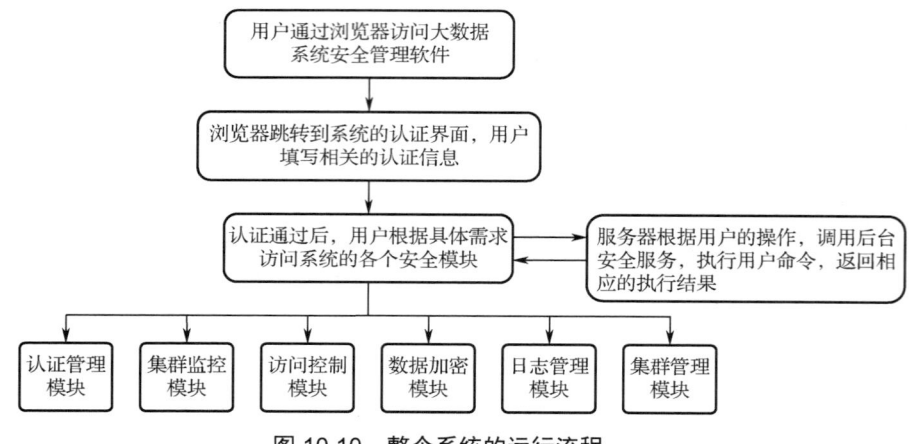

图 10.10 整个系统的运行流程

10.6.6 软件界面

（1）认证登录界面。

用户在使用大数据系统安全管理软件提供的安全管理服务之前，需要进行

（学习视频）

身份认证,以确定是合法用户进行访问。认证登录界面如图 10.11 所示,用户需要输入管理员的用户名与密码,然后单击"登录"按钮进行身份认证,认证通过后方可访问软件的具体功能模块。

图 10.11　认证登录界面

（2）集群监控界面。

集群监控模块的主要功能有开启与关闭监控服务、设置监控参数、设置报警机制等,界面如图 10.12 所示。打开的 Ganglia 监控界面如图 10.13 所示。

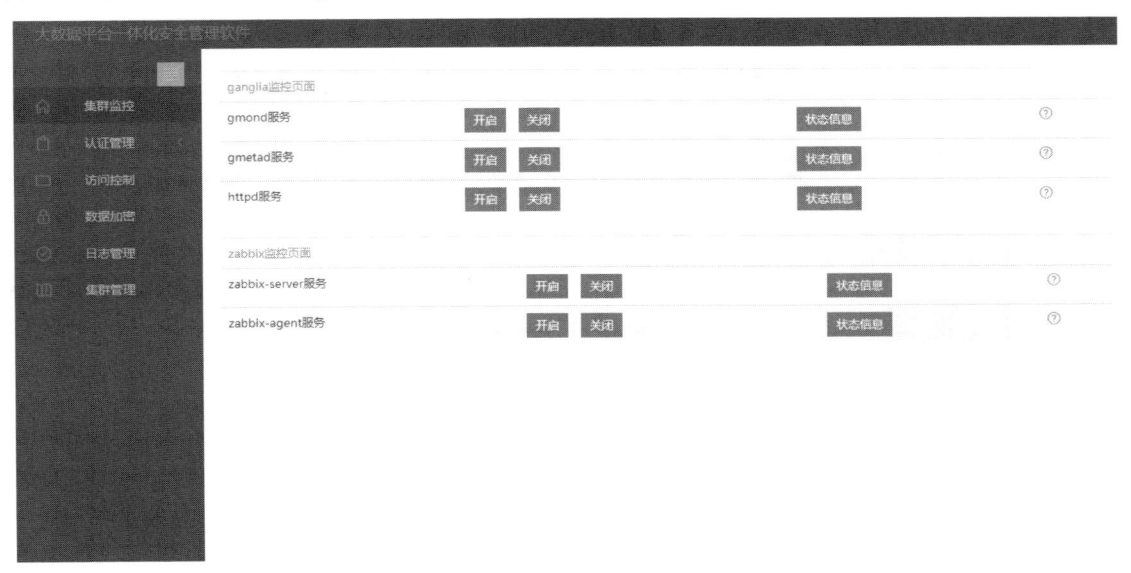

图 10.12　集群监控界面

图 10.13　Ganglia 监控界面

（3）认证管理界面。

认证管理模块主要基于 Kerberos 认证提供对大数据平台的安全认证服务，主要分为两个子模块：Kerberos 管理与用户管理。Kerberos 管理主要对配置在大数据平台中的 Kerberos 认证服务进行统一管理，涉及的功能有开启与关闭 Kerberos 认证、配置 Kerberos 服务参数、管理 Kerberos 认证密钥与票据等，界面如图 10.14 所示。用户管理主要对大数据平台中的用户认证相关信息进行管理，涉及的主要功能有新建用户、查看用户详细信息、删除用户与修改用户认证属性等，界面如图 10.15 所示。

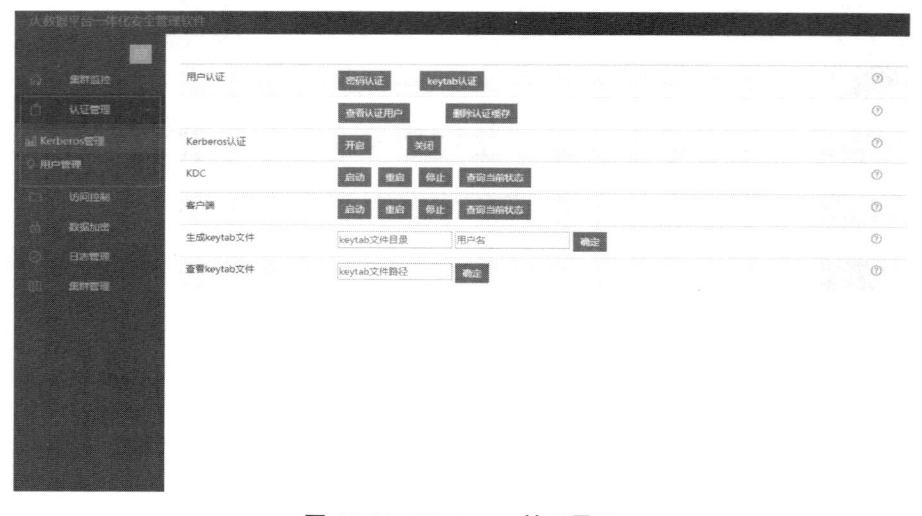

图 10.14　Kerberos 管理界面

图 10.15　用户管理界面

（4）访问控制界面。

访问控制模块的主要功能有管理用户权限、管理 Sentry 配置、分配用户角色属性与管理系统组件权限等，界面如图 10.16 所示。Sentry 配置管理界面如图 10.17 所示。

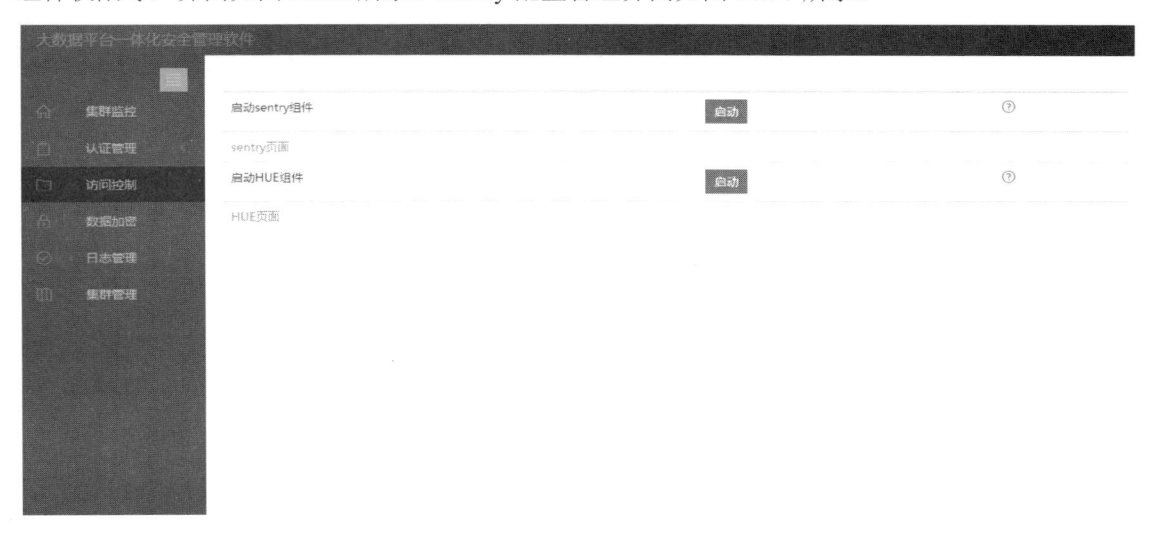

图 10.16　访问控制界面

255

图 10.17　Sentry 配置管理界面

（5）数据加密界面。

数据加密模块分为数据加密与传输加密两个子模块，界面如图 10.18 所示。数据加密子模块的主要功能有开启与关闭 HDFS 加密服务、创建加密密钥、选择加密算法、配置 KMS、创建加密空间等。传输加密子模块的主要功能有开启与关闭数据块传输加密服务、开启与关闭 RPC 传输加密服务、选择加密算法、选择 AES 比特长度等。

图 10.18　数据加密界面

（6）日志管理界面。

日志管理模块的主要功能有查看各组件相关日志、筛选关键词与提取错误状态日志信息等，界面如图 10.19 所示。kibana 日志分析界面如图 10.20 所示。

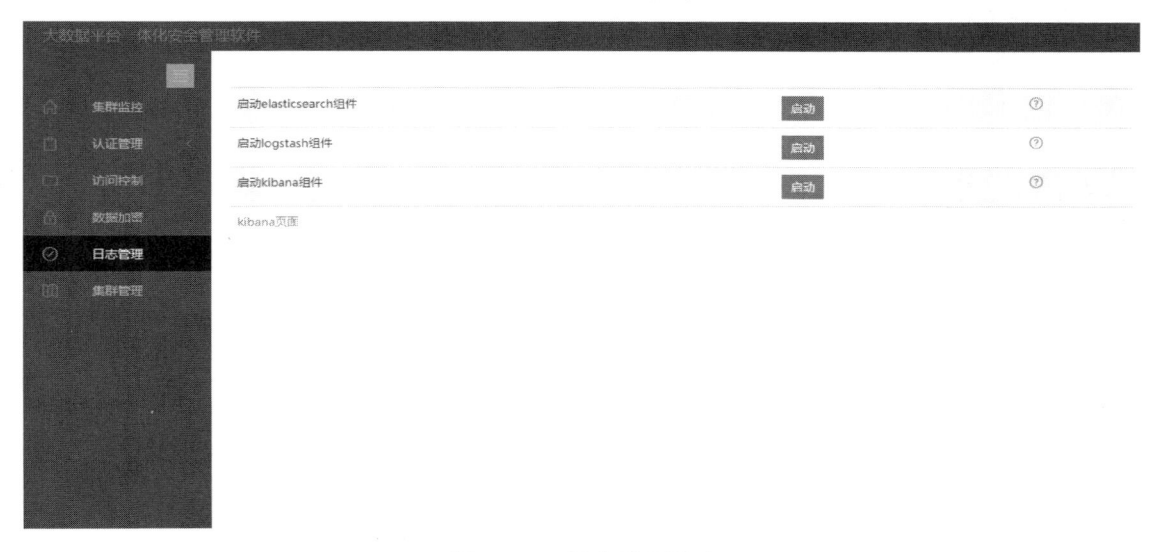

图 10.19　日志管理界面

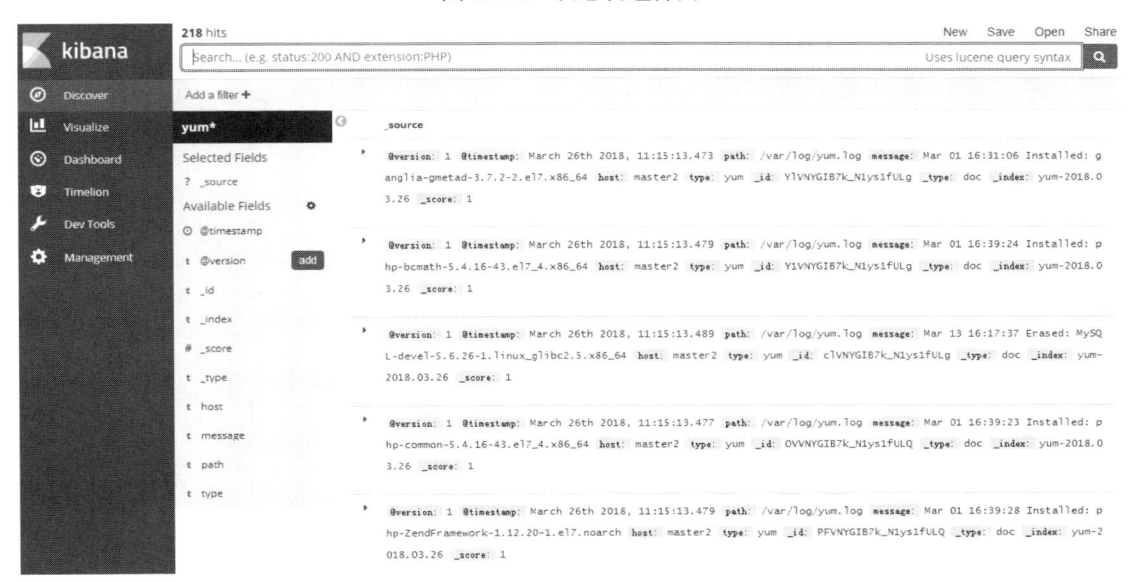

图 10.20　kibana 日志分析界面

（7）集群管理界面。

集群管理模块的主要功能有开启与停止 HDFS 和 YARN、查看目录、查看 HDFS 文件、下载 HDFS 文件、上传 HDFS 文件、提交 MapReduce 任务与停止运行中的任务，界面如图 10.21 所示。

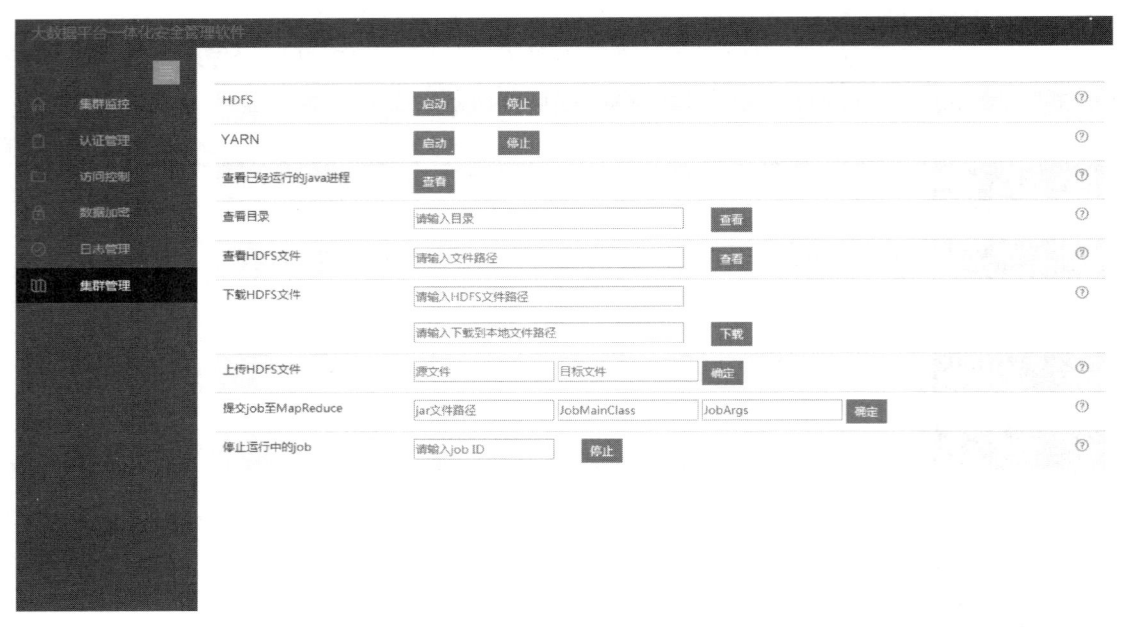

图 10.21　集群管理界面

10.6.7　软件测试

通过搭建具体的大数据平台环境对大数据系统安全管理软件进行系统测试。系统测试在一个有 6 个节点的大数据集群上进行，其集群网络结构如图 10.22 所示。

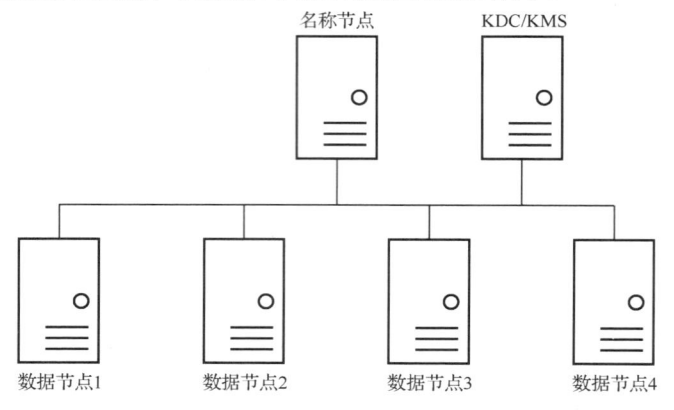

图 10.22　测试集群网络结构

测试节点环境如表 10.3 所示。

表 10.3　测试节点环境

所 需 软 件	配　　置
操作系统	CentOS 7.2
Hadoop 版本	Hadoop 2.7.5
JDK 版本	jdk1.8.0

（1）集群监控模块。

集群监控模块可以实时监控大数据集群 CPU、磁盘使用状况、网络流量等性能与状态信息，可以满足大数据平台对集群监控的需求，保证大数据平台运行的稳定性，如图 10.23 所示。

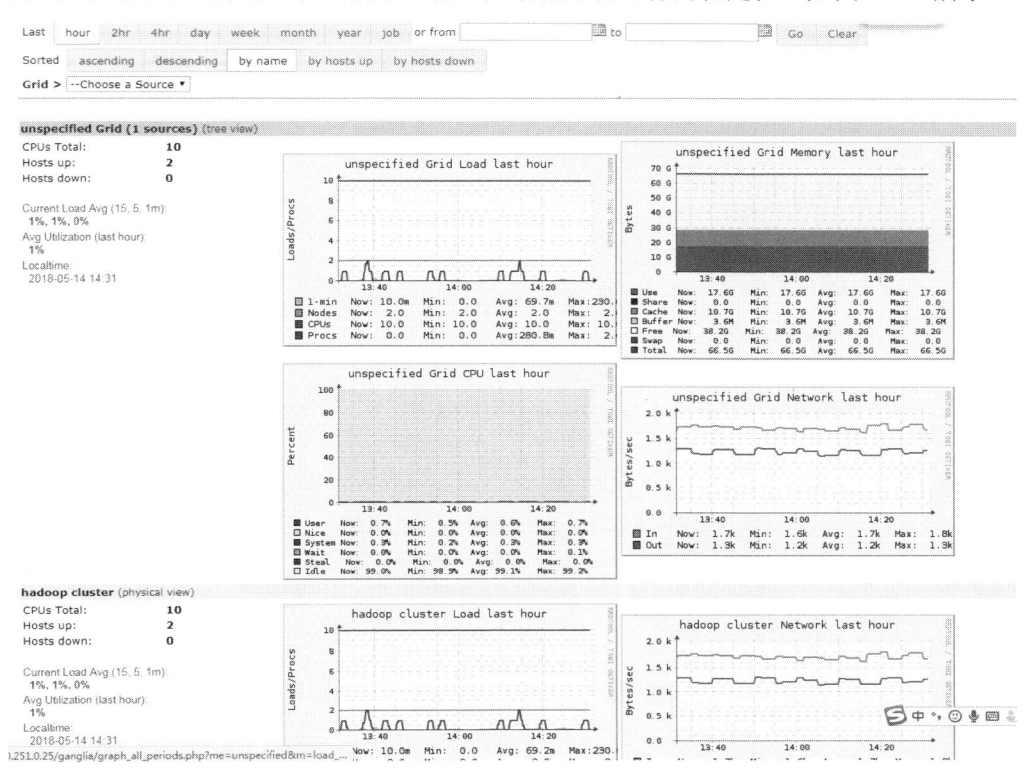

图 10.23　集群监控功能测试

（2）访问控制模块。

首先创建两个权限不同的角色 admin_role 和 test_role，并为其赋予权限。

admin_role 的创建指令如图 10.24 所示，其能够读/写数据库中所有的表。

```
create role admin_role;
GRANT ALL ON SERVER server1 TO ROLE admin_role;
```

图 10.24　创建 admin_role

test_role 的创建指令如图 10.25 所示，其只能读取数据库中的某列数据。

```
create role test_role;
GRANT ALL ON DATABASE filtered TO ROLE test_role;
use sensitive;
GRANT SELECT(ip) on TABLE sensitive.events TO ROLE test_role;
```

图 10.25　创建 test_role

上述两个角色既能实现功能与数据权限的分离，又能体现访问控制的细粒度，因为 admin_role 角色能访问整个数据表，但是 test_role 角色只能访问数据表中特定的某列数据。

将 admin_role 角色授权给 admin 用户，admin 用户具有管理员权限，可以查看所有角色，也可以读/写所有的数据库表。测试结果如图 10.26 所示。

```
+-----------+--------+-----------+---------+----------------+----------------+-----------+
| database  | table  | partition | column  | principal_name | principal_type | privilege |
  grant_option | grant_time | grantor |
+-----------+--------+-----------+---------+----------------+----------------+-----------+
| *         |        |           |         | admin_role     | ROLE           | *         | false    | 146150
7543582000 | -- |
+-----------+--------+-----------+---------+----------------+----------------+-----------+
1 row selected (0.111 seconds)
0: jdbc:hive2://master:10000/> show grant role test_role;
+-----------+--------+-----------+---------+----------------+----------------+-----------+
| database  | table  | partition | column  | principal_name | principal_type | privilege |
  grant_option | grant_time | grantor |
+-----------+--------+-----------+---------+----------------+----------------+-----------+
| sensitive | events |           | ip      | test_role      | ROLE           | select    | false    |
  1461558337008000 | -- |
| filtered  |        |           |         | test_role      | ROLE           | *         | false    | 14615
57354579000 | -- |
+-----------+--------+-----------+---------+----------------+----------------+-----------+
```

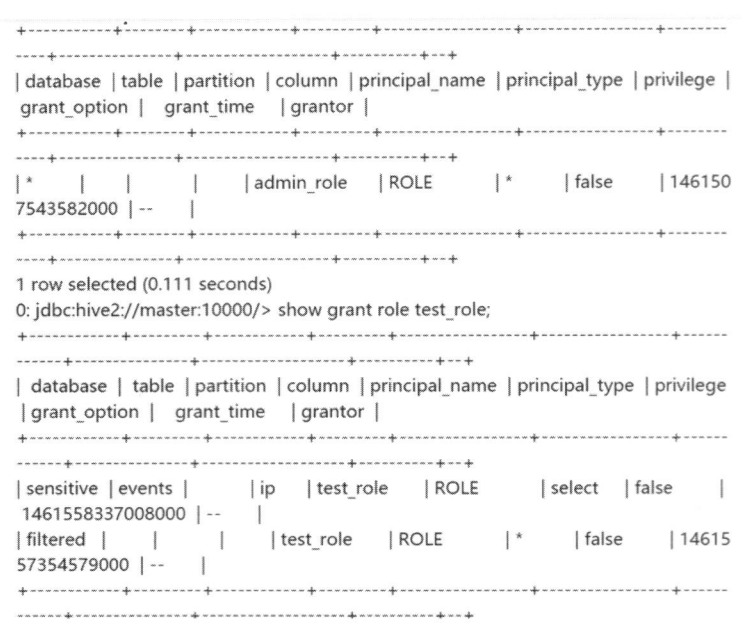

图 10.26 admin 用户测试结果

将 test_role 角色授权给 user 用户。user 用户只能访问数据库中特定的某列数据。测试结果如图 10.27 和图 10.28 所示。

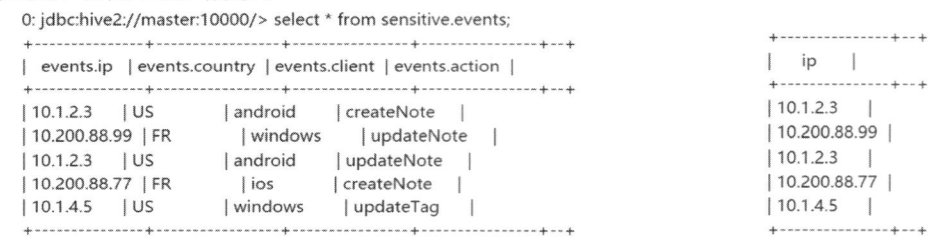

```
0: jdbc:hive2://master:10000/> select * from sensitive.events;
+-----------+----------------+---------------+---------------+
| events.ip | events.country | events.client | events.action |
+-----------+----------------+---------------+---------------+
| 10.1.2.3    | US             | android       | createNote    |
| 10.200.88.99| FR             | windows       | updateNote    |
| 10.1.2.3    | US             | android       | updateNote    |
| 10.200.88.77| FR             | ios           | createNote    |
| 10.1.4.5    | US             | windows       | updateTag     |
+-----------+----------------+---------------+---------------+
```

```
+--------------+
| ip           |
+--------------+
| 10.1.2.3     |
| 10.200.88.99 |
| 10.1.2.3     |
| 10.200.88.77 |
| 10.1.4.5     |
+--------------+
```

图 10.27 user 用户测试结果 1　　　　　图 10.28 user 用户测试结果 2

测试结果显示，大数据系统安全管理软件的访问控制模块可以在 Hive 上实现基于 Sentry 的细粒度访问控制。

（3）数据加密模块。

首先通过加密密钥在 HDFS 中创建数据加密空间，如图 10.29 所示。

```
[root@Master ~]# hdfs crypto -createZone -keyName aes128 -path /AES128
17/06/01 22:16:27 WARN util.NativeCodeLoader: Unable to load native-hadoop library for your platform... using builtin-java classes where applicable
Added encryption zone /AES128
[root@Master ~]# hdfs crypto -createZone -keyName aes192 -path /AES192
17/06/01 22:16:49 WARN util.NativeCodeLoader: Unable to load native-hadoop library for your platform... using builtin-java classes where applicable
Added encryption zone /AES192
[root@Master ~]# hdfs crypto -createZone -keyName aes256 -path /AES256
17/06/01 22:17:26 WARN util.NativeCodeLoader: Unable to load native-hadoop library for your platform... using builtin-java classes where applicable
Added encryption zone /AES256
```

图 10.29 创建数据加密空间

将测试文件上传到数据加密空间，并分别查看未加密文件与已加密文件，如图 10.30 所示。

从持有加密密钥的客户端和未持有加密密钥的客户端分别向加密空间内的文件发出访问请求，访问结果如图 10.31 和图 10.32 所示，持有加密密钥的客户端可以正常访问加密空间内的文件，而未持有加密密钥的客户端的访问请求被拒绝。

```
[root@Node1 ~]# /home/hadoop/hadoop/bin/hadoop fs -cat /hello
17/06/01 22:28:36 WARN util.NativeCodeLoader: Unable to load native-hadoop library for your platform... using builtin-java classes where applicable
hahahaha it's a test
[root@Node1 ~]# /home/hadoop/hadoop/bin/hadoop fs -cat /zone/test
17/06/01 22:28:51 WARN util.NativeCodeLoader: Unable to load native-hadoop library for your platform... using builtin-java classes where applicable
cat: `/zone/test': No such file or directory
[root@Node1 ~]# /home/hadoop/hadoop/bin/hadoop fs -cat /zone/hello
17/06/01 22:29:03 WARN util.NativeCodeLoader: Unable to load native-hadoop library for your platform... using builtin-java classes where applicable
```

图 10.30 未加密文件和已加密文件对比

```
[root@Master ~]# /home/hadoop/hadoop/bin/hadoop fs -cat /encryptzone/test
17/06/01 22:24:14 WARN util.NativeCodeLoader: Unable to load native-hadoop library for your platform... using builtin-java classes where applicable
ken is a good man
ken have to study hard
[root@Master ~]#
```

图 10.31 持有加密密钥的客户端访问文件

```
[root@Node1 ~]# /home/hadoop/hadoop/bin/hadoop fs -cat /encryptzone/test
17/06/01 22:25:16 WARN util.NativeCodeLoader: Unable to load native-hadoop library for your platform... using builtin-java classes where applicable
cat: No KeyProvider is configured, cannot access an encrypted file
[root@Node1 ~]#
```

图 10.32 未持有加密密钥的客户端访问文件

测试结果显示，数据加密模块实现了加密存储数据的功能，可以保证大数据平台存储数据的保密性。

（4）日志管理模块。

日志管理模块可以对大数据平台中的日志文件进行收集、过滤、分析与展示，可以满足大数据平台对日志管理的需求，如图 10.33 所示。

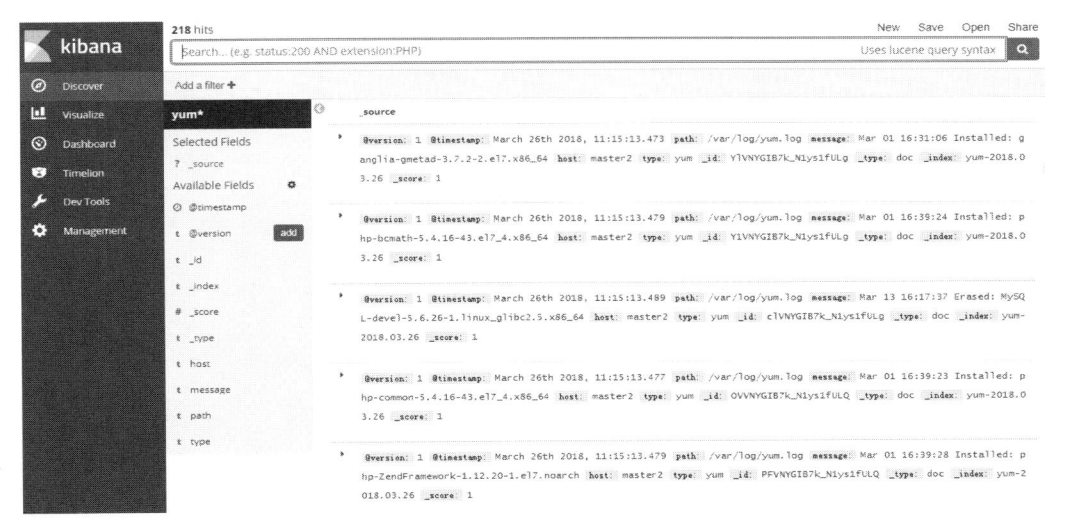

图 10.33 日志审计功能测试

10.7 本章小结

本章结合大数据平台的安全需求，从认证、授权与访问控制、数据隐藏与加密、网络安全、集群监控与日志审计等多个方面，设计了符合安全需求的大数据系统安全管理软件。在大数据平台上进行了具体的开发配置,将安全组件与大数据平台进行集成,对大数据生态系统的安全漏洞进行防护。

🔓 10.8 习题

1. 大数据平台面临的安全问题包括_____、_____、_____、_____和_____。
2. 大数据平台的安全需求有_____、_____、_____、_____、_____、_____和_____。
3. 大数据平台在存储数据时能够实现_____、_____、_____ 3种方式的数据加密。
4. 为了防止数据泄露,大数据平台的传输数据加密包括_____、_____、_____ 3种方式。
5. 大数据系统体系框架包含_____、_____、_____和_____ 4层体系。
6. _____是大数据系统常用的身份认证技术,_____是大数据系统常用的访问控制技术。

🔓 10.9 思考题

1. 大数据平台机器学习算法的隐私保护是如何实现的?
2. 大数据平台在安全治理方面需要解决哪些关键技术问题?
3. 大数据系统集群一般至少需要几个服务器节点才能实现存储、计算和安全服务?

第 11 章 云计算服务安全设计案例

从用户的角度出发，云计算服务可能面临数据泄露、计算失真、消费不明确等安全威胁；从服务提供商的角度出发，可能面临非法访问、虚拟机越界等一系列安全风险。如何保护云计算服务双方参与者的安全，是实现可靠云计算服务的关键。

11.1 云计算服务简介

随着计算、存储等资源质量和数量的不断提升，互联网正逐渐从传统的通信平台转化为泛在的计算平台，通过汇集和共享互联网中的可用资源构建虚拟计算环境。对使用此类虚拟计算环境的用户而言，这种服务的基本支撑元素（包括数据库、任务队列、计算及存储单元等）均不可见，仿佛被云遮盖，所以将这类计算服务平台称为云（Cloud）计算平台，将在云计算平台中运行工作负载的过程称为云计算（Cloud Computing）。根据 NIST 的定义，云计算服务应该具备以下几个特征。

（1）按需自助消费。用户可以单方面获取服务器时间或网络存储能力，无须人工与服务提供商进行互动。

（2）随时网络访问。用户可使用任意设备（如手机、平板电脑、笔记本电脑和工作站）通过网络享受云计算服务。

（3）多人共享资源。云服务提供商可通过按需动态分配物理或虚拟资源的形式同时为多个用户提供服务。资源的位置、类型等参数始终对用户保持透明。

（4）快速弹性部署。服务资源可在用户无感的情况下，根据其需求自动增加或减少。

（5）可计量的服务。云服务提供商可通过在某服务元素（如存储数量、计算请求、带宽等）上设置计量功能，为用户提供清晰可量化的资源使用报告。

云计算由于可以减少用户终端的处理负担、降低用户对相关专业知识的依赖、提高组织速度和灵活性，成为 21 世纪最热门的商业平台之一。根据不同企业或个人的实际需求，云服务提供商设计了不同的服务模式，其中较常见的为软件即服务、平台即服务和基础架构即服务，它们的逻辑关系如图 11.1 所示。

（1）软件即服务（SaaS）：用户使用应用程序，但并不掌控操作系统、硬件或网络基础架构。软件服务提供商以租赁的模式提供服务，而非出售，比较常见的模式是提供一组账号、密码，如 Adobe Creative Cloud、Microsoft CRM 与 Salesforce.com。

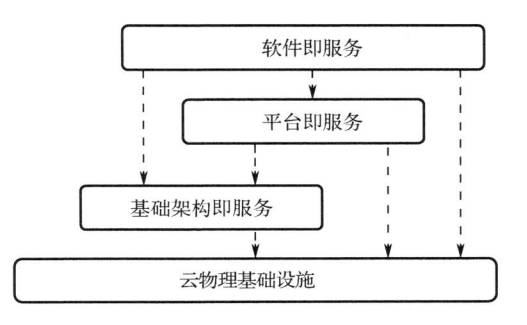

图 11.1 不同云服务模式的逻辑关系

（2）平台即服务（PaaS）：用户使用主机操作应用程序。用户掌控运行应用程序的环境（也拥有主机部分的掌控权），但并不掌控操作系统、硬件或网络基础架构。平台通常是应用程序基础架构，如 Google App Engine。

（3）基础架构即服务（IaaS）：用户使用"基础计算资源"，如处理能力、存储空间、网络组件或中间件。用户能掌控操作系统、存储空间、已部署的应用程序及网络组件（如防火墙、负载平衡器等），但不掌控云基础架构，如 Amazon AWS、Rackspace。

此外，随着软件定义技术的不断发展，越来越多的部署模式逐渐出现，其中有代表性的为功能即服务和容器即服务。

（1）功能即服务（FaaS）：一种在无状态容器中运行的事件驱动型执行模型，功能将利用 FaaS 提供商的服务来管理服务器的逻辑和状态。它允许开发人员以功能的形式来构建、计算、运行和管理这些应用包，无须维护自己的基础架构。

（2）容器即服务（CaaS）：通常被认为是基础架构即服务的一种子集，介于 IaaS 和 PaaS 之间。对于它的基本资源容器，服务提供商通常会提供一系列容器的管理框架或编排平台，使用户可以较为容易地自动化实现关键功能。

云计算的部署模型主要分为公有云（Public Cloud）、私有云（Private Cloud）、混合云（Hybrid Cloud）和多云（Multi-Cloud）4 种。在云计算发展的早期，通常通过服务器位置和资源所有权来区分不同的部署模型，但随着互联网技术的不断发展，模型分类的界限也逐渐模糊，目前学术界及业界更倾向于使用功能而非成分区分云模型，具体定义如下。

（1）公有云：一种利用非最终用户所有的资源创建的云环境，可重新分发给其他用户。

（2）私有云：一种专为最终用户而创建，而且通常位于用户的防火墙内（有时也是本地部署）的云环境。

（3）混合云：一种具有一定程度的工作负载可移植能力、编排和管理能力的多云环境。

（4）多云：一个含有多个云环境（公有云或私有云）的 IT 系统，云与云之间可能联网也可能不联网。

云计算的技术核心是，通过网络将庞大的计算进程自动拆分成无数个较小的子程序，再由多个服务器组成庞大的系统进行搜索，计算分析后将处理结果回传给用户。通过这项技术，远程的服务提供商可以在数秒之内处理数以千万计甚至亿计的信息，达到和"超级电脑"具有同样强大性能的网络服务。云计算可用于分析 DNA 结构、进行基因图谱测序、解析癌症细胞等高端内容，但是随着云计算技术的飞速发展，其所面临的安全问题日益凸显。

11.2 云计算服务安全需求

随着云计算服务的增加，云计算安全事件也发生得越来越频繁。云计算系统除了面临传统网络应用中存在的固有安全问题（如网络钓鱼、数据丢失、僵尸劫持等），还存在一系列特有的安全问题，如针对数据离线存储的数据外包的可靠性保证问题，针对动态变化虚拟机的虚拟化安全问题，针对云计算平台劫持的云扩展漏洞利用问题，针对云计算特有的共享资源产生的基于侧信道（被动观察信息）和隐蔽信道（主动发送数据）的攻击方式，如 SSH 击键计时攻击等。虽然安全问题种类繁多，但通常被认为是由云环境本身的结构特点所导致的，可以总结为以下 3 点：①云资源节点种类繁多、分布稀疏，难以有效管理；②云服务提供商在信息传输、处理和存储过程中存在多重泄露风险；③用户和其数据及计算资源分离，失去了对私有信息的控制能力。

为了便于对问题进行梳理总结，根据 NIST 的云计算标准报告，画出云计算系统安全模型，如图 11.2 所示。

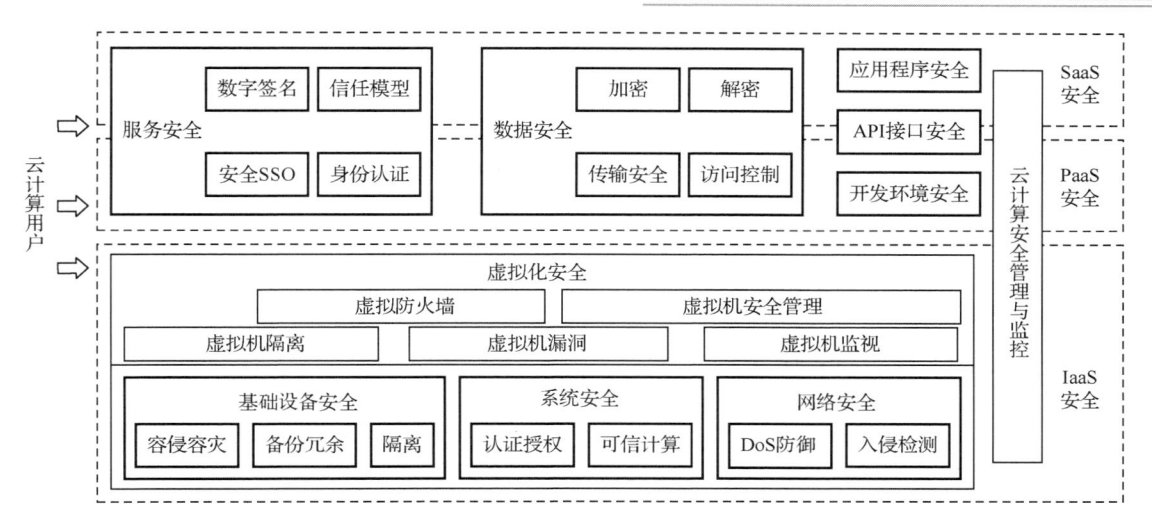

图 11.2　云计算系统安全模型

11.2.1　云基础设施安全

云计算平台对现有计算技术的整合是借助云虚拟化（Cloud Virtualization）实现的。云端的虚拟化软件将物理计算设备划分为一个或多个虚拟机（VM），用户可以灵活调配虚拟机执行所需的计算任务。因此，针对云基础设施，重点介绍其虚拟机相关安全问题，其余针对计算设备、存储设备等硬件安全的传统互联网安全问题不再赘述。

（1）虚拟机安全。云计算服务中的虚拟机安全主要分为两个方面：①需要使用传统或面向云的安全解决方案，保护虚拟机操作系统和工作负载免受传统物理服务器常见的恶意软件和病毒侵扰。②需要在公有云环境中隔离不同用户，以防止恶意用户在多用户环境中发起共驻攻击，并通过侧信道窃取其他用户的信息。通常意义下，认为第一个方面是用户的责任，每个用户都可以根据自己的需求、预期的风险级别和自己的安全管理流程使用自己的安全控制组件；第二个方面是云服务提供商的责任，每个云服务提供商都需要根据自己的资源硬件情况设计并执行合适的虚拟机隔离策略，以尽可能抵御侧信道攻击。

（2）虚拟机映像存储安全。云计算中的虚拟机映像存储安全主要分为两个方面：①与传统的物理服务器不同，由于攻击者可以通过在虚拟机文件中注入恶意代码来破坏虚拟机映像，甚至窃取虚拟机文件本身，因此云计算服务虚拟机即使离线也仍然处于风险之中，这使得保证虚拟机映像存储的完整性尤为重要。②由于云计算服务的用户常年动态变化，重复利用的映像资源可能使得新用户通过数据恢复等技术手段获取前任用户的数据信息，因此需要进行额外的隐私保护处理。通常情况下，保护这两个方面的虚拟机映像存储安全被认为是云服务提供商的责任。

（3）虚拟网络安全。在云计算服务场景中，同一个服务器或物理网络中的不同用户之间通过虚拟网络共享基础硬件设施。同一个设备可被多种不同虚拟接口访问，这将增加攻击者利用 DNS、DHCP、IP 漏洞甚至 vSwitch 软件中的漏洞进行攻击的概率，从而导致基于网络的虚拟机出现安全问题。因此，保障云计算中虚拟网络的安全至关重要，这通常被认为是云服务提供商的责任。

（4）虚拟边界安全。云计算服务中，具有协同工作需求的用户群并不存在于固定的物理边界内，而是根据需求构建逻辑边界，这种逻辑边界被称为虚拟边界。共存于同一个物理服务器上的虚拟机可能属于不同用户，而同一个用户的虚拟机也可能存在于不同的物理服务器中。不同的虚拟机之间可能跨越虚拟边界进行违规通信但不被物理主机中的防火墙发现，从而导致数据泄露或计算结果错误。因此为了保护不同用户间的服务及数据可靠，需要强化不同虚拟机之间的逻辑隔离机制，保证其边界安全。通常情况下，保护虚拟边界安全是云服务提供商的责任。

（5）管理程序安全。管理程序是在物理资源和虚拟化资源之间进行映射的主要控制器。由于云计算对服务器进行了虚拟化，每台服务器都由管理程序进行协调控制，因此管理程序设计过程中的安全隐患会传播给同一个物理主机上的虚拟机，造成虚拟机溢出，此时的虚拟机从管理程序中脱离出来，攻击者可能进入虚拟机管理程序并避开虚拟机安全保护系统，对虚拟机进行破坏。因此，保证管理程序安全是构建可验证安全云服务的关键，通常由云服务提供商负责。

11.2.2 云计算平台安全

不同于传统的计算模式，云计算在很大程度上迫使用户使用服务提供商所提供的虚拟容器及依赖虚拟容器实现的功能模块，此类功能模块是云计算的核心服务之一。因此，云计算平台主要面临两个方面的安全威胁：虚拟容器自身的安全问题及功能服务 API 的安全问题。

（1）虚拟容器自身的安全问题。在云计算平台中，攻击者可通过嵌入恶意应用程序来获取虚拟容器的特征信息，并基于此针对容器本身进行攻击。以 Tomcat 为例，可能面临扫描威胁、Web Shell 攻击等。确保虚拟容器安全对保障云计算平台的服务质量非常重要，同时也是用户保护自己的数据及计算安全的必要条件，因此通常由云服务提供商和用户共同负责。

（2）功能服务 API 的安全问题。云计算平台可基于虚拟容器提供具有一定计算功能的服务 API，如业务功能、安全功能、应用程序管理功能等。此类 API 应提供安全控制和实施的标准，如 OAuth，以强制执行一致的身份验证和授权调用此 API，避免 DoS 攻击、中间人攻击、XML 相关攻击、重放攻击、字典攻击、注入攻击和输入验证相关攻击。此类安全问题通常由云服务提供商负责。

11.2.3 云服务安全

各类云服务自身的安全性直接关乎云计算产业未来的发展，对于基于云的各类应用，如网页操作系统、数据库管理系统、数据挖掘算法的外包协议等，首先需要预防应用本身固有的安全漏洞，同时设计有针对性的安全与隐私保护方案，提高应用的安全性。

（1）Web 应用程序漏洞扫描。托管在云基础设施上的 Web 应用程序应该使用 Web 应用程序扫描器进行验证和漏洞扫描，此类扫描器应与国家漏洞数据库和其他常见漏洞和攻击路径保持同步。Web 应用程序防火墙可以防护现有或者新发现的漏洞，如检查 HTTP 请求和响应以查找应用程序的特定漏洞等。此类安全问题通常由云服务提供商负责。

（2）Web 应用程序安全的错误配置。Web 应用程序安全的错误配置或应用程序安全控制中的弱点是云服务安全中的一个重要问题。安全配置错误在多用户情况下非常重要，每个用户都有自己的安全配置，这些配置可能会相互冲突，从而导致安全漏洞。因此，此类安全问题主要由云服务提供商制定规范，用户遵守，从而实现协同负责。

（3）云数据存储安全。讨论云服务中的数据安全，需要区分两种主要的数据，一种是云计算本身需要的或产生的数据或计算的中间值，即租用计算资源的同时，用户在平台上完成计算所带来的数据；另一种则是单纯地将云作为外部存储池，存放用户的大量数据，常被称为云存储，简单来说，云存储提供的就是一种数据外包式服务，常包含对数据的一些计算应用和管理，如百度云提供视频资源的在线解析播放、PDF 文件的阅览等，还提供数据共享、备份等管理上的支持。

对租用云资源的用户而言，正如 Google Drive 在其宣传中对"云端协同创作"的强调一样，数据存储的根本在于共享，使用者在使用云来托管其数据时，通常有两个方面的基本需求：一是能够方便地将在云中存储的数据共享给自身建设的、可能位于不同地址的各种访问设施，以及授权的各种外部用户或受信的其他应用服务（包括远端的或运行在云端的应用）进行高效便捷的访问，这是利用云存储托管数据所获得的一个重要优势；二是要求托管到云中的数据及敏感信息不被泄露或破坏。通常这一要求和数据能被方便共享的要求是同时有效的，即云端数据在保证安全的前提下仍可以被方便地共享给各种外部用户、内部设施或服务。只是简单地将云存储当成一个外部存储池的用户行为是罕见的，因为存储在其中的数据将很难被有效地访问，对云存储用户尤其是企业用户而言，意味着数据大幅贬值。在当今数据即核心资产，大数据和围绕大数据开展的分析和服务业务正在成为企业关键运营能力的发展背景下，这样的云存储服务是无法满足要求的。

然而数据的有效共享问题又往往和安全问题相互矛盾。首先，云中的托管数据本身的安全性不容乐观，因为云服务器与数据所有者不在同一个域中，托管行为降低了数据所有者对其数据安全性的控制能力，这是由于大部分数据托管到云端时，数据所有者通常直接将数据上传，而云服务提供商通常也没有对数据进行加密等处理，因此，云端存储的数据实际上更容易暴露在网络中，非法的系统入侵者或云服务提供商的工作人员的非法访问，甚至云服务提供商本身的不可知行为都会危害云端数据的安全性。其次，要建立云端数据的方便共享，往往又以牺牲一定的安全性为前提，如 Google Drive 的用户协议中要求授权托管数据的全部权限，包括保存、复制、修改、公开展示等任何针对托管数据的操作，这意味着用户在获得方便共享的同时，必须是完全信任云服务提供商的。然而，2007 年，云服务提供商 Salesforce 由于安全问题导致大量数据遭受泄露。2011 年，国内著名的 IT 网站 CSDN 的 600 多万条用户账号信息遭受泄露。而 iCloud 则在 2014 年遭黑客入侵后被盗走一批名人隐私照片，引起了广泛的关注。这些事例说明：一方面，云服务提供商的系统不是牢不可破的；另一方面，2011 年 6 月，Dropbox 曾因要求授权全部数据权限的类似条款问题遭到用户质疑引起纠纷，同年，Google 公司因为泄密问题开除了两名员工，也说明用户完全信任云服务提供商的信任模式并不可取。

数据的安全有 3 个基本属性：保密性、完整性、可用性，体现在托管存储于云端的外包数据上，则应满足以下基本需求。

（1）保密性：要能够保证外包数据中需要被保护的信息不会遭受信息泄露，数据内容中用户要保密的信息应该经由有效的加密处理再进行外包托管，以防止非法访问造成泄露。同时，这一信息加密的过程对于云服务提供商有同样的阻止作用，即使是云服务提供商也无法窥探用户的机密信息。

（2）完整性：主要是要保证数据在遭受篡改或损坏的情况下能够被检测出，进而能够从云存储的备份数据中恢复出来，保证用户将外包数据存放到云端后不至于因为人为破坏或其他因素导致数据错乱，影响用户对数据的使用。

（3）可用性：能够保证数据在加密存储的同时，仍能够被较好地利用，这包括可以被有效地共享给数据所有者授权的其他合法用户或可信的应用服务访问，即数据共享，同时仍享有较高的时效性，即附加的加密/解密、密钥分配等措施不会造成过大的通信或计算开销，不会明显地影响用户在使用数据时的时效性。此外，可用性还包括保密数据内容在不泄露其有效信息的前提下，仍可以支持一定的检索及更新等操作。

11.3 云计算的安全关键技术

云计算环境安全防御需要在传统信息系统的安全保密管理、身份认证与访问控制、系统容灾备份、安全审计、入侵检测等通用安全保密防护的基础上,针对云计算环境虚拟化、按需服务化等特点实施安全防护。传统的网络安全防护方法难以完全应对云计算安全防护需求,因此发展出了虚拟化系统监控技术、密文访问技术、软件定义安全技术及可信云计算技术等,对云服务进行安全保障。

11.3.1 虚拟化系统监控技术

基于虚拟化的监控系统可根据其部署位置分为内部监控和外部监控两大类。内部监控是指监控系统驻留在目标虚拟机内部,通过高级特权来保护系统完整性,如美国佐治亚理工大学的 Wenke Lee 教授所提出的 SIM 和 Lares;外部监控则是指被部署在虚拟机外部,通过高控制权来对虚拟机内核数据结构进行监控,如 XenAccess 和 VMDriver。

内部监控系统通常通过将安全监控模块部署在虚拟机特权域中实现事件拦截,其架构如图 11.3 所示。当关键路径被执行时,事件感知器的触发函数将控制流跳转到待观察程序块,并将截获的事件提交给上级安全分析模块,安全分析模块将根据具体的异常表现及安全策略做出决策,并将响应返回给监控系统内部。虚拟机内部监控的优势在于能够高效准确地感知关键事件发生,同时由于虚拟机内部监控直接读取目标系统内核代码和数据,无须语义重构,所以具有较高的监控效率。然而,这种方式通常需要在被监控系统中插入内核模块,对用户操作系统不具有透明性;要求内核机制重新设计,不具有通用性。

外部监控系统是将监控系统完全置于被监控虚拟机外部,通过虚拟机监视器的高控制权完成关键事件或关键内核数据结构的监控,其架构如图 11.4 所示。由于虚拟机之间的隔离性给监控系统带来了语义的断层,因此,基于虚拟化的外部监控需要通过语义重构技术还原被监控系统的语义信息。但是虚拟机外部监控的优点也很明显,即无须在被监控系统中安装任何插件即可完成事件或关键内核数据的监控,具有很强的通用性和隐私保护能力,尤其适合在大规模动态的网络计算环境中使用。

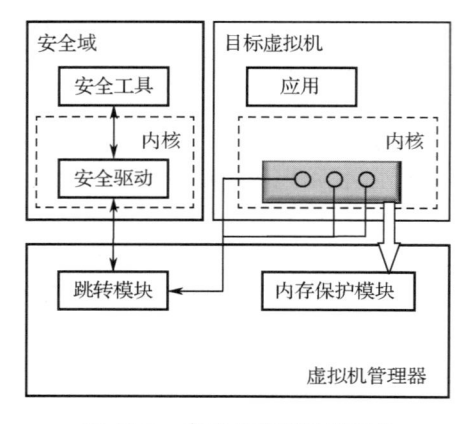

图 11.3 虚拟化内部监控架构 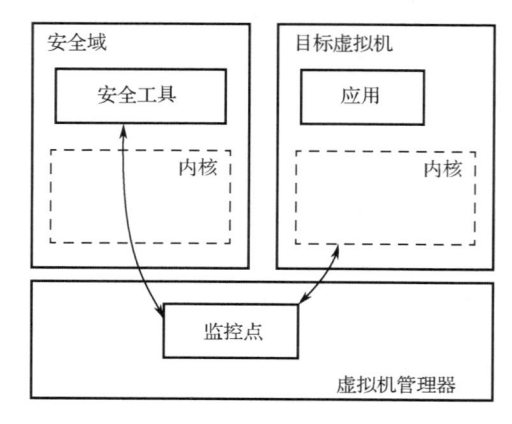   图 11.4 虚拟化外部监控架构

目前，绝大多数基于虚拟化技术的安全工具都基于外部监控实现。例如，针对 Xen 架构设计的监控机制 XenAccess 是一种部署在用户空间实现对虚拟机内存和磁盘的监控的机制。XenAccess 根据自定义的原则设计，主要包括尽量少修改、尽量简单便捷部署、对目标机器透明等。如图 11.5 所示是 XenAccess 部署在 Domain 0 中，并通过虚拟机自省（Virtual Machine Introspection，VMI）机制对虚拟机的内存进行映射，以透明地获取虚拟机原始的内存信息，随后通过语义还原来监控虚拟机的内存信息。同时，XenAccess 利用 Xen 的 blktap 架构对磁盘进行监控。然而 XenAccess 需要使用目标操作系统的一些特征信息，这些信息主要包含操作系统的关键内核结构等，因此不同的系统对应的结构也不同。现有的方式是通过在目标系统中执行一段获取信息的代码来实现的，目标操作系统的升级、打补丁将会导致监视器失效。

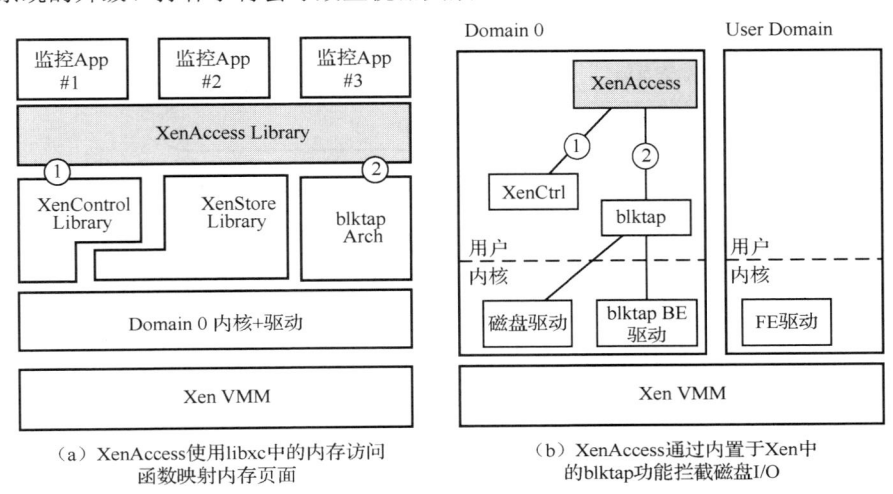

图 11.5　XenAccess 架构

由于虚拟机监控可以实现对网络硬件资源的有效掌控，因此一些利用虚拟监控特性的安全保护功能不断涌现，如入侵检测、蜜罐、文件完整性监控等。

（1）基于虚拟化的入侵检测。现有的入侵检测架构给系统管理员带来了两难的选择：如果入侵检测系统部署在主机上，那么可以清楚地观察到主机的系统状态，但容易受到恶意攻击或被屏蔽；如果入侵检测系统部署在网络上，那么可以更好地防御攻击，但对主机的内部状态一无所知，可能让攻击者逃脱。因此，美国斯坦福大学教授、VMware 创始人 Mendel Rosenblum 于 2003 年首次在文献中提出了一种入侵检测架构 Livewire（见图 11.6），可以观察被监控系统的内部状态，同时与被监控系统隔离。这种架构使用虚拟化技术，将入侵检测系统从被监控系统中移出。虚拟机管理器可以直接地观察被监控系统的内部状态，并通过直接访问用户操作系统的内存重建其内核数据结构，而检测则由单独运行的入侵检测系统进行。这种从虚拟机外部监视虚拟机内部状态的方法被称为虚拟机自省。图 11.6 显示了右侧的被监控系统和左侧的基于虚拟机断言机制的入侵检测系统，其中操作系统接口从虚拟机管理器接口（Virtual Machine Manager Interface，VMMI）截获的状态中恢复了操作系统级别的语义。

与上述方法不同，另一个由中国科学院卿斯汉等人提出的主流虚拟化检测系统 VNIDA 通过创建一个单独的入侵检测域（Intrusion Detection Domain，IDD）为其他虚拟机提供入侵检测服务。虚拟机管理器的事件传感器拦截虚拟机中的系统调用，并通过虚拟机管理器接口将其传递给 IDD 中的入侵检测系统。根据安全策略，虚拟机管理的入侵检测域助手（IDD Helper）可以对入侵做出相应的反应。

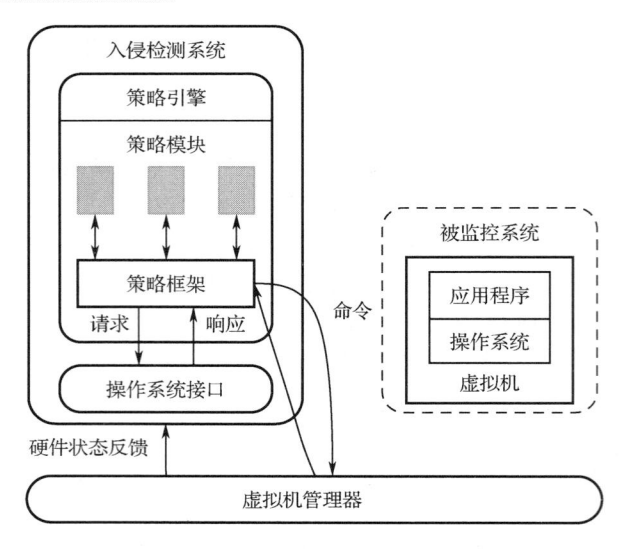

图 11.6 Livewire 系统架构

此外，在分布式计算系统中，日本东京大学的千叶滋教授提出了 HyperSpector，这是一个用于虚拟计算环境的入侵检测系统。分布式环境中的多个入侵检测系统可以检测到攻击者，但会增加不安全因素。因此，HyperSpector 将入侵检测系统部署在虚拟机中，这些入侵检测虚拟机（IDS VMs）与被监控系统隔离，并且，每个节点上的入侵检测虚拟机通过虚拟网络相互连接。为了有效检测被监控系统，HyperSpector 提供了 3 种类型的虚拟机内检测机制：软件端口镜像、虚拟机间磁盘挂载和虚拟机间进程映射。此外，德国哈索·普拉特纳研究院的 Christoph Meinel 教授等人于 2009 年提出了一个面向分布式计算环境的入侵检测架构。该架构整合了虚拟机的管理和入侵检测系统，使用事件收集器从每个 IDS 传感器处获取信息，并将其记录在事件数据库中进行分析。因此，该架构符合一般分布式入侵检测系统的可扩展性要求。

（2）基于虚拟化的蜜罐技术。蜜罐技术用于引诱恶意攻击，通过构建一个近乎真实的系统环境来分析攻击者的行为特征。蜜罐是研究最新恶意代码的有效手段，从中可以提取恶意代码的行为特征。根据传感器的部署位置，蜜罐可以分为内部蜜罐和外部蜜罐。内部蜜罐部署在被监控系统的内部，可以提供丰富的语义，但是可以被恶意的攻击者破坏；外部蜜罐部署在被监控系统之外，对恶意攻击者是透明的，但不能接触内部系统事件。

由于在物理机器上部署蜜罐很烦琐，因此 Google 公司的软件工程师 Niels Provos 于 2005 年发布了开源虚拟蜜罐软件 Honeyd。Honeyd 能让一台主机在一个模拟的局域网环境中配置多个地址（最多可以达到 65536 个），外界的主机可以对虚拟的蜜罐主机进行 ping、traceroute 等网络操作，虚拟主机上任何类型的服务都可以依照一个简单的配置文件进行模拟，也可以为真实主机的服务提供代理。Honeyd 可以通过提供威胁检测与评估机制来提高计算机系统的安全性，也可以通过将真实系统隐藏在虚拟系统中来阻止外来的攻击者。因为 Honeyd 只能进行网络级的模拟，不能提供真实的交互环境，能获取的有价值的攻击者信息比较有限，所以其所模拟的蜜罐系统常常作为真实应用的网络中转移攻击者目标的设施，或者与其他高交互的蜜罐系统一起部署，组成功能强大但花费又相对较少的网络攻击信息收集系统。

由于内部蜜罐容易受到攻击，而外部蜜罐又无法检测到被监控系统的内部状态，因此 VMscope 实现了一种基于虚拟化的方法，从蜜罐外部查看内部系统状态。由于客户端攻击数量的急剧增加，Google 公司的 Jose Nazario 研究员设计并开发了 PhoneyC，这是一个通过模拟客户端应用程序（如网络浏览器）来分析最新客户端攻击的网络防护架构。

（3）虚拟化文件完整性监控。保证虚拟化文件完整可靠是确保云计算平台安全运行的核心之一。美国北卡罗莱纳州立大学的蒋旭宪教授于 2010 年提出 Hypersafe，其目标是使虚拟机管理器具有自我保护性，并为了确保虚拟机管理器在运行时的完整性提出了两种技术：不可绕过的内存锁定和受限的指针索引。不可绕过的内存锁定是通过设置页表的某些位（如 NX、R/W、U/S、WP）来实现的，当被恶意程序修改时，会导致缺页故障，而正常的页表更新是通过原子操作实现的。此外，通过构建控制流图来限制指针的位置，确保控制流的完整性。不可绕过的内存锁定确保了虚拟机管理程序中代码的完整性，而受限的指针索引则确保了虚拟机管理程序中数据的完整性。不可绕过的内存锁定通过扩展虚拟机管理器的内存管理模块直接实现；受限的指针索引则用开源的 LLVM 编译器来重新编译虚拟机管理器的代码。IBM 公司在 Hypersafe 的基础上设计并开发了 HyperSentry，提出了一个运行时虚拟机管理器的完整性度量框架。与现有的都是保护特权软件的系统不同，HyperSentry 不需要在被度量的目标底层引入需要较高权限的软件，如果引入这些软件，会导致恶意攻击者竞相获取系统的最高权限。相比之下，HyperSentry 引入了一个可以与虚拟机管理器隔离的软件组件，从而实现了对虚拟机管理器的隐蔽性和实时完整性度量。隐蔽性是为了确保被攻击的虚拟机管理器不会隐藏攻击的痕迹，而实时性是完整性指标的必备条件。

HyperSentry 通过智能平台管理接口（Intelligent Platform Management Interface，IPMI）触发秘密指标，并通过系统管理模式保护代码和关键数据。HyperSentry 的贡献是突破了系统管理模式的限制，提供了一个完整性指标代理。它的主要特点包括：①管理程序上下文信息；②能完整地执行保护；③证明输出。

然而，在现有的安全监控与基于虚拟机监控的防护系统中，很少能够同时满足用户对隐私保护的需求和云计算平台快速部署的需求。关键的技术缺陷是现有的研究鲜有将网络数据包和网络进程进行关联分析的，而通过动态分析网络数据包可以实现恶意数据包的过滤和恶意行为的发现，也可以提高网络入侵检测的准确率。因此，如何将安全透明监控与动态网络数据包的深度分析有效结合，是提高云计算平台内部数据安全的重要手段。

11.3.2 密文访问技术

密文访问技术主要包括密文访问控制及密文查询两个方面。

（1）密文访问控制。由于无法确保云服务提供商是否严格执行数据拥有者自定义的访问控制策略，因此为了确保访问控制策略的正确执行，基于密文的访问控制技术得到了大量研究支持，主要包括基于层次密钥的访问控制方案、基于属性的加密算法、代理重加密等访问控制方法。

在云端使用密文访问控制方法来实现对访问权限的管理由 Kamara 等人提出，其主要思想在于数据所有者在加密敏感数据后再上传至云端，通过控制密钥分发来实现数据所有者定义的访问控制策略。在系统规模较大时（数据使用者较多时），由于密钥分发困难，Kamara 等人建议采用 ABE 等一对多加密方案来实现细粒度的访问控制策略，同时将密钥分发的开销降低到可以接受的程度。

基于密码学的访问控制方法不需要设置文件的系统权限或数据库中用户的访问控制列表，其访问控制的实质在于对密钥分发范围的控制，通过算法约束，可以用密码学方法在保证数据保密性的同时，满足数据完整性及真实性的安全需求。基于密码的访问控制方案发展到现在主要有 4 类：公钥加密（Public Key Encryption，PKE）访问控制、身份基加密（Identity-Based Encryption，IBE）访问控制、属性基加密（ABE）访问控制、广播加密（Broadcast Encryption，BE）访问控制。前两者都是一对一的加密模式，虽然可以保证安全性，但是密钥分发和管理的效率并没有提升。BE 机制虽然能够实现一对多加密，但是其密文不具有后向安全性，随着新用户的添加或用户的撤销，往往需要重启整个系统更新参数，所以在动态的云数据共享应用中作用有限。ABE 机制是 IBE 机制的一种扩展，相对于 IBE 机制，ABE 机制可以为加密者提供灵活的访问控制策略定义，从而为面向环境的数据保护提供一种细粒度的访问控制权限定义手段，以实现基于属性的访问控制策略。

目前，ABE 机制被认为是较适用于计算服务场景下的密文访问控制机制。基于属性的加密方案的核心思想如下：密文用属性集进行标记，只有用户属性集与密文属性集的交集个数大于阈值时，才能解密该密文。ABE 机制具有 4 个显著的优点：①数据所有者仅需根据授权属性加密信息，无须关注被授权群体中成员的数量和具体身份，降低了数据共享时的加密开销并保护了数据所有者本身的隐私信息；②只有符合密文属性要求的合法用户才能解密消息，从而保证了数据的保密性；③属性密钥与随机多项式或随机数相关，不同用户的密钥无法互相推导或联合，从而阻止了用户的串谋攻击；④支持基于属性的细粒度访问控制策略，能够满足诸如属性上的与、或、非等逻辑操作。ABE 机制的灵活性使得它适用于数据细粒度访问控制等应用场景。

最初的 ABE 方案基本上支持的是门限访问控制策略，即满足属性数量超过阈值则能解密密文，其访问控制策略无法实现灵活细粒度的定义，因此 Goyal 等人首次提出了密钥策略的属性基加密（Key-Policy Attribute-Based Encryption，KP-ABE）方案。KP-ABE 方案中，密文与一个属性集关联，而密钥则与一个访问控制结构关联，只有当密文中的属性集能满足密钥的访问控制结构时，数据使用者才能解密数据。显然，KP-ABE 方案中，密文的访问控制策略的定义也很难做到灵活和充分，因此，Bethencourt 等人于 2007 年提出了第一个密文策略的属性基加密（Ciphertext-Policy Attribute-Based Encryption，CP-ABE）方案。CP-ABE 与 KP-ABE 访问控制结构布局相反，密钥与一个属性集关联，而密文与一个访问控制结构关联，这样在加密密文时可以高度灵活地定义访问控制策略，用户的属性只要能满足访问控制策略就能访问数据。因此 CP-ABE 方案特别适合云环境中有大量用户的情形，数据所有者可以不理会具体的用户身份，只需要指定什么样的人可以访问数据，无论是之前还是之后加入系统的用户，其属性满足要求后都可以访问，从而具备了类似于基于角色的访问控制能力。这些优点使得 CP-ABE 方案成为密文访问控制研究的主流，也为云环境下的用户侧访问控制的实现提供了理论可能。

然而，现有的 CP-ABE 因加密/解密效率低和密文访问策略更改而导致的重加密效率低的问题，影响了其应用和推广。解决外包云数据重新加密的一般方案是用户先将密文数据从云服务器下载至本地，利用该用户的私钥对密文数据执行一次解密算法，从而得到明文数据，使用新的共享访问策略对明文数据再次加密后将新的密文数据上传至云服务器存储并共享。显然，这种方法不但加重了客户端的计算负担，而且增加了云服务器与客户端之间的通信开销，使它难以应用于实际的环境中。为了更有效地进行数据共享，在 CP-ABE 中引入代理重加密（Proxy Re-Encryption，PRE）技术，该技术允许一个半可信代理将一个用户能解密的密文转换成另一个用户能解密的具有相同明文的密文，而不会泄露数据的明文和授权者的私钥，整个过程不需要解密，不需要代理方之外的任何其他方参与。因此，用户仅需要计算一个重加密密钥，将大部分重加密工作外包给云服务器完成，使上述问题得到解决。基于代理重加密的核心思想是利用公钥对数据进行加密并上传到云，当用户需要更新访问控制策略时只需要将新旧加密密钥之间的重加密密钥传给云，由云对数据进行重加密即可完成密钥和策略的更新。这种方式将策略更新的重加密任务转移到了云服务器，但用户仍需要维护大量密钥，同时其只能针对结构化数据，不适合大规模的文件数据。

（2）密文查询。在云计算环境下，越来越多的云用户将服务数据存储在云端，但云端上的数据在物理上脱离用户的控制范围，且云计算中的多层服务模式也会引发新的安全问题。因此，云计算应用在不脱密前提下仍能提供可用的云服务是十分必要的，例如，著名的云计算平台 SpiderOak 已通过私密性控制技术，确保云计算环境下的数据在任何时候均处于加密状态。但由于数据变成密文时丧失了许多其他特性，导致其在大多数云应用中索引失效，并可能影响上层部署机制的可用性，因此，研究在云计算环境下密文数据的安全高效查询方法成为解决云计算环境下数据完整性验证的重要前提。

为了在安全性与查询效率之间得到平衡，国内外研究人员在保持命中率可控制的前提下开展了密文查询方法的相关研究。从查询类型来看，数据查询方法可包括以下两类。

① 数值型密文查询方法：此方面研究主要集中于加密数值型数据的比较查询问题。直接操作密文数据的方法是指利用同态加密、保序加密等加密算法处理数据，直接在密文数据上进行运算操作。

② 字符型密文查询方法：与数值型密文的查询不同，字符型密文的查询主要是匹配查询，虽然现有工作利用关键词编辑距离对云计算外包服务环境下的字符型密文的模糊匹配查询展开了研究，但是其查询效率仍然存在一定局限。字符型密文查询又可分为关键词密文查询和密文查询隐私保护两个方向，现有基于关键词的密文查询方法主要分为单关键词查询和多关键词查询，其目的都是通过索引关键词构建密文数据索引，以实现相关查询，并确保其针对无查询密钥的非授权用户不泄露数据隐私。

事实上，现有方法都试图在具有一定攻击能力的特定攻击模型下执行查询隐私保护。基于对称密钥加密的查询隐私保护具有较高的执行效率，但是若采用同一个密钥进行所有用户的查询授权控制，则完全无法抵御内部用户与云服务提供商的合谋攻击；若实施选择性查询授权控制，即数据拥有者对不同用户授权不同的查询密钥，将带来复杂的密钥安全分发和管理问题（随着系统数据和用户规模的扩大，其密钥安全管理会越来越具有挑战性且近似于 NP 完全问题）。相对于基于对称密钥的方法，支持关键词检索的公钥加密（Public key Encryption with Keyword Search，PEKS）显然更具有优势。但是现有的 PEKS 方法存在局限性，包括：算法构造中忽视公钥的认证；当存在多数据拥有者查询授权时，用户查询过程难以抵御恶意数据拥有者与云服务提供商的合谋攻击；索引缺乏动态伸缩性致使空间开销较大；查询时直接匹配每个数据索引导致查询效率低下；无法高效支持云环境下大规模数据的多关键词排序查询。

11.3.3 软件定义安全技术

软件定义安全（Software Defined Security，SDS）为解决云计算安全问题提供了支撑，其核心是将物理安全设备与它们的接入方式和部署位置解耦，将硬件平台与软件功能组件分层解耦，并且抽象为安全资源池里的资源，通过统一编程方式进行管理维护，安全资源、安全服务模型间基于开放的规范接口定义，支持安全功能灵活部署和安全能力按需提供，实现安全即服务。SDS 设计架构如图 11.7 所示，其将传统安全服务功能和安全防护控制功能分离，分为业务面和控制面。

基于软件定义架构的安全防护体系也可将安全的控制平面和数据平面分离，业务面由平台层、执行层和服务层组成，通过安全能力抽象和资源池化，将各类安全设备抽象为具有不同安全能力的资源池，并根据具体业务规模横向扩展该资源池的规模，满足不同用户的安全性能要求。

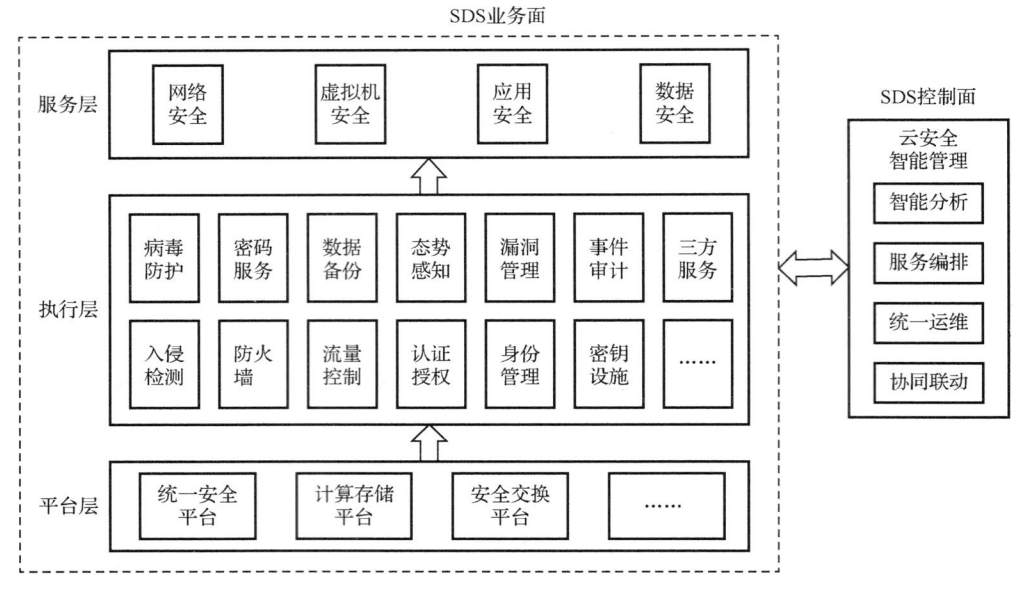

图 11.7　SDS 设计架构

平台层由各种物理形态或虚拟形态的统一安全平台、计算存储平台、安全交换平台等组成，由智能安全管理中心统一部署、管理、调度，形成安全设施资源池，相关资源按需获取，可扩展性强，为执行层各安全服务功能组件提供虚拟化的运行环境。

执行层由病毒防护、密码服务、数据备份、入侵检测、防火墙、流量控制等安全服务类功能组件和态势感知、漏洞管理、事件审计、认证授权、身份管理、密钥设施等安全管理类功能组件构成，各项安全功能组件与硬件资源完全解耦，为标准化设计，支持统一编程控制接口，同时采用开放性架构设计，能够集成第三方安全服务组件，实现安全厂商之间的优势互补、联防联控。

服务层则是根据用户需求，基于控制面的统一安全服务编排及执行层的安全功能组件联动，对网络、虚拟机的接入互联进行控制和信息流检查等，提供安全接入与隔离安全服务；对应用、数据的操作访问等提供应用访问控制和数据安全服务。

SDS 控制面侧重于安全服务应用的编排、部署与管理运维，智能分析用户任务以及运行过程中实时产生的安全服务需求，转化为具体的安全资源调度和安全策略配置方案。基于控制层提供的编程接口，对业务面的纵向各层资源进行服务编排，在离散的安全服务资源之间形成恰当的缔约关系，构建安全防护系统，实现安全服务的整体协同联动，达到云安全防护的智能化、服务化、动态化。安全管理范围将随着服务交付模式、提供商能力而变化。

云计算安全防护与传统网络安全防护在功能需求层面相似，但是云计算的虚拟化、数据中心化、大规模等特点，使得云安全在访问控制、部署方式、保障模式等方面与传统网络安全均有所不同，用户对特色化、定制化的安全防护需求更加突出，在安全软件定义的基础上，服务化、组合化的云安全保障模式更能适应云计算体系架构下的应用模式。

可基于统一安全基础设施，通过封装和组合集中化、标准化和服务化的安全功能组件设计，利用标准的北向接口，实现策略自动编排，构建面向服务（Service-Oriented Architecture，SOA）的云安全体系结构，达到交付用户安全服务的能力，为用户提供从 IaaS、PaaS 到 SaaS 的安全访问控制和应用安全防护等多层次安全服务。

服务化的云安全体系结构通过服务注册、服务发布、服务查询、服务请求、服务推送或绑定等环节，为服务请求者提供所需的安全服务，实现安全即服务。各项安全服务，包括网络入侵检测、主机防火墙、密码服务、安全审计等各项基础安全服务功能，基于统一平台，形成安全服务资源池。用户通过服务查询和服务请求，申请相关的安全解决方案。

安全服务展现层主要解决服务可视化问题并向用户提供软件定义安全服务的人机交互接口。在软件定义的数据中心环境中，无论是用户的基础设施还是安全服务设备都不是简单的单一硬件设备，而是以软件、硬件或软硬件结合方式存在于整个数据中心，为用户提供按需服务，但用户很难直观地感受到这些设备的物理存在，同时也很难让用户理解安全服务的可靠性和有效性。因此安全服务展现层主要负责解决服务可视化的问题，屏蔽虚拟化为数据中心带来的改变，以可视化的方式降低用户对安全服务部署的理解难度，展现网络的安全态势。安全服务的交互接口为用户提供了对服务的选择和定制权限，如用户从其网络中划分一个 VLAN，并为该 VLAN 部署一个防火墙和一个 Web 应用网关，即以这个 VLAN 为服务对象，选择了防火墙和 WAF（Web 应用防火墙）服务，并可以为其所选择的服务制定需要处理的网络流量大小。安全服务管理层实现对安全服务内容的封装和管理。安全服务一旦被定制完成，就会通过安全服务管理层进行下发和配置。安全服务管理层对交互层提供封装后的服务配置接口，当该接口被调用后，安全服务管理层会调用安全服务的执行接口，通过一系列的业务逻辑操作序列来完成整个服务的配置。通过对具体配置部署逻辑的抽象和封装，对用户屏蔽不必要的虚拟化操作细节，能够有效降低虚拟化带来的技术影响，让用户能像配置传统网络安全环境那样配置其云环境中的安全服务。网络流量的导流层和分流层主要实现根据安全服务的配置，对需要提供服务的流量在网络中进行抓取或引导，送往安全服务平台下的安全服务资源池进行安全服务。流量抓取和引导的方式主要有两种：一种是通过自动化的配置，用一个连接在虚拟交换机上的虚拟机实现对同一个虚拟网络内流量的抓取；另一种是通过修改虚拟交换机的配置或嵌入 OpenFlow 规则来改变特定网络流的流向，从而实现流量的导出。

安全服务资源池模块是提供安全服务的实体，也是构建安全云的核心。以网络流量作为度量安全服务的单位，通过流量抓取和引导的方式把流量导入资源池，而最终用于实现安全功能的是传统的物理安全设备，即在安全服务实施的整个过程中，网络流量是被服务的对象，因此可采用支持 OpenFlow 规则的 SDN（软件定义网络）交换机来构建安全资源池的服务承载通道。这样整个安全服务就由服务对象、承载通道和服务实施端构成，其中服务对象是通过软件定义的安全域，由部署在网络中的虚拟探针或导流产品按照安全域的划分方式把属于一个安全域的流量抓取或引导到一个承载通道中；承载通道在 SDN 交换机中以流的方式实现，通过对由安全策略转换而来的 OpenFlow 规则的控制，把符合特定规则的网络流量引导到对应的网络接口上，而此接口所连接的就是物理的安全设备，如 IDS、UTM 等；服务实施端的安全设备包括所有旁路接入和串行接入的常规物理网络安全产品。对于不支持自身虚拟化的安全设备，采用一组轻量级的设备（如十兆或百兆级别的设备）组成资源池，基于 OpenFlow 协议对接入端口的负载进行控制，来实现按需的安全服务的伸缩能力。对于自身可虚拟化的安全产品，可以实现粒度更细的按需服务。细粒度的按需服务分发由安全设备自身实现。该安全服务框架的核心是利用 SDN 交换机在安全服务的软件和硬件之间构建了一个中间层，该中间层是一个网络流量的控制和分发中心，也是一个安全业务识别和安全服务任务分发中心。通过软件业务模块赋予网络流量安全业务逻辑（如安全域边界的划分），由 SDN 交换机对业务逻辑进行识别，并按照业务逻辑所对应的硬件处理单元进行分发，这样就形成了一个服务管理和分发系统。

云安全管理系统基于云计算安全防护体系架构，统一安全服务资源池的调度，通过按需编排、动态部署，使多个不同层次的虚拟安全服务设备交互协调、整体联动，形成主动、综合、协同防御的多角度、全方位云安全防护能力。通过为用户提供云安全服务，满足云环境下的网络安全隔离、用户隔离、应用安全、数据安全等防护需求，提供按需、弹性、易用的安全服务，实现事前云监测、事中云防护和事后云审计，为用户的虚拟计算环境、计算网络及数据等提供全生命周期的安全防护。在服务化云安全保障模式下，通过统一的安全运行维护与管理，既能提供精准化的安全保障，又能加快提升安全事件处置响应能力和整体的安全防护能力。

11.3.4 可信云计算技术

由于云计算环境的外包特性，云计算环境中的数据及计算实体的所有者、管理者、使用者并非一体。对云用户来说，云计算环境是一个黑盒，云用户仅能获得其申请服务的最终结果，几乎完全无法得知云计算环境对数据的处理是否安全可靠，也无法得知云计算环境传递给用户的计算结果是否真实。云计算环境由此产生了一系列新的安全问题，如虚假服务、隐私窃取等。可信的含义是实体的行为总能依照制定的方式运行，并能得到预期的结果，因此云计算及虚拟机的可信确保，能够有效地防止云计算环境变化带来的安全问题。

在标准的信任链中，可信根位于每个传递链的起点，为整个平台提供了可信基础，在 TCG 标准中，可信根分为 3 种：可信度量根、可信存储根和可信报告根。其中可信度量根位于 BIOS 启动模块中，确保系统在启动过程中是安全的，可信存储根和可信报告根则由可信平台模块（TPM）担任。信任链的传递将信任关系从可信根延伸至整个计算机系统。可信计算主要从以下 3 个方面保证计算平台的安全。

（1）数据完整。可信度量技术将信任关系由可信根传递到操作系统，再通过操作系统传递到应用服务，最终将信任关系传递到网络中，形成由底层到上层、由内核到应用、由封闭到开放的一整套可信计算环境。其具体过程如下：在系统启动之前，事先计算正确的度量组件的值，并将其存储在安全存储器中；当系统启动时，根据信任链的度量顺序，依次计算度量组件的值，并与存储在安全存储器中的值进行比对，以确定该组件是否安全，是否需要继续度量。通过这种信任链传递的方式对系统资源和应用软件进行完整性度量，能确保数据完整性及计算机系统自身的完整性。

（2）安全存储。安全存储主要体现为在可信计算环境中可以将一些机密信息（密钥、敏感数据等）进行加密后存储在外存中，而安全存储的存储密钥的安全性则由硬件来确保。这样，只有拥有存储密钥的用户才能获得外存中的加密密钥，并根据该加密密钥对外存中的加密数据进行解密，获得原始的明文数据。可信计算的密钥存储功能利用其硬件特性对机密信息进行保护，提升了系统中机密数据的安全性，确保了数据的可靠性。

（3）远程证明。远程证明是指待验证的计算平台将自身的平台配置信息通过可信报告的方式发送给第三方进行评估、认证，从而确保向外证明自身平台的可信性。它不仅能将平台的身份信息提供给第三方，通过使用身份密钥对内部数据进行签名来实现验证，还能把平台的配置信息和当前系统状态发送给第三方供评估使用。通过第三方的远程证明，平台能够有效、可信地向外部展示自身的可靠性与安全性。

因此，确保云计算环境安全的关键就是实现可信云计算环境。可信云计算的概念最初是由 Santos 等人提出的，其将可信计算中远程证明和信任链传递的思想引入云计算，旨在在云计算中构建完整的可信环境。目前主要有以下 3 种可信云计算技术。

（1）基于虚拟化可信基的可信云计算技术。杨健等人提出基于现有可信计算技术，在云计算环境中建立可信计算基，以保护云计算环境的保密性、完整性。虚拟化可信基的典型应用是虚拟可信平台模块（vTPM）。vTPM 的概念最早是由 Perez 等人于 2006 年提出的，其主要结构如图 11.8 所示。

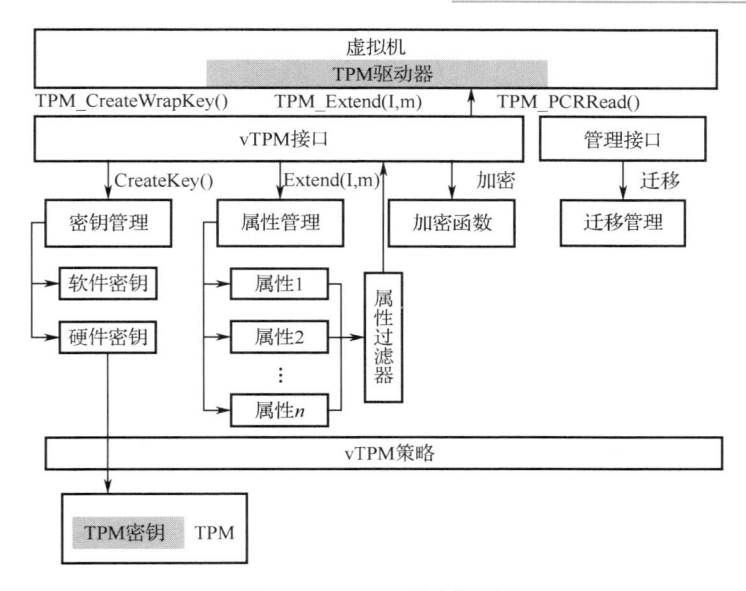

图 11.8 vTPM 的主要结构

整个 vTPM 工具由一个 vTPM 管理器和多个 vTPM 实例组成。每个需要 TPM 功能的虚拟机都分配有自己的 vTPM 实例。vTPM 管理器执行诸如创建 vTPM 实例和将来自虚拟机的请求多路复用到其关联的 vTPM 实例等功能。虚拟机使用拆分设备驱动程序模型与 vTPM 通信，其中客户端驱动程序在每个想要访问虚拟 TPM 实例的虚拟机中运行，服务器端驱动程序在托管 vTPM 的虚拟机中运行。TPM 规范要求 TPM 建立存储根密钥（SRK）作为其密钥层次结构的根密钥。生成的每个密钥都有由其父密钥加密的私钥，从而创建到 SRK 的链。虚拟 TPM 为每个 vTPM 实例创建了一个独立的密钥层次结构，因此取消了每个 vTPM 实例与可能的硬件 TPM 的密钥层次结构的连接。这样做的好处是密钥生成速度更快，因为不需要为此依赖硬件 TPM，同时简化了 vTPM 实例迁移过程。

现有的安全解决方案在面对云计算的安全威胁尤其是内部的安全威胁时，往往难以确保用户所使用资源与服务的可信性，而可信云计算技术通过在整个云计算环境中构建信任链，能够有效地抵御上述安全威胁，尤其是抵御内部的安全威胁对云计算环境保密性、完整性、可用性的破坏。

（2）基于可信执行环境的可信云计算技术。可信执行环境是 CPU 内的一个安全区域，它运行在一个独立的环境中，且与操作系统并行运行。基于可信执行环境构建可信云计算的目的是确保在云计算平台管理员 Hypervisor 不可信的情况下，云计算环境依旧可以为用户提供可信的服务。Schuster 等人提出了基于可信执行环境的云计算平台模型 VC3，其结构流程如图 11.9 所示。该模型利用英特尔的 SGX 技术，在云计算平台中实现一种保密的 MapReduce 计算模型，使得用户能够在云计算平台中执行加密的计算任务，同时能够保证计算结果的完整性。

在 VC3 中，用户以常规的方式实现 MapReduce 作业，使用普通的 C++开发工具编写、测试和调试 Map 和 Reduce 函数。用户还可以将特定数据分析领域（如机器学习）的库与其代码静态连接，这些库应该包含不依赖于操作系统的纯数据处理函数。当 Map 和 Reduce 函数准备投入使用时，用户编译和加密它们，获得私有飞地代码 E-，然后将加密代码与实现 VC3 的密钥交换和作业执行协议的少量通用公共代码 E+绑定在一起。用户将包含代码的二进制文件和包含加密数据的文件上传到云端。在云中，包含 E-和 E+的飞地由工作节点上的公共且不受信任的框架代码初始化和启动。在 VC3 中，MapReduce 作业从用户与在每个节点上的安全区域运行的公共代码 E+ 之间的密钥交换开始。密钥交换成功后，E+准备解密私有代码 E-，并按照分布式作业执行协议处理加密数据。

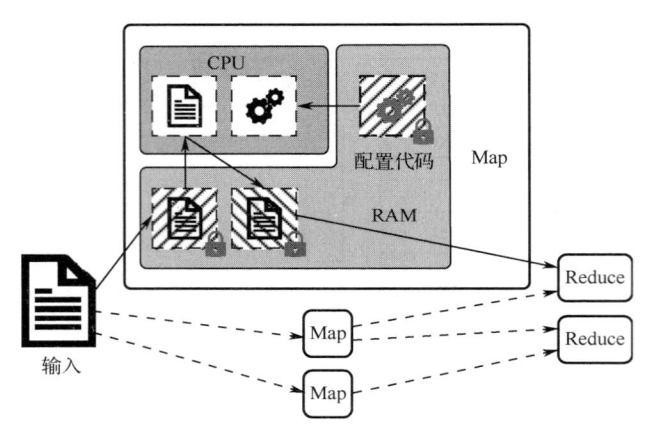

图 11.9　VC3 结构流程示意图

（3）基于第三方认证的可信云计算技术。使用可信第三方建立可信云计算的主要思想是建立一个第三方的权威认证中心，提供对用户的身份认证、数据传输、计算服务等的监控。Santos 等人提出利用可信云计算平台来确保云服务的有效性，以及云用户数据的保密性和完整性，如图 11.10 所示。该方案利用可信协调中心管理云中的所有节点，其创新点在于将认证端和管理端拆分开。云计算平台针对虚拟机的任意行为都需要向可信第三方的协调中心进行认证。

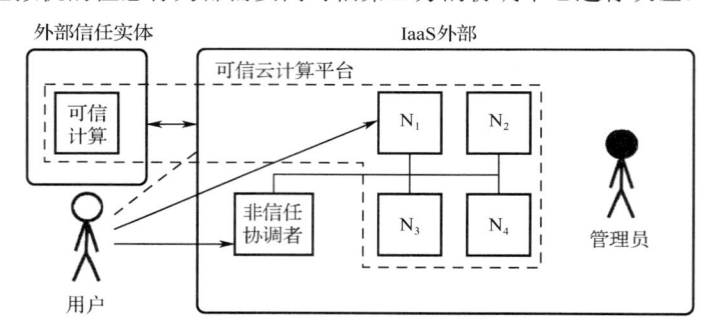

图 11.10　基于可信第三方的云计算安全方案

具体而言，此方案中后端的每个节点都运行一个微型虚拟机监控器（Tiny Virtual Machine Monitor，TVMM）来托管用户的虚拟机，并防止特权用户检查或修改它们。随着时间的推移，TVMM 会保护其自身的完整性，并遵守可信云计算平台（Trusted Cloud Computing Platform，TCCP）协议。节点上嵌入经过认证的 TPM 芯片后，只有通过安全启动过程才能安装 TVMM，其中 TVMM 可针对恶意系统管理员实施本地封闭和保护。可信云（Trusted Cloud，TC）管理可以安全运行用户虚拟机的节点集，一般称这些节点为可信节点。要获得信任，节点必须在安全边界内并运行 TVMM。为了满足这些条件，TC 保留了安全边界的节点的记录，并通过验证节点的平台来验证节点正在运行可信的 TVMM。TC 可以应对事件的发生，如从集群中添加或删除节点，或临时关闭节点以进行维护或升级。用户可以通过证明 TC 来验证 IaaS 是否保护其计算。为了保护虚拟机，在每个节点上运行的每个 TVMM 都与 TC 合作，以便将虚拟机的执行限制在受信任的节点上，以及保护虚拟机状态在传输过程中不被检查或修改。

11.4 基于安全强化虚拟机的云计算平台设计

本节将介绍一个基于安全强化虚拟机设计及实现的云计算平台架构，可面向互联网提供包括存储、通信、查询等在内的多种信息处理服务。

11.4.1 安全强化虚拟机

安全强化虚拟机是通过安全启动、基于 vTPM 的度量启动和完整性监控实现的可验证计算功能的虚拟机，是安全云计算平台的关键组成部分。

（1）安全启动。安全启动会验证所有启动组件的数字签名，并在签名验证失败时停止启动过程，从而确保系统仅运行合法授权软件。安全强化虚拟机实例运行的固件使用第三方的证书授权机构对其进行签名和验证，确保实例的固件未经修改并为安全启动建立信任根。统一的可扩展固件接口可安全地管理证书，证书中包含软件制造商用于系统固件、系统引导加载程序及其加载的任何二进制文件签名的密钥。在每次启动时，统一可扩展固件接口会针对已批准密钥的安全存储验证每个启动组件的数字签名，所有未正确签名或根本未签名的启动组件都不允许运行，从而保障虚拟机内部资源的安全。

（2）度量启动。vTPM 是一个虚拟化的可信平台模块，是一种专用的计算机芯片，可以保护用于对系统的访问进行身份验证的对象（如密钥和证书）。安全强化虚拟机的 vTPM 通过执行已知的良好启动基准（称为完整性策略基准）所需的度量来启用度量启动。完整性策略基准用于与后续虚拟机启动的度量进行比较，以确定是否有任何更改。在度量启动期间，加载组件就会创建每个组件（如固件、引导加载程序或内核）的哈希值，然后将该哈希值与已加载的组件的哈希值进行连接并重新计算其哈希值。首次启动虚拟机实例时，度量启动会从第一组度量中创建完整性策略基准，并安全地存储此数据。此后，虚拟机实例每次启动时，将再次执行这些度量，并将其存储在安全内存中，直到下次重新启动。通过这两组度量可以实现完整性监控，并确定虚拟机实例的启动序列是否发生了更改。

（3）完整性监控。完整性监控依赖于度量启动时创建的度量，使用 PCR 来存储有关完整性策略基准（已知的良好启动序列）、最近启动序列的组件和组件加载顺序的信息。完整性监控将最近的启动度量与完整性策略基准进行比较，并根据它们是否匹配返回一对通过/失败的结果，一个用于前期启动序列，另一个用于后期启动序列。前期启动是从统一可扩展固件接口固件启动到将控制传递给启动加载程序的启动序列。后期启动是从引导加载程序到将控制传递给操作系统内核的启动序列。最近启动序列的任何一部分与基准不匹配，都会导致完整性验证失败。

11.4.2 系统设计目标

基于安全强化虚拟机设计并实现的云计算平台应有以下安全目标。

（1）安全地部署服务：用户可通过安全强化虚拟机保证其计算结果的可靠。

（2）安全地存储数据：云端存储的数据可保证不被非法用户访问，同时云服务提供商本身无法窃取云数据相关隐私。

（3）安全地进行管理：开发者可安全地创建服务实例，防御内外部威胁。

11.4.3 总体设计架构

云计算平台一般采用架构成熟的软硬件产品搭建，其架构如图 11.11 所示。在云计算平台总体架构中，底层为机房建设层，包含硬件设备及相关线缆。中间层通过云计算平台资源层灵活规划各个资源池，先逻辑隔离，保证业务安全，再通过管理平台使云计算平台资源池统一运行与维护，使业务资源共享，按需分配。顶层设计为业务运营层，根据业务部门规划多级虚拟业务区，保证资源独立性、角色和权限解耦，实现安全管理。

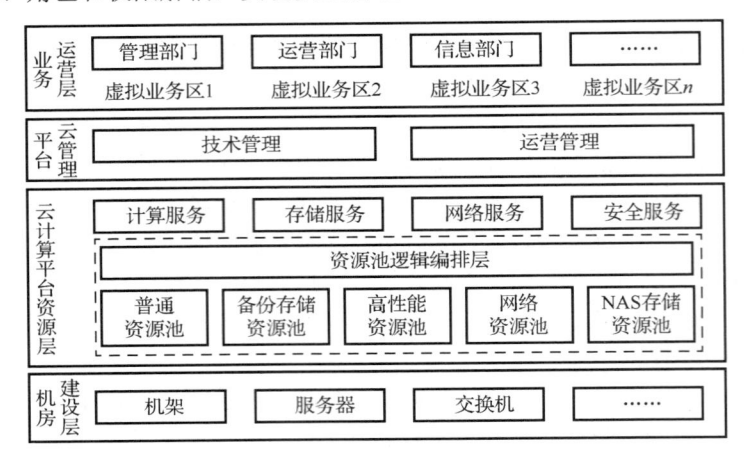

图 11.11 云计算平台架构

11.4.4 安全服务部署

本节所讲的服务是指用户编写并希望在基础架构上运行的应用文件，如 SMTP 邮件服务器、数据存储服务器、视频转码器或其他 App Engine 沙盒等。为了处理必要规模的工作负载，可能会有数千台机器运行同一项服务的副本，即云计算平台基础架构不会假定"在基础架构上运行的服务之间存在信任关系"。因此，需要采用必要技术手段来确保服务的安全部署、可信运行。

（1）服务身份标志、完整性和隔离。

云计算平台在应用层使用加密验证和授权进行服务间通信，提供了强大的访问控制机制，并实现了精细化，这种精细的访问控制对管理员透明。此外，云计算平台在网络的各节点使用入站和出站过滤防止 IP 欺骗，在提供多一层防护的同时最大限度地提高网络的性能和可用性。

在基础架构上运行的每项服务都具有关联的服务账号身份标志。服务具有加密凭据，可在向其他服务发送 RPC 或从其他服务处接收 RPC 时，用于证明自己的身份。客户端利用这些身份标志来确保其与正确的目标服务器通信，而服务器则利用这些身份标志将方法与数据的访问权限限定给特定的客户端。

云计算平台中，与服务相关的源代码存储在中央代码库中，在该代码库中，当前版本及过去版本的服务均可审核。此外，基础架构要求服务的二进制文件由经过审核、登记和测试的源代码构建而成。此类代码审核需要开发者以外的至少一位工程师进行检查和批准，而对任何系统执行代码的修改都必须得到该系统所有者的批准。这些要求可防止内部人员或攻击者恶意修改源代码，还可实现从服务回溯到其源代码的取证跟踪。

此外，云计算平台采取各种隔离和沙盒技术来保护服务免受在同一台机器上运行的其他服务的影响。这些技术包括普通的 Linux 用户隔离、基于语言和内核的沙盒及硬件虚拟化等。总之，平台会为风险较高的工作负载使用更多的隔离层，而对于极其敏感的服务（如集群编排服务和部分密钥管理服务），则只允许在专用机器上运行。

（2）服务间访问管理。

服务的所有者可以利用基础架构提供的访问管理功能来精确指定其服务可以与哪些其他服务进行通信。例如，在一项服务可能仅需要向列入白名单的其他具体服务提供一些 API 时，可以使用把允许的服务账号身份标志列入白名单的方法配置该服务，然后由基础架构自动执行这一访问限制。

访问服务的云计算平台管理员也会获得个人身份标志，因此用户可以对服务进行类似的配置，以允许或拒绝其访问。所有这些类型的身份标志（机器、服务和员工）都位于基础架构维护的全局名称空间中。基础架构针对这些内部身份标志提供了丰富的身份管理工作流程体系，包括审批链、日志记录和通知。例如，可以通过双方控制体系将这些身份标志分配到访问控制组。这一体系可让安全访问管理流程扩展到在基础架构上运行的数千项服务。除 API 层面的自动访问控制机制外，基础架构还允许服务从中央 ACL 和组数据库中读取数据，以便其可以在必要时执行精细的定制化访问控制。

（3）服务间通信的加密。

除 RPC 身份验证和授权功能外，基础架构还会通过加密处理确保网络上 RPC 数据的隐私性和完整性。为了向 HTTP 等其他应用层协议提供这些安全功能，云计算平台将这些安全功能封装到了基础架构的 RPC 机制中。实际上，这实现了应用层隔离，并避免了对网络路径安全性的依赖。即使网络被窃听或网络设备被破解，经加密的服务间通信仍可保证安全。

服务可以为每个基础架构 RPC 配置所需级别的加密保护（例如，对于数据中心内价值不高的数据，可以仅配置完整性级别的保护）。为防止高级攻击者窃听云服务器的私有广域网链路，基础架构会自动加密流经数据中心之间广域网的所有基础架构 RPC 流量，而无须服务进行任何具体配置。

（4）最终用户数据访问管理。

云计算平台架构提供了一项中央身份识别服务，该服务可以签发"最终用户权限工单"。中央用户身份识别服务会对最终用户的登录信息进行验证，然后向该用户的客户端设备签发用户凭据，如 Cookie 或 OAuth 令牌。当一项服务收到最终用户凭据时，会将该凭据传递给中央身份识别服务进行验证。如果最终用户凭据经验证正确无误，中央身份识别服务就会返回短期有效的最终用户权限工单，该工单可用于与请求相关的 RPC。

11.4.5　安全数据存储

可以通过静态加密及可验证删除方式进行云计算平台上的安全数据存储。

（1）静态加密。

云计算平台的基础架构提供各种存储服务及中央密钥管理服务，平台的大多数应用均通过这些存储服务间接访问物理存储。可以将存储服务配置为：先使用中央密钥管理服务中的密钥对数据进行加密，后将数据写入物理存储设备。此密钥管理服务支持自动密钥轮替；提供大量审核日志；可以与前面提到的最终用户权限工单集成，将密钥与特定的最终用户关联。在应用层执行加密可使基础架构将其自身与底层存储上的潜在威胁（如恶意磁盘固件）隔离开来。

（2）可验证删除。

云计算平台的数据删除流程通常从将具体数据标记为"已安排删除"开始，但这并不意味着真的彻底移除。这样可以恢复在无意间删除的数据，无论是由用户发起的删除，还是因内部漏洞或流程错误而造成的删除。在将数据标记为"已安排删除"后，平台会使用可验证的安全删除技术对该数据进行删除。当最终用户删除其整个账号数据时，基础架构会通知处理最终用户数据的服务。然后，这些服务便会删除与该账号相关联的数据。此功能可使服务开发者轻松实现最终用户控制。

11.4.6 安全应用管理

本节将介绍安全应用管理机制，包括如何安全地开发应用软件、如何防御内部和外部操作者对平台架构的威胁，以及如何进行应用间的安全隔离。

（1）安全的应用软件开发。

除了前面介绍的中央源代码控制和双方审核功能，云计算平台还提供了可阻止开发者引入某些安全错误的库，如让网页应用避免 XSS 漏洞的库和框架，可自动检测安全错误的自动化工具，包括模糊测试工具、静态分析工具和网络安全扫描工具等。此外，云计算平台会进行人工安全审核作为最终检查步骤，从对较低风险的功能进行快速分类，到对较高风险的功能在设计和实施方面进行深入审核。执行这些审核的团队由网络安全、加密和操作系统安全领域的专家组成。此外，此类审核还可能催生新的安全库功能和新的模糊测试工具，可以用于未来的其他产品。

（2）内/外部入侵检测。

入侵检测，即可以针对内/外部网络的入侵、恶意软件、间谍软件、命令和控制攻击提供威胁检测。其工作原理是创建具有镜像的虚拟机的云计算平台代管的对等互联网络。对等互联网络中的流量会被镜像，然后使用相应的威胁防护技术进行检查，以提供高级威胁检测功能。用户可以镜像所有流量，也可以根据协议、IP 地址范围或入站流量和出站流量镜像过滤后的流量，使其能够监控虚拟机到虚拟机的通信，以检测横向移动。这相当于提供了一个用于检查子网内流量的检查引擎。

（3）应用间安全隔离。

强逻辑隔离具体包括拓扑、服务和性能 3 个层面，并主要基于强逻辑隔离交换机实现。

拓扑隔离确保初始状态下只有服务域内部设备可以互相访问，仿佛每个服务域都处于一个专属拓扑下，不同服务域之间处于拓扑隔离状态，无法互相访问，域管理员可以通过管理界面配置域内不同粒度的网络隔离策略。

服务隔离可以确保基于身份认证技术为应用服务实现细粒度的访问控制，使得非授权用户不能访问权限外的服务资源，保证隐私数据不泄露，提升服务可靠性；此外，还可以确保服务域内设备间能够协商会话密钥，建立秘密会话通道，防止交互数据被中间节点监听。后续搭建的密钥管理、跨域认证和授权映射等技术可确保强逻辑隔离的各个域能够互联互通。

性能隔离可满足不同服务域链路带宽请求，确保各服务域在使用资源过程中相互不影响，即使某个服务域资源不足或遭受攻击，其他服务域也能正常运行，性能不受影响。性能隔离是通过配置切片来完成的，可以基于 SDN 控制器给不同的服务划分切片并且进行限速，每个跨域服务的流量都有其专属切片，各服务之间不会相互影响。

11.5 本章小结

本章介绍了基于安全强化虚拟机设计及实现的云计算平台架构，可面向互联网提供包括存储、通信、查询等在内的多种信息处理服务。通过深入分析与对比，可知云计算安全保护工作仍存在许多问题，需要综合考虑多种安全因素，不断改善防御技术与安全策略。

11.6 习题

1．云服务的常见服务模式包括_____、_____和_____。
2．与常见的云服务模式相对应，云计算安全可划分为_____、_____和_____3个等级。
3．云基础设施的安全重点在于_____相关安全问题，主要包括_____、_____、_____、_____和_____等内容。
4．云计算平台面临的主要安全威胁是_____及_____。
5．存储于云端的外包数据在存储过程中应满足_____、_____和_____要求。
6．根据_____，基于虚拟化的监控系统可分为_____和_____两个大类。
7．云计算的密文访问技术主要包括_____及_____两个方面。
8．为了解决云计算安全问题，软件定义安全技术的服务层应当提供_____、_____、_____、_____服务。
9．可信计算能够从_____、_____、_____3个方面保证云计算平台的安全。
10．云计算系统的设计应保证_____、_____、_____等安全目标。

11.7 思考题

1．为了保护云用户的程序隐私，可以使用哪些技术？这些技术是否存在额外的安全隐患？为什么？
2．密文查询没有被广泛使用的原因是查询代价过高。可以通过哪些手段降低查询代价并提高其使用效率？
3．内部和外部虚拟化监控技术的优缺点分别是什么？
4．为什么云计算服务安全需要分层实现？
5．从用户角度出发，云计算服务面临哪些安全问题？

第 12 章　量子信息系统安全设计案例

遵循量子力学规律的量子计算机正在快速发展，以量子计算机为核心的量子信息系统将日趋成熟。随着量子信息系统的集成与发展，未来量子互联网也不再是梦想。那么如何设计量子信息系统的安全机制呢？

12.1　量子信息简介

量子信息是关于量子系统"状态"所带有的物理信息，是通过量子系统的各种相干特性（如量子并行、量子纠缠和量子不可克隆等）进行计算、编码和信息传输的信息方式。

量子信息的主要方向包括量子计算、量子通信、量子测量、量子密码、量子成像、量子传感等。

量子信息技术具备的突出优势包括：①理论上无条件安全，利用单光子量子态的不可克隆特性，可以侦测到量子信道上的任何监听或复制行为，但无法改变或破坏量子的初始态；②超距作用，量子纠缠理论使得两个纠缠态量子之间会随着彼此的改变而发生变化，信息传输时延极低，从而可以实现超远距离的信息传输。

12.1.1　量子比特

量子比特（Qubit），或称为量子位，是量子信息中最基本的量子系统之一。它是经典比特的量子对应，但不同于经典比特。在量子信息科学中，光子（场量子）和电子（实物粒子）是信息的载体，一旦用量子态来表示信息，便实现了信息的"量子化"。

1 量子比特是一个二维希尔伯特（Hilbert）空间，或者说是一个双态量子系统。一般都是基于某个固定的完备正交基进行量子比特讨论。若该空间的一组基为 $\{|0\rangle,|1\rangle\}$，则该量子比特可以存在 $|0\rangle$ 和 $|1\rangle$ 两个状态，其中 $|\ \rangle$ 是狄拉克（Dirac）符号，表示一个矢量。根据态叠加原理，它也可以处于叠加态 $|\varphi\rangle = \alpha|0\rangle + \beta|1\rangle$，其中 α 和 β 是复数，且满足 $|\alpha|^2 + |\beta|^2 = 1$。

双/多量子比特系统是单量子比特系统的张量积，若一个量子系统由 2 量子比特组成，则这个量子系统的状态是 2 量子比特状态的张量积。例如，由 2 量子比特组成的系统可处于态 $|0\rangle \otimes |1\rangle \equiv |0\rangle|1\rangle \equiv |01\rangle$ 中，此时 2 量子比特所处的状态是四维 Hilbert 空间中的一个向量，$\{|00\rangle,|01\rangle,|10\rangle,|11\rangle\}$ 构成该空间的一组完备正交基。一对量子比特态可以处在任意一个基态中，也可以处在它们的叠加态中。

12.1.2　量子纠缠

在量子力学中，几个粒子相互作用后，各个粒子所拥有的特性就被综合成整体性质，无法单独描述，只能去描述整体系统的性质，这个现象被称为量子纠缠。当粒子系统由两个或两个以上粒子组成时，一旦其中一个粒子的状态被干扰而发生变化，另一个也会即刻发生相应的状态变化，无论距离多么遥远，这种改变几乎都是同步完成的。该特性使得发生量子纠缠的双方的信息不可能泄露给第三方。

量子纠缠被量子力学奠基者之一的薛定谔（Erwin Schrödinger）称为"量子力学的精髓"，是量子力学的一种独特的性质。基于量子纠缠进行量子通信，可以完成许多用经典通信系统无法完成的信息传输和处理任务。

量子纠缠反映了量子理论的本质——相干性、或然性和空间非定域性，其定义是描述复合系统（具有两个以上成员的系统）中的一类特殊的量子态，此类量子态无法分解为成员系统各自量子态的张量积。在量子信息学中，纠缠态扮演着极为重要的角色。纠缠态特殊的物理性质使量子信息具有经典信息所没有的许多新的特征，同时为信息传输和信息处理提供了新的物理资源，开发和应用这些新资源就构成了量子信息学研究的重要目的。

当量子系统 A 和 B 构成的复合系统处在纯态 $|\phi\rangle$ 时，若 $|\phi\rangle$ 的对偶基展开式中含有两项或两项以上，即描述量子系统的密度算子有 2 个或 2 个以上的非零本征值，则称 $|\phi\rangle$ 是一个纠缠态。如果展开项数为 1，即

$$|\phi\rangle = |\phi^A\rangle|\phi^B\rangle$$

则称 $|\phi\rangle$ 是非纠缠的。也即复合系统的一个纯态如果不能写成两个系统态的直积态，那么这个态就是一个纠缠态。

贝尔（Bell）态是一种简单的两体量子纠缠态，容易证明 $\{|\psi^+\rangle_{AB}, |\psi^-\rangle_{AB}, |\Phi^+\rangle_{AB}, |\Phi^-\rangle_{AB}\}$ 构成了双量子系统的一个正交完备基矢组。以它们为基矢来投影测量双量子系统的状态，称为 Bell 测量。

EPR 纠缠对是双量子系统的最大纠缠态，可以处于 Bell 态的 4 种状态中的任意一种。4 种状态分别如下：

$$|\psi^+\rangle_{AB} = \frac{|0\rangle_A|1\rangle_B + |1\rangle_A|0\rangle_B}{\sqrt{2}}$$

$$|\psi^-\rangle_{AB} = \frac{|0\rangle_A|1\rangle_B - |1\rangle_A|0\rangle_B}{\sqrt{2}}$$

$$|\Phi^+\rangle_{AB} = \frac{|0\rangle_A|0\rangle_B + |1\rangle_A|1\rangle_B}{\sqrt{2}}$$

$$|\Phi^-\rangle_{AB} = \frac{|0\rangle_A|0\rangle_B - |1\rangle_A|1\rangle_B}{\sqrt{2}}$$

数学上可以证明贝尔态是纠缠态，现简要证明 $|\Phi^+\rangle_{AB}$ 态是纠缠态。假设 $|0\rangle_A|0\rangle_B + |1\rangle_A|1\rangle_B$ 能用两个独立的量子态直积来描述，则必须找到 4 个复数 α、β、γ 和 δ，使它们满足

$$(\alpha|0\rangle + \beta|1\rangle) \otimes (\gamma|0\rangle + \delta|1\rangle) = |00\rangle + |11\rangle$$

又因为

$$(\alpha|0\rangle + \beta|1\rangle) \otimes (\gamma|0\rangle + \delta|1\rangle) = \alpha\gamma|00\rangle + \alpha\delta|01\rangle + \beta\gamma|10\rangle + \beta\delta|11\rangle$$

所以要使等式成立，则充要条件为 $\alpha\gamma = \beta\delta = 1$ 且 $\alpha\delta = \beta\gamma = 0$，显然，满足这个条件的 4 个复数 α、β、γ、δ 是不存在的。

在对处于纠缠态的复合系统 $|\phi\rangle$ 进行测量前，量子系统 A 和 B 处于不确定状态，若对其中之一进行测量，则另一个量子系统的状态随之而定，即坍缩到确定态。贝尔态中的 $|0\rangle$ 与 $|1\rangle$ 可以分别代表电子的两个相反的自旋状态，或者光子的水平极化与垂直极化状态。当双粒子体系 AB 处于纯态（Bell 态）时，若其中一个粒子的状态确定，则另一个粒子的状态必随之确定。例如，处

于状态 $|\Phi^+\rangle$ 的一对光子 A 和 B，若光子 A 的状态为 $|0\rangle$，则不论光子 B 与光子 A 相距多远，光子 B 的状态都随之确定为 $|0\rangle$。

12.1.3 量子态测量

测量是量子系统中提取信息的重要手段。与经典环境中测量物体的位置、速度等类似，对量子系统的测量实际上也是对某个力学量（如位置、动量、自旋等）的测量。这里介绍量子力学第三公设：对归一化波函数 $\psi(x)$ 进行力学量 A 的测量，总是将 $\psi(x)$ 按 A 所对应算符 $\hat{A}$ 的正交归一化本征函数族 $\{\varphi_i(x), \forall i\}$ 展开

$$\psi(x) = \sum_i c_i \varphi_i(x), \{\varphi_i(x) | \hat{A} \varphi_i(x) = a_i \varphi_i(x), \forall i\}$$

单次测量后所得 A 的数值必随机地属于本征值 $\{a_i\}$ 中的某个，比如为 a_k，除非 $\psi(x)$ 已是它的某个本征函数；测量完毕，$\psi(x)$ 即相应坍缩为本征值 a_k 的本征函数 $\varphi_k(x)$。选择不同的基矢进行测量，会得到不同的结果。

对量子态的测量中，测量 M 由一组测量算子 $\{M_m\}$ 描述。$\{M_m\}$ 是线性算子，可以表示为矩阵。当使用 M 测量一个量子系统 $|\varphi\rangle$ 时，则由概率公式 $p(m) = \langle\varphi|M_m^\dagger M_m|\varphi\rangle$ 得到结果 m。测量后系统状态为

$$\frac{M_m|\varphi\rangle}{\sqrt{\langle\varphi|M_m^\dagger M_m|\varphi\rangle}}$$

例如，用 $\{|0\rangle, |1\rangle\}$ 测量量子态 $|\varphi\rangle = \alpha|0\rangle + \beta|1\rangle$。那么测量得到 $|0\rangle$ 的概率为 $p(0) = \langle\varphi|0\rangle\langle 0|\varphi\rangle = |\alpha|^2$，测量后的量子系统状态为 $\frac{|0\rangle\langle 0||\varphi\rangle}{\sqrt{|\alpha|^2}} = \frac{\alpha|0\rangle}{|\alpha|}$；测量得到 $|1\rangle$ 的概率为 $p(1) = \langle\varphi|1\rangle\langle 1|\varphi\rangle = |\beta|^2$，测量后的量子系统状态为 $\frac{|1\rangle\langle 1||\varphi\rangle}{\sqrt{|\beta|^2}} = \frac{\beta|1\rangle}{|\beta|}$。

同样，对于双量子比特系统，常见的测量基是贝尔基。用贝尔基测量系统，其测量后的态会坍缩为 4 种贝尔态中的一种。

12.1.4 量子计算

经典计算机是由包含连线和逻辑门的线路建造的，类似地，量子状态的变化可以用量子计算的语言来描述。量子计算是指对单/多量子比特进行操作，以达到具有量子特性的演算过程。量子计算是由量子信息存储单位（如量子比特），搭配对应于适当量子算法的量子电路组成的，演算进行到最后常伴随着量子测量以得到经典计算机可以判读的演算结果。

量子信息的处理是指对量子比特进行一系列的幺正变换：幺正变换 U 满足条件 $U^\dagger U = I$，其中 † 表示共轭转置运算。对量子比特进行的最基本的操作称为逻辑门。逻辑门可以用狄拉克符号表示，也可以用矩阵表示。单比特逻辑门包含泡利（Pauli）门、哈达玛（Hadamard）门等，多比特逻辑门包含受控非（Controlled-NOT，CNOT）门、受控旋转（Deutsch）门等。

Pauli 门有 4 种基本形态：

$$I = \begin{bmatrix} 1 & 0 \\ 0 & 1 \end{bmatrix}, X = \begin{bmatrix} 0 & 1 \\ 1 & 0 \end{bmatrix}, Y = \begin{bmatrix} 0 & -i \\ i & 0 \end{bmatrix}, Z = \begin{bmatrix} 1 & 0 \\ 0 & -1 \end{bmatrix}$$

Hadamard 门：

$$H = \frac{1}{\sqrt{2}}\begin{bmatrix} 1 & 1 \\ 1 & -1 \end{bmatrix}$$

Hadamard 门的一个重要作用是将量子比特从以 $|0\rangle, |1\rangle$ 为基矢的空间转化为以 $|+\rangle, |-\rangle$ 为基矢的空间：

$$H|0\rangle = \frac{1}{\sqrt{2}}(|0\rangle + |1\rangle) = |+\rangle$$

$$H|1\rangle = \frac{1}{\sqrt{2}}(|0\rangle - |1\rangle) = |-\rangle$$

CNOT 门中，第一量子比特称为控制比特，第二量子比特称为目标比特。当控制比特为 $|0\rangle$ 时，目标比特保持不变；当控制比特为 $|1\rangle$ 时，目标比特执行 X 门。所以，CNOT 门的作用为 $|00\rangle \to |00\rangle$，$|01\rangle \to |01\rangle$，$|10\rangle \to |11\rangle$，$|11\rangle \to |10\rangle$。CNOT 门可用矩阵表示为

$$\text{CNOT} = \begin{bmatrix} 1 & 0 & 0 & 0 \\ 0 & 1 & 0 & 0 \\ 0 & 0 & 0 & 1 \\ 0 & 0 & 1 & 0 \end{bmatrix}$$

任意的单量子比特门可以基于量子门的一个有限集合来构造。现在把单量子比特推广到多量子比特，多量子比特量子逻辑门的典型代表是受控非门。任意的多量子比特门都可由受控非门和单量子比特门复合而成。

Deutsch 门是一个三量子比特门，即控制—控制—R 门，当且仅当第一和第二量子比特都处在 $|1\rangle$ 态时，才对第三量子比特实施一个 R 变换：

$$R = -iR_x(\theta) = -i\begin{bmatrix} \cos\theta/2 & i\sin\theta/2 \\ i\sin\theta/2 & \cos\theta/2 \end{bmatrix}$$

Deutsch 门证明了任意 Hilbert 空间的所有幺正变换的计算网络都可以通过重复利用 Deutsch 门构造出来，所以对量子计算是通用的。

12.2 量子安全性

12.2.1 信息论安全性

香农（Claude Elwood Shannon）于 1948 年发表在"*Bell System Technical Journal*"上的论文"A Mathematical Theory of Communication"详细阐明了信息的定义，同时提出了信息论安全模型，证明在一次一密（One-Time Pad，OTP）的加密条件下，即使对手的计算能力无限强大，也无法从密文中窃取到任何信息，使得窃听者的存在毫无意义。

实现 OTP 算法需要满足 3 个条件：密钥完全随机；密钥不重复使用；密钥与明文等长。该算法涉及经典物理中的两个不可实现的任务：如何生成真正随机的密钥；如何在不安全的公共信道上无条件安全地分发密钥。随着量子信息技术的发展，基于量子物理学可以实现这两个任务，即真正的随机数可以通过基本的量子物理过程生成，通过量子通信手段可实现在公共信道上也无法被窃听的密钥分发。

12.2.2 量子安全性的物理原理

量子密码学的研究源于 Charles H. Bennett 和 Gilles Brassard 的开创性工作。不同于经典密码学，量子密码学的安全性不依赖于数学的难题，而是建立在量子物理学的基本定律上，能够提供独特的长期安全性保障。

量子密码协议的一大特点是具有无条件安全性。下面介绍其无条件安全性所依赖的 3 个基本特性。

（1）不确定性原理。

不确定性原理（Uncertainty Principle）又称不确定关系、测不准原理，是量子力学的一个基本原理，是由德国物理学家海森堡（Heisenberg）于 1927 年提出的。该原理表明微观世界的粒子行为和宏观物质很不一样。一旦通过测量可以获得某个量子系统的部分状态信息，那么该量子系统状态就必然会发生扰动，除非事先已知该量子系统的可能状态是彼此正交的。这使得在量子通信过程中，仅当接收方采用与发送方相同的基（包含正交的两个基矢）进行制备和测量时，双方才可以获取正确的信息；而窃听者的测量行为一定会改变量子态的物理特性，从而使窃听行为无法避免地被检测出来。

不确定性原理的定义如下：如果有大量状态为 $|\varphi\rangle$ 的量子系统，对一部分测量力学量 C，对另一部分测量力学量 D，则测量结果 C 的标准偏差 ΔC 与测量结果 D 的标准偏差 ΔD 满足

$$\Delta C \cdot \Delta D \geq \frac{|\langle\varphi|[C,D]|\varphi\rangle|}{2}, \quad [C,D] = CD - DC$$

其中，若测量力学量 M 的平均值为 $\langle M \rangle$，则其标准偏差可定义为

$$\Delta M = \sqrt{\langle M^2 \rangle - \langle M \rangle^2}$$

不确定公式的一个常用推论是，只要测量力学量 C 和测量力学量 D 不对易，即 $[C,D] \neq 0$，则 $\Delta C \cdot \Delta D > 0$。例如，系统状态为 $|0\rangle$，对其测量力学量 X 和测量力学量 Y，因为 $[X,Y] \neq 2iZ$，所以 $\Delta(X) \cdot \Delta(Y) \geq \langle 0|Z|0\rangle = 1$。所以除非选用正确的基矢（对易），否则力学量不可能被准确地测量。

不确定性原理使得量子比特与经典比特的性质完全不同，因为此原理决定了量子比特的不可精确测量性。在任何条件下，经典比特都是可以被精确测量的，但对量子比特来说，如果没有选定合适的测量基矢，便不可能获取该量子比特的精确信息。在通信过程中，如果有窃听者对传输的光子序列有干扰或窃听行为，那么都会使光子的状态有所改变，导致接收者的测量结果不正确，从而可以判定和检测窃听者的行为。

（2）量子不可克隆定理。

量子不可克隆定理（No-Cloning Theorem）是指在量子力学中，不存在一个实现对一个未知量子态的精确复制，使得每个复制态与初始的量子态完全相同的物理过程。量子力学中，对任意一个未知的量子态进行完全相同的复制的过程是不可实现的。该定理可以通过反证法基于量子态的叠加原理证得。

量子态的这一特性确保了量子通信及量子密码的安全性。量子的不可克隆性决定了量子信息不可能被第三方复制窃取而不对量子信息产生干扰，有效保证了其安全性。这意味着无法以量子比特为基础复制出它的完美副本，因为对量子态进行复制的过程必然会破坏其原有的量子比特信息，即窃听者无法复制量子比特承载的信息。

（3）非正交量子态不可区分原理。

若量子态 $|\varphi\rangle$ 和 $|\phi\rangle$ 为非正交态（没有测量能区分开它们），那么用非正交态编码的信息不可

能通过测量被提出来。非正交量子态的不可区分性是量子信息学中的一个核心概念，决定了量子态的全部信息无法通过测量来获取，在应用量子密码过程中发挥了关键作用。

上述 3 个特性在本质上是统一的。例如，由不确定性原理可以推出量子不可克隆定理。假设存在物理过程能够完全复制未知量子态 $|\varphi\rangle$，即能够得到它足够多的完全相同的副本，从而可以对部分相同的态测量 σ_x、σ_y 和 σ_z 等互相不对易的力学量到任意精度，这与不确定性原理矛盾，所以假设不成立，量子不可克隆定理成立。总之，由这些原理和定理可知，量子比特不像经典比特那样可以被任意复制；如果在量子保密通信协议中，随机传送的是非正交量子态，则窃听者不能通过克隆信号态窃取密钥；用非正交量子态编码的经典信息是不能用任何测量完全提取出来的。所有这些都是量子保密通信具有无条件安全性的依据。

12.2.3 量子攻击

完美的密码协议是难以设计的，即使经过精心设计的量子密码协议也有可能被某些没有考虑到的特殊攻击方法所攻破。

根据对信息的破坏角度，攻击可分为主动攻击和被动攻击。本节介绍几种典型的主动攻击，也是设计安全的密码协议时经常需考虑的攻击情景。

（1）截获—测量—重发攻击。

截获—测量—重发攻击是指窃听者截获在量子信道中传输的量子态并进行测量后，重新给合法用户发送适当的量子态的攻击情形。这种攻击在设计协议时常被充分考虑。例如，在量子密钥分发 BB84 协议中，讨论了窃听者利用截获重发攻击会引入 25%的错误，从而被合法用户发现的情景。

（2）关联提取攻击。

关联提取攻击主要针对使用 Greenberger-Horne-Zeilinger（GHZ）态的量子密码协议。该攻击可以在不引入任何干扰的情况下，通过两次 CNOT 操作提取量子比特间的相关信息。在利用 GHZ 态设计密码协议时需要特别注意此类攻击。

（3）假信号攻击。

假信号攻击泛指用自己的量子比特替换合法粒子，等获得其他信息后再测量，达到窃听目的的攻击方法。窃听者常利用自己与接收者之间的量子纠缠来协助自己获得秘密信息且避开检测。例如，基于 GHZ 态的量子秘密共享协议（HBB）中的 Bob 可以利用假信号攻击获得 Alice 的全部秘密。

（4）纠缠附加粒子攻击。

纠缠附加粒子攻击是指窃听者通过幺正操作将自己的附加粒子与截获的量子比特纠缠起来后重新发送给合法接收者，之后从本地纠缠的附加粒子当中获取信息。这种攻击的具体策略多种多样，如截获—测量—重发攻击与假信号攻击都可以看成此种攻击的特例。

（5）中间人攻击。

针对量子密码协议的中间人攻击在原理上与传统密码学中的中间人攻击是相同的，即截获通信方发送的信息，并且冒充发送方和接收方进行通信。

（6）特洛伊木马攻击。

特洛伊木马可视为预先植入通信双方设备的小型装置。由于特洛伊木马可以隐藏到系统中，所以不会被系统轻易发现。例如，攻击者可以通过光纤将光脉冲发送到 Alice 和 Bob 的设备，然后分析反射光。通过这种方法，攻击者可以探测到通信方的哪个信号源和探测器在工作，也可以探测到相位与偏振模块的设置情况。

（7）光子数分离攻击。

光子数分离攻击针对的是多光子特别是双光子的情况，即攻击者将携带相同量子态的双光子中的一个截取下来，将另外一个传输给 Bob，并对自己保存的光子进行分析处理。一般情况下，攻击者将在 Alice 和 Bob 协调选择的测量基后对截获的光子进行测量。

（8）不可见光子攻击。

不可见光子攻击指攻击者将对于通信方的单光子探测器不可见的光子加入传输信道，以期获取秘密消息的攻击。单光子探测器只对一定波长的光子敏感。

除了以上描述的窃听者截获并改变量子比特的主动攻击方法，还有窃听者不改变传输信道信息的被动攻击方法，如窃听者干扰通信信道的拒绝服务攻击，以及对量子签名的存在性进行伪造等独特的攻击方法。随着量子信息理论与技术的发展，新的攻击方法和策略还将不断出现。

根据量子的物理特性，攻击可分为非相干攻击和相干攻击。

（1）非相干攻击又称个体攻击。在个体攻击中，攻击者分别与被攻击者发送的每个信号系统相互作用，即针对每个信号系统，攻击者都附加一个辅助系统，并对组合系统采用确定的幺正操作，然后分别对每个组合系统进行测量。例如，截获—测量—重发攻击和中间人攻击都是简单的个体攻击，此外，还有所谓对称的个体攻击。

（2）相干攻击指攻击者能够相干地处理多量子比特，是量子攻击方法中较强的一种，包括了联合攻击和集体攻击。在联合攻击中，攻击者将整个量子信号序列视为一个单一的实体，并使这个实体和它的探测器耦合起来，然后对这个组合系统执行相应的幺正演化。攻击者将组合系统的一个子系统发送给接收者，自己保留一个子系统用于窃听。类似于个体攻击，在集体攻击中，攻击者为每量子比特都配置探测器，但攻击者可相干地同时测量多个探测器。在相干攻击中，攻击者可以在整个协议结束后再对系统进行测量。因此，攻击者的测量可以利用通信方在进行纠错和放大过程中交互的经典信息开展。

12.3 量子信息系统安全需求

12.3.1 量子计算机

量子计算机（Quantum Computer）是一类遵循量子力学规律进行高速数学和逻辑运算、存储及处理量子信息的物理装置。量子计算机的概念源于对可逆计算机的研究，而研究可逆计算机的目的是解决计算机中的能耗问题。

量子计算机最早由美国物理学家费曼（Feynman）提出，他发现用经典计算机模拟量子现象时，所需的运算时间是不切实际的天文数字。如果用量子系统构成的计算机来模拟量子现象，则运算时间可大幅度减少，从此量子计算机的概念诞生。

20 世纪 60 年代至 70 年代，研究发现，能耗会使计算机中的芯片发热，极大地影响了芯片的集成度，从而限制了计算机的运行速度。研究发现，能耗来源于计算过程中的不可逆操作。那么，计算过程是否必须用不可逆操作才能完成呢？答案是否定的，所有经典计算机都可以找到一种对应的可逆计算机，而且不影响运算能力。既然计算机中的每个操作都可以改造为可逆操作，那么在量子力学中，它就可以用一个幺正变换来表示。在经典计算机中，基本信息单位为比特，运算对象是各种比特序列。与此类似，在量子计算机中，基本信息单位是量子比特，运算对象是量子比特序列。量子比特序列不但可以处于各种正交态的叠加态上，而且可以处于纠缠态上。这些特殊的量子态，不仅提供了量子并行计算的可能，还将带来许多奇妙的性质。与经典计算机不同，量子计算机可以进行任意的幺正变换，在得到输出态后，再进行测量，得出计算结果。因此，量子计算对经典计算而言有极大的扩充，在数学形式上，可将经典计算看成一类特殊的量子计算。量子计算机对每个叠加分量进行变换，所有这些变换同时完成，并按一定的概率幅叠加起来给出结果，这种计算称为量子并行计算。除了进行并行计算，量子计算机的另一个重要用途是模拟量子系统，这项工作是经典计算机无法胜任的。

在 2007 年，加拿大计算机公司 D-Wave 展示了全球首台量子计算机"Orion"（猎户座），它利用了量子退火效应来实现量子计算。该公司此后在 2011 年推出具有 128 量子比特的 D-Wave One 量子计算机，2013 年，NASA 与 Google 公司共同预订了一台具有 512 量子比特的 D-Wave Two 量子计算机。

D-Wave 量子计算机是一个专用量子计算机，只能计算优化问题，也就是说，它利用量子退火效应可以实现计算速度和规模的大幅提升。量子隧穿效应指微观粒子有一种可以穿过不可能穿越的壁障的能力，出现在壁障的另一端，即微观粒子从一个极小值直接穿越到另一个极小值。D-Wave 正是利用量子隧穿效应使 D-Wave 量子比特寻找到最低的量子势，理论上它可以让粒子较快地找到量子势的最低点。D-Wave 的量子处理器是由排列于整齐格子中的金属铌的微小电流环（超导线圈）构成的，每个环都是 1 量子比特。电流环的电流顺时针或逆时针旋转时，超导量子比特发射向下或向上的磁场，编码比特为 1 或 0。在量子"退火"时，电流环的电流同时向顺时针和逆时针方向流动，使量子比特处于一种叠加态。D-Wave 首先制备好这样一系列量子比特，设置好它们的初始位置和自旋状态，并通过耦合器为这些量子比特设置好三维的算法模型。随后，通过向超导电路加特殊电流，设置耦合电场，减弱量子比特间的相互作用，量子隧穿效应发生，量子比特就进入了自旋的叠加态，相当于同时具有 0 和 1 两种状态的比特。然后进行"退火"，慢慢撤去耦合磁场，增强相互作用。最终，量子比特稳定下来，给出最终解。在量子"退火"结束后，量子比特坍缩成两种状态之一，或是 0，或是 1。

可见，量子"退火"其实是利用自然规律进行计算，最终稳定下来的量子，一定是在三维算法模型中相互间能量最小的。只要模型设置得当，就有非常大的概率让量子比特落到最低的"山谷"中。三维算法模型相当于现实的丘陵地貌，大量的量子比特就像大量降下的雨水，落在地上的水自然会在山谷中流动（隧穿效应），最终流向最低的地方。不同于普通计算机，D-Wave 进行的是并行计算，即与人脑类似，通过观察整体曲线发现曲线最低点，而非盲目地从起点出发，逐点计算，逐位比较，然后才找到最低点。

量子计算机的类型是不尽相同的，IBM、Google 和 Rigetti 计算公司专注于打造可以解决任何类型问题的通用型量子计算机。IBM 公司提出了量子体积数概念，旨在表征量子计算机的通用性能，综合考虑量子比特数、相干时间、量子比特连接度、错误率等因素。IBM 公司推出的 Raleigh 量子计算机是性能最佳的量子计算机之一，其量子比特数为 28，量子体积数为 32。霍尼韦尔公司于 2024 年 4 月份宣布其将推出量子体积数高达 4096 的离子阱量子计算机。霍尼韦尔公司目前的量子计算机仅有 12 量子比特，但其称每年量子体积数将提高 10 倍，预计在 2025 年达到 640000。离子阱由于相干时间长、门保真度较高等因素，成为霍尼韦尔公司制备量子计算机的主要原因。霍尼韦尔公司可通过低温制冷器在 13.6 开尔文的条件下捕获离子阱。此外，霍尼韦尔公司还投资了剑桥量子计算公司和 Zapata 计算公司，用于开发量子计算软件。

我国在量子计算机的研制方面取得了多项突破。2020 年 12 月，中国科学技术大学宣布成功构建 76 个光子的量子计算原型机"九章"，其输出量子态空间规模达到了 1030 个光子。该团队又成功研制 113 个光子的"九章二号"、255 个光子的"九章三号"，其超强算力在图论、机器学习、量子化学等领域具有潜在应用价值。2021 年 5 月，中国科学技术大学宣布，构建了 62 比特超导量子计算原型机"祖冲之号"，并实现了可编程的二维量子行走。2021 年 10 月，构建了 66 比特可编程超导量子计算原型机"祖冲之二号",实现了对"量子随机线路取样"任务的快速求解。通过量子编程的方式,实现了量子随机线路取样,展示了执行任意量子算法的编程能力。2024 年 1 月,本源量子计算科技股份有限公司推出了 72 比特的第三代超导量子计算机"本源悟空",到 2025 年,计划突破 1000~1024 量子比特,并尝试利用其解决不同行业的问题。

12.3.2 量子网络

由于量子计算巨大的计算性能优势和对军事、商业、人工智能等多个领域的潜在影响力与推动力,量子技术的发展已经成为国际技术竞争的重要领地。2020 年 2 月 7 日,美国白宫发布《美国量子网络战略构想》,确立了美国量子网络的发展计划与目标,使这一概念引起了公众和国内外研究界的广泛关注。量子信息网络又称量子互联网,是基于量子通信技术产生、传输和量子态资源的使用,并通过量子链路与经典链路的协同来实现量子信息处理系统或节点之间的互联,从而进一步提高量子信息的传输和处理能力,并扩大量子比特操作的数量。随着互联的量子设备数目的增多,通过采用分布式的范式,量子互联网可以被看成由大量量子比特构成的虚拟量子计算机,实现计算能力的指数级加速。

量子互联网是由多个量子计算机与量子设备共同组成的网络,可以像传统互联网对经典信息比特一样,实现对量子信息的传输、处理和存储。量子互联网是实现各类量子信息系统互联和提升量子信息处理能力的物理载体和使能技术,需要支持多维度、远距离与多量子信息设备之间的传输。对应于传统互联网,量子互联网代表的计算、测量与通信相融合的发展方向是量子信息技术演进的终极目标。量子隐形传态是在不转移存储量子态的物理介质的前提下,结合经典传输信道,利用量子纠缠原理来实现量子态的传递,是实现量子存储网络和量子互联网的基础。

《美国量子网络战略构想》将量子网络描述为量子设备之间的互联网链路,通过量子处理器之间的纠缠及量子态的传输、控制和测量,实现量子云计算和新型量子传感模式等。继 24 个欧盟成员表明共同开展量子通信基础设施计划后,欧盟于 2022 年 12 月针对"欧洲量子技术旗舰计划"发布《战略研究和行业议程(SRIA)》报告,提出欧盟未来 3 年将推动建设欧洲范围的量子通信网络,为未来的"量子互联网"远景奠定基础。该报告将量子互联网的实现重点定位在利用量子密钥分发(Quantum Key Distribution,QKD)协议、具有可信节点的网络开发上,其最终目标是实现量子互联网。

互联网工程任务组(Internet Engineering Task Force,IETF)组织的互联网研究任务组(Internet Research Task Force,IRTF)设立了专门的量子互联网研究组(Quantum Internet Research Group,QIRG),其研究内容包括量子信息网络的架构、使能技术、路由协议等方面。IETF 草案《量子互联网的架构原则》将量子网络定义为一系列能够交换量子比特和纠缠态的互联节点,而只能通过经典方式与另一个量子节点进行通信的节点不能视为量子网络的成员。来自荷兰量子计算公司 QuTech 的研究人员成功实现将 3 台量子设备连接在同一个网络中。此外,他们还实现了关键量子网络协议的原理证明演示,标志着量子互联网迈向了一个重要节点。

量子互联网关键技术被总结为量子物理设备、网络功能与协议设计、量子退相干与保真、量子纠缠分发与中继 4 个部分,如图 12.1 所示。其中量子纠缠分发与中继指的是为实现在量子互联网中长距离的量子通信,量子节点必须基于量子纠缠分发技术与相邻节点建立共享纠缠对,使用量子存储技术存储纠缠对,并通过一系列操作不断扩大量子纠缠距离。目前的主流办法是通过量子纠缠交换技术来实现量子纠缠分发与中继的功能。量子纠缠交换与量子隐形传态的原理类似,通过测量结果与量子态坍缩之间的对应关系来实现量子态之间的纠缠。然而,有学者提出,在包含多跳和多节点的量子网络中同样可以通过量子网络编码技术实现纠缠分发。量子纠缠交换与经典网络编码中的解码与转发技术有相似的地方，而且在许多实际的场景中都证明了它优于经典网络编码。有研究表明，当网络中存在两对收发方且它们通过一条骨干系统连接时，量子纠缠交换技术的性能优于量子网络编码技术。但同样有研究表明，当量子网络推广到大规模时，基于量子网络编码的系统较基于量子纠缠交换的系统更加有利，并给出了定量分析。

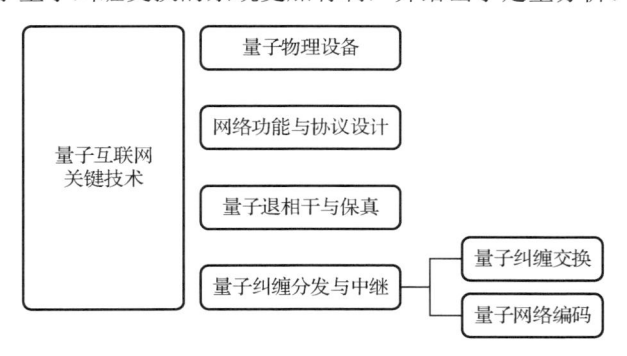

图 12.1 量子互联网关键技术

12.3.3 安全需求

量子信息系统是指由量子计算机硬件、量子网络和量子通信设备、量子计算机软件组成的一体化系统。简单地说，量子信息系统就是输入量子信息后，通过量子处理产生量子信息的系统。量子信息系统的安全需求包括如下内容：量子密钥分发、管理与应用技术，量子加密理论与技术，量子认证理论与技术，量子签名理论与技术，量子秘密共享理论与技术，量子公钥密码理论与技术，量子协议安全性分析方法，量子随机数发生器原理。本节将介绍其中的关键安全技术，如图 12.2 所示。

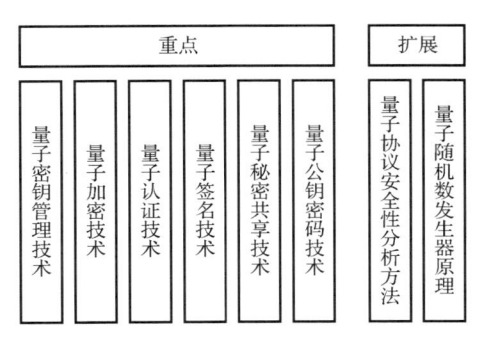

图 12.2 量子信息系统的关键安全技术

🔒 12.4 量子密码技术

12.4.1 量子密钥分发

量子密钥分发是量子信息在密码学中的典型应用。BB84 协议于 1984 年由 Charles H. Bennett 和 Gilles Brassard 提出，是第一个应用量子共轭编码来实现信息论安全的密钥协商协议。发送方

会随机从两组非正交基矢 $\{|\updownarrow\rangle,|\leftrightarrow\rangle,|\nwarrow\rangle,|\nearrow\rangle\}$ 中进行选择，发送单光子。接收方会随机选择水平垂直基或对角基进行测量，并记录测量结果。如果光子穿过的基矢方向与它的偏振方向不同，它将随机变为该基矢的某个偏振方向。双方会在公开认证信道上对比选择的基矢，保留基矢相同部分的发送和测量结果，提取出共享密钥。

实际应用的量子密钥分发系统大多采用 BB84 协议，相关设备和技术比较成熟。BB84 协议的主要实现方式包括相位编码、偏振编码等。本节给出了使用光子偏振态编码的 BB84 协议过程。偏振编码 BB84 协议采用了单光子的 4 个偏振态编码经典信息，并使用水平垂直基和对角基对编码后的量子比特进行测量。

BB84 协议的具体应用步骤如下。

步骤 1：Alice 制备 $2n$ 对光子纠缠态 $|\psi^-\rangle_{ab}^{\otimes 2n}$，将 a 粒子保留在本方，并把 b 粒子发送给 Bob。

步骤 2：为了对量子态进行测量，Alice 需要准备长度为 $2n$ 的随机序列 $\{x_n\}$，记录测量结果 $\{a_n\}$。Bob 也需要准备相同长度的随机序列 $\{y_n\}$，记录测量结果 $\{b_n\}$。

步骤 3：Alice 和 Bob 分别公布自己的测量结果，并根据结果进行对比后，双方均舍去测量结果不同的比特，将剩下的比特记为原始密钥。

由 BB84 协议的分发流程可知，测量基不匹配的概率大约为 50%，所以该协议的效率最高为 50%。

根据量子不可克隆定理，窃听者无法对未知的量子态进行完美克隆，所以无法通过克隆操作窃听信息。根据量子的不确定性原理，窃听者的测量操作会使量子态坍缩，造成扰动，通信双方可以通过比对信息获知是否存在窃听者。假定窃听者不知道发送者选择的基矢是什么，只能随机选择基矢去测量光子，那么一旦测错，该光子的偏振方向就会变为错误基矢包含的一个随机方向，接收者将会接收到错误的信息。在测量结束后，收发双方通过比对部分结果，就可以发现窃听者的存在。

实际使用中，由于信道噪声、窃听者窃听等影响，通信双方获得的原始密钥可能存在误码，双方可以通过随机公开部分比特来估计误码率，如果误码率过高，则抛弃这串原始密钥，否则攻击者会通过纠错等处理后得到安全密钥。

为了防止中间人攻击，BB84 协议需要一个经过认证的安全传统信道，而认证一个安全的信道常常需要通过传统方式中双方的共享密钥来实现，所以 BB84 协议用于对原始密钥进行扩展，可以作为混合系统中的组件来使用。

除了 BB84 协议，牛津大学的 Artur Ekert 于 1991 年提出了 Ekert91 协议。该协议利用量子隐形传态来实现密钥分发，其安全性建立在对违反贝尔不等式结果的测量上。发送方和接收方分别接收从一个纠缠源发来的光子，并共享一对纠缠态，各自在 3 个给定基矢中随机选择一个对光子进行测量并记录结果，之后在经典认证信道中公布测量基矢，保留双方同时测量到的部分。测量结果的一部分会公开用于贝尔不等式检验，根据贝尔不等式的破坏程度来检测窃听者获取的信息量；另一部分用于提取原始密钥。根据量子纠缠原理，如果收发双方使用了相同的基矢，则他们的测量结果具有反关联性，只要其中一方翻转比特，就可以得到一致的密钥，而对于纠缠态的粒子，贝尔不等式不成立；如果不等式成立，则可能存在窃听者。

Bennett、Brassard 和 Mermin 等人于 1992 年提出 BBM92 协议。该协议结合了 BB84 协议的思想，是一个不使用贝尔不等式的基于量子隐形传态的 QKD 协议。该协议中使用两组非正交基进行测量，并抛弃双方选择的基矢的不同部分，得到安全密钥。这种与 BB84 协议类似的处理方式可以将可能泄露给窃听者的信息丢弃。BBM92 协议本质上等价于 BB84 协议。实际应用 QKD 系统时,由于所使用的硬件设备存在缺陷,可能会遭到针对探测器端的攻击。2012 年,Hoi-Kwong Lo 等人提出了使用测量设备独立性的方法来解决该问题,该方法自提出以来,就受到了研究人员的关注。

2023 年 5 月,中国科学技术大学潘建伟、张强等与清华大学王向斌,济南量子技术研究院刘洋,中国科学院上海微系统与信息技术研究所尤立星、张伟君等合作,通过发展低串扰相位参考信号控制、极低噪声单光子探测器等技术,实现了光纤中 1002 千米点对点远距离量子密钥分发,创下了光纤无中继量子密钥分发距离的世界纪录。

12.4.2 量子认证

量子认证是实现信息保护的重要手段,不仅可以保护量子信息,还可以保护经典信息。与经典认证相比,量子认证不仅可以实现信道认证,还可以实现消息认证。

(1) 量子信道认证。

若量子信道被攻击者做了窃听处理,或者量子信道由于受到环境噪声的影响而未被通信者察觉,则有可能导致信息泄露,从而影响密码系统的安全。因此对信道进行认证是非常有用的,且是必要的。

量子信道认证可以通过两种方式来实现:一是利用经典信道;二是利用纯量子方式。

依赖经典信道的量子信道认证一般包括 3 个过程:获得经典结果;通信双方比较结果;根据比较结果和相应的量子力学规律判定预先共享量子信道的完整性。例如,在量子密钥分配中,假设通信双方 Alice 和 Bob 拥有了同一个量子信道,即共享了一个随机量子比特串;通信双方各自独立地测量他们的随机比特串;再选取部分测量结果进行比较,这种比较在经典信道中实现;根据比较结果判定整个量子信道的完整性,从而实现对信道的认证。

利用量子特性的量子信道认证中,协议的描述如下:设通信者 Alice 和 Bob 预先拥有同一个量子信道,该量子信道由 n 对 EPR 纠缠对构成,制备 1 量子比特 $|\psi_m^k\rangle$ 对应的粒子集合 p_m,且 $\{\theta,\varphi\}$ 为量子比特对应参数。

Alice 将一个量子受控非门 $CNOT_{a,m}$ 作用在 Alice 粒子 p_a 和探测粒子 p_m 上。经此操作后,p_m、p_a 和 p_b 成为三粒子纠缠比特。Alice 将 p_m 发送给 Bob。Bob 收到后,将 $CNOT_{m,b}$ 作用在 p_m 和 p_b 上,得到 $|\Phi^+\rangle$ 和 $|\psi_m\rangle$ 的乘积态,Bob 的操作将 $|\Phi^+\rangle$ 和 $|\psi_m\rangle$ 解纠缠,通过对测试粒子 p_m 的测量,可判断预存信道是否完善。

为了测量整个量子信道的纠缠比特,Bob 将 $|\psi_m\rangle$ 按照和 Alice 同样的方式与下一纠缠比特纠缠,然后将 $|\psi_m\rangle$ 对应的粒子发送给 Alice,Alice 得到探测粒子的状态后,测量参数 $\{\theta,\varphi\}$,并与原始的参数比较。若一致,则表明纠缠比特没有受到干扰;若出错率小于阈值,则表明量子信道是完善的。

(2) 量子消息认证。

现介绍一种对经典信息的量子认证算法。该算法至少需要 2 秘密比特才能实现小于 1 的伪造概率,且在通信双方之间只共享一个量子比特密钥时,依然能提供安全的数据完整性保障。

① 初始化阶段。

假设 Alice 需要给 Bob 发送一个经典消息,目标是让 Bob 相信这个消息是正确的且来自 Alice。协议需要一个量子信道,因此给每个可能的经典消息分配一个量子态。这一步可以公开进行,不

必保密。为了方便，这里只讨论经典比特的情形，即给"0"和"1"各自分配量子态 $|\varphi_0\rangle$ 和 $|\varphi_1\rangle$，这些量子态必须是正交的，满足：

$$\langle\varphi_i|\varphi_j\rangle = \delta_{ij}, \quad i,j \in \{0,1\}$$

另外，还要增加一个标记位，以便于 Bob 检测，因此应该为各经典比特分配一个 2 量子比特的状态空间（四维 Hilbert 空间），第一量子比特用于携带消息，第二量子比特用于携带标记信息。

对于认证密钥，则假设 Alice 和 Bob 共享量子比特 A、B 的最大纠缠态：

$$|\psi\rangle_{AB} = \frac{1}{\sqrt{2}}(|01\rangle_{AB} - |10\rangle_{AB})$$

② 制备认证的消息。

当 Alice 想发送消息比特 i 时，她需要制备处于 $|\varphi_i\rangle$ 态的量子比特 A、B，并用下面的操作对其拥有的 A 粒子及消息粒子进行加密。

$$E_{A\varepsilon} = |0\rangle\langle 0|_A 1_\varepsilon + |1\rangle\langle 1|_A U_\varepsilon$$

在 Alice 进行标记操作之后，整个系统（Alice+Bob+消息）的状态为

$$|\psi\rangle_{ABi} = \frac{1}{\sqrt{2}}(|01\rangle_{AB}|\varphi_i\rangle - |10\rangle_{AB} U_\varepsilon|\varphi_i\rangle)$$

Alice 发送给 Bob 的认证消息的状态可以从 Alice 和 Bob 的变量中获取。

③ 消息验证。

在接收方，Bob 对 B 粒子及来自 Alice 的消息粒子进行下面的操作：

$$D_{B\varepsilon} = |0\rangle\langle 0|_B U_\varepsilon^\dagger + |1\rangle\langle 1|_B 1_\varepsilon$$

以解密出消息 i，Bob 对 2 量子比特的状态空间利用正交基进行测量。如果测量的结果是最初集合 $\{|\varphi_0\rangle,|\varphi_1\rangle\}$ 中的元素，则 Bob 认为没有消息篡改发生，于是接收发给他的消息；反之，Bob 拒绝接收。

12.4.3 量子签名

与量子认证一样，量子签名可用于身份验证和消息确认，同样可以实现对经典消息的处理和确认。

通常，一个量子签名算法包括 3 个阶段：初始阶段、签名阶段和验证阶段。初始阶段的目的主要是获得一些必要的参数，包括获取密钥；签名阶段是在密钥的控制下，通过签名算法产生一个签名；验证阶段是在密钥的控制下，通过验证算法对签名的真实性进行判别。

量子签名必须遵循不可修改和伪造、不可抵赖和包含纯量子力学属性的安全准则。

Gottesman 和 Chuang 在 2001 年提出使用量子态作为公钥，并构造了信息论安全的量子数字签名方案，其核心思想是利用量子不可克隆定理保证签名的不可伪造性。他们所构造的是一次性量子签名：Alice 有一些私钥，接收者有相应的公钥复制版本。给定一个消息 b，Alice 可以产生签署的消息 $(b,s(b))$。相反地，给定任何消息签名对 (b',s')，接收者都可以处理得到以下 3 个结论：①1-ACC，消息是有效的，且可以转化；②0-ACC，消息是有效的，也许不可转化；③REJ，消息无效。前两种结论表明 Alice 发送了消息 b'，不同点在于 1-ACC 意味着接收者确信其他人也可确定消息是有效的（可转化），而 0-ACC 意味着第二位接收者有一定概率得到消息无效（数值"0"和"1"是指认为消息有效的人数的最小值）的结论。REJ 表明接收者无法安全地认证消息。要求的是任何接收者均收到正确的消息，消息 $(b,s(b))$ 总能得到 1-ACC 的结论。

安全标准：①防伪造，即使可以得到有效的签名消息 $(b,s(b))$ 和所有可能的公钥，没有伪造者可以有很大的概率创造签名对 (b',s') $(b'\neq b)$，使一个诚实的接收者接收（结论为 1-ACC 或 0-ACC）；②不可否认性，对于任意一对接收者，第一个接收者得到结论 1-ACC、第二个接收者也得到结论 1-ACC 或 0-ACC 的概率很大。

此签名有 3 点不同于经典签名：①经典的签名协议中不会存在结论 0-ACC；②安全标准仅以大概率满足；③公钥是量子态的。

私钥：Alice 选择一系列 L 比特字串 $\{k_0^i,k_1^i\}$，$1\leq i\leq M$，k_0 用于签署消息 $b=0$，k_1 用于签署消息 $b=1$。注意，对于每个 i，k_0^i,k_1^i 都是独立随机选取的。签署每比特需要 M 个密钥。M 是安全参数，当协议的其他参数确定时，协议安全性基于 M 呈指数级增加。

公钥：量子态 $\{|f_{k_0^i}\rangle,|f_{k_1^i}\rangle\}$ 是量子单向函数的公钥。"公共"意味着在分发公钥的时候不需要安全方法，如果一部分复制品落入伪造者手中，协议仍然安全。因为根据不可克隆定理，这些密钥均由 Alice 或 Alice 信任的人生成。

所有接收者已知：映射 $k\mapsto|f_k\rangle$；接受或拒绝的界限 c_1,c_2，其中，c_2 由安全证明给出理论值，c_1 在无噪声的情况下可为 0。c_2-c_1 限制了 Alice 欺骗其他用户的机会。要求 Alice 限制分发的公钥个数，只可得到 $T<(L/n)$ 份（$|f_k\rangle$ 是 n 量子比特）复制。

假设为完美器件与信道，在 $c_1>0$ 的情况下，稍微调整后，协议仍可以在低噪声条件下使用。

12.4.4 量子加密

量子的一次一密安全直接通信借鉴了经典一次一密思想，如果 Alice 和 Bob 共享一串量子态，那么 Alice 就可以在量子态上加载秘密信息。该协议的具体步骤如下。

步骤 1：Alice 与 Bob 之间安全共享一串量子态；
步骤 2：Alice 用量子密钥对秘密信息进行加密得到量子密文；
步骤 3：Alice 将量子密文发送给 Bob，Bob 解密量子密文并进行安全性分析。

双方的共享量子态由 Bob 制备。Bob 制备一串单光子串序列，将其中的光子随机制备成 σ_z 和 σ_x 中的本征态，发送给 Alice。Alice 先存储光子，并随机采样部分光子进行测量，使用一种类似于 BB84 协议的方法，检查传输过程中是否有人监听。

确认安全后，Alice 会选择不改变测量基信息的两种量子幺正操作来代表 0、1，对光子序列进行编码，将编码后的 S 发送给 Bob。为了检测 S 发回过程中的信道安全性，Alice 会加入一定的冗余编码，由 Bob 进行安全性分析。

2016 年，中国科学院信息工程研究所杨理等人研究了攻击私钥的方法，证明了公钥是完全混合态，窃听者无法从测量公钥中获得私钥的信息。然后，他们分析了加密的安全性，发现如果两个不同密文的间距是 0，那么窃听者无法区分两个密文态，所以无法得到明文和私钥信息。由此提出了基于量子完美加密的信息论安全的量子公钥加密方案。该方案的一个私钥可以对应指数个公钥，每个公钥只能使用一次。私钥是布尔函数，公钥是一对经典数串与量子态。

量子公钥加密方案分为 3 个阶段：准备阶段、密钥生成阶段与加密/解密阶段。存在 $2^n\times 2^n$ 的幺正操作 U_k，n 比特量子消息 ρ 的密文态 ρ_c，下标 k 标识密钥，选择 k 的概率为 p_k。加密 $\rho_c=U_k\rho U_k^\dagger$，解密 $\rho=U_k^\dagger\rho_c U_k$。对于每个输入 ρ，输出态是完全混合态 $\sum_k p_k U_k\rho U_k^\dagger=\dfrac{I}{2}$。

12.5 量子随机数发生器设计

12.5.1 量子随机数发生器原理

一般将基于量子力学概率性原理得到的真随机数称为量子随机数，将熵源称为量子熵源。受到经典噪声和实际器件的非理想性等因素的影响，特别是测量设备的影响，熵源产生的原始随机数存在偏置和自相关等缺陷，一般都不是满熵数据，需要通过提取器（后处理算法）进行提纯后才能获得符合真随机数特征的量子随机数。最后还需要对提取后的随机数进行检验评估，以测试其是否符合真随机数的特征。图 12.3 是上述实验系统图。

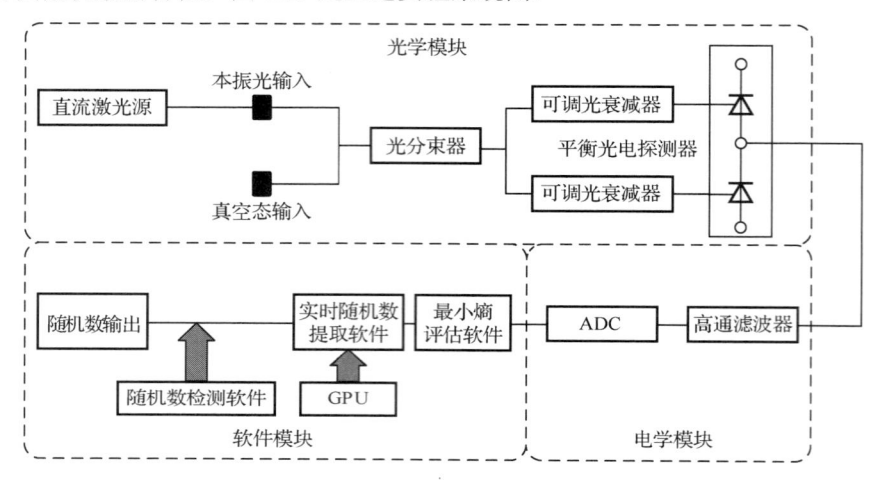

图 12.3 实验系统图

实验系统包括 3 个模块：光学模块、电学模块和软件模块，其中光学模块是基于零差检测的真空态片上量子熵源，电学模块是基于计算机的数据采集后处理系统。

光学模块的基本流程：直流激光源（工作波长为 1310nm）作为本振光输入分光比为 50∶50 的光分束器一端；光分束器的另一个输入端被阻塞作为真空态输入；光分束器的两个输出端均有一个可调光衰减器，用于保证两个输出端平衡后输入平衡光电探测器中。

在电学模块中，零差检测信号经过高通滤波器去噪后由模数转换器（Analogue to Digital Converter，ADC）进行采集，将得到的数字信号输入计算机进行随机性分析和二次提取，最后输出随机数字信号。

软件模块负责根据接收的随机数字信号（原始序列）评估最小熵，并使用后处理算法进行随机数的提取，之后进行随机数检测，输出随机数。

12.5.2 量子熵源

（1）量子态制备与测量。

量子态的制备基于真空态涨落原理。根据量子力学，空间任何位置都存在能量的涨落，这种具有量子随机性的真空涨落引发的观测数据的统计涨落类似于一种宽带高斯白噪声的统计特性，对其进行测量即可获得随机比特。

真空态可以用 Wigner 函数或称 Wigner 分布表示为

$$W_0(x,p) = \frac{1}{\pi}\exp(-x^2 - p^2)$$

其中，x 和 p 分别为真空态的振幅和相位，它们是一对正交分量，可分别定义为 X 和 P 分量。显然真空态是一个在相空间各向同性的 Wigner 分布，则考虑测量 X 分量。当测量真空态的 X 分量时，测得的结果是完全随机的，并且满足高斯分布，所以可以从测量结果中提取随机比特。

由于真空态涨落信号非常微小，通常需要放大后才方便采集。本系统量子态的测量基于零差探测技术。这是一种具有高敏感度且对入射光振幅、相位均敏感的探测技术，被用于测量微弱信号光的振幅和相位。

图 12.4 所示为零差探测技术原理图。微弱的真空态涨落信号与功率较大且具有光学相位 φ 的本振光在分光比为 50∶50 的光分束器中干涉。相位由相位调制器在本振光一路引入。光分束器的两个输出端分别与两个光电二极管相连。经过相减操作，两路光电流差最终由一个电学放大器放大。微弱的真空态涨落信号通过本振光及电流增益放大，成为可被量化提取的随机性熵源。

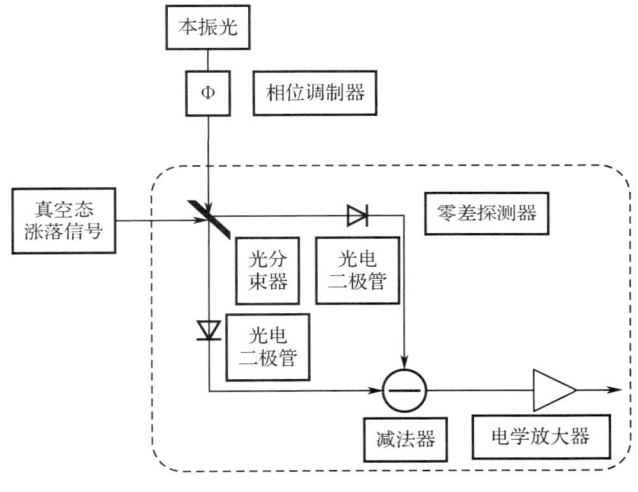

图 12.4 零差探测技术原理图

（2）量子熵源数据采集。

零差探测器测得的电信号（光电流或光电压）将被 ADC 采样完成模数信号的转换，量化为数字信号。

一般而言，提高真随机数生成速率的直接方式是提高 ADC 的采样速率，二者是正比例关系。然而 ADC 的采样速率并非可以任意提高，过高的采样速率将引起随机序列较大的自相关性。

信号的采样速率与其自相关性的关系是基于信号的功率谱密度函数（Power Spectral Density，PSD）与其自相关函数的傅里叶关系，二者是频域与时域的对应关系。PSD 与自相关函数分别为关于采样速率 f_s 和其倒数（采样时间间隔 t_s）的函数。实际操作中，更为简单直接的方式是根据奈奎斯特采样定理，对于有限带宽的信号，当采样速率大于两倍带宽时，即 $f_s > 2f_0$，采样时间间隔将满足 $t_s < \frac{1}{2f_0}$，该连续信号将被完全重建。

ADC 的采样精度也是影响真随机数的生成速率的关键参数，通常情况下，ADC 的采样精度越高，单次测量后 ADC 采样所得的数字化信号位数越多，真随机数的生成速率也越大，并且多次测量后 ADC 采样所得的数字化信号的分布会越逼近物理熵源信号的概率密度分布。

经过零差探测器测得的物理熵源信号显然是连续随机变量。设 ADC 的采样精度为 n，即单次 ADC 采样得到 n 比特的数字化信号，则该连续随机变量的取值区间可划分为 2^n 个相同的量化区间。ADC 的采样精度越高，多次 ADC 采样所得的数字化信号的分布越能刻画连续随机变量熵源的概率密度分布。同时，在模数转换过程中，需要考虑 ADC 的采样范围的限制。

（3）量子熵源状态检测。

量子熵源状态检测受各种影响量子熵源稳定性的因素的影响，如温度、电压、光强、相位等。当熵源处于正常状态时才能进行随机数的提取和输出；原始随机序列由数据采集模块的高速采集卡输出，根据检查原始随机序列是否符合预期的统计特性，就能判断量子熵源是否处于异常状态。当熵源状态异常时，需输出警告信息，并执行对应的措施。人们需根据不同方案对随机源的稳定性需求，提供对应的状态检测模块。

（4）熵评估。

熵评估是指通过统计检测的方法对量子熵源输出的原始随机序列进行预测评估，得到熵估值。可以采集未经后处理的原始随机序列用于统计最小熵。

为了能为每个输出比特串提供足够量的熵源，必须准确地估计可以通过对其噪声源进行采样而获得的熵量。在量子随机数生成过程中，直接由探测输出转化产生的二进制比特序列被称为原始数据。量子噪声会影响探测系统直接输出的噪声分布的熵，经典噪声也对总熵含量有一定的贡献。真空态是与系统无关的态，任何隐藏的窃听者都无法对其产生影响或进行操控，所以对这个纯量子态的测量所得的熵是最终提取真随机数的源。而窃听者可能通过控制经典噪声部分而获得原始数据中的部分信息，所以为了使每个输出比特串都有足够量的熵源，需要准确确定系统产生的总熵含量中的量，进而经后处理提取出原始子熵比率数据中的真随机数部分。这个处理过程被称为随机提取，目的是去除混合在量子信号中的经典噪声。

由于量子态的测量值服从高斯分布，因此窃听者可以通过提取高斯分布中出现概率最大的中间值来获取随机数的相关信息，而通过这种较简单的手段获取的信息量完全超过了信息熵所描述的信息量，所以并不安全，故在信息熵的基础上发展出了另一种量化随机序列随机性的指标，即最小熵。

对于概率分布为 $P_X(x_i)$ 的变量 X，最小熵定义为

$$H_{\min}(x) = -\log_2\left[\max_{x_i \in X} P_X(x_i)\right]$$

（5）熵源健康监测。

熵源健康监测是指通过判断量子熵源特性是否符合预期的统计特性，识别量子熵源是否处于异常状态。熵源健康监测应监测量子熵源输出的原始随机序列，并在量子熵源运行过程中持续或周期性执行。执行熵源健康监测时不应导致量子熵源输出被抑制或输出速率降低。若熵源健康监测结果为失败，应告警并关闭量子随机数输出。

熵源健康监测的方法和参数应根据量子熵源的特性合理设置。NIST 推荐的熵源健康监测方法包括重复计数测试和适配比例测试。

其中，重复计数测试的目的是快捷地检测出噪声源长时间地重复输出某个数的极端异常状态。根据量子熵源的最小熵 $H_{\min}$，可计算出连续 N 个样本为相同值的概率。假设 A 为最近一次出现的样本值，B 为该样本值 A 出现的次数，C 为重复性测试不通过的临界值，a' 为预先设定的可接受的误报率（可设为 $2^{-40} \sim 2^{-20}$ 或者其他更低的值）。在最小熵值为 H 的条件下，由 $a' \geq 2^{-H(C-1)}$ 可以得到临界值 C：

$$C = 1 + \left[\frac{-\log_2 a'}{H}\right] \geq 2$$

即 C 是满足 $a' \geq 2^{-H(C-1)}$ 且大于 1 的最小整数，以确保连续出现 C 个相同样本值的概率不会超过 a'。

12.5.3 随机数提取技术

量子随机数发生器（QRNG）实现框图如图 12.5 所示，包括熵源与采样部分和后处理与检测部分。

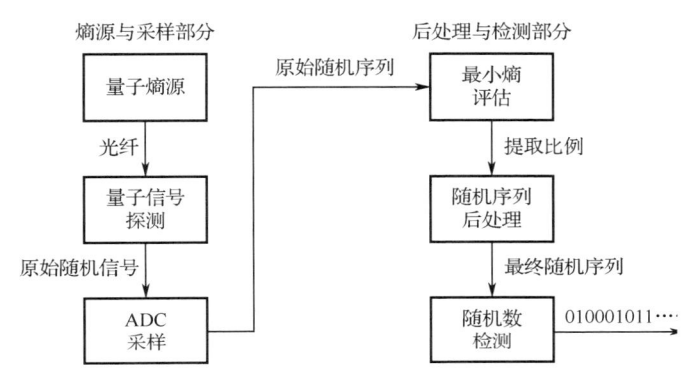

图 12.5 QRNG 实现框图

理想情况下，QRNG 可产生信息论可证明的安全随机数。实际上，真随机信号的熵源——量子噪声，不可避免地会与经典噪声混合在一起，并受到经典噪声的影响。从保密通信安全性的角度，窃听者可以控制经典噪声并获得有关原始随机数的部分信息。例如，假设 QRNG 系统装置使用的是外部电源，而可能存在的窃听者可以控制外部电源波动以控制经典噪声，即使此时 QRNG 的设备是可信任的，窃听者仍可以获得随机数中的部分信息。因此，有必要应用安全的后处理操作来防止窃听者窃听，提取免受第三方攻击的安全随机序列。

后提取的作用是对原始随机序列进行数据后处理，即随机性提取过程，以获得独立、均匀、可证安全的最终随机序列，提取出量子随机数。

随机数提取技术在接收 ADC 传来的原始随机序列后，设计并实现最小熵评估以获得随机序列提取比例，使用信息论安全的后处理算法进行随机序列的提取，去除经典噪声，获得完美的随机数。

12.5.4 随机数检测技术

在应用随机数发生器生成的随机数之前，需要有一定的方法检验其随机性。由于真随机性的基础是具有无限长的序列，因此无法用数学上的统计方法检测，所以真正意义上的真随机性的检测方法并不存在。

随机性检测通常是指通过概率统计的方法判断被检测的序列是否满足随机序列的某些特征，判定其是否有随机性。这些测试方法致力于判定可能存在于序列中的各种非随机性。其中检验统计量是用于计算、总结针对零假设的证据强度的值。

目前，国际上的随机性测试方法有多种，包括 Diehard、NIST-STS 等。我国现行的随机数检测标准主要是由国家密码管理局提出的《信息安全技术 二元序列随机性检测方法》(GB/T 32915—2016)。

12.5.5 处理软件

为了方便使用，实现前端可交互的熵评估和强提取软件，用直观和可视化的方式提供多种熵评估功能，包括最小熵、香农熵、样本熵、瑞丽熵，以满足用户的需求；展示随机数的强提取和检测过程，用户不用直接与内部代码交互，可以简单而直观地实现文件输入/输出、随机数提取和随机数检验的功能。具体为在 Windows 10 或 11 操作系统上实现基于 PyQt5 的量子随机数发生器可视化软件，集成开发环境（IDE）为 PyCharm 2022，使用 Python 3.5 及以上版本的编程语言进行开发。

1. 软件设计

图 12.6 所示为软件的业务分析图，体现了用户对软件功能的需求类型和拆解方式。软件为用户提供随机数提取、随机数检测、结果展示和文件 I/O 4 个主体功能。每个主体功能又可以分解为多个粒度更细的子功能，如随机数提取可以分解为最小熵计算、构造 Toeplitz 矩阵和 Toeplitz 计算 3 个子功能。

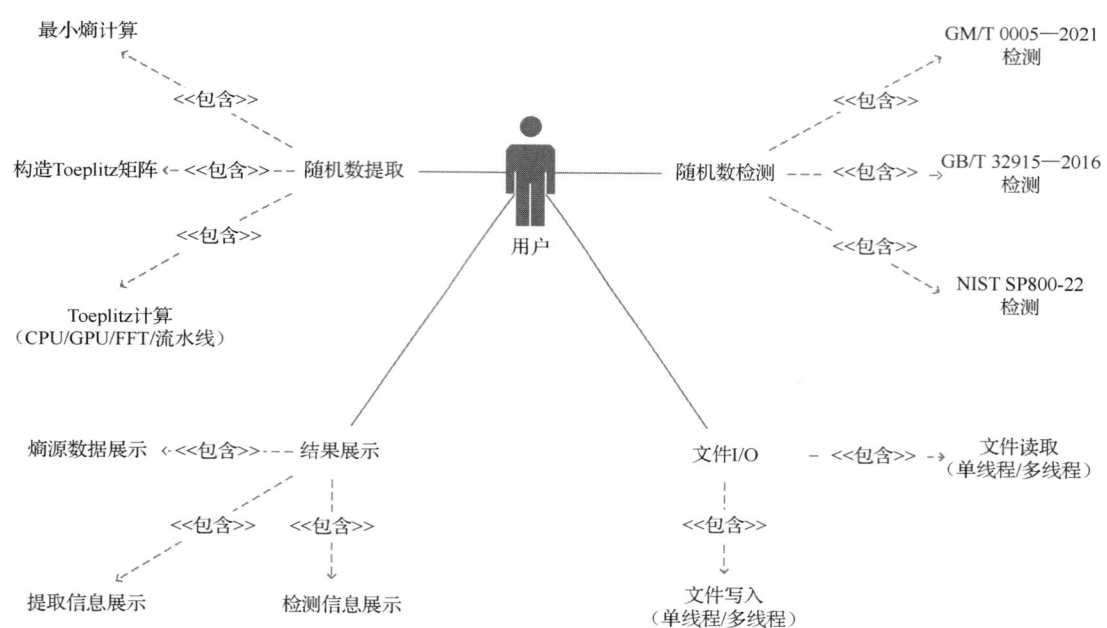

图 12.6 软件的业务分析图

图 12.7 所示为软件流程图，展示了软件运行时的工作流程与异常判断点。软件开始运行时首先读取数据，并判断是否读取成功，若未成功则抛出对应异常。随后软件开始随机数提取的流程：首先计算必要的提取参数，包括数据规模和最小熵，随后利用原始序列构建 Toeplitz 矩阵。此时若数据不足以构建矩阵，应抛出对应异常。在利用 Toeplitz 矩阵计算完成后，软件将根据用户需求输出十进制随机数或二进制数据流。如果用户同时有检测的需求，软件还会在随机数提取完毕后进行对应的检测。

（学习视频）

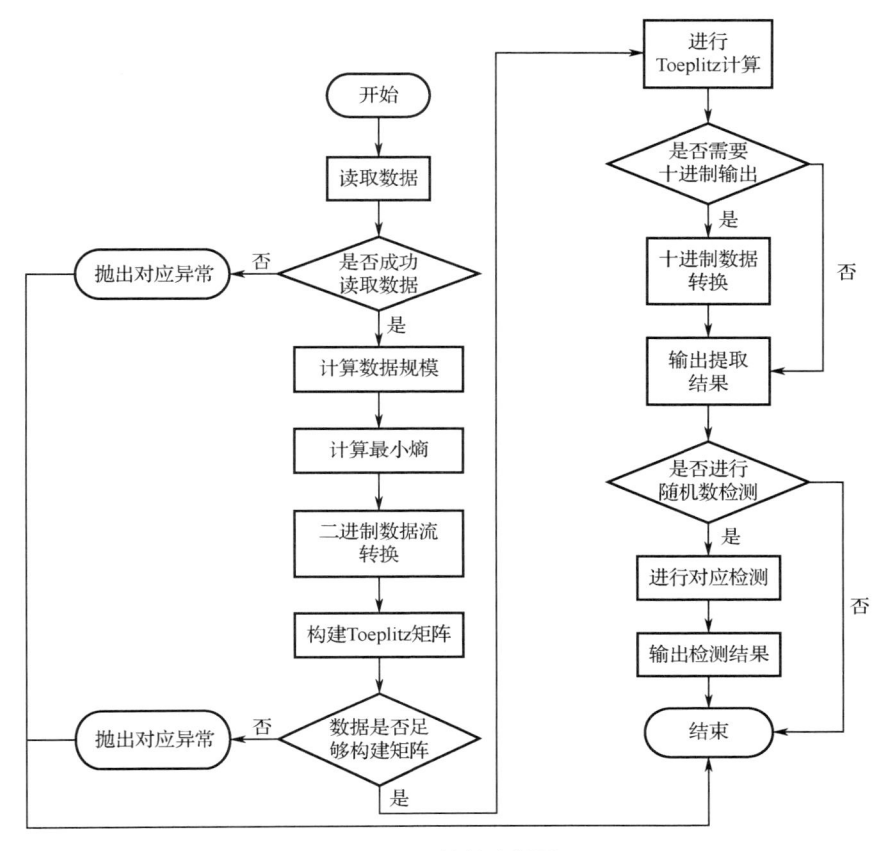

图 12.7 软件流程图

2. 界面设计

基于 PyQt5 实现的量子随机数发生器已初步实现。随机数发生器提取界面如图 12.8 所示。进行随机数提取时可在"提取"菜单中自定义提取输入与输出的长度。

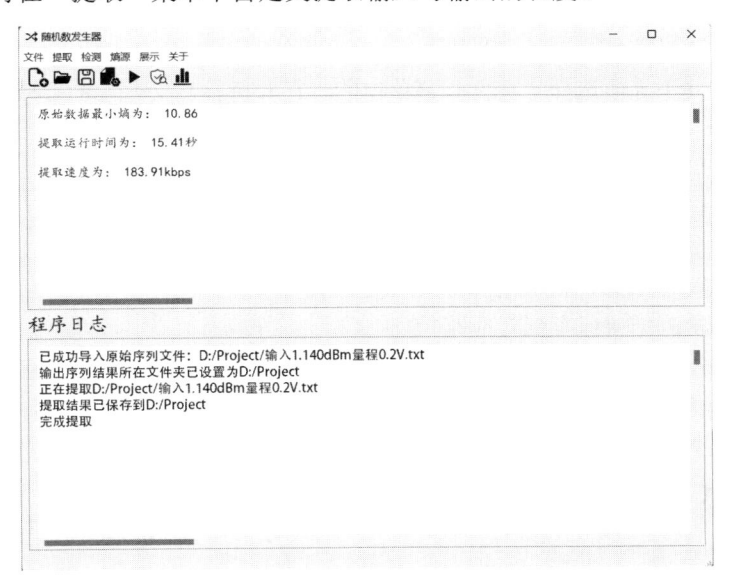

图 12.8 随机数发生器提取界面

在软件中使用随机数提取功能的步骤如下。

步骤 1：在软件主界面选择"文件"菜单中的"打开原始序列文件"命令或者单击工具栏中的"打开原始序列文件路径"按钮，选择相应文件路径下的原始文件（支持多种格式）。

步骤 2：在软件主界面选择"文件"菜单中的"设置输出序列路径"命令或者单击工具栏中的"设置输出序列位置"按钮，自定义输出文件的保存位置（支持多种格式）。

步骤 3：在软件主界面选择"提取"菜单中的"运行提取"命令或者单击工具栏中的"运行提取"按钮，软件使用 Toeplitz-Hash 方法进行提取，并将提取的相关信息输出到上方结果栏，同时将提取结果保存到对应路径。

随机数发生器检测界面如图 12.9 所示。

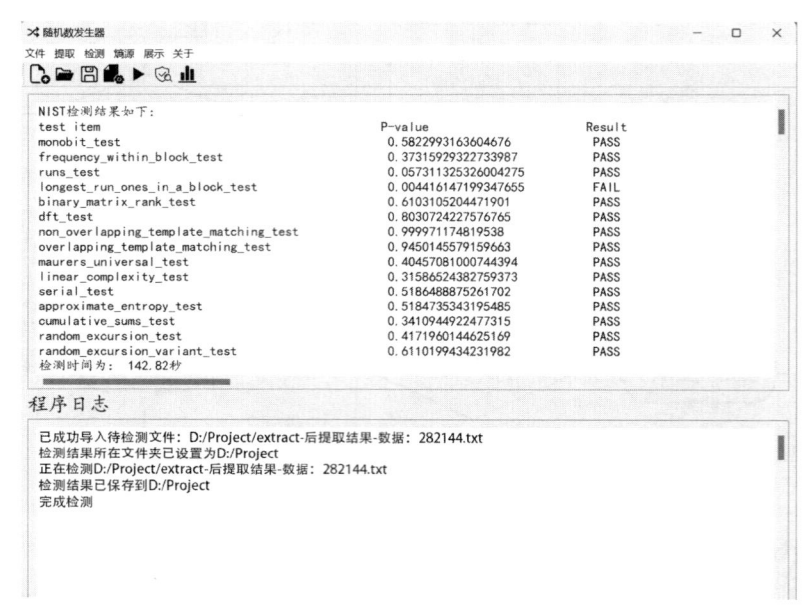

图 12.9　随机数发生器检测界面

在软件中使用随机数检测功能的步骤如下。

步骤 1：在软件主界面选择"文件"菜单中的"打开待检测文件"命令或者单击工具栏中的"打开待检测文件"按钮，选择相应文件路径下的待检测随机数文件（支持多种格式）。

步骤 2：在软件主界面选择"文件"菜单中的"设置检测文件路径"命令或者单击工具栏中的"设置检测文件位置"按钮，自定义检测文件的保存位置（支持多种格式）。

步骤 3：在软件主界面选择"检测"菜单中的"运行检测"命令或者单击工具栏中的"运行检测"按钮，软件使用 NIST-STS 检测方案对提取后的随机数进行检测，并将检测信息输出到上方结果栏，同时将检测结果保存到对应路径。

程序运行过程在下方程序日志中展示，提取与检测均有进度条显示当前任务进度，常用功能均设置有快捷键。

12.6　本章小结

本章介绍量子信息系统的重要组成部分，包括量子计算机和量子网络；重点介绍量子信息系统安全的主要技术，包括量子密钥分发、量子认证、量子签名、量子加密；针对量子安全的基础——量子随机数，介绍了量子熵源、随机数提取技术、随机数检测技术，设计并实现量子随机数发生器，提供熵评估和强提取软件设计。

12.7 习题

1．量子比特（或量子位）是量子计算的基本信息单位，利用_____的量子力学现象来实现两种状态的线性组合。

2．实现一次一密算法需要满足 3 个条件，分别是_____、_____、_____。

3．量子信息系统的关键安全技术可以按照重点和扩展分为两部分，其中重点部分的 6 个安全技术分别为_____、_____、_____、_____、_____、_____。

4．_____是第一个应用量子共轭编码来实现信息论安全的密钥协商协议。

5．量子信道认证可以通过两种方式来实现：一是利用经典方法实现量子信道认证；二是利用_____实现量子信道认证。

6．量子完美加密需要每个输入 ρ 的输出是_____态。

7．一般把基于_____原理得到的真随机数称为量子随机数，熵源称为量子熵源。

8．量子数字签名在 2001 年被 Gottesman 等人提出，方案使用量子态作为公钥，核心思想是利用量子不可克隆定理保证签名的_____。

9．量子纠缠交换与经典网络编码中的解码与转发技术有相似的地方，在包含多跳和多节点的量子网络中同样可以通过量子网络编码技术实现纠缠分发。研究表明，对于大规模的量子网络，基于_____的系统较基于_____的系统更加有利。

12.8 思考题

1．量子信息系统安全应该如何构建？
2．量子信息系统是绝对安全的吗？
3．抗量子密码是否能真正抵抗量子攻击？
4．如何设计量子随机数发生器系统？

参考资料

（参考资料）